祁连山国家公园

泉片区自然资源调查

董众祥　付鸿彦　丁文广

包新康　王洪建　冯虎元　主编

兰州大学出版社
LANZHOU UNIVERSITY PRESS

**图书在版编目（CIP）数据**

祁连山国家公园酒泉片区自然资源调查 / 董众祥等主编. -- 兰州 : 兰州大学出版社, 2024. 9. -- ISBN 978-7-311-06728-1

Ⅰ. P962

中国国家版本馆 CIP 数据核字第 2024QA1877 号

责任编辑　李有才
封面设计　倪德龙

| | |
|---|---|
| 书　　名 | 祁连山国家公园酒泉片区自然资源调查 |
| | QILIANSHAN GUOJIA GONGYUAN JIUQUAN PIANQU ZIRAN ZIYUAN DIAOCHA |
| 作　　者 | 董众祥　付鸿彦　丁文广　包新康　王洪建　冯虎元　主编 |
| 出版发行 | 兰州大学出版社　（地址：兰州市天水南路222号　730000） |
| 电　　话 | 0931-8912613(总编办公室)　0931-8617156(营销中心) |
| 网　　址 | http://press.lzu.edu.cn |
| 电子信箱 | press@lzu.edu.cn |
| 印　　刷 | 兰州人民印刷厂 |
| 开　　本 | 710 mm×1020 mm　1/16 |
| 成品尺寸 | 170 mm×240 mm |
| 印　　张 | 30.5(插页20) |
| 字　　数 | 519千 |
| 版　　次 | 2024年9月第1版 |
| 印　　次 | 2024年9月第1次印刷 |
| 书　　号 | ISBN 978-7-311-06728-1 |
| 定　　价 | 136.00元 |

（图书若有破损、缺页、掉页，可随时与本社联系）

# 祁连山国家公园酒泉片区自然资源调查

## 组织委员会

主　任：董众祥

副主任：付得合　马有旭

委　员：乌力吉　马志兵　杨海蓉　董万涛　蔡　冰
　　　　杨巨才　宋成禄　付鸿彦　杨　斌　张　凯
　　　　达布西力特　赛西雅力图　阿尔文克希格

## 编辑委员会

主　编：董众祥　付鸿彦　丁文广
　　　　包新康　王洪建　冯虎元

副主编：付得合　马有旭

编　委：赵　锐　卢书祥　李俊芳　张　帆　赵永成
　　　　张　凯　蔡世玉　何　娟　邵建雄　杨明珠
　　　　赵佩一　王忠骅　任学良　王冠庆　蒲佳欣
　　　　王有生　董　涛　周　鹏　赵千禧　邓　欢
　　　　王发江　高雯娇　宋淑彤　石进仁　董文静
　　　　张小学　杨　琳　马　旭　王　杰　牟翠翠
　　　　杨丽琴　石明明　蒋媚如　郑　源　赵威鉴
　　　　谢鑫迪　向　瑞

①单子麻黄实物图
②戈壁针茅实物图
③问荆实物图
④火烧兰实物图

①青甘韭实物图

②灰绿黄堇实物图

①|②
③|④

③甘肃棘豆实物图

④蒺藜实物图

①
②③

①披针叶野决明实物图

②铁棒锤实物图

③垂穗披碱草实物图

①
②
③

①钉柱委陵菜实物图
②黄花棘豆实物图
③斜茎黄芪实物图

① 三脉梅花草实物图

② 沙棘实物图

③ 荠菜实物图

④ 珠芽蓼实物图

⑤ 管花秦艽实物图

| ① | |
|---|---|
| ② | ③ |
| ④ | ⑤ |

①镰萼喉毛花实物图

②黄缨菊实物图

③西伯利亚蓼实物图

④垂果大蒜芥实物图

| ① | ② |
| ③ | ④ |

①｜②

③

④

①大唇拟鼻花马先蒿实
　物图
②阿拉善马先蒿实物图
③肉果草实物图
④萹蓄实物图

①萎软紫菀实物图

②星状雪兔子实物图

③臭蒿实物图

④刺儿菜实物图

⑤栉叶蒿实物图

①阿尔泰狗娃花实物图
②火绒草实物图
③天山报春

① ①夏日酒泉片区大雪山

② ②老虎沟冰川

①        ①老虎沟——梦柯冰川

②        ②魅力盐池湾草原

雪域冬草地

① ①雪豹

② ②党城遗址局部图

水月观音

维摩诘变

大黑沟岩画《狩猎图》局部

# 前　言

祁连山国家公园是我国首批设立的10个国家公园体制试点之一，总面积5.02万平方公里，横跨甘肃、青海两省，其中，甘肃片区3.44万平方公里，青海片区1.58万平方公里。祁连山国家公园地处青藏、蒙新、黄土三大高原交汇地带的祁连山脉，是中国重要的生态功能区，是西北地区重要生态安全屏障和水源涵养地。

2019年1月，经中共甘肃省委机构编制委员会《关于组建大熊猫祁连山国家公园甘肃省管理局酒泉张掖白水江分局的批复》（甘编委复字〔2019〕1号）批准，成立了"大熊猫祁连山国家公园甘肃省管理局酒泉分局"。自酒泉分局成立以来，尚未对辖区内开展全面的科学考察和研究，目前，仅2000年，辖区内盐池湾国家级自然保护区开展了保护区的第一次综合科学考察，至今已有20余年，未对保护区进行过综合性科学考察。因此，亟须对酒泉片区进行一次全面的科学考察，以期查清祁连山国家公园酒泉片区基础自然要素情况、人文、社会和经济现状，掌握该区域内野生动植物种类、种群数量与分布情况，以及重点保护物种的种类、分布和生存环境，查清区域内的植被类型、面积、分布情况，发现区域内存在的各种自然资源的威胁因素。进一步摸清区域内本底资源，建立资源档案，充实该区域内生物多样性数据库和科研监测数据，为生物多样性的有效保护和管理提供完整、准确的基础资料和决策依据。

祁连山国家公园酒泉片区地处青藏高原北缘、祁连山脉西端，海拔最低2600米，最高5650米，地形地貌多样，地势由西南向东北倾斜，自西向东纵向排列着土尔根达坂山、党河南山、野马南山、大雪山、疏勒南山、讨赖南山。酒泉片区横跨河西、柴达木两大内流水系，是甘肃河西走廊第二大内陆河——疏勒河及其主要支流——党河、野马河、榆林河、石油河的发源地，也是苏干湖流域主要河流大、小哈尔腾河的发源地。酒泉片区生物多样性丰富，高等植物有492种，涵盖了56科228属，其中，中国特有种109种，列入国家重点保护名录的植物种有羽叶点地梅、水母雪兔子、黑紫披碱草、唐古红景天、黑果枸杞、甘草，以及藻类植物发菜等；分布有脊椎动物5纲28目73科276种，其中，国家重点保护野生动物62种，是雪豹、白唇鹿、野牦牛、藏野驴、盘羊、岩羊等高原野生动物的集中分布区和主要栖息地，也是黑颈鹤、斑头雁、大天鹅、蓑衣鹤等鸟类的繁殖地和迁徙通道。

本书充分利用调查资料和已有资料进行分工编写，由祁连山国家公园甘肃省管理局酒泉分局董众祥、付鸿彦统编，由酒泉分局组织调查队完成酒泉片区自然资源调查。《祁连山国家公园酒泉片区自然资源调查》共有10章节，其中，第1章、第2章、第4章、第7章由付鸿彦完成，包括总论、自然环境条件、脊椎动物、湿地资源；第3章、第5章、第6章、第8章由董众祥完成，包括植被与植物资源、昆虫、大型真菌、游憩资源；第9章、第10章由冯虎元、包新康、丁文广、王洪建完成，主要内容为酒泉片区建设与经营管理和酒泉片区评价。

参加野外综合科学考察的有兰州大学丁文广教授、冯虎元教授、包新康教授，兰州大学研究生赵威鉴、郑源，甘肃林业科技推广站王洪建研究员等。盐池湾管护中心裴雯、董众祥、付得合、马有旭等领导和同志们对调查工作给予大力支持，付鸿彦、赵锐、卢书祥、董文静、杨琳、邓欢等同志也积极参与调查工作，再次一并表示衷心的感谢！

因水平有限，谬误之处在所难免，敬请读者批评指正。

编委会

2024年6月

# 目　录

# 第1章 总 论

祁连山是我国著名的高大山系之一，位于青藏高原东北边缘，甘肃、青海两省的交界处。地处青藏、蒙新、黄土三大高原地带的祁连山北麓，是我国重要的生态功能区，是西北地区重要的生态安全屏障和水源涵养地。2017年9月，中国政府批准建设祁连山国家公园，主要职责为保护祁连山生物的多样性和自然生态系统的原真性、完整性。国家公园体系的建立，是我国生态文明建设的重要新篇章。祁连山国家公园酒泉片区作为研究区，是祁连山国家公园的一部分，现由大熊猫祁连山国家公园甘肃省管理局酒泉分局管理，隶属于甘肃省酒泉市辖区，肩负着保护这片宝贵自然遗产的重要责任。

祁连山国家公园酒泉片区* 覆盖了肃南裕固族自治县、肃北蒙古族自治县和阿克塞哈萨克族自治县的部分区域，地理坐标范围为北纬38°43′～北纬40°27′，东经97°50′～东经99°30′，总面积达169.97万公顷，占据了祁连山国家公园总面积的33.9%，在甘肃片区总面积中占了49.4%。这片区域的植被较为稀疏，水资源主要依赖于草甸、草原植被和湿地的保护。降水量较低，河流水量主要来自冰川融水。此区域生物资源丰富，包括276种脊椎动物，涵盖29目78科；昆虫方面有292种，包含13目65科212属；高等植物有492种，涵盖了56科228属；大型真菌方面有23种大型真菌，隶属于7科15属。此外，由于其特殊的自然条件，拥有独特的湿地资源、游憩资源等资源。

本次自然资源调查的目的是更好地了解酒泉片区的自然资源状况和问题。在调查中，我们采用先进的技术和方法，如样地调查法、植物分类和命名、记录植物群落结构与组成、测量植物生态学参数、调查生境因子及环境

---

\* 为方便文本写作和读者阅读，祁连山国家公园酒泉片区用其简称——"酒泉片区"。

文中关于物种属名，其拉丁文用斜体，表格、附录中，在其拉丁文名后还附有命名人，部分属名系变更后的名称，用括号标注初始命名人，后附重新命名人。

变量、对植被数据进行分析与解释、红外相机技术、标记重捕技术、无人机航拍技术、非损伤性DNA监测技术、视频监测技术、访谈调查等，对酒泉片区的土地、水资源、植被、动物、气候等多个方面进行综合调查和分析，以期为祁连山国家公园的保护和发展提供科学依据和建议。

总之，酒泉片区是我国重要的生态保护区之一，历经多年的努力，生态环境得到了显著的改善。作为中国自然保护优先领域的一部分，酒泉片区的生态保护和可持续发展将继续受到全球的关注和支持。

## 1.1 位置与范围

祁连山国家公园酒泉片区位于中国的西北部，位于甘肃省酒泉市。该片区所在的祁连山脉是中国著名的山脉之一，位于青藏高原东北边缘，甘肃、青海两省交界处。酒泉片区位于祁连山脉的中部，包括了肃南裕固族自治县、肃北蒙古族自治县以及阿克塞哈萨克族自治县部分地区。该片区的地理坐标为北纬38°43′～北纬40°27′，东经97°50′～东经99°30′；该片区总面积达169.97万公顷，占祁连山国家公园总面积的33.9%，占甘肃片区总面积的49.4%。该地区地形复杂，海拔高度从1 500 m到5 000 m不等。祁连山脉南坡是青藏高原的一部分，地势高峻，险峻峭壁林立，许多山峰高度超过5 000 m。该地区的气候为高原大陆性气候，夏季短暂而凉爽，冬季漫长而寒冷，年降水量较少，气温变化大。酒泉片区的地理位置和气候条件，对其中的自然生态系统和生物多样性具有重要影响。因此，对该片区的自然资源开展科学研究，对于保护和管理祁连山国家公园的生态环境具有重要的意义。

## 1.2 社区情况

### 1.2.1 行政区划

2019年1月，经中共甘肃省委机构编制委员会《关于组建大熊猫祁连山国家公园甘肃省管理局酒泉张掖白水江分局的批复》（甘编委复字〔2019〕1号）批准，成立了"大熊猫祁连山国家公园甘肃省管理局酒泉分局"。祁连山国家公园甘肃省管理局酒泉分局管辖区域包括肃北蒙古族自治县片区（以下简称肃北县）（盐池湾片区）、阿克塞哈萨克族自治县（以下简称阿克塞县）片区和国营鱼儿红牧场三部分。其中，肃北县片区130.34万公顷（包括盐池湾国家级自然保护区划入的127万公顷和新区划的3.34万公顷），阿克塞县片区在大、小哈尔腾河源头区划29.85万公顷，国营鱼儿红牧场划入9.78万公顷（包括位于肃南裕固族自治县境内4.71万公顷）。酒泉片区内区划核心保护区111.05万公顷，占酒泉片区总面积的65.3%，一般控制区面积为58.92万公顷，占酒泉片区总面积的34.7%。

### 1.2.2　人口与民族

酒泉片区是一个多民族聚居的地区，拥有丰富多样的人口和民族构成。该片区的人口规模较大，居民主要分布在各个县级行政单位。

截至2023年，祁连山国家公园酒泉片区内共有原住牧民319户996人，核心保护区内有牧民97户328人，一般控制区内153户505人，未提供坐标69户163人。

酒泉片区的人口中，主要包括汉族以及其他少数民族。其中蒙古族人口数量最多，在80%以上，其次是汉族和哈萨克族。这些民族群体在片区内和谐共处，彼此交流和融合，为片区的发展和繁荣作出了贡献。

不同民族的居民在祁连山国家公园酒泉片区共同生活，保留并传承着各自的文化、传统和习俗。这种多元文化的存在为片区增添了独特的魅力和韵味，也为游客提供了更加丰富多彩的文化体验。

### 1.2.3　经济发展概况

酒泉片区范围内的主要生产活动为农牧业。祁连山国家公园所在区县范围内，肃北县以第二产业发展为主，第一产业为辅。截至2020年，肃北县第二产业生产总值约为7.35亿元，第一产业生产总值为1.23亿元。阿克塞县主要以第三产业发展为主，第二产业发展为辅。截至2020年，阿克塞县第三产业生产总值达到6.15亿元，阿克塞县第二产业生产总值约为2.99亿元。酒泉片区所在行政区域内，肃北县国内生产总值高于阿克塞县，截至2022年，肃北县国内生产总值达25.86亿元，阿克塞县国内生产总值达11.75亿元。

近年来，种草业在酒泉片区有所发展。由于片区拥有丰富的草原资源，发展牧草种植和畜牧业可以有效利用这些资源，并为当地农民提供更多的经济收入。种草业的发展对于改善当地的畜牧业生产条件、提高牲畜的饲养效益和保护生态环境等方面都具有积极的意义。

### 1.2.4 传统资源利用的方式

酒泉片区的传统资源主要有畜牧业和水能资源。

首先是水能资源利用。酒泉片区拥有丰富的水能资源，水能发电是一种常见的利用方式。

其次是畜牧业资源利用。酒泉片区的畜牧业资源是区内重要的经济支柱之一。这片区域地处高山草甸、高山草原和高山寒漠草地，提供了广袤的草场资源，非常适宜牛羊等家畜的放牧。主要养殖品种包括牦牛、羊群和马匹等。这些动物种类都对当地严峻气候条件具备了适应能力，并且它们能够在不同海拔的地域中找到适合生存的环境。

### 1.2.5 文化教育

在文化事业建设中，酒泉片区非常重视蒙古族语言文字的应用和文化遗产的搜集整理。自党的十一届三中全会以来，先后出版了《肃北蒙古族民间故事》《肃北蒙古族民歌辑录》《肃北蒙古族祝赞词辑录》《肃北蒙古族英雄史诗》《肃北蒙古族自治县宗教志》等作品，促进了蒙古族语言文字工作，并保存了优秀的文化遗产。

文化、广播电视事业健康发展，其中 4 个乡镇有综合文体站，2 个社区有文化活动中心，13 个村有村级文化室。全县中、短波广播发射和转播台 1 座，26 个行政村全部通广播电视，广播人口覆盖率达到 100%，电视发射台及转播台 2 座，电视节目综合覆盖人口 1.51 万人，电视人口覆盖率达到 100%。

教育方面，党和政府一直以来都非常重视教育事业。截至 2021 年底，全县有各类学校 5 所，其中幼儿园 1 所，十二年一贯制学校 1 所，完全中学 1 所，完全小学 2 所。在校中小学生 1 167 人。其中，小学学生 643 人，少数民族学生 283 人；初中学生 298 人，少数民族学生 123 人；高中学生 226 人，少数民族学生 97 人。幼儿园 333 人，少数民族幼儿 155 人。教职工 214 人，其中，专任教师 197 人，幼儿园教师 37 人，小学教师 77 人，初中教师 48 人，高中教师 35 人。学龄儿童入学率 100%，小学毕业率 100%，小学升学率 100%，初中应届生毕业率 100%，初中三年保留率 100%。义务教育九年巩固率 100%，高中毛入学率 99.4%。农村义务教育专任教师本科及以上学历比例 66.7%。2022 年高考考生 103 人，重点院校上线 19 人，普通院校上线 102 人，专科录取 28 人，专科及以上录取率达到 94.2%。参加中考考生 124 人。落实义务教育和学前教育免费补助 777 人（次），共补助资金 35.7 万元。

### 1.2.6 旅游业发展概况

酒泉片区以其独特的自然景观和丰富的文化遗产吸引着众多游客。近年来，酒泉片区的旅游业得到了蓬勃发展。

第一，酒泉片区的自然景观十分壮丽迷人。祁连山脉作为中国重要的山脉之一，拥有雄伟的山峰、奇特的地貌和丰富的生态系统。游客可以在这里领略到雪山、冰川、高山草甸、草原、湿地等多样的景观。同时，片区内还有大片的草原和牧民文化，为游客提供了独特的草原牧民风情体验。

第二，酒泉片区基于前身盐池湾国家级自然保护区而建立，是有名的生物多样性保护地区，以动植物资源闻名中外。高等植物 56 科 228 属 492 种，其中中国特有种 109 种，列入国家重点保护名录的植物种有羽叶点地梅、水母雪兔子、黑紫披碱草、唐古红景天、黑果枸杞、甘草，以及藻类植物发菜等。分布有脊椎动物 276 种，其中国家重点保护野生动物 62 种。它是雪豹、白唇鹿、野牦牛、藏野驴、盘羊、岩羊等高原野生动物的集中分布区和主要栖息地，也是黑颈鹤、斑头雁、大天鹅、蓑衣鹤等鸟类的繁殖地和迁徙通道。被誉为雪山之王的国家一级重点保护野生动物雪豹，全世界仅有 12 个国家分布，其中，酒泉片区是国际雪豹基金会确定的全球 23 片安全雪豹景观之一。

第三，酒泉片区注重文化旅游的发展。这里有悠久的历史和丰富的文化遗产，包括古代边塞文化、丝绸之路遗址、古代佛教文化、岩刻画、石窟、古迹等。游客可以参观古老的寺庙、遗址和博物馆，了解当地的历史和文化传承。酒泉片区所在的肃北蒙古族自治县拥有国家级文物保护单位 2 处（五个庙石窟、大黑沟岩画），省级文物保护单位 7 处，市级文物保护单位 2 处。共有国家级非物质文化遗产项目 2 个，省级项目 7 个，市级项目 42 个，县级项目 48 个。共有非遗传承人 159 名，其中，国家级 1 名，省级 8 名，市级 61 名，县级 89 名。此外，肃北县还举办各种文化节庆活动、传统民俗表演、手工艺品展示，如蒙古族舞蹈、民间音乐及戏曲欣赏、蒙古族雕刻、绘画及民间工艺欣赏等，并让游客体验蒙古族的放牧、服饰穿着、敬酒、住帐篷等日常生活方式，为游客提供了丰富多彩的文化体验。

第四，酒泉片区采取特许经营模式，将一些服务或活动授权给私人企业或特许经营者。这种做法有助于提供多样化的游览选择和服务项目，如导游服务、住宿设施、餐饮场所以及探险活动等。通过这种合作方式，公园管理机构可以更好地管理游客流量，提升游客体验，并且为游客带来更高水平的服务和体验。目前，特许经营的相关情况正处于探索和研究阶段。

最后，酒泉片区的旅游业发展面临一些挑战。截至2021年底，肃北县接待国内外游客28.47万人（次），比上年下降43%，实现旅游业综合收入1.44亿元，比上年下降64%。这种下降趋势显示出了旅游业面临的困境。政府和相关机构正积极采取措施来应对这些挑战，包括加大宣传推广力度、开展合作交流活动，以及积极参与国际旅游合作，力图振兴片区的旅游业。

## 1.3 土地利用类型及权属

酒泉片区的土地按照利用类型可分为以下几种：

一是以天然草本植物为主，用于放牧或割草的草地（0401）。面积为48.71万公顷，占酒泉片区总面积的35.93%。

二是表层为岩石或石砾，覆盖面积大于等于70%的土地的裸岩石砾地（1207）。面积为27.32万公顷，占总面积的20.15%。

三是树木郁闭度小于0.1，表层为土质且不用于放牧的其他草地（0404）。面积为26.33万公顷，占总面积的19.42%。

四是灌木覆盖度大于等于40%的林地，不包括灌丛沼泽的灌木林地（0305）。面积为14.15万公顷，占总面积的10.44%。

五是经常积水或渍水，生长湿生植物的沼泽地（1108）。面积为4.62万公顷，占总面积的3.40%。

六是以天然草本植物为主的沼泽化的低地草甸、以高寒草甸为主的沼泽草地（0402）。面积为4.56万公顷，占总面积的3.37%。

七是河流、湖泊常水位至洪水位间的滩地，时令湖、河洪水位以下的滩地，水库、坑塘正常蓄水位与洪水位间的滩地（1106）。面积为3.68万公顷，占总面积的2.72%。

八是冰川及永久积雪（1110）。面积为2.69万公顷，占总面积的1.98%。

九是表层为沙覆盖、基本无植被的沙地（1205）。面积为2.01万公顷，占总面积的1.49%。

十是河流水面（1101）、裸土地（1206）、盐碱地（1204）农村道路（1006）、公路用地（1003）。面积分别为0.66万公顷、0.42万公顷、0.28万公顷、0.05万公顷、0.04万公顷，分别占总面积的0.49%、0.31%、0.21%、0.04%、0.03%。

十一是人工牧草地、水工建筑用地、沟渠、设施农用地、灌丛沼泽、采矿用地、坑塘水面、工业用地等土地类型。面积小于100公顷，其他用地之和约为275.16公顷，占总面积的0.02%。

## 1.4 基础设施

### 1.4.1 交通

肃北县302省道（肃北—沙枣园）连通县城至G215国道，党城湾到盐池湾由303省道贯通，党城湾到石包城由302省道连接，玉门—鱼儿红有多条乡道联通。目前，酒泉片区内各地区交通都已建设完备，交通便利。

### 1.4.2 通信

由于酒泉片区内保护管理站、保护点所在地区地处偏僻，人烟稀少，基本上都没有开通程控电话，同时，移动通信信号也不稳定，存在很大的盲区，给保护管理、科研监测和宣传教育等工作带来了极大的不便。大熊猫祁连山国家公园甘肃省管理局酒泉分局计划将所有保护管理站接入光纤网络，以便于科研监测数据传输等工作。此外，每个保护管理站和保护点都已配备一部卫星电话，以应对防火等特殊情况下手机信号盲区，确保与管理局之间信息畅通。

### 1.4.3 基础建设

近年来，酒泉片区大力完善基础设施建设。

大熊猫祁连山国家公园甘肃省管理局酒泉分局积极开展道路网络的建设和改善工作，以提供进出公园和片区内部的交通便利性。目前，正逐步有序地修建道路、改善道路质量、拓宽道路、建设桥梁和隧道等，以提高交通流动性和安全性。

此外，酒泉分局的供水可依靠县城供水系统供水，所有的保护管理站、保护点、检查站，除疏勒保护站外都已引水或者打井，以满足大部分保护站的用水需求。目前，疏勒保护站仍然采用运水、拉水的方式满足日常生活用水需求。未来规划解决疏勒保护站的供水问题，为疏勒保护站规划建设1座深水井，修建约10 m³的水塔，添置多级水泵1台以及铺设输水管道。

　　酒泉片区目前仅有碱泉子保护站、疏勒保护站没有接入国家电网，这些站点依赖太阳能和风力发电满足用电需求，其他保护站都已接入国家电网。未来计划将这2个保护站接入国家电网供电，分别从当地最近城镇或居民供电的变电站接入，通过安装变压器等方式进行电力供应，同时配备太阳能供电系统，并配备1台小型发电机。

# 第2章 自然环境条件

## 2.1 地质概况

酒泉片区的地层分布划分为昆仑秦岭区、中祁连分区和疏勒小区，这一地质格局展现出丰富多彩的地层特征，只有寒武系地层未有明显露头，其他各个地层系列均可在该区域找到。尤其以古生界地层发育最为显著，构成了南祁连山西段的主要地质构造要素，如乌兰达坂和古穆博里达岭。次之是新生界地层，广泛分布于哈勒腾河、党河槽地和野马河槽地等地。上元古界地层则主要出露在党河以北，而下元古界地层的露头相对较小，主要分布在党河以北的盐池达坂沟一带，以及野人达坂地区。此外，中生界地层分布在党河上游地域，形成了这一区域独特的地质面貌。

### 2.1.1 片区地层

#### 2.1.1.1 前震旦系（Anz）

分布于党河以北地区的野马山和蛮干布尔嘎斯西南部一带，是一套区域变质岩，构成了党河北山的古老基底，总厚度约为4 723 m。根据岩性、沉积相和变质特征，可以将其划分为下、中、上三个岩组，各岩组之间存在整合接触，与震旦系被断层所分隔，下奥陶统和上泥盆纪至下石炭统在其上方不整合覆盖。具体划分如下：

（1）下岩组（Anza）：在黑沟剖面，该岩组厚度超过1 716 m，沿走向向西延伸至红石头沟至乎达坂口子一带，厚度为2 500～3 000 m。

（2）中岩组（Anzb）：厚度为1 807 m。

（3）上岩组（Anzc）：厚度超1 200 m。

在该地区，前震旦系的三个岩组形成了一个由碎屑岩和碳酸盐岩组成的大型海侵层序。中部出现火山岩，表明当时海底存在动荡和火山喷发，但总体趋势是海水逐渐加深。各岩组之间存在许多小的沉积旋回，形成了一套海相正常、沉积岩夹带火山岩的建造。

### 2.1.1.2 震旦系（Z）

震旦系分布在夏吾特沟、扁麻沟、小德尔基和独山子一带。它是一套浅变质至中等变质的海相碳酸盐岩和碎屑岩。主要岩性包括二云石英片岩、绿泥绢云石英片岩、黑云母变粒岩、大理岩、白云石大理岩、红柱石云母石英片岩、绿泥绢云千枚岩、石英岩、粉砂泥质板岩、变质勒砂岩、红柱石石英角岩和红柱石黑云母角岩等。根据沉积旋回、建造和化石等特征，将其划分为三个岩组，总厚度约为 7 535 m。

（1）下岩组（Z1）：该岩组出现在夏吾特沟和扁麻沟一带，主要由海相碳酸盐岩和碎屑岩组成，厚度达 1 297 m。

（2）中岩组（Z2）：该岩组与下岩组在夏吾特沟中连续沉积，局部存在断层接触。它是一套浅变质的海相碎屑岩和碳酸盐岩，厚度约为 1 794 m。

（3）上岩组（Z3）：该岩组与中岩组连续沉积，分布于夏吾特沟脑、盐池达坂沟脑、小道尔基和独山子一带。主要由海相碳酸盐岩夹带海相碎屑岩组成，厚度约为 2 468 m。

该沉积时期的特点是海进—海退—海进的旋回过程，沉积韵律分为下部以海相碳酸盐岩夹带碎屑岩，中部以粘土岩和碎屑岩夹带碳酸盐岩，上部以海相碳酸盐岩夹带碎屑岩为主。次一级的韵律和小韵律更为明显，一般以粘土岩或碎屑岩开始，到碳酸盐岩结束。具有明显的地槽型复理石沉积建造特征。

### 2.1.1.3 奥陶系（O）

党河两岸乌兰达坂北麓和古穆博里达岭一带分布着一套沉积韵律清晰的碎屑岩和少量火山碎屑岩，总厚度接近 10 000 m。

（1）下奥陶统（O1）：主要分布在乌兰达坂山的吾力沟至扎子沟以及哈尔挥迪和大沙沟至黑刺沟一带。可以划分为三个岩组：

①下部为中基性火山岩组。

②中部为中酸性火山岩组。

③上部为结晶灰岩组，并向东转变为砂岩、板岩和凝灰砂岩等岩性。

（2）中奥陶统（O2）：分布于扎子沟以东的乌兰达坂山北坡，向东延伸至古穆博里达岭的黑刺沟和大沙沟一带，呈北西至南东走向，并延伸至邻近地区。该统由一套陆源碎屑岩组成，呈现复理石式沉积，岩层产状稳定。根据沉积韵律和接触关系，可划分为两个岩组：

①下岩组（Oha）：含有笔石化石，厚度达 2 247 m。

②上岩组（Ohb）：主要由灰色长石石英砂岩、灰黑色千枚状泥质板岩夹变质粉砂岩和细砂岩组成，厚度约为 2 333 m。

#### 2.1.1.4　志留系（S）

志留系主要分布在乌兰达坂山的南坡，而北坡只在东部地带可见。志留系总厚度约为 18 000 m，与奥陶系之间存在断层接触。中志留统上部为上泥盆统的不整合覆盖，而志留系内部三个统之间的变质差异明显。

（1）下志留统（S1）：主要分布在乌兰达坂山的南坡，从西部的清水沟南山延伸至东南部的红达坂沟口。它由一套变质碎屑岩和泥质岩组成，划分为两个岩组，总厚度超过 7 362 m。

①变质砂岩组（S1a）

②砂坂岩组（S1b）

（2）中志留统（S2）：分布范围广泛，构成乌兰达坂山的主峰，并呈北西至南东的带状分布。北侧通过断层与中奥陶统相接，上部为上泥盆统的不整合覆盖。可划分为两个岩组，总厚度为 5 516 m。

①中基性火山岩组（S2a）

②硬砂岩组（S2b）

（3）上志留统（S3）：分布在黑刺沟至桃湖沟一带，形成一较宽的向斜构造。组成部分包括砾岩、硬砂岩等超碎屑岩，并夹有紫色泥质岩。总厚度达到 5 059 m，属于磨拉石建造，未经变质。可以划分为三个岩组，这些岩组呈连续沉积。

①含砾砂岩组（S3a）

②硬砂岩组（S3b）

③砂砾岩组（S3c）

#### 2.1.1.5　上泥盆统及下石炭统（D3 及 C1）

乌兰达坂山南坡断续分布着上泥盆统至下石炭统的怀头他拉组。该区域从东起大冰沟到西至克希且尔干德，党河北岸大道尔基超基性岩体北侧，哈马尔达巴、古穆博里达岭野马滩等地也零星分布一些。

该地层为一套海相沉积，包括碎屑岩、石膏和碳酸盐岩，显示海陆交互和陆相沉积特征，形成了弯曲短轴向斜或背斜构造。上述地层从前震旦系、震旦系、奥陶系和加里东晚期侵入岩体之上，不整合覆盖，含有动物和植物化石碎片。总厚度约为700 m。该地层可以划分为三个部分，这三个部分之间存在整合接触，表示它们是连续沉积的。

（1）下部为上泥盆统沙流水群（D3sh）。

（2）中部为下石炭统城墙沟组（C1c）。

（3）上部为下石炭统怀头他拉组。

### 2.1.1.6　中—上石炭统（C2—3）

中—上石炭统在黑沟、包尔等地出露，并呈现北西西向的条带状分布。总厚度为166 m。岩性主要由炭质、泥质岩和少量碎屑岩与碳酸盐岩组成，在上部常夹有薄煤层，并展示了明显的沉积韵律。页岩中含有植物化石，而碳酸盐岩中含有海相动物化石。

在南部的地区（如沙尔浑迪），中—上石炭统升高为陆地，没有继续接受沉积。而在北部的地区（如包尔、黑沟），海水时进时退，继续进行沉积，形成了海陆交相互应的炭质、砂质和碳酸盐质沉积。

### 2.1.1.7　二迭系（P）

二迭系主要分布在该区域的东部，呈北西、北东和南北向的条带状分布，并向东延伸至硫磺山幅。该地层主要由碎屑岩组成，夹带少量碳酸盐岩层，含有动植物化石。二迭系可以划分为上下两个统：

（1）下二迭统巴音河群（P1bn）：位于二迭系的下部，主要由碎屑岩组成。该群地层具有不同的岩性和沉积特征，其中可能包括砂岩、泥岩和页岩等。巴音河群中也含有一些碳酸盐岩层。在这个统中可以发现动植物化石。

（2）上二迭纪统诺音河群（P2nn）：位于二迭系的上部，同样由碎屑岩组成，并夹带少量碳酸盐岩层。诺音河群也含有动植物化石。

### 2.1.1.8　三迭系（T）

三迭系主要分布在该区域的东部，呈北西、北东和南北向的条带状分布，向东延伸至硫磺山幅。该系地层主要由碎屑岩组成，局部夹带碳酸盐岩薄层，并含有动植物化石。三迭系可以划分为下、中、上三个统，每个统之间存在整合接触，表示它们是连续沉积的。总厚度约为 2 360 m。

（1）下三迭统（T1）：分布在阿勒腾哈孜安至大冰沟及党河上游的牙马台、达格德勒、柯柯库勒、扫萨那必力、哈仑乌苏、包尔等地，呈北西西、北东或南北向的条带状分布，并形成了向斜和单斜构造。下三迭统由一套碎屑岩组成，在横向上岩性变化不大，总厚度为 560 m。下三迭统可能代表了河流至滨海相的沉积环境。这意味着在下三迭统形成时期，该地区可能经历了河流冲刷和滨海沉积的过程。

（2）中三迭统（T2）：这些地层分布在大冰沟、牙马台、柯柯库勒、扫萨那必力、包尔等地，呈北西、南北向的带状分布，并形成了向斜和单斜构造。在这些地层中，发现了海相动物化石和植物化石碎片，同时存在交错层理。在该地层向东延伸至硫磺山幅的部分，出现了夹层的薄层灰岩，并含有大量海相动物化石。在南部，厚度可达 278 m，而在北部可达 552 m。这说明沉积环境非常不稳定，属于滨海和浅海相的沉积。

（3）上三迭统哈仑乌苏群（T3h1）：上三迭统分布于阿勒腾哈孜安至且尔干德、哈仑乌苏包尔一带，构成北西西向的向斜构造核部。该地层由一套细碎屑岩和泥质岩组成，内含丰富的植物化石，并与中三迭统存在整合关系。该地层可以划分为上、下两个岩组，总厚度大于 1 248 m。具体地层划分如下：

①上岩组（T3h12）：含有丰富的植物化石，厚度大于 310 m。

②下岩组（T3h11）：含有植物化石，厚度为 938 m。

### 2.1.1.9  侏罗系（J）

侏罗系分布在乌兰达坂山北坡的半截沟，以及南坡的克希且尔干德和乌托泉等地的非相连山间盆地和山前断陷盆地内，出露面积较小。它们呈北西向和近东西向的条带状分布。该地层由碎屑岩夹泥质岩组成，含有油页岩和煤，也含有动物化石。该地层未见到明显的顶底界限。根据岩性、化石、沉积相和接触关系等特征，这些地层可以划分为中—下统（J1-2）和上统（J3），总厚度大于 482 m。

### 2.1.1.10  白垩系（K）

这些地层仅见于白垩系下统，主要分布在尧勒特—乌兰额热格上游、色尔一带、黑子沟北、古穆博里达蛤和野马河上游北则山麓边缘地带。这些地层的出露面积约为 130 km²。岩性主要包括紫色、紫红色、砖红色的中细粒长石石英砂岩、含砾中粗粒长石砂岩和砾岩，偶尔夹有灰色薄层泥质页岩、粉砂岩、灰岩和石膏等。

这些地层在地层序列中不与上震旦系和下三迭统等地层发生整合接触，与上新统疏勒河地层之间为不整合接触。据观测，其厚度约为 736～1 768 m。这些地层具有颜色较深、碎屑分选性和磨圆度差、韵律特征不明显，以及相互交互作用较剧烈和厚度较大等特征。它主要形成于氧化环境，属于红色碎屑岩河流相沉积，某些局部地段可能存在湖相沉积。

### 2.1.1.11　上第三系（N）

在乌兰达坂山的南北坡以及党河河谷地带存在以下两个地层：

（1）中新统白杨河组（N16）：主要分布在乌兰达坂北坡的二道泉至大红沟一带、查干布尔嘎斯河谷两侧。该地层主要由泥质岩夹碎屑岩组成，可以划分为上、中、下三层。

①上部为砖红色细粒长石石英砂岩、砾岩，夹有灰绿色粉砂岩和薄层灰岩，厚度为 239 m。

②中部为杂色页岩、粉砂质页岩、粉砂岩夹杂砂岩、细砂岩、泥灰岩，厚度为 983 m，含有腹足类、瓣鳃类、介形虫化石和植物化石碎片。

③下部为灰黄、灰紫色砾岩，夹有灰白、灰黄和黄褐色的细粒长石石英砂岩、粉质泥岩、泥质细砂岩和泥岩等，厚度为 617 m。

该地层不整合地覆盖在下石炭统和上震旦统上层岩石之上，与上新统疏勒河组为假整合接触。总厚度大于 1 839 m。白杨河组具有颜色混杂、物质成分细、韵律特征明显、具有波痕和斜层理、相互交互作用大、含有河湖相软体动物化石等特征。它是一套河湖相沉积的泥质岩和碎屑岩建造，底部和上部以碎屑岩为主，表明早期和晚期可能以河流相沉积为主，而中期沉积物质较细，含有丰富的腹足类、瓣鳃类软体动物化石及介形虫和植物化石碎片，属于典型的湖相沉积。

（2）上新统疏勒河组（N2s）：分布于乌兰达坂山北坡的二道泉至马牙沟一带，以及党河上游的伊和辉腾郭勒、巴嘎辉解腾郭勒和查干布尔嘎斯西北的牙马谷两侧，黑刺沟东侧亦零星分布，出露面积约为 350 km²。该地层大致可划分为上、下两层。

①下部为紫红色砂质泥岩、泥质粉砂岩，少量紫红、橘红和橘黄色的砾岩和含砾砂岩，局部地段底部可能有砾岩或含砾砂岩夹泥岩、粉土岩和泥灰岩。

②上部为紫红、橘黄色的粉砂质泥岩、砂质粉土岩，局部夹有含砾砂岩、砾岩和薄层石膏。估计厚度为5~6 m。

该地层具有颜色单一、岩性软、产状平缓、显层理、砾石分选性和磨圆度较差、岩性变化不大，风化后呈现鲜艳的橘红、橘黄和茄红色等特征。它是一套在氧化环境下湖泊和山麓河流相沉积的红色碎屑岩和泥质岩建造。

### 2.1.1.12 第四系（Q）

乌兰达坂山的南坡哈勒腾河流域和北坡党河河谷，以及其他河谷平原、山间凹陷和山前倾斜平原主要由下更新统、中更新统、上更新统、全新统早期和晚期的第四系沉积物组成。这些沉积物的成因类型包括洪积、冲积—洪积、湖积—淤积、风积、沼泽、冰水沉积和冰川堆积等。其中，下更新统已经成岩，而其他部分仍为松散的堆积物。

根据化石、岩性、接触关系、成因类型、地貌特征和前人的研究资料，第四系可以进一步划分为下更新统、中更新统、上更新统、全新统早期和晚期。在党河南侧的中、上更新统中，普遍存在砂金层位，这些地层中的砂矿含有金矿。因此，在该地区可以看到前人开采砂金的痕迹。

（1）下更新统玉门组（Q1y）：分布在乌兰达坂山北坡的二道泉、大泉、小泉，以及南坡的阿勒腾哈孜安和哈勒腾河拐弯处。此外，它还在野马河北山山麓地带、盐池湾西侧和疏勒河边零星分布。下更新统玉门组的厚度在各地有所不同，范围为200~743.3 m。这种差异可能是由于沉积环境、沉积物供应和地质构造的变化所致。

（2）中更新统（Q2）：分布在夏蜡窑洞和大道尔基以北、查干布尔嘎斯河谷、哈马尔达巴阿木疏勒西岸，在黑刺沟、半截沟、洞子沟等地零星分布。它的成因类型是冲积—洪积，地貌上形成了河谷的Ⅲ—Ⅳ级阶地。该地层的厚度为70~100 m。中更新统以半胶结砾石层和砂砾石层的分选特征为其特征，同时具有不明显的层理。这使得它与下更新统玉门组的砾岩有所区别。中更新统与下方的下更新统砾岩和上方的上更新统呈嵌入不整合接触。

（3）上更新统（Q3）：分布于乌兰达坂山南北两坡的山前地带，形成古洪积扇，并覆盖了野马河和党河河谷的Ⅱ—Ⅲ级阶地以上的广大戈壁平原。上更新统可以分为洪积和冰水沉积两种类型，其中洪积类型占主导地位，而冰水沉积仅分布在党河上游地区。上更新统通常与下方的中更新统的砾石层和上方的全新统常常呈嵌入接触。具体而言，上更新统可以进一步划分为以下几个亚单位：

①冰水洪积物（Q3pl）：广泛分布于戈壁滩，由砂砾石层、砂层、含砾砂层、含砾亚砂土、亚砂土组成。成分因地域不同而异，通常呈次棱角状，厚度小于50 m。

②冰渍物（Q3gl）：主要分布在高山地区，如祁连山和党河南山山脉的古冰槽谷和山前倾斜平原支沟地带。冰渍物主要以底渍和侧渍堆积物的形式出现，厚度通常为10～40 m。

③冰水沉积物（Q3fgl）：分布在党河上游的哈尔浑迪至沙尔浑迪一带。该类型由含砾亚砂土层夹少量含砾砂层和砂砾层组成。砾石的成分复杂，主要包括火山岩、矽岩、板岩、花岗岩、闪长岩、灰岩、大理岩和片岩等。砾石的分选性和磨圆度差异很大。在海拔3 850～4 130 m的山前地带，表层通常被磨圆度较差的砾石覆盖。在较低的地区，沉积物较细，砾石具有一定的磨圆度，且层理不明显，厚度为2～4 m。

（4）全新统（Q4）：分布于各地大小河谷的现代河床及其两侧支流地带。根据成因类型的不同，全新统可以分为以下几个亚单位：

①冲积物（Q4al）：呈条带状，分布于党河、野马河以及小河谷的河床和漫滩。由松散的砂砾、碎石和砂土组成，厚度为2～3 m。

②洪积物：分布于党河南山山前的洪积扇的现代冲沟及其两侧。主要由砾石、砂和砂土组成，偶尔夹带含砂砾石层。沉积物在靠近山口部分逐渐变粗，远离山口则逐渐变细。与下方的上更新统洪积物常常呈嵌入接触，厚度为2～3 m。

③风积物（Q4col）：主要分布于党河上游额勒森玉牙马台西一带，也零星分布在野马河上游。在地貌上表现为波状沙丘和新月形沙丘，总面积约为210 km²。一般厚度为5～30 m，最大可达50 m。

④冰水堆积物（Q4fgl）：分布于哈尔浑迪之党河上游河床及其两侧，即海拔4 000 m和4 300 m之间的地带。由砂砾石夹少量砂土组成。这些沉积物

是由冰雪融化形成的水短距离搬运而沉积的，其中夹杂少量具有冰川擦痕的砾石。厚度约2～5 m。

⑤冰渍物（Q4gl）：分布于现代冰川前缘的冰舌末端地带。岩性包括杂乱无章的岩块、砾石和泥沙等，粒径大小差异明显，具有棱角。其成分与冰川覆盖的基岩一致。厚度一般小于15 m，个别终积堤可达100 m。

⑥沼泽沉积物（Q4h）：主要分布于河流两侧的低洼处，例如乌兰窖洞—盐池湾党河两侧的漫滩小面积分布。此外，它们还出现在多年片状冻土区域和季节冻结区的一些沟谷或沟脑。岩性主要是灰褐色的泥质腐殖土、粉砂质粘土。厚度一般小于2 m。

### 2.1.2 地质构造

党河两侧及相邻地区至少存在四个构造体系，包括古河西构造体系、青藏"歹"字型头部外围旋扭褶带、区域东区西相构造带和祁吕—贺兰"山"字型构造体系反射弧西翼挤压带。这些构造体系反映了该地区地壳构造的复杂性和多样性。（表2-1）

#### 2.1.2.1 走向近东西构造形迹

党河以北的近东西构造形迹在大道尔基以东的前古生界地层分布区内最为突出。在这个区域，褶皱和断裂以近东西走向为主，并呈带状展布。根据描述，可以将其分为三个带，具体如下：

（1）北带（扁麻沟脑挤压带）：位于党河以北的区域，展布于前古生界地层分布区内。在这个带内，近东西走向的断裂发育较为突出。

（2）中带（夏吾特褶断带）：位于党河以北的中部区域，也展布于前古生界地层分布区内。在这个带内，近东西走向的褶皱和断裂发育较为显著。

（3）南带（盐池达坂沟挤压带）：位于党河以北的南部区域，同样展布于前古生界地层分布区内。在这个带内，近东西走向的断裂发育较为突出。

#### 2.1.2.2 走向北西—南东的构造形迹

走向北西—南东的构造形迹在党河流域及其南山乌兰达坂山脉的广大狭长地带最为突出，也是最重要的构造形迹。这个构造形迹的走向大致为295°～300°，主要由平行展布的褶皱、断裂、长条状侵入体和河谷沉积区组成。根据描述，可以将其划分为以下六个带，其中三个带位于片区内，具体如下：

（1）党河中上游北西向出间沉积带—党河槽地：位于党河中上游的地区，走向为北西向，主要由出间沉积带和党河槽地组成。

（2）乌兰达坂山北坡北西向冲断带：位于乌兰达坂山的北部，走向为北西向，主要由冲断带组成。

（3）乌兰达坂挤压带：位于乌兰达坂山的中部，由四个复式向斜构造组成，包括乌兰达坂—黑刺沟脑复向斜、扎子沟—马牙沟复向斜、清水沟南山向斜和美丽沟向斜。

2.1.2.3　祁吕—贺兰"山"字型构造形迹

（1）查干布尔嘎北西向挤压带：该构造带分布在野马河北岸，位于祁吕—贺兰"山"字型构造的西翼外缘，与青藏"歹"字型构造头部外围大体界线相接，范围包括音德达坂、包尔至疏勒河一带。在该区域，断裂发育，规模大小不一，大部分具有压性和扭性，同时存在拖掩褶皱和羽状裂隙。还有挤压破碎带和糜岩现象。

（2）平达坂—乌兰额热格南北向构造带：分布在平达坂、哈马尔达巴和乌兰额热格地区，走向为南北向。褶带由上泥盆统一石炭系、二叠系、三叠系、白垩系等岩层的褶皱和冲断裂构成。

2.1.2.4　野马山东西向古老隆起挤压带

野马山东西向古老隆起挤压带位于党河和野马河之间，形成了一个独立的褶皱带，向西延伸至别盖幅，经过伊克德尔基北侧，最终沉没于戈壁地区。它与青藏"歹"字型构造的北西向构造带和祁吕—贺兰"山"字型构造的南北向构造带形成反接复合关系。

该挤压带由前震旦系、震旦系上统等深变质岩系的褶皱和冲断层，以及加里东晚期花岗岩带组成。总体上显示出一个古老构造的复式背斜，其南北两翼大部分被党河和野马河槽地所掩埋。

2.1.2.5　青藏"歹"字型构造

巨型的青藏"歹"字型构造褶的头部波及该区，形成了一系列褶皱和压扭性断裂，构成了北西向挤压带和相应的槽地，其中包括野马河槽地、巴尔音树提勒旋扭褶带、党河槽地和古穆博里达岭旋扭褶带。这些构造特征反映了地壳构造活动在该区域的重要影响。

表 2-1　祁连山国家公园酒泉片区地质构造表

| 构造体系归属 | | 编号 | 位置 | 产状（倾向、倾角） | 规模（km） | 力学性质 | 交接关系 |
|---|---|---|---|---|---|---|---|
| 吓吾特区域东西向构造带 | 东西向构造行迹 | 1 | 扁麻勾 | — | 16.5 | 压性 | "人"字型 |
| | | 2 | 扁麻勾 | 0∠70° | 11.0 | 压性 | |
| | | 3 | 小道尔基 | 180∠60° | 14.0 | 压性 | |
| | | 4 | 大道尔基—盐池达坂沟 | — | 20.0 | 压性 | |
| | | 5 | 大道尔基 | 180∠65°～80° | 2-4 | 压性 | |
| 乌达坂古河西构造体系 | 北西南—东向构造行迹 | 6 | 乌兰达坂沟 | SW∠40° | 34.0 | 压住 | "人"字型 |
| | | 7 | 夏腊窑洞 | 隐伏 | 25.0 | 压扭 | |
| | | 8 | 清水沟—大冰沟 | NE∠60°～70° | 110 | 压扭 | |
| | | 9 | 清水沟—玉勒昆干尔德 | NE∠50° | 60 | 压扭 | |
| | | 10 | 白石头沟 | 280∠70° | 5 | 压扭 | |
| | | 11 | 白石头沟南侧 | 210∠0° | 28 | 压性 | |
| | | 12-13 | （并列）扎子沟—乌兰达坂 | 220∠50°～70° | 44 | 压住 | |
| | | 14 | 乌兰达坂中段—累剌沟 | 210∠50° | 25 | 压控 | |
| | | 15 | 14号南侧 | S∠50°～70° | 30 | 压性 | |
| | | 16 | 克希且尔干德—红达坂 | NE∠50° | 20 | 压性 | |
| | | 17 | 16号北测 | NE∠70° | 11 | 压性 | |
| | | 18 | 16号南侧 | NE∠60°～70° | t1 | 冲覆 | |
| | | 19 | 红庙沟 | NE∠50° | 14 | 压性 | |
| 『山』字型构造祁吕—贺兰三 | 走向北东的构造行迹 | 20 | 盐池达坂 NE | SE∠80° | 14 | 压性 | 有斜切 |
| | | 21 | 盐池达坂 S | 140∠75° | 8 | 压性 | |
| | | 22 | 扁麻沟 | NW∠65° | 3 | 压性 | |

续表2-1

| 构造体系归属 | | 编号 | 位置 | 产状（倾向、倾角） | 规模（km） | 力学性质 | 交接关系 |
|---|---|---|---|---|---|---|---|
| 祁吕—贺兰『山』字型构造 | 走向北东的构造行迹 | 23 | 克希且尔干德 | NW∠80° | 18 | 压姓 | 有斜切 |
| | | 24 | 野人达坂共八条 | 280∠45° | 8 | 压性 | |
| | | 25 | 平草湖四条 | NE∠60° | 6 | 压性 | |
| | | 26 | 查干布尔嘎斯东北 | NE∠50°～70° | 3～41 | 压扭性 | |
| | | 26-42 | — | — | — | — | |
| 党河北山区域南北构造带 | 南北向构造带 | 43 | 夏吾特四条 | E∠70°～80° | 18 | 压性 | — |
| | | 44 | 小道尔基二条 | — | 6.5 | 压性 | |
| | | 45 | 希如达巴东南侧 | E | 7.0 | 压扫性 | |
| | | 46 | 哈马尔达巴 | E | 14.0 | 压扭性 | |
| | | 47 | 伊和阿尔嘎勒台西南 | W | 2.5 | 压性 | |
| | | 48 | 大泉 | E∠60° | 7.0 | 压扭性 | |
| | | 49 | 扫萨那必力之西南侧 | NEE | 4.0 | 压扭性 | |
| | | 50 | 克勒特 | E∠60°～70° | 7.0 | 压扭性 | |
| | | 51 | 柯柯库勒之西 | W | 13.0 | 压性 | |
| 河西构造体系南祁连山西段 | 北北西构造行迹 | 52 | 清水沟西南—貉露淘二条 | NNE∠75° | 26 | 扭 | — |
| | | 53 | 塔吾热特十几条 | NNE∠85° | 30 | 扭 | |
| | | 54 | 喀蜡吐木苏克 | W∠58° | 2.5 | 扭 | |
| | | 55 | 平达坂之北 | — | 6 | 不明 | |
| 野马山构造 | 东西向 | 56 | 平达坂之北 | SW∠50° | 2.5 | 冲覆 | — |
| | | 57 | 平达坂之东北侧 | SW | 15.5 | 不明 | |
| | | 58 | 哈马尔达巴之北侧 | NNW | 10.0 | 压性 | |

| 构造体系归属 | | 编号 | 位置 | 产状（倾向、倾角） | 规模（km） | 力学性质 | 交接关系 |
|---|---|---|---|---|---|---|---|
| 野马山东西向构 | | 59 | 哈马尔达巴之南侧 | NNE∠50°～60° | 24.0 | 压性 | — |
| | | 60 | 黑沟之西侧 | — | 7.5 | 压性 | |
| | | 61 | 平达坂口子西侧三条 | NNE∠60° 走向 E—W | 8.0 | 压性 | |
| 青藏『歹』字型构造头部外围褶带 | 巴尔音柯提勒旋扭褶带 | 62 | 音德尔达坂北侧 | NE∠50°～60° | 21.0 | 压扭性 | 65、66相交复合 |
| | | 63 | 大泉东南侧 | 走向 N55° | 12.0 | 不明 | |
| | | 64 | 伊和阿腊嘎勒台之西南侧 | W | 5.5 | 不明 | |
| | | 65 | 哈仑乌苏西北侧 | 走向 N35° | 24.0 | 冲覆 | |
| | | 66 | 巴尔音柯提勒之北侧 | W | 10.0 | 压扭性 | |
| | | 67 | 哈仑乌苏之西侧 | NE∠25°～50° | 7.5 | 不明 | |
| | | 68 | 哈仑乌苏之西 | NWE∠28°～55° | 10.0 | 压扭性 | |
| | | 69 | 巴尔音柯提勒东侧 | 走向 NWW | 9.0 | 扭性 | |
| | | 70 | 巴尔音乎德木之西南侧 | SSW∠60° | 5.5 | 不明 | |
| | | 71 | 乌兰额热格三条 | NE | 11.0～27.0 | 不明 | |
| | | 72 | 勒特之东侧 | NE∠50° | 4.0 | 压扭性 | |
| | | 73 | 达格德勒二条 | SE | 2.0～4.5 | 扭性 | |
| | | 74 | 牙马台 | SW∠80° | 5.0 | 压扭性 | |
| | 古穆博里达岭旋纽褶带 | | 大沙沟 | SW∠34° | 13.5 | 压扭性 | — |
| | | | 大沙沟南二条 | SW∠50°～76° | 23.0 | 压扭性 | |
| | | | 半截沟南侧 | SSE∠76° | 6.0 | 扭性 | |
| | 弧型展布 构造行迹 | 78 | 骆驼沟一带 | SW∠45°SS | 10～16 | 扭 | — |
| | | 79 | 阿克塔斯阔腊北三条 | SE | 12.0 | 扭 | |

### 2.1.3　构造运动

#### 2.1.3.1　震荡上升运动

震荡上升运动可分为震荡式强烈上升和震荡式缓慢上升两种形式。

（1）震荡式强烈上升运动：这种运动主要分布在走廊南山、阿尔金山、托来南山、疏勒南山、党河南山等山脉地区，表现为阶梯状的地貌形态。在这些地区，发育有三个级别的夷平面：

①一级夷平面：位于现代冰川发育区，高程大于4 700 m。该夷平面大致形成于晚第三纪，早更新世初期被抬升。

②二级夷平面：高程介于4 300 m和4 600 m之间，由于断裂切割、冰水湖源侵蚀以及区域性挤压的影响，使得山体北缓南陡，呈现不对称性。二级夷平面形成于早更新世，中更新世时期被抬升。

③三级夷平面：高程为3 700～4 000 m，由上第三系、白垩系组成的山前台地以及上古生界和三叠系组成的山麓平缓波状丘陵组成。该夷平面形成于中更新世，晚更新世时期被抬升。

从第四纪以来的演化过程可见，这些地区的海拔自第四纪以来上升了约1 000 m，上升速度超过了外力剥蚀作用的速度。

（2）震荡式缓慢上升运动：这种运动主要表现为河谷的多级阶地。在工作区内，河谷阶地主要为内迭式阶地，中上游通常发育有Ⅰ、Ⅱ级阶地，而下游普遍发育Ⅱ、Ⅲ级阶地，仅在个别地段可见高级基座式阶地。现代河床与高级阶地相对高差超过40 m，这是震荡式缓慢上升的有力证据。

#### 2.1.3.2　褶皱断裂运动

挽近褶皱断裂运动通常出现在盆地和山地的接合部位，多数情况下，是由古老断裂的继承活动引起的。这些古老断裂的挽近活动导致了古老褶皱带上的古老地层逆冲到盆地边缘的第三系地层之上，并使第三系地层局部发生地层倒转、直立以及次级逆冲断裂的形成。在这种运动过程中，较为平缓的短轴褶皱构造广泛存在，其走向与古老构造线一致，部分断裂延伸距离较远。

新构造运动主要以抬升为主，不仅使古老地层逆冲于第三系地层之上，而且使第三系地层逆冲于第四系地层之上，甚至导致了第四系堆积物的错断现象。

### 2.1.3.3 大面积沉降运动

大面积沉降运动是工作区构造运动的基本形式之一。根据地球物理勘探和钻探资料，测量区域的盆地第四纪地层厚度普遍在100 m和300 m之间，最厚处可达1 000多米，显示出明显的下降趋势。

## 2.2 地貌特征

据内外动力地质作用，将酒泉片区地貌成因和形态类型分为3大类8亚类（表2-2）。

表2-2 祁连山国家公园酒泉片区地貌特征表

| 类 | 亚类 | 代号 | 特征简述 |
|---|---|---|---|
| 侵蚀构造地形 | 极高山 | I₁ | 分布于阿尔金山、党河南山、土尔根达坂、喀克土蒙克、疏勒南山、走廊南山等山脉峰。海拔多在4 500 m以上，切割深度大于450 m。角峰、鳍脊、冰斗极为发育，分布有现代冰川或终年积冒。 |
| | 高山 | I₂ | 分布于阿尔金山、党河南山、土尔根达坂、喀克土蒙克、托来南山、疏勒南山、走廊南山等山脉地区。海拔为4 000~4 500 m,切割深度一般为700~1 500 m,古冰川创蚀作用强烈，山体尖锐，坡面陡直，"V"型谷居多。 |
| 构造剥蚀地形 | 中山 | II₁ | 分布于野马南山、党河南山、哈尔科、疏勒南山等山脉地区。主要由下元古界变质岩系、古生界碎屑岩、变质岩、碳酸盐岩及加里东期侵入岩构成。海拔为3 500~4 000 m,切割深度一般为500~1 000 m,水流侵蚀强烈，"V"字型河谷发育。 |
| | 低山丘陵 | II₂ | 分布于阿尔金山、党河南山、鹰嘴山、照壁山、托来山等山脉的山麓，主要由中生界及第三系碎屑岩构成。海拔一般小于3 500 m,切割深度小于500 m,山体浑圆，山坡较缓，水流侵蚀较弱。 |
| 堆积地形 | 冰水堆积高台地 | III₁ | 分布于零星分布于各盆地山前，由中—下更新统冰殖泥砾构造，海拔一般为3 600~3 900 m,以4°~8°坡向戈壁平原倾斜。 |
| | 冲洪积平原及冰水积戈壁 | III₂ | 分布于各山间盆地和河谷盆地，河谷盆地由上游向下游渐开阔，在山区一般呈"V"型或"U"型峡谷，山间盆地地形开阔，由山前向盆地中部倾斜，坡降一般为5‰~15‰,最大达40‰。 |

续表2-2

| 类 | 亚类 | 代号 | 特征简述 |
|---|---|---|---|
| 堆积地形 | 湖沼细土平原 | Ⅲ$_3$ | 分布于苏干湖、党河盆地、疏勒河上游盆地、野马河盆地地区。由全新统淤泥质亚砂土及淤泥构成,多为地下水溢出带或冻结层上水发育区,地势低洼,植被发育 |
| | 风积沙漠及盐沼地 | Ⅲ$_4$ | 分布于苏干湖盆地、野马河盆地、党河盆地上游及疏勒河上游盆地,多为活动型沙丘链,比高一般为5~15 m。同时存在盐渍化较为严重的盐沼地,多分布在地下水位埋深较浅的区域 |

## 2.3 土壤

### 2.3.1 土壤形成的因素

土壤的生成是通过多种自然因素的综合作用形成的,包括地质过程、母岩的性质、成土母质的特征、气象条件、水文情况以及植被等。这些因素相互作用,塑造了不同垂直土壤带的特征,使其适应了当地的植被和生态环境。

### 2.3.2 土壤母质及类型

#### 2.3.2.1 土壤母质

母岩和母质在土壤形成中扮演着至关重要的角色。母岩通常是与土壤形成密切相关的岩石体,而母质则是由母岩的风化产物组成的,它们共同构成了土壤的基础物质。

母质的性质对土壤的形成和特性产生了深远的影响。首先,母质的机械成分直接决定了土壤的质地。这包括土壤的粒径分布,即土壤中不同粒径的颗粒所占比例。粗细颗粒的比例将影响土壤的通透性、保水能力和透气性。因此,母质的机械成分对土壤的物质存在、转化和迁移,甚至土壤的固态、液态和气态平衡都有着直接影响。

其次,母质的化学成分对土壤的化学构成产生显著影响。不同的母岩和母质中含有不同的矿物和化学物质,这将在土壤中引入不同的元素和离子。这些元素可以影响土壤的酸碱性、养分含量和化学反应。因此,母质的化学特性直接决定了土壤的形成进程,最终影响土壤的特性和肥力状况。

最后，母质的排列方式在土壤中具有重要作用，它决定了土壤层次的分布和土壤剖面的结构。这将影响水分在土壤中的移动和分布，直接影响土壤中物质的溶解和沉淀过程。这些过程对土壤的排水性、水分保持能力以及对根系的可渗透性都有着重要的影响。因此，母质的性质和排列方式在土壤形成的不同阶段和环境中扮演着关键的角色，对土壤的结构、化学特性和生态系统功能产生深远的影响。了解和考虑母质的特性对于有效地管理土壤和土地资源至关重要。

### 2.3.2.2　母质类型

（1）残积母质：又被称为残积物，指的是岩石在经历风化后，在原地未经水流搬运的情况下留存下来的碎屑物质。这些残留的碎屑物质未经过水流的分选作用，因此其成分性质与母岩基本相同。在保护区内广泛分布着这种残留物，特别是在党河南山、野马南山等地的夷平阶段的老年中低山残丘上，可以在平缓山顶、垄岗高地和山前缓坡地找到这种类型的残积物。

（2）坡积母质：指山坡上部的风化碎屑物在重力作用下向下坍塌、堆积，或在雨水冲刷和侵蚀的作用下被搬运到山坡的中下部，甚至山麓地区。这些坡积物广泛分布在保护区内的中高山和中低山丘陵的山前地带。

在山麓上部，众多的坡积物相连接，形成宽阔且倾斜的坡积裙。坡积物通常具有较差的分选性，其物质颗粒较粗糙，磨蚀度较低，呈多棱角状，堆积层相对较薄。然而，在山坡的下部，坡积物堆积较厚，颗粒细度较上部更细，磨圆度较高，堆积层的层次较为分明。

（3）洪积母质：又被称为洪积物，是指山洪将碎屑物质从山区搬运到山前平原地区，并在那里沉积而形成的山洪沉积体，通常在山口处形成洪积扇。洪积母质在保护区内分布广泛，是分布面积最大的一种成土母质。

具体来说，在南部的党河南山和野马南山北麓，有一个广阔的洪积倾斜平原。在山前的老洪积扇上，通常覆盖着第四纪上更新统（Qs）的碎砾石；在山间盆地内，大部分地区被第四纪上更新统（Q3）的砂砾石所覆盖。盆地的低洼处可能会有少量全新统的洪积相砂砾石、夹砂砾石和亚粘土分布。

（4）冲积母质：指经常性水流侵蚀搬运并在河流两岸沉积下来的风化碎屑物质。这些沉积物通常具有均匀细腻的质地，分选性好，其中，石砾磨圆度较高，沉积层理也比较清晰。在冲积母质上形成的土壤通常具有较大的深度，富含养分，肥力相对较高。

在酒泉片区内，特别是在疏勒河下游干三角洲冲积平原沿岸细土平原上，多数土壤属于这种类型的母质。这些土壤通常具有良好的肥力和适宜的土壤特性，有利于植物的生长和生态系统的维持。

（5）风积母质：是在干燥的气候条件下，由风力将其他成因的沉积物搬运并堆积而形成的母质。这种类型的母质主要由石英砂粒组成，质地较粗糙，成分相对单一，粒度均匀，没有明显的层理。

风积母质主要分布在野马滩、野马沟口、党河上游和石包城盆地等地区，这些地方形成了风沙地貌。在这些地区，气温较高，干旱，地表植被较为有限。因此，形成了真正的沙山、沙滩或沙丘等风蚀地貌。

风积母质因为其贫瘠的性质和干燥的气候条件，通常对植被和土壤形成具有挑战性。这些地区可能需要特殊的土地管理和保护措施，以防止土壤侵蚀和生态系统的退化。

（6）红土母质：通常是指第三系红层露头，分布于祁连山北侧地区。这些地层主要包括红砾岩风化物和甘肃红层，它们在天然条件下，通常会风化形成棕漠土。然而，由于保护区内的平均气温低于10℃，这些土壤被归类为灰棕漠土。

红土母质通常具有红色或棕色的颜色，这是因其中含有铁氧化物的存在而导致的。这些土壤通常在半干旱或干旱气候条件下发育，并在低温条件下形成。红土母质在土壤发育和植被生长方面可能会面临一些挑战，因为其养分含量较低，通常需要采取适当的土壤改良措施，以支持农业或植被恢复。

（7）冰碛母质：主要分布在海拔3 800 m以上的地区，是在基岩风化过程中形成的。这个过程主要涉及物理风化、化学风化作用，如昼夜温差变化引起的胀缩作用、风蚀、重力作用（滑坡和碰撞）、水化学分解，以及水的胀压等因素。这些因素在基岩风化过程中起着直接作用。

在酒泉片区南部的山地，海拔超过4 200 m的地区可以经常见到冰碛物。这些冰碛物通常沿着高差的势能作用向下滑动或滚动。由于相互撞击，冰碛物的颗粒逐渐变小，颗粒小的沿着缝隙下沉，而颗粒大的则浮在上面，这与冲积母质和洪积母质的特点恰恰相反。

由于高寒气候的限制，植被的作用相对微弱，冰碛母质基本保持了基岩的性质。在这些地区,主要发育高山寒漠土和高山漠土。冰碛物通常沿着山坡的坡度下滑或滚动,一直延伸到海拔 3 800 m 处,在 3 200 m 的地方仍然可以看到这种类型的母质。

### 2.3.3　土壤类型及分布

#### 2.3.3.1　土壤类型

根据发生学的观点,以土壤的成土条件、成土过程,比较稳定的剖面形态和物理、化学、生物属性为依据,酒泉片区的土壤可分为 13 类 19 个亚类:

(1)风沙土:由风力搬运和沉积的土壤类型,通常分为固定风沙土和流动风沙土两种类型。

①固定风沙土:因为植被覆盖或其他保护措施的实施而停止了风力的侵蚀和沉积的土壤类型。它通常在人为干预下或自然恢复的情况下出现。

②流动风沙土:指由风力搬运并流动的土壤颗粒,这种土壤通常在干燥和无植被覆盖的地区扩散。流动风沙土的存在会对周围的生态系统和农田产生负面影响,导致土壤侵蚀、植被破坏以及水资源的流失。

(2)棕漠土:一种特定类型的土壤,主要分布于干旱和半干旱地区的沙漠或半沙漠地带。它通常呈浅棕色或棕黄色,含有大量的石英砂和细颗粒物质。这种土壤在干旱条件下形成,常见于少雨、高温和强风的沙漠环境。

(3)灰棕漠土:一种存在于沙漠地区的土壤类型,通常可以分为灰棕漠土和石膏棕漠土两种。

①灰棕漠土:颜色呈现灰色或浅灰褐色,含有部分石英砂和含量较高的细粒颗粒。土壤通常贫瘠,有机质含量较低,肥力欠缺。其中石膏含量较少,通常不足以构成石膏土的特性。

②石膏棕漠土:含有较高比例的石膏成分,颜色偏向灰白或浅灰色,质地多为细颗粒状。石膏的存在会影响土壤的肥力和植被生长,通常这类土壤肥力较低。这种土壤在沙漠地区较为常见,对水分的保持能力较差,通常排水性好。

(4)草甸土:在湿润地区形成的一种土壤类型,具有良好的排水性和适宜的土壤湿度,通常分为草甸土和盐化草甸土两种类型。

①草甸土:质地松软,富含有机质,常见于湿润地区的草地和湿地生态系统,具有良好的透气性和排水性,适宜植物根系生长。这种土壤多数时候

适宜于草本植物的生长，有利于牧草等植被的繁荣。

②盐化草甸土：通常由于土壤中存在过多的盐分，造成土壤的盐化。这种土壤的排水性较差，盐分堆积导致土壤肥力下降，植被的生长受到影响。

（5）沼泽土：在沼泽地形成的土壤类型，通常可以分为腐殖沼泽土和草甸沼泽土两种类型。

①腐殖沼泽土：主要由水苔、苔藓、腐殖质等有机物构成，富含有机质。这种土壤通常处于水分饱和状态，氧气供应不足，有机物分解缓慢，因此保留了大量的有机质。腐殖沼泽土为植被生长提供了丰富的养分，是很多湿地植物的重要生长基质。

②草甸沼泽土：与腐殖沼泽土相比，含有的有机质较少，更适宜于草本植物的生长。这种土壤类型通常在湿地的边缘或过渡地带出现，有较好的排水性和透气性，适合于一些草本植物的生长。

（6）高山寒漠土：高山寒漠土属于高寒地区的特殊土壤类型，主要分布在高海拔的寒冷干燥地带。这类土壤通常位于靠近高山的沙漠或荒漠区域，其特点是贫瘠、寒冷干燥的环境条件。土壤质地以砂质为主，颗粒细小，排水性良好。由于气候条件恶劣，土壤养分稀缺，植被稀疏，只有少量耐旱、耐寒的植物能在此生长。水分极其有限，土壤常处于干燥状态，难以支持大量植被的生长。

（7）高山漠土：一种位于高山地区的特殊土壤类型。通常分布在高海拔的干燥地带，处于气候寒冷、干燥的环境之中。这类土壤常见于高山地区的荒漠或沙漠区域，具有贫瘠、干旱的特征。土壤的成分主要是砂质，颗粒细小，具有较好的排水性。由于缺乏充足的水分，土壤养分贫乏，导致植被生长受限。在这种条件下，只有少量耐干旱的植物能够顽强生长。保护这类土壤和生态环境至关重要，须保持植被的稳固，防止土壤侵蚀，以维持这一脆弱的生态平衡。

（8）高山草原土：分布在高海拔山地的土壤类型，通常处于寒冷气候下的山地区域。这类土壤在高山地带的草原和草甸中广泛分布，其性质受海拔和气候条件的影响较大。

①高山草原土：通常富含有机质，具有较好的肥力，这种土壤对植物生长提供了较好的条件。它们含有大量腐殖质，这使得土壤比较肥沃，有利于

草本植物的生长。

②高山草甸草原土：更多出现在潮湿地区，其水分较多，因而含水量较高。这类土壤有利于各种湿生植被的生长，并有助于保护地区的水源。

（9）亚高山草原土：通常位于海拔较低的高山地带，介于高山和平原之间。这种土壤类型在地理上分布较广，其性质受当地气候、植被和地形等因素的影响。亚高山草原土常常具有较好的通透性和排水性，这使得它们在雨水较多的时候可以迅速排水，防止水分滞留，从而保护植物根部免受水分过剩的危害。由于其处于较高海拔的地区，这种土壤还面临着寒冷的气候条件的威胁，这可能对土壤的生态功能和植被的分布造成影响。亚高山草原土具有较高的有机质含量，这有利于植物生长和提高土壤肥力。

（10）亚高山草甸土：位于较低海拔的高山地带，介于高山和平原之间的土壤类型。这种土壤通常受到气候、植被和地形等多种因素的影响，呈现出不同的特征。亚高山草甸土通常具有较好的排水性和通透性，有利于快速排水，避免土壤水分过剩，有助于保护植物根部免受水分滞留的危害。这种土壤类型可能存在不同的有机质含量，这直接影响着土壤的肥力和植物生长的条件。在这种土壤中生长的植被通常包括适应寒冷和湿润环境的草本植物。由于地形和气候的多样性，亚高山草甸土的特征在不同地区可能存在差异。

（11）灌淤土（耕灌土）：在河流、河道、湖泊等水域中因泥沙淤积而形成的土壤。这种土壤类型通常富含有机质和泥沙，是在水域沉积物的基础上形成的，因此其颗粒较为细腻，质地较为松软。灌淤土在农业生产中被广泛使用，因其土质细软、肥力较高，对作物生长有利。通常在灌溉农业中使用。因其含水量较高，有助于保持土壤湿润；并且含有丰富的有机质，可以改善土壤结构、提高肥力。

（12）盐土：土壤中盐类物质含量较高的土壤类型。它通常包含过多的盐分，使得土壤失去了对植物生长有利的特性，对农业生产有不利影响。盐土通常是由于土壤排水不良或者地下水含盐量高，造成土壤的盐分逐渐积累而形成的。在盐土中，盐分含量高，特别是氯化物、硫酸盐和碳酸盐等盐类物质。这些盐类物质在过量的情况下会对作物的生长和土壤质量产生负面影响。盐分积累会影响土壤的透水性，导致土壤结构紧密，难以透水排盐，造成土壤中的植物营养元素难以被植物吸收，从而影响植物的正常生长和发育。

（13）粗骨土：一种颗粒较大，含有较多砾石、石块的土壤。这种土壤的颗粒较大，结构疏松，容易透水、排水。粗骨土通常因含有较多的砂砾颗粒而具有良好的排水特性。它的疏松结构使空气和水分更容易渗透，有利于作物根系的通气和生长。但由于其颗粒较大，土壤贫瘠、持水性差，通常在土壤改良方面加入有机物质增加肥力，改善土壤质地，提高作物生长的适宜性。

### 2.3.3.2 土壤分布

酒泉片区的土壤分布与地势高低紧密相关。在海拔较高的区域，如大雪山、大小哈尔腾南部和南山地区，常见的土壤类型包括寒冻土和寒钙土。而在海拔更高的地方，甚至可以见到冰川雪被的存在。相对较低的地势区域则广泛分布着冷钙土，在老虎沟保护站和石包成保护站北部也有灰漠棕土和棕钙土分布。在碱泉子保护站东北和疏勒保护站南部有少量初育土，而在党河下游沿岸则分布着风沙土。另外，在大哈尔腾保护站内还发现草毡土和半水成土。此外，酒泉片区内的土壤分布还表现出明显的地域差异。

（1）粉砂土：粉砂土含量在该区域内差异较大，范围从4%到47%不等。中部地区粉砂土含量普遍介于15%到25%之间。在党河下游、南山南岸、大小哈尔腾南部、大雪山、红石头沟北部和部分北部地区，粉砂土含量较低，大致在4%到15%之间。然而，在大小哈尔腾北部、石油河保护站、鱼儿红保护站南部、党河上游沿岸、碱泉子保护站东北和另外部分北部地区，粉砂土含量较高，达到了25%至47%。

（2）黏土与砂土：黏土含量的分布与粉砂土类似，从2%到31%不等，基本上随着粉砂土含量的增加而增加，两者之间呈现正相关。而砂土含量在32%到94%之间变化，分布情况与粉砂土类似，砂土含量随着粉砂土含量的增加而减少。

（3）高山土壤：这类土壤主要分布在海拔3 800 m至4 700 m之间，有时在阳坡高度可达4 800 m。它包括高山草原土、高山漠土和高山寒漠土。这些土壤通常位于高山地带，如山脊、古冰斗和冰渍台地、高山宽谷以及坡谷地带。它们的母质主要由冰渍物和残积坡积物组成。气候属于高寒半温润气候,具有高寒多山风特征,年降水量在 260 mm 至 350 mm 之间,年平均气温低于-4 ℃,无霜期很短,常年处于日夜温差明显的状态。植被通常较矮小,覆盖度在 15% 至 70% 之间。

（4）亚高山土壤:分布在海拔 3 000 至 3 800 m 的中山地带,包括亚高山草原土和亚高山草甸土。这些地区地形较为平缓,包括分水岭、古冰渍台地、宽阔的山原面和夷平面。其母质主要是冲积洪积物或洪积坡积物。气候类型为高寒干旱半干旱,年降水量在 180 mm 至 260 mm 之间,年平均气温在-0.5 ℃至-4 ℃之间,年平均积温高于 617 ℃,植被主要包括亚高山草甸草原和灌丛草甸草原。

（5）底山残丘戈壁土:这些土壤分布在海拔 2 200 至 3 100 m 之间,由山石剥落、洪积和坡积堆积而成,主要属于灰棕漠土类,其中含有砾石,形成了山前砾石戈壁。植被主要是旱生半灌木植被,植被覆盖度较低,最高可达 30%。

## 2.4　气候

### 2.4.1　气候基本特征

祁连山国家公园酒泉片区位于青藏高原气候区的高原亚寒带,其气候特点主要表现为以下几个方面。首先,该区域的气温较低,常年平均气温较低,日平均气温低于 10 ℃的时间少于 50 天。其次,降水量也较为有限,年降水量大致维持在约 150 mm 左右,尽管在某些地区,如盐池湾和石包城,降水量可能达到 200 mm。再次,这一地区的风较多,年平均大风天数大约为 22.1 天,最多可达 27 天,最少为 10 天。最后,日照时间相对较长,年均日照时数在 2 841.1 小时左右,年总辐射量介于 590.34 kJ/cm² 到 619.65 kJ/cm² 之间,这使得该地区的气候相对温暖宜人。

由于酒泉片区的面积广阔,地形多为多山地貌,这导致了局域性小气候的显著存在,这种多样性的地貌特征为该地区带来了冬季相对温暖和夏季凉爽的气候。

然而,正因为保护区内缺乏气象站点,气象数据的获取和监测面临一定的挑战。尽管如此,了解和研究这一地区的气候特点对于生态保护和管理至关重要,也有助于更好地理解其自然环境和气象条件。

### 2.4.2 气温

酒泉片区在肃北县的部分地区，气温呈现特定的空间差异分布特征，东部和西部地区年平均气温呈升高趋势，由东向西的中部地区呈降低趋势。祁连山国家公园酒泉片区多年（1991—2018年）平均年平均气温为-5.5 ℃，范围在-13.9～2.1 ℃之间，在北部和中部部分地区年平均气温在0℃以上。气温在党河和疏勒河两岸发生辐射状的分散分布，而河两岸的垂直方向则呈现出明显的温度梯度。具体来说，沿着这两条河流的平均气温都在-2 ℃以上，但随着远离河岸，平均气温逐渐下降，直至在大雪山地区降至-10 ℃以下。

在酒泉片区，位于阿克塞哈萨克族自治县境内的地区，平均气温分布在-10 ℃到-2 ℃之间。同样，在该片区位于肃南裕固族自治县境内的地区，平均气温也在-10 ℃到-2 ℃之间波动。

祁连山国家公园酒泉片区近28年年平均气温为-5.5 ℃，最低为2004年（-7.5 ℃），最高为1998年（-3.6 ℃），近28年年平均气温总体呈降低趋势，降低趋势率为0.4 ℃·(10a)$^{-1}$，年际间波动较大，具体表现为升高（1991—1998年）—降低（1998—2004年）—升高（2004—2018年）（图2-1）。

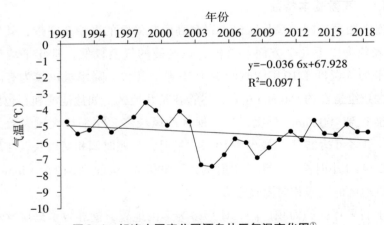

图2-1　祁连山国家公园酒泉片区气温变化图[1]

酒泉片区的气温变化率呈现出对称分布，以大雪山地区为中心线，向东西方向延伸。在大雪山地区，气温的变化率最低，低于-0.06 ℃。随着远离大

①气温和降水栅格数据：阳坤. 中国区域地面气象要素驱动数据集（1979—2018）. 国家青藏高原科学数据中心，2021.

雪山地区，气温的变化率逐渐增高。在酒泉片区的西南部位于阿克塞哈萨克族自治县的地区，气温的变化率达到了最大值，介于0.003 ℃和0.06 ℃之间。

酒泉片区的界限温度和积温数据如下：

≥0界温度（0 ℃）：春季日平均气温稳定高于0 ℃，表示土壤开始解冻，牧草开始萌发；秋季气温低于0 ℃，牧草枯黄。

≥5界温度（5 ℃）：春季日平均气温稳定通过5 ℃的时期，大部分牧草开始返青；秋季气温低于5 ℃，牧草停止生长。该期间被认为是牧草的青草期。

≥10界温度（10 ℃）：≥10界温度是日平均气温稳定通过10 ℃的时期，耐寒牧草生长旺盛，也是牧草大量积累干物质的时期，通常为牧草的活跃生长期。

肃北县的≥0界温度平均初日为3月22日，最早出现在3月14日，最晚出现在4月2日。平均终日为11月13日，最早为11月7日，最晚为11月30日。≥0界温度的平均持续时间为237天，最长261天，最短237天。总的活动积温为2 991.8 ℃，最多为3 202.4 ℃，最少为2 792.6 ℃（表2-3）。

表2-3　肃北县各界限温度初终日期、持续日数及活动积温

| 界限温度（℃） | 初日（月-日） | 终日（月-日） | 日数(d) | 积温(℃) |
|---|---|---|---|---|
| 0 | 03-22 | 11-12 | 237 | 2 991.8 |
| 5 | 04-13 | 10-17 | 188 | 2 789.7 |
| 10 | 05-04 | 09-28 | 147 | 2 413.2 |

### 2.4.3 光照

酒泉片区的日照情况受多种因素的影响，包括地理、季节、海拔高度和云量等多重因素。以下是关于酒泉片区年均日照时数和日照百分率的相关信息：

（1）年均日照时数：酒泉片区的年均日照时数大致在2 800至3 300小时之间，平均约为3 000小时。这意味着一年中，该地区通常可以享受到大约3 000小时的阳光照射。

（2）日照百分率：日照百分率表示一年中阳光照射时间占总时间的百分比。在酒泉片区，日照百分率通常在67%至75%之间，平均约为70%。具体地区的日照情况如下：

①南山区西部党城湾：南山区西部的党城湾地区年均日照时数为 3 111.5 小时，日照百分率为 70%。

②南山区北部：南山区北部的日照时数较少，年均仅有 2 841.1 小时，其日照百分率为 66%。

③党河河谷地带：党河河谷地带的年均日照时数在 2 960 至 3 110 小时之间，日照百分率在 67% 至 70% 之间。

季节和月份影响：日照时数在不同季节和月份表现出明显的变化。通常来说，春夏季拥有最多的日照时数，而秋冬季则较为偏少。不同地区在不同月份也存在日照时数的差异，例如，北山区在 6 月阳光最为充足，南山区党城湾地区则在 8 月拥有最多的日照时数，而其他地区在不同月份也有各自的高峰期。

### 2.4.4 降水

祁连山国家公园酒泉片区内降水量呈现明显的地域分布差异，这种差异主要受地形的影响，特别是在南山地区表现得尤为明显。祁连山国家公园酒泉片区多年（1991—2018 年）平均年降水量为 196.5 mm，范围为 97.4～333.4 mm，在南部部分地区降水量在 300.0 mm 以上。1991—2018 年片区年降水量均呈增加的变化趋势，东部增加趋势较西部明显，部分地区增加趋势率在 8.0 mm 以上。这表明近年来片区降水量有所增加，尤其是东部地区的增加更为明显（图 2-4）。

表 2-4　祁连山国家公园酒泉片区各地月平均降水量（单位：mm）

| 地点 | 1月 | 2月 | 3月 | 4月 | 5月 | 6月 | 7月 | 8月 | 9月 | 10月 | 11月 | 12月 | 全年 |
|---|---|---|---|---|---|---|---|---|---|---|---|---|---|
| 石包城 | 1.7 | 2.2 | 0.6 | 6.3 | 10.5 | 15.4 | 31.7 | 10.1 | 4.7 | 1.4 | 1.4 | 1.2 | 86.0 |
| 鱼儿红 | 1.2 | 2.1 | 1.9 | 4.2 | 17.5 | 30.6 | 36.9 | 23.8 | 12.3 | 2.2 | 1.5 | 1.0 | 135.2 |
| 平草湖 | 0.8 | 1.5 | 2.2 | 6.1 | 31.7 | 39.1 | 55.8 | 31.6 | 18.5 | 4.9 | 1.7 | 0.5 | 194.4 |
| 盐池湾 | 0.7 | 1.3 | 2.3 | 7.2 | 33.3 | 40.6 | 57.9 | 32.7 | 19.4 | 5.2 | 1.5 | 0.4 | 202.5 |
| 野马滩 | 0.0 | 0.5 | 3.0 | 14.1 | 43.7 | 50.6 | 71.1 | 40.0 | 24.8 | 7.0 | 0.8 | 0.0 | 255.6 |

在祁连山国家公园酒泉片区，降水量的季节分布表现出不均衡性，主要集中在夏季，其次是春季，而冬季降水最为稀少。不同季节的降水量差异相当显著：

春季降水约为15～70 mm，占年降水量的比例在60%到69%之间。夏季降水大约为58～177 mm，占年降水量的比例同样在60%到69%之间，是降水最为丰富的季节。秋季降水大致在10 mm到35 mm之间。冬季降水非常稀少，通常仅为0.1～7 mm，占年降水量的比例最低，只有0.1%～8%。

根据数据显示，酒泉片区近28年年平均年降水量为196.5 mm，最低为1995年（58.0 mm），最高为2007年（380.7 mm），近28年年降水量总体呈增加趋势，增加趋势率为50.1 mm×(10a)⁻¹，年际间波动较大，具体表现为增加（1991—2007年）—减少（2007—2018年）。在片区的南部地区，降水量通常在300 mm以上（图2-2、图2-3）。

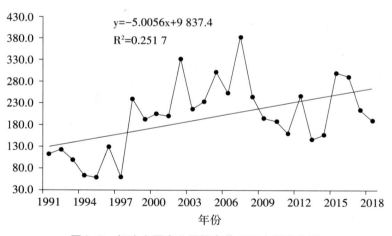

图2-2　祁连山国家公园酒泉片区降水量变化图

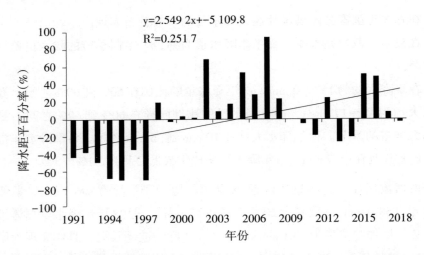

图2-3 祁连山国家公园酒泉片区降水量较常年（1991—2018年）距平百分率变化图

### 2.4.5 风

祁连山国家公园酒泉片区地区的气候受偏西气流的影响，主要的风向是西风和西北风。在南部地区，由于高山和河谷的地形影响，风向变化较为明显。通常情况下，早上多为下山风，午后多为上山风。（表2-5）

表2-5 酒泉市年平均风速表风向表

| 年份 | 年均风速（m/s） |
| --- | --- |
| 2013 | 2.350 |
| 2014 | 2.352 |
| 2015 | 2.456 |
| 2016 | 2.391 |
| 2017 | 2.479 |
| 2018 | 2.382 |
| 2019 | 2.398 |
| 2020 | 2.341 |
| 2021 | 2.444 |
| 2022 | 2.441 |

### 2.4.6 气象资源评价与利用

祁连山国家公园酒泉片区拥有丰富的自然资源，尤其在热量、光能、水分和风力资源方面表现出色。年均气温在 6.5 ℃ 和 −0.3 ℃ 之间浮动，且随着海拔升高，气温呈递减趋势，海拔升高 100 m 约降低 0.56 ℃。牧草的生长季节通常从 3 月延续到 10 月，且不同地区的气温存在差异。南山地区的平均气温范围为 0.2 ℃～7.0 ℃，而北山地区为 −2.7 ℃～4.0 ℃。虽然适合喜凉和喜温植被的生长，但春季升温快、秋季降温速度较快，导致牧草的青草期相对较短，夏秋季的牧草利用时间相对较短，冬春季较长。积温是衡量热量条件的重要指标，直接影响植物的品质和产量。南山地区的牧草生长期积温为 2 991.8 ℃，青草期积温为 2 789.7 ℃，生长活跃期积温为 2 413.2 ℃。积温随着海拔升高而逐渐减少，递减率约为海拔每升高 100 m 下降 119.9 ℃。根据全国积温分区标准，该片区的积温高于 3 000 ℃，属于暖温带气候，为蒙甘新干旱型农业气候，而低于 3 000 ℃ 的地区则为青藏高寒型农业气候。这表明该地区在海拔 2 600 m 以下适合喜凉农作物，如春小麦和莞豆的生长，而在海拔 3 100 m 以下适合豆科牧草的生长，海拔 3 300 m 以下适合禾本牧草的生长。

无霜期的长短是评估热量资源的重要标志。肃北县城的平均无霜期为 156 天，而在高寒地区，如盐池湾无霜期仅为一个月，而野马滩等地更是只有十几天。因此，该地区主要种植抗寒品种的牧草。

在光能资源方面，酒泉片区位于北方长日照地区，年均日照时数为 2 800～3 500 小时之间，平均每天的实际照射时间为 8.7～9.6 小时。在整个牧草生长季节内，日照时数达到了 2 204.5 小时，占全年日照总时数的 70%。这表明该地区的光能资源丰富，适合不同光周期植物的生长。

在太阳辐射方面，年总太阳辐射量在 80 kJ/cm² 和 240 kJ/cm² 之间波动，而辐射总量为 148.3～176.9 kJ/cm²。相对于全省其他牧区，该片区的生理辐射为 72.7～4.5 kJ/cm²，较高的辐射资源为农业和植被提供了有利条件。政府可以有计划地利用这些丰富的光能资源，例如建设太阳能发电站，以解决电力供应问题，同时推广太阳能供暖和烹饪，以维护区内的植被生态平衡。

在水资源方面，根据气候划分，该片区的低海拔地区属于干旱、半干旱或极干旱地区，年降水量为 85～154 mm，无法满足农业和牧草的需求。但在 3 000 m 以上的地区，属于湿润和半湿润地区，年降水量能够满足牧草的生长需求。鉴于该区域有限的水资源，相关部门应充分考虑地下水资源的有效开发和利用，以弥补自然水资源的不足。

在风力资源方面，酒泉片区以丰富的风力资源而闻名。平均风速可达4.7 m/s，年均风能密度达114.5 W/m²，3～20 m/s的年均风能密度为146.8 W/m²（表2-6、表2-7）。因此，该地区具备大量的风能资源，可用于风能发电等多种应用。这些自然资源的丰富性为该区的可持续发展和生态保护提供了坚实的基础和潜力。

表2-6　祁连山国家公园酒泉片区平均风能功率密度（单位：W/m²）

| 月份 | 1 | 2 | 3 | 4 | 5 | 6 | 7 | 8 | 9 | 10 | 11 | 12 | 年 |
|---|---|---|---|---|---|---|---|---|---|---|---|---|---|
| 风能密度 | 106.2 | 125.6 | 119.4 | 120.5 | 134.3 | 98.0 | 79.4 | 81.3 | 91.7 | 117.4 | 141.9 | 158.8 | 114.5 |

表2-7　祁连山国家公园酒泉片区3～20 m/s平均风能功率密度（单位：W/m²）

| 月份 | 1 | 2 | 3 | 4 | 5 | 6 | 7 | 8 | 9 | 10 | 11 | 12 | 年 |
|---|---|---|---|---|---|---|---|---|---|---|---|---|---|
| 风能密度 | 141.2 | 156.5 | 149.4 | 157.7 | 164.9 | 123.4 | 94.2 | 107.5 | 123.4 | 144.2 | 181.4 | 217.6 | 146.8 |

## 2.5　水文

### 2.5.1　水系

酒泉片区拥有一些重要的河流，其中包括疏勒河、党河、榆林河、白杨河、石油河、大小哈尔腾河。酒泉片区附近地区的年地表径流总量约为15.212×10⁸ m³，降水分布不均匀，年降水量为70～200 mm。

表2-8　祁连山国家公园酒泉片区各河流全长、年径流量特征统计表

| 河名 | 全长（km） | 年径流量（×10⁸ m³） |
|---|---|---|
| 疏勒河 | 945 | 8.7 |
| 党河 | 390 | 3.5 |
| 榆林河 | 118 | 0.65 |

| 河名 | 全长（km） | 年径流量（×10⁸ m³） |
|------|-----------|---------------------|
| 白杨河 | 90 | 0.48 |
| 石油河 | 130 | 0.43 |
| 大哈尔腾河 | 320 | 3.2 |
| 小哈尔腾河 | 200 | 0.66 |

该地区的河川径流主要来源于降水和冰川积雪融水供应。冰川积雪融水的贡献使年度径流量的年际变化相对平稳，年径流的变差系数约为0.20。水质清洁良好，基本没有受到污染，水质在Ⅱ类水以上。由于该地区人口稀少，人均水资源占有量位居省内第四位，每人拥有约76 000 m³的水资源，远超全国人均水资源占有量（27 000 m³）和甘肃省的平均水资源占有量（1 530 m³）。这表明该地区的水资源相对丰富。

### 2.5.2 地下水

#### 2.5.2.1 地下水类型及其特征

根据地下水的形成、分布、埋藏和水动力特征，可以将祁连山国家公园酒泉片区的地下水分为以下六种类型。

（1）松散岩类孔隙水：这种类型的地下水主要分布在党河盆地、野马河槽地和昌马—石包城盆地等地。含水层主要由冰水沉积和冲积泥质砂砾石、砂砾卵石构成。地下水的水化学成分复杂，其中矿化度为0.1～1.0 g/L。这些水源的多样性使其在满足不同需求方面具有广泛的应用潜力。

（2）碎屑岩类孔隙裂隙水：这类地下水分布在盆地边缘，主要由前白垩系基岩裂隙水和地表径流入渗补给形成。这些地下水主要以孔隙裂隙水形式存在，其水化学成分复杂多变，矿化度小于1.0 g/L。这些地下水在地方供水和农业灌溉中发挥着重要作用。

（3）碳酸盐岩及碎屑岩类裂隙水：这些水源主要分布在高山区域，其含水层主要由三迭系、二迭系和石炭系的岩石组成。这些地下水在地质断裂带和低洼地区流出，其水化学成分相对较清洁，矿化度一般低于0.5 g/L。这为高山区的生态系统和当地社区提供了清洁的饮用水。

（4）变质岩类裂隙水：这类地下水主要分布在高山区域，其含水层由前震旦系、震旦系、寒武系、奥陶系、志留系和泥盆系的岩石构成。地下水通常以潜水和承压水的形式存在，其水化学成分相对稳定，矿化度低于 0.5 g/L。这些水源在高山区的生态系统中起到了关键作用。

（5）侵入岩类裂隙水：这种地下水主要分布在野马南山等地，其含水层由花岗岩、花岗闪长岩等岩石组成。地下水多在地质断裂带和地形低洼处流出。这些水源的水化学特性复杂，矿化度一般低于 1.0 g/L。这些水源在满足当地农业和生活用水方面发挥着作用。

（6）冻结层水：这种地下水类型分为冻结层上水和冻结层下水。冻结层上水主要分布在海拔 3 800 m 以上的地区，水化学成分以 $HCO_3^-$—$Ca^{2+}$—$Mg^{2+}$ 和 $HCO_3^-$—$Ca^{2+}$ 型水为主，矿化度较低。这些水源在高山区域的生态系统中维持着冰川和常年积雪的水源。冻结层下水则分布在高山盆地和山地区，为地表径流和冰川融水的主要补给来源，对于当地社区的供水具有重要意义。

### 2.5.2.2　地下水补给、径流与排泄条件

这一地区的山区降水丰富，年有效降水量一般在 170～300 mm 之间，而海拔高于 4 500 m 的地区存在现代冰川或终年积雪，为地下水提供了丰富的补给源。这种高山区域的降水量和冰雪融水对地下水形成具有重要作用。

值得注意的是，这里的地表水和地下水之间存在相互转化的特点。党河上游的实测流量约为 10 m³/s。然而，在距离盐池湾东部约20公里的地方，由于多年冻土逐渐消失，非冻结层厚度增加，党河水的大部分被转化为地下水。然后，到达盐池湾附近，由于地质构造的控制，地下水呈现面状渗出，形成沼泽地。在盐池湾以西的河谷地区，地下水主要在地下水位较低的情况下起到排泄地下水的作用。

野马河在野马大泉附近也有类似的情况。由于基岩隆起和含水层减薄，地下水在该地区以泉群形式溢出，形成流量约为 1.9 m³/s 的泉水。然后，向下游前进，地下水又在大别盖一带沿着党河 I 级阶地前缘呈线状渗出，流量达到 2.25 m³/s。

### 2.5.3　水文特征及影响因素

#### 2.5.3.1 党河

党河主要支流有野马河、奎腾河等。党河干流发源于疏勒南山和党河南

山东部的冰川群。向西北流经盐池湾至鸣沙山，经党河水库，折向东北入敦煌绿洲，向北注入疏勒河。

党河全长276 km，流域面积广泛，年平均降水量为171.0 mm，年降水总量为24.5×10⁸ m³，年径流总量为3.16×10⁸ m³，年平均流量为10.0×10⁸ m³。主要影响党河径流的因素包括冰川融水、地下水补给和暴雨，这使其成为典型的混合补给型河流。

党河上游拥有宽阔的河谷平原和山间盆地，这有助于将山区的冰雪融水转化为地下水。河流的径流具有明显的四季变化特征，主要以冰雪融水和地下水补给为主。汛期通常集中在6～9月，期间可能会出现山洪，洪峰流量较大，但持续时间较短，对径流影响不大。然而，近年来，水土流失和暴雨引发的洪水逐渐增大，1998年的洪峰流量为242 m³/s，创下历年最大值。这些洪水夹带大量泥沙，对下游地区造成一定的损害。

多年平均含沙量为2.21 kg/m³，年最大含沙量为225 kg/m³，年平均输沙量为22.2 kg/m³，年输沙总量为70 100吨，侵蚀模数为4 890 km²。

### 2.5.3.2  榆林河

榆林河又名踏实河，榆林河发源于祁连山脉西段的大雪山北坡和野马山北坡的冰川群，冰川融水渗入洪积层，在肃北县石包城一带以泉水出露，向北流经万佛峡后注入瓜州县榆林河水库。

榆林河流域面积为2 474 km²，年平均流量为1.75 m³/s，年径流总量为0.65×10⁸ m³，年平均径流深度为26.3 mm，汛期平均径流量为0.13×10⁸ m³，汛期占年径流的比重较小。

多年平均含沙量为3.44 kg/m³，年最大含沙量为414 kg/m³，年输沙率为6.19 kg/s，年输沙总量为19 500吨，侵蚀模数为7 900 km²。

### 2.5.3.3  疏勒河

疏勒河是中国西北第三大内陆河、甘肃省河西走廊内流水系第二大河，其上游段又名昌马河。疏勒河水系以疏勒河为干流，主要支流有党河、榆林河、石油河及白杨。疏勒河发源于祁连山脉西段的讨赖南山与疏勒南山之间，向西北流经肃北县鱼儿红的高山草地，过昌马盆地至玉门市，折向西注入玉门—瓜州盆地，经过敦煌绿洲，再西行到玉门关，与由南而北的党河汇合，然后一路西行，注入罗布泊。

疏勒河受冰川补给影响较大，汛期通常集中在6至9月份，其中昌马河的径流量占比较大，约为年径流的76%。

降水量多年平均为144.7 mm，年平均流量为28.2 m³/s（昌马堡地区），多年平均含沙量为3.41 kg/m³，年最大含沙量为99.3 kg/m³。

#### 2.5.3.4　野马河

野马河是党河上游最大的支流，主要受暴雨和地下水因素的影响。在无雨季节，流量较小，主要受地下水补给，流量约为0.7 m³/s。

河谷平原较宽阔，夏季水草茂盛，成为野生动物的活动场所。然而，在暴雨季节，河水迅速上涨，形成较大的洪峰，流入党河下游。1996年、1998年和1999年的洪峰流量分别为42.0、54.0和86.0 m³/s。

### 2.5.4　水文地质化学特征及水质评价

在海拔4 200 m以上的中高山区，基岩裂隙水的矿化度一般小于0.2 g/L，属于低矿化度水。

从海拔4 200 m到山前的荒漠丘陵区，地下水的矿化度一般小于1.0 g/L，但最高可达13 g/L，这显示了地下水矿化度在不同地区和地质条件下的差异。

地下水的水化学类型也非常复杂，包括$HCO_3^-$—$Ca^{2+}$—$Mg^{2+}$、$HCO_3^-$—$Ca^{2+}$、$HCO_3^-$—$SO_4^{2-}$—$Ca^{2+}$—$Mg^{2+}$、$HCO_3^-$—$Na^+$—$Mg^{2+}$等多种类型。

根据提供的数据可知，该地区的地表水和地下水质量基本上符合饮用水和农田灌溉的要求。然而，由于水质参数在不同地区和季节之间可能会有较大的变化，因此需要定期监测和管理，以确保水资源的可持续利用和保护。

### 2.5.5　地下水资源评价

山地地下水天然资源：根据降水入渗法和地下径流模数两种方法计算，山地地下水的天然资源分别为74 845.1×10⁴ m³/a和69 349.5×10⁴ m³/a。取这两种方法计算结果的平均值，即72 097.3×10⁴ m³/a，这个值表示山地地下水的天然资源。

盆地地下水天然资源：盆地地下水的天然资源采用排泄量统计法计算。（表2-9）

表2-9 祁连山国家公园酒泉片区各盆地地下水资源概算

| 盆地名称 | 地下水天然资源($\times 10^4 m^3/a$) |
|---|---|
| 党河盆地 | 14 193.98 |
| 野马大泉盆地 | 7 585.99 |
| 昌马—石包城盆地 | 13 665.34 |
| 石油河上游盆地 | 1 400.08 |

地下水储存量：工作区盆地内的松散岩类孔隙水储存量可以划分为两个主要部分——潜水和承压水。潜水含水层的厚度将按照地下水以下第四系的厚度的70%来计算，而承压水的压力水头则会根据钻孔数据和冻土层的厚度来具体确定，分布面积的选取则是基于盆地总面积的三分之一。（表2-10）

表2-10 祁连山国家公园酒泉片区地下水储存量概算

| 盆地名称 | 地下水类型 | 储存量($\times 10^8 m^3/a$) |
|---|---|---|
| 党河盆地 | 潜水 | 756.56 |
| 野马河上游盆地 | 潜水 | 131.25 |
| 石包城盆地 | 潜水 | 252.50 |
| 疏勒河上游盆地 | 潜水 | 37.50 |
|  | 承压水 | 0.000 1 |
| 野马大泉盆地 | 潜水 | 45.0 |

### 2.5.6 矿泉水与地热资源评价

#### 2.5.6.1 饮用矿泉水资源

根据饮用天然矿泉水标准（GB8 537—87）的分析结果，野马河、党河等盆地的水质符合标准，锶含量在饮用矿泉水标准内，而且其他水质指标也符合标准。乌兰嘎顺泉点的锶含量高达1.7 mg/L，同时锂、偏硅酸和矿化度也较高，分别达到2.359 mg/L、83.8 mg/L和3.26 mg/L。这些指标使其成为多项指标符合标准的饮用天然矿泉水。其他矿泉水的质量也见表2-11。

表2-11　祁连山国家公园酒泉片区锶矿泉水资料表

| 位　置 | 水化学类型 | 锶(Sr)(mg/L) | 矿化度(g/l) |
|---|---|---|---|
| 东洞子沟西 | $SO_4^{2-}-Ca^{2+}-Mg^{2+}$ | 0.758 | 1.87 |
| 盐池湾乡大泉 | $Cl^--HCO_3^--SO_4^{2-}-Na^+-$ $Ca^{2+}-Mg^{2+}$ | 0.540 | 0.603 |
| 坑德伦·陶勒盖 | $HCO_3^--SO_4^{2-}-Ca^{2+}-Mg^{2+}$ | 0.780 | 0.403 |
| 黑山嘴子60°16 Km | $HCO_3^--Ca^{2+}-Mg^{2+}$ | 0.440 | 0.555 |
| 大泉 | — | 0.31 | — |
| 半截子沟西泉 | — | 0.79 | — |
| 温泉 | — | 0.25 | |
| 大道尔基桥北泉 | — | 0.50（偏硅酸） | 19.69(偏硅酸)(mg/L) |
| 大道尔基自流井 | — | 0.42（偏硅酸） | 17.34(偏硅酸)(mg/L) |
| 大道尔基口子泉 | — | 0.42（偏硅酸） | 19.54(偏硅酸)(mg/L) |
| 石包城供水井 | — | 0.31（偏硅酸） | 11.60(偏硅酸)(mg/L) |

#### 2.5.6.2　地热资源

该地区还拥有地热资源，主要以温泉形式出露。党河流域已发现了开腾温泉，位于盐池湾乡，党河北源开腾河附近的夏日拉卜之——独山子阴坡，标高3 890 m。这个温泉区有三个温泉，呈线状分布，水温在30 ℃到35 ℃之间。然而，2000年的调查表明，该地区的温泉受到了影响，仅有一个泉眼，流量约为5～7 L/s，水温18.2 ℃。

### 2.6　冰川与冻土

#### 2.6.1　冰川

祁连山国家公园酒泉片区共有大小冰川675条，面积468.11 km²，冰川区平均海拔为4 995.4 m，海拔范围在4 222.0 m到5 633.0 m之间。酒泉片区内冰川面积较大，其中，疏勒河上游有冰川271条，冰川面积为157.12km²；党河流域有冰川195条，冰川面积为103.06km²；哈尔腾流域有冰川209条，冰川面积为207.93 km²。冰川大部分分布在核心保护区，核心保护区冰川面积占总冰川面积的97.3%，一般控制区冰川面积占总冰川面积的2.7%。党河湿地保护站和扎子沟保护站并没有冰川分布，而其他保护站则都存在冰川分布。这些冰川一般分布在高山地带，特别是那些海拔高于5 000 m的区域。值得注意的是，大小哈尔腾保护站的边缘地区以及碱泉子保护站、老虎沟保护站和盐池湾保护站的大雪山地区，冰川的分布比较密集。

由此可以得出结论，祁连山国家公园酒泉片区的冰川分布主要受到海拔高度和气温的影响。通常情况下，冰川更容易在海拔高于5 000 m，气温低于-10 ℃的地区集中分布。这一现象清晰地反映了冰川与地理和气候条件之间的密切关系。

大哈尔腾保护站、碱泉子保护站、老虎沟保护站、石包城保护站、石油河保护站、疏勒保护站、野马河保护站、鱼儿红保护站、盐池湾保护站、小哈尔腾保护站的冰川面积分别为27.2 km²、36.8 km²、62.9 km²、29.0 km²、2.6 km²、37.0 km²、6.2 km²、19.6 km²、52.1 km²和186.1 km²（表2-12）。

表2-12　各保护站冰川面积

| 保护站 | 冰川面积（km²） |
|---|---|
| 大哈尔腾保护站 | 27.2 |
| 党河湿地保护站 | 0.0 |
| 碱泉子保护站 | 36.8 |
| 老虎沟保护站 | 62.9 |
| 石包城保护站 | 29.0 |
| 石油河保护站 | 2.6 |
| 疏勒保护站 | 37.0 |
| 野马河保护站 | 6.2 |
| 鱼儿红保护站 | 19.6 |
| 扎子沟保护站 | 0.0 |
| 盐池湾保护站 | 52.1 |
| 小哈尔腾保护站 | 186.1 |

### 2.6.2 冻土

祁连山国家公园酒泉片区全部位于冻土区，主要包括多年冻土和季节冻土两种类型。其中，多年冻土面积为 12 465.7 km²，占据了总面积的 73.4%。这些多年冻土地区的平均海拔为 4 188.7 m，海拔范围从 2 955.0 m 到 5 633.0 m 不等，而季节冻土面积为 4 511.1 km²，占总面积的 26.6%。季节冻土区的平均海拔为 3 410.4 m，海拔范围在 2 306.0 m 到 5 135.0 m 之间。

核心保护区内多年冻土面积占比 84.3%，而季节冻土面积占比 15.7%。在一般控制区，多年冻土面积占比为 53.0%，季节冻土面积占比 47.0%。这些数据表明了冻土分布在该片区中的广泛性，以及它们在核心保护区和一般控制区的不同分布比例。

大哈尔腾保护站和石油河保护站均为多年冻土，面积分别为 1 291.4 km² 和 471.3 km²。党河湿地保护站、碱泉子保护站、老虎沟保护站、石包城保护站、石油河保护站、疏勒保护站、野马河保护站、鱼儿红保护站、扎子沟保护站、盐池湾保护站、小哈尔腾保护站，多年冻土面积分别为 100.9 km²、4 403.9 km²、264.1 km²、777.6 km²、2 118.6 km²、2 130.7 km²、755.2 km²、609.6 km²、1 876.1 km² 和 1 666.7 km²；季节冻土面积分别为 362.8 km²、827.4 km²、648.3 km²、268.8 km²、675.4 km²、105.4 km²、212.4 km²、828.9 km²、558.1 km² 和 21.2 km²（表2-13）。

表2-13 各保护站多年冻土和季节冻土面积

| 保护站 | 多年冻土 | | 季节冻土 | |
|---|---|---|---|---|
| | 面积（km²） | 面积比例（%） | 面积（km²） | 面积比例（%） |
| 大哈尔腾保护站 | 1 291.4 | 100.0 | — | — |
| 党河湿地保护站 | 100.9 | 21.8 | 362.8 | 78.2 |
| 碱泉子保护站 | 403.9 | 32.8 | 827.4 | 67.2 |
| 老虎沟保护站 | 264.1 | 28.9 | 648.3 | 71.1 |
| 石包城保护站 | 777.6 | 74.3 | 268.8 | 25.7 |
| 石油河保护站 | 471.3 | 100.0 | 0.0 | 0.0 |
| 疏勒保护站 | 2 118.6 | 75.8 | 675.4 | 24.2 |

| 保护站 | 多年冻土 | | 季节冻土 | |
|---|---|---|---|---|
| | 面积(km²) | 面积比例(%) | 面积(km²) | 面积比例(%) |
| 野马河保护站 | 2 130.7 | 95.3 | 105.4 | 4.7 |
| 鱼儿红保护站 | 755.2 | 78.0 | 212.4 | 22.0 |
| 扎子沟保护站 | 609.6 | 42.4 | 828.9 | 57.6 |
| 盐池湾保护站 | 1 876.1 | 77.1 | 558.1 | 22.9 |
| 小哈尔腾保护站 | 1 666.7 | 98.7 | 21.2 | 1.3 |

## 2.7　主要自然资源问题

### 2.7.1　气象问题

#### 2.7.1.1　干旱

干旱是由多种因素引起的，包括土壤干旱、大气干旱和植物生理干旱。土壤干旱通常是由于自然降水稀缺，导致土壤水分不足，使植物的蒸腾需求与供水不平衡，从而影响植物的正常生长。而大气干旱则导致植物蒸发量增加，但根部吸收水分不足，降低了植物的光合效率，影响其自然生长。

一般来说，降水量比常年同期偏少20%时，会对牧草的生长产生影响。中旱和大旱的标准分别是：

①中旱：降水量比常年同期偏少30%至69%。

②大旱：降水量比常年同期偏少70%以上。

在保护区内，干旱发生的频率为中旱28.6%、大旱14.3%。

#### 2.7.1.2　黑灾

黑灾指的是冬季牧场缺乏积雪或积雪较少，导致牲畜和野生动物无法获得雪水，从而导致死亡。在保护区，黑灾的发生概率分别为轻度85.7%、中度9.5%、重度4.8%。

#### 2.7.1.3　霜冻

霜冻通常出现在春季和秋季的温暖季节，当地面附近的空气温度下降到零摄氏度以下时，空气中的水汽凝结成冰晶，形成了对植物的低温冻害。在保护区的干旱气候下，有时虽然不会形成明显的冰晶，但仍然会对植物造成冻害，这种现象被称为"黑霜"。只有在极端情况下，如重度霜冻，才会导致较大的灾害，尤其是对农业区域，其发生频率为1.4%。

### 2.7.1.4　冰雹

冰雹是由积雨云形成的，当积雨云非常强大时，由于热力对流作用，云中的水滴会迅速结冻并逐渐增大，最终在地面上形成冰雹。尽管保护区内冰雹灾害相对较少，但在南部山区严重情况下，也可能影响牧业，并可能对人畜造成伤害。

### 2.7.1.5　暴雪

暴雪通常发生在冬季，降水量很大，通常超过10毫米，导致积雪厚度增加，积雪时间较长，从而使牲畜难以觅食，形成所谓的"白灾"。通常情况下，暴雪伴随着寒潮，会导致牲畜和野生动物受寒冻而死亡。在保护区内，暴雪频繁发生，主要集中在3月至5月，造成的损失相当大，年均出现天数为2.7天，尤其是保护区南部，它是最主要的灾害区之一。

## 2.7.2　地质问题

### 2.7.2.1　地壳稳定性

祁连山国家公园酒泉片区的地壳基本上处于稳定状态，主要受到北西西向深大断裂带的控制。自有记载以来，发生了一些地震，最高震级为6.5级，预计未来百年内可能会发生1～2次6.5级地震。因此，地壳的地震活动水平较低。

### 2.7.2.2　崩塌和泥石流

祁连山国家公园酒泉片区的岩土体崩塌现象较为普遍，通常发生在山地陡崖和高陡岸坡，受到软岩夹层或软弱结构面的控制。短时强暴雨往往促使土体崩塌成群发生，规模一般数十至数百立方米。此外，陡峭山体地貌和风化作用也为泥石流的形成提供了条件。泥石流的类型包括河谷型和山坡型，前者分布在沟谷中，而后者主要受到流水的影响，分布广泛但危害相对较小。

### 2.7.2.3　冻土

由于该地区多年冻土的存在，冻融作用频繁，冻土地质类型多样，包括冻胀丘、冰丘、地下水热融滑塌等。这些因素对环境地质构成了挑战。

### 2.7.2.4　草场沙漠化

祁连山国家公园酒泉片区存在广泛的松散堆积物，地表水下渗、地表断流和西北风的影响，导致风沙频繁吹扬和堆积，形成沙漠和沙地。这些沙漠和沙地主要分布在党河盆地、疏勒河上游盆地、野马滩盆地等区域，总面积约为 $1 \times 10^5$ hm²。沙漠地区主要以高差 $1 \sim 10$ m 不等的流动新月形沙丘为主，时常出现沙尘暴天气。

# 第3章　植被与植物资源

## 3.1　调查方法

本次祁连山国家公园酒泉片区植被与植物资源调研过程主要采用了样地调查法、植物分类和命名、记录植物群落结构与组成、测量植物生态学参数以及对植被数据进行分析与解释等方法。这些调查方法的综合应用可以为我们提供全面、准确的植被与植物资源信息，为保护和管理植物资源提供科学依据。以下是描述植被与植物资源调查方法的简要概述：

（1）样地调查法：样地调查法是一种常用的植被调查方法，通过选择祁连山国家公园酒泉片区内具有代表性的样地进行观测和数据采集。样地可以根据研究目的和研究区域的特点确定，通常包括固定面积的方形、圆形或长方形样地。在样地内，对植物个体、种类及其覆盖度、生境类型等信息进行系统记录和分析。

（2）植物分类和命名：在植被调查中，对植物进行分类和命名是关键的一步。通常采用国际通用的植物分类系统，根据植物的形态特征、生活习性等进行分类，确保植物的命名的准确和统一。

（3）植物群落结构与组成：调查植被时需要记录植物群落的结构与组成信息。植物群落结构可以包括植物的高度、盖度、生物量等指标，可以通过直接测量或间接估算获得。植物群落组成则描述了植物种类的多样性、丰富度和相对密度等信息，可以通过标本采集、标本鉴定和记录等方法获取。

（4）植物生态学参数：植被调查还需要记录植物的生态学参数，如生长形态、生活史、生活策略、物种分布范围等。这些参数可以帮助分析植物的适应性和生态功能，对植被的生态特征和生态过程进行深入了解。

（5）植被数据分析与解释：植被调查的数据分析是整个研究的重要环节，通过对植被数据的描述、统计和分析，可以揭示植物种类的多样性、物种丰富度、群落结构和环境因子的相互关系等，这些分析结果可以帮助我们更好地理解植被的组成和功能。

（6）物种名录和分布：酒泉片区的植物名录和分布依据多次科学考察报告成果和本次野外调查数据，按照最新《中国植物物种名录（2023 版）》的科属种进行整理编排。

## 3.2　植物种类及分布

*关于动植物种类及分布序号排列不进行分割，连续记录物种，即"（1）"等部分，拉丁学名斜体，正体为发现人。下文皆同，详见附录 1、附录 2 等内容。

### 3.2.1　苔藓植物 BRYOPHYTA

#### 3.2.1.1　丛藓科 Pottiaceae

（1）短叶扭口藓 *Barbula tectorum* C. Muell

分布：盐池湾大沙沟。甘肃省河西走廊及榆中兴隆山。我国河北、内蒙古、辽宁、陕西、云南、西藏；日本。为亚洲东部特有种。生于海拔 4 000 m 的草甸上。

#### 3.2.1.2　真藓科 Bryaceae

（2）卵叶真藓 *Bryum calophyllum* R.Brown

分布：盐池湾大道尔基。甘肃省河西走廊。我国青海、新疆、西藏；欧亚、北美、非洲。生于海拔 3 100 m 的草甸上。

（3）湿地真藓 *Bryum schleicheri* Schwaegr

分布：大泉。甘肃省河西走廊。我国青海、新疆、西藏；欧洲、亚洲、北美、非洲。生于海拔 3 700 m 的水中。

#### 3.2.1.3　提灯藓科 Mniaceae

（4）北灯藓 *Cinclidium stygeum* SW.

分布：盐池湾。甘肃省河西走廊。我国东北、新疆；日本、俄罗斯远东地区、欧洲、北美。生于海拔 3 200 m 的沼泽草甸上。

### 3.2.1.4　柳叶藓科 Amblystegiaceae

（5）牛角藓 *Cratoneuron filicinum*（Hedw.）Spruc.

分布：盐池湾。甘肃省河西走廊、榆中兴隆山。我国东北、河北、山西、河南、云南、西藏；欧洲、北美、南美、非洲。生于海拔 3 200 m 的草甸上。

（6）水灰藓 *Hygrohypnum luridum*（Hedw.）Jem.

分布：盐池湾。甘肃省河西走廊。我国黑龙江、吉林、西藏；俄罗斯远东地区、欧洲、北美。生于海拔 3 200 m 的小水沟中。

### 3.2.1.5　青藓科 Brachytheciaceae

（7）长肋青藓 *Brachythecium populeum*（Hedw.）Schimp

分布：盐池湾。甘肃省河西走廊、榆中兴隆山。我国东北、西北、西南山区；俄罗斯、日本。生于海拔 3 200 m 的草甸上。

### 3.2.1.6　绢藓科 Entodontaceae

（8）绢藓 *Entodon cladorrhizns*（Hedw.）Müll. Hal

分布：盐池湾大沙沟。甘肃省河西走廊、榆中兴隆山。我国东北、西北、西南高山地区；欧洲、北美。生于海拔 3 950 m 的草甸。

## 3.2.2　蕨类植物 PTERIDOPHYTA

### 3.2.2.1　木贼科 Equisetaceae

（9）问荆 *Equisetum arvense* L.

分布：鱼儿红、党河南山。甘肃省各地区。广布全国各省区市；欧洲、亚洲、非洲的温带地区广布。生于海拔 2 300～3 600 m 的河滩潮湿地、沼泽草甸边缘。

（10）节节草 *Equisetum ramesissimum* Dest.

分布：党河。甘肃省各地区。广布全国各省区市；欧洲、亚洲、非洲的温带地区广布。生于海拔 2 300～3 600 m 的河滩潮湿地、沼泽草甸边缘。

### 3.2.2.2　水龙骨科 Polypodiaceae

（11）高山瓦韦 *Lepisorus eilophyllus*（Diels）Ching

分布：鱼儿红。我国陕西、甘肃、湖北、四川、云南、贵州、西藏等地。生于高山岩石上。

### 3.2.3 **裸子植物**GYMNOSPERMAE

#### 3.2.3.1 柏科 Cupressaceae

（12）祁连圆柏 *Juniperus przewalskii* Kom.

分布：柏树沟、獭儿沟。中国特有树种，我国青海、甘肃河西走廊及南部、四川北部。常生于海拔 2 600～4 000 m 地带的阳坡。

#### 3.2.3.2 麻黄科 Ephedraceae

（13）中麻黄 *Ephedra intermedia* Schrenk ex Mey.

分布：石包城、小公岔。甘肃省甘南各地和河西走廊，以及临洮、兰州、永登等地区。我国辽宁、河北、山东、山西、陕西、内蒙古、青海、新疆、西藏；中亚、阿富汗、伊朗也有。生于海拔 2 300～2 800 m 地带的干旱山坡、草地及河岸。

（14）单子麻黄 *Ephedra monosperma* Gmel. ex Mey.

分布：党河南山、野马大泉。甘肃省祁连山区和甘南各地。我国黑龙江、河北、山西、内蒙古、宁夏、青海、西藏、新疆、四川；中亚。生于海拔 3 700～4 500 m 的山坡、河谷、河滩及岩缝中。

（15）膜果麻黄 *Ephedra przewalskii* Stapt.

分布：大道尔基、大泉、石包城。甘肃河西走廊各县。内蒙古、宁夏、青海、新疆；蒙古国也有分布。生于海拔 2 000～3 200 m 的固定和半固定沙丘、戈壁、山前平原、干河床。

### 3.2.4 **被子植物**ANGIOSPERMAE

#### 3.2.4.1 水麦冬科 Juncaginaceae

（16）海韭菜 *Triglochin maritima* L.

分布：盐池湾、大道尔基。甘肃省甘南和河西地区。我国北方各地；广布北半球温带及寒带。生于海拔 2 600～3 500 m 的河岸湿地、碱化湿草地、草甸。

（17）水麦冬 *Triglochin palustris* L.

分布：盐池湾、大道尔基。甘肃省河西走廊。我国东北、华北、西北、西南及西藏；欧洲、美洲、中亚、蒙古国、日本、锡金也有。生于海拔 3 000～3 500 m 的盐碱沼泽草甸、温泉、河滩。

### 3.2.4.2　眼子菜科 Potamogetonaceae

（18）穿叶眼子菜 *Potamogeton perfoliatus* L.

分布：大道尔基、大泉。甘肃省甘南地区、祁连山区。生于海拔 3 100 m 的沼泽草甸水中。

（19）小眼子菜 *Potamogeton pusillus* L.

分布：大道尔基、大泉。甘肃省陇南地区、甘南地区、河西走廊。我国南北各省；除大洋洲外，遍生于各洲。生于海拔 3 000~4 000 m 的沼泽水中。

（20）篦齿眼子菜 *Stuckenia pectinata*（L.）Börner

分布：大道尔基、大泉。甘肃省陇南地区、甘南地区、河西走廊。我国南北各省；除大洋洲外，遍生于各洲。生于海拔 3 000~4 000 m 的沼泽水中。

### 3.2.4.3　兰科 Orchidaceae

（21）掌裂兰 *Dactylorhiza hatagirea*（D. Don）Soó

分布：大泉、狗了子沟。甘肃省陇南地区、甘南、天水地区、河西走廊。黑龙江、吉林、内蒙古、宁夏、青海、新疆、四川西部和西藏东部；蒙古国、俄罗斯的西伯利亚至欧洲、克什米尔地区至不丹、巴基斯坦、阿富汗至北非也有。生于海拔 600~4 100 m 的山坡、沟边灌丛下或草地中。

（22）火烧兰 *Epipactis helleborine*（L.）Crantz

分布：鱼儿红。甘肃省陇南、甘南、天水、祁连山山区、兴隆山、崆峒山等地。产辽宁、河北、山西、陕西、青海、新疆、安徽、湖北、四川、贵州、云南和西藏；不丹、锡金、尼泊尔、阿富汗、伊朗、北非、俄罗斯、欧洲以及北美。生于海拔 250~3 600 m 的山坡或沟边。

### 3.2.4.4　百合科 Liliaceae

（23）少花顶冰花 *Gagea pauciflora* Turcz.

分布：音德儿达坂、野马滩。产甘肃、黑龙江、内蒙古、河北、陕西、青海和西藏；俄罗斯和蒙古国也有分布。生于海拔 400~4 100 m 的草原山坡或沙丘上。

### 3.2.4.5　鸢尾科　Iridaceae

（24）细叶鸢尾 *Iris tenuifolia* Pall

分布：肃北盐池湾。甘肃省甘南、临夏、陇东、河西走廊。我国东北、华北、西北；蒙古国、中亚也有。生于海拔 2 100~3 600 m 山坡、平原。

### 3.2.4.6　石蒜科 Amaryllidaceae

（25）镰叶韭 *Allium carolinianum* DC.

分布：吾力沟、黑刺沟、野马滩、鱼儿红、党河南山。甘肃省临夏、肃北、阿克塞。我国青海、新疆、西藏；中亚、阿富汗、克什米尔地区、尼泊尔也有。生于海拔 2 800～4 500 m 的砾石山坡、砾石沙地、草地上。

（26）碱葱（多根葱）*Allium polyrhizum* Turcz.ex Regel

分布：阿尔格里泰、石包城、碱泉子、鱼儿红、盐池湾。甘肃省陇东、兰州市、白银、河西走廊。我国黄河流域以北各省区和新疆；蒙古国、中亚和远东地区也有。生于海拔 2 000～3 400 m 的山坡、山前平原沙地、盐渍化荒漠草原。

（27）青甘韭 *Allium przewalskianum* Regel

分布：鱼儿红、党河南山。产甘肃、黑龙江、内蒙古、河北、陕西、青海和西藏；俄罗斯和蒙古国也有分布。生于海拔 400～4 100 m 的草原山坡或沙丘上。

（28）单丝辉韭 *Allium schrenkii* Regel

分布：老虎沟、鱼儿红、党河南山。产甘肃、黑龙江、内蒙古、河北、陕西、青海和西藏；俄罗斯和蒙古国也有分布。生于海拔 400～4 100 m 的草原山坡或沙丘上。

### 3.2.4.7　香蒲科 Typhaceae

（29）小香蒲 *Typha minima* Funk.

分布：石包城、鱼儿红、盐池湾。产黑龙江、吉林、辽宁、内蒙古、河北、河南、山东、山西、陕西、新疆、湖北、四川等省区；巴基斯坦、俄罗斯、亚洲北部、欧洲等均有分布。生于水沟边浅水处、湿地及低洼处。

### 3.2.4.8　灯芯草科 Juncaceae

（30）小花灯芯草 *Juncus articulatus* L.

分布：鱼儿红。产我国东北、华北、西北、华东及西南地区；朝鲜、日本、俄罗斯西伯利亚、中亚、欧洲和北美也有分布。生于海拔 160～3 220 m 的湿草地、湖岸、河边、沼泽地。

（31）小灯芯草 *Juncus bufonius* L.

分布：石包城。产我国东北、华北、西北、华东及西南地区；朝鲜、日本、俄罗斯西伯利亚、中亚、欧洲和北美也有分布。生于海拔160～3 220 m 的湿草地、湖岸、河边、沼泽地。

（32）扁茎灯芯草 *Juncus gracillimus* V. Krecz. et Gontsch.

分布：石包城。产东北、华北、西北、山东及长江流域诸省区；欧洲和俄罗斯西伯利亚、格鲁吉亚也有分布。生于海拔540～1 500 m 的河岸、沼泽及草原湿地。

（33）展苞灯芯草 *Juncus thomsonii* Buchenau

分布：野马河、鱼儿红、党河南山、牙马图。产陕西、青海、四川、云南、西藏；中亚、喜马拉雅山区也有分布。生于海拔2 800～4 300 m 的高山草甸、池边、沼泽地及林下潮湿处。

### 3.2.4.9　莎草科 Cyperaceae

（34）扁穗草 *Blysmus compressus*（L.）Panz. ex Link

分布：大道尔基、大泉。甘肃省河西走廊。我国新疆、西藏；欧洲、伊朗、巴基斯坦、尼泊尔、印度北部、中亚。生于海拔2 900～3 500 m 的草甸、河滩砂砾地、河谷。

（35）内蒙古扁穗草 *Blysmus rufus*（Hudson）Link

分布：党河南山、大道尔基。产黑龙江、吉林、辽宁、内蒙古、宁夏、青海、新疆；克什米尔、哈萨克斯坦、吉尔吉斯斯坦、蒙古国、巴基斯坦、俄罗斯、塔吉克斯坦、乌兹别克斯坦、欧洲、北美。生于海拔500～5 200 m 潮湿的盐碱草甸、潮湿的沙地。

（36）华扁穗草 *Blysmus sinocompressus* Tang & F. T. Wang

分布：蓝泉、石包城、大道尔基。产于内蒙古、山西、河北、陕西、青海、云南、四川、西藏。生长于海拔1 000～4 000 m 的山溪、河床、沼泽地、草地等潮湿地区。

（37）黑褐苔草 *Carex atro-fusca ssp.minor*（Boott）T. Koyama

分布：盐池湾、温泉。甘肃省甘南地区、临夏及祁连山。我国云南、四川、青海、西藏；帕米尔、尼泊尔至不丹也有。生于海拔3 000～3 800 m 的沼泽地、草甸上。

（38）丛生苔草 *Carex caespititia* Nees

分布：盐池湾、大道尔基。甘肃河西走廊。我国云南、甘肃、西藏；尼泊尔也有。生于海拔3 100～3 800 m的草甸。

（39）白颖苔草 *Carex duriuscula ssp. rigescens*（Franch.）S. Y. Liang & Y. C. Tang

分布：盐池湾、鱼儿红。产辽宁、吉林、内蒙古、河北、山西、河南、山东、陕西、宁夏、青海。生于山坡、半干旱地区或草原上。

（40）细叶苔草 *Carex duriuscula ssp.stenophylloides*（V. I. Krecz.）S. Yun Liang & Y. C. Tang

分布：蓝泉。产内蒙古、陕西、甘肃、新疆、西藏；俄罗斯、朝鲜、蒙古国。生于草原、河岸砾石地或沙地。

（41）无脉苔草 *Carex enervis* C. A. Mey.

分布：盐池湾、东洞子沟、大泉。甘肃省甘南地区、祁连山区。我国东北及山西、四川、青海、新疆；蒙古国、中亚。生于海拔3 000～3 900 m的沼泽湿地、草甸。

（42）无穗柄苔草 *Carex ivanoviae* T. V. Egorova

分布：党河南山、鱼儿红。产于西藏、青海。生于海拔4 000～5 300 m的山坡草地、河边或湖边草地。

（43）康藏嵩草 *Carex littledalei*（C. B. Clarke）S. R. Zhang

分布：盐池湾、鹰嘴山。产于新疆南部、西藏。生于海拔4 200～5 400 m的高山草甸或沼泽草甸。

（44）尖苞苔草 *Carex microglochin* Wahlenb.

分布：盐池湾。产于青海、新疆、四川、西藏；北美洲北部、欧洲北部、俄罗斯（中亚、西伯利亚）和蒙古国。生于海拔3 400～5 100 m的湖边、河滩湿草地、高山草甸。

（45）青藏苔草 *Carex moorcroftii* Falc. ex Boott

分布：盐池湾、乌兰窑洞。甘肃省甘南地区、祁连山区。我国甘肃、青海、新疆、西藏；中亚也有。生于海拔3 200～4 000 m的草甸、沼泽草甸。

（46）红棕苔草 *Carex przewalskii* T. V. Egorova

分布：獭儿沟。产甘肃、青海、四川、云南。生于海拔2 500～4 500 m的高山草甸、亚高山灌丛或河滩草地。

（47）粗壮嵩草 *Carex sargentiana*（Hemsl.）S. R. Zhang

分布：盐池湾、查干布儿嘎斯、漫土滩、阿尔格力泰、野马滩。甘肃省祁连山区。我国青海、西藏。生于海拔 3 500～4 500 m 的砾石沙地、山前平原沙地山坡、河滩阶地、高山草甸。

（48）西藏嵩草 *Carex tibetikobresia* S. R. Zhang

分布：盐池湾、大泉、东洞子沟。甘肃省临夏、甘南、祁连山。我国河北、四川、青海、西藏；中亚。生于海拔 2 900～5 000 m 的山坡、湖边、河漫滩、阶地、草甸。

（49）大花嵩草 *Carex nudicarpa*（Y. C. Yang）S. R. Zhang

分布：盐池湾、乌兰窑洞、党河南山、鱼儿红、碱泉子。甘肃省甘南地区、祁连山区。我国青海、新疆、西藏；中亚也有。生于海拔 3 200～4 000 m 的草甸、沼泽草甸。

（50）沼泽荸荠 *Eleocharis palustris*（L.）Roem. & Schult.

分布：大道尔基、大泉、石包城。甘肃省河西走廊。我国黑龙江、吉林、内蒙古、甘肃、新疆；中亚、蒙古国、日本、欧洲、北美也有。生于海拔 3 100 m 的沼泽草甸、盐碱化草甸。

（51）少花荸荠 *Eleocharis quinqueflora*（Hartm.）O. Schwarz

分布：党河南山、蓝泉。产内蒙古、山西、新疆、西藏；阿富汗、印度西北部、哈萨克斯坦、吉尔吉斯斯坦、蒙古国、尼泊尔、巴基斯坦、俄罗斯、塔吉克斯坦、乌兹别克斯坦、北非、亚洲西南部、欧洲、北美和南美也有。生于 800～4 700 m 河流和湖泊边缘、沼泽地区。

### 3.2.4.10　禾本科 Gramineae

（52）芨芨草 *Neotrinia splendens*（Trin.）M. Nobis

分布：盐池湾、大泉、阿尔格里泰。甘肃省大部分地区有分布。我国东北、华北、西北；中亚、蒙古国也有。生于海拔 110～3 300 m 的河滩地、湖盆、沙地、盐渍化草滩、田埂、路旁。

（53）细叶芨芨草 *Achnatherum chingii*（Hitchc.）Keng

分布：石包城、鱼儿红。甘肃省大部分地区有分布。产青海、陕西、山西、四川、西藏、云南；中亚、蒙古国也有。生于海拔 110～3 300 m 的河滩地、湖盆、沙地、盐渍化草滩。

（54）冰草 *Agropyron critatum*（L.）Beauv.

分布：盐池湾、漫土滩、党河南山、音德尔特、老虎沟。甘肃省陇东、定西、兰州、河西走廊。我国东北、华北、西北；蒙古国、中亚也有。生于海拔 1 400～3 500 m 的沙地、黄土干山坡、石质山坡、河漫滩、山间谷地。

（55）毛沙生冰草 *Agropyron desertorum var. pilosiusculum* Melderis.

分布：盐池湾、温泉。甘肃省陇东、河西走廊。我国内蒙古、甘肃、新疆、山西；中亚、蒙古国、美国北部也有。生于海拔 1 400～4 100 m 的河滩地、干燥草原、沙地、山坡及沙丘间低地。

（56）光稃茅香 *Anthoxanthum glabrum*（Trinius）Veldkamp

分布：查干布尔嘎斯。产辽宁、河北、青海。常生于海拔 470～3 250 m 的山坡或湿润草地。

（57）西藏类早熟禾 *Arctopoa tibetica*（Munro ex Stapf）Prob.

分布：盐池湾、大泉、党河南山、大道尔基、党河南山、香毛山、鱼儿红。甘肃祁连山区。我国青海、新疆、西藏；伊朗、阿富汗、中亚、巴基斯坦、克什米尔地区、印度西北部。生于海拔 3 100～4 500 m 的沼泽草甸、河边草地。

（58）三芒草 *Aristida adscensionis* L.

分布：石包城。甘肃省兰州、白银、河西走廊。我国东北、华北、西北及河南、山东、江苏；广布于世界温带地区。生于海拔 1 400～3 200 m 的山坡、沙地、河滩沙地。

（59）拂子茅 *Calamagrostis epigeios*（L.）Roth

分布：石包城、鹰嘴山。甘肃省河西走廊。我国东北、华北、华东、西北均有分布；欧洲、中亚、蒙古国、朝鲜、日本。生于海拔 1 400～2 500 m 的河漫滩沙地、丘间低地、轻度盐碱化草甸。

（60）假苇拂子茅 *Calamagrostis pseudophrgmites*（Hall.f.）Koel.

分布：石包城。甘肃省临夏、甘南地区、河西走廊。我国东北、华北、西北、华东均有分布。生于海拔 2 500～3 100 m 的河岸低湿处、山坡草地、沙区湿润丘间低地。

（61）沿沟草 *Calabrosa aquatica*（L.）Beauv.

分布：盐池湾、大道尔基、蓝泉。甘肃省甘南地区、河西走廊。我国内蒙古、青海、新疆、四川、云南；亚、欧、美洲温带也有。生于海拔2 500～3 500 m的沼泽草甸、水边。

（62）无芒隐子草 *Cleistogenes songorica*（Roshev.）Ohwi

分布：石包城。甘肃省兰州、河西走廊。我国内蒙古、宁夏、陕西、新疆；西伯利亚、中亚。生于海拔1 100～2 300 m的干燥山坡、平坦沙地。

（63）穗发草 *Deschampsia koelerioides* Regel

分布：盐池湾、温泉、查干布尔嘎斯、东红沟。甘肃省祁连山区。我国内蒙古、青海、新疆、西藏。生于海拔4 000～4 500 m的高山草甸、山坡潮湿处、灌丛下。

（64）青海野青茅 *Deyeuxia kokonorica*（Keng ex Tzvelev）S. L. Lu

分布：盐池湾、大道尔基。甘肃省甘南地区、河西走廊。我国内蒙古、青海、新疆、四川、云南；亚、欧、美洲温带也有。生于海拔2 500～3 500 m的沼泽草甸、水边。

（65）天山野青茅 *Deyeuxia tianschanica*（Rupr.）Bor

分布：尧勒特。甘肃省肃北县。我国内蒙古、新疆；中亚、西伯利亚。生于洪水沟旁、石质山坡、沙地、砾石地、盐碱地。

（66）黑紫披碱草 *Elymus atratus*（Nevski）Hand.-Mazz.

分布：党河南山、盐池湾。甘肃省岷县、临夏、甘南、祁连山区。我国山西、云南、四川、青海、新疆、西藏。生于海拔3 000～4 500 m的山坡草地、草甸。

（67）短颖鹅观草 *Elymus burchan-buddae*（Nevski）Tzvelev

分布：党河南山、盐池湾。甘肃省岷县、临夏、甘南、祁连山区。我国山西、云南、四川、青海、新疆、西藏。生于海拔3 000～4 500 m的山坡草地、草甸。

（68）圆柱披碱草 *Elymus cylindricus*（Franch.）Honda

分布：盐池湾。甘肃省临夏、甘南、祁连山区。我国内蒙古、青海、新疆及东北、河北、四川；中亚、朝鲜、日本也有。生于海拔2 200～3 500 m的盐渍化草地、砾石地、沙滩、山坡。

（69）披碱草 *Elymus dahuricus* Turcz.

分布：公岔沿蓬沟、黑刺沟达坂。甘肃省临夏、甘南地区、祁连山区。

我国东北、华北、西北及河南、西藏；伊朗、中亚、蒙古国、尼泊尔、印度、克什米尔地区也有。生于海拔 2 200～3 300 m 的山坡草地、路旁。

（70）垂穗披碱草 *Elymus nutans*（Griseb.）Nevski

分布：盐池湾、阿尔格里泰、温泉、党河南山。甘肃省临夏、甘南地区、祁连山区。我国内蒙古、河北、陕西、青海、四川、新疆、西藏；中亚、喜马拉雅地区、蒙古国。生于海拔 2 700～4 100 m 的河谷沙砾地、山沟。

（71）长芒鹅观草 *Elymus dolichatherus*（Keng）S. L. Chen

分布：党河南山。产四川、云南、青海等省。生于海拔 2 350～3 690 m 的山地林下。

（72）狭颖鹅观草 *Elymus mutabilis*（Drobow）Tzvelev

分布：盐池湾、大泉。甘肃省肃北县。我国新疆；北欧、中亚、蒙古国也有。生于海拔 3 000～3 200 m 的草甸、盐土沙地、河岸。

（73）老芒麦 *Elymus sibiricus* L.

分布：鱼儿红。产东北、内蒙古、河北、山西、陕西、甘肃、宁夏、青海、新疆、四川、西藏等省区；俄罗斯、朝鲜、日本也有分布。多生于路旁和山坡上。

（74）小画眉草 *Eragrostis minor* Host.

分布：石包城。广布于全国及全世界温暖地带。多生于农田内、路旁、荒地。

（75）苇状羊茅 *Festuca arundinacea* Schreb.

分布：盐池湾。产新疆。生于海拔 700～1 200 m 的河谷阶地、灌丛、林缘等潮湿处。

（76）短叶羊茅 *Festuca brachyphylla* Schult. & Schult. f.

分布：野马南山、大雪山、党河南山、鱼儿红。产新疆、甘肃、青海、西藏；欧洲、中亚、俄罗斯西伯利亚及北美。生于海拔 2 700～4 800 m 的高山草甸、高寒草原、山坡、林下、灌丛、砾石地。

（77）羊茅 *Festuca ovina* L.

分布：野马南山、大雪山、党河南山。甘肃省临夏、甘南地区、祁连山区。我国西北、西南各地；欧、亚、美洲的温带。生于海拔 2 500～3 900 m 的山坡草地、草甸。

（78）藏山燕麦 *Helictotrichon tibeticum*（Roshev.）Holub.

分布：公岔沿蓬沟、昌头山、黑刺沟达坂、鱼儿红。甘肃省甘南地区、祁连山区。我国四川、青海、新疆、西藏。生于海拔2 600～3 800 m的河谷沙地、高山草甸、灌丛中。

（79）疏花藏山燕麦 *Helictotrichon tibeticum* var. *laxiflorum* Keng ex Z. L. Wu

分布：鱼儿红。甘肃省甘南地区、祁连山区。我国四川、青海、新疆、西藏。生于海拔2 600～3 800 m的河谷沙地、高山草甸、灌丛中。

（80）大麦草 *Hordeum bogdanii* Wilensky

分布：石包城、蓝泉。甘肃省祁连山区。我国内蒙古、青海、新疆；中亚、蒙古国。生于海拔2 200 m的水沟边、沙地。

（81）紫大麦草 *Hordeum roshevitzii* Bowden

分布：大道尔基、石包城、蓝泉。甘肃省临夏、甘南地区、祁连山区。我国内蒙古、陕西、青海、新疆；伊朗也有。生于海拔2 100～2 800 m的沙地、河边、草甸。

（82）梭罗草 *Kengyilia thoroldiana*（Oliv.）J. L. Yang，C. Yen & B. R. Baum

分布：大公岔、音德尔特、野马滩。甘肃省祁连山区。我国青海、西藏。生于海拔3 970 m的砾石沙地、山坡草地。

（83）银洽草 *Koeleria litvinowii* subsp. *argentea*（Grisebach）S. M. Phillips & Z. L. Wu

分布：盐池湾温泉。甘肃省甘南地区、祁连山区及临夏。我国山西、四川、西藏、新疆；中亚也有。生于海拔2 700～4 100 m的山坡草地、草甸。

（84）窄颖赖草 *Leymus angustus*（Trinius）Pilg.

分布：独山子、盐池湾、石包城、平草湖。甘肃省广布。我国东北、西北、华北及四川、云南、西藏；日本、中亚也有。生于海拔2 000～3 000 m的山坡草地、河岸、路旁。

（85）宽穗赖草 *Leymus ovatus*（Trinius）Tzvelev

分布：石包城、平草湖、党河南山、蓝泉。甘肃省广布。我国东北、西北、华北及四川、云南、西藏；日本、中亚也有。生于海拔2 000～3 000 m的山坡草地、河岸、路旁。

（86）毛穗赖草 *Leymus paboanus*（Claus）Pilger

分布：盐池湾、乌兰窑洞、石包城、党河南山。甘肃省河西走廊沙地。我国青海、新疆；蒙古国、中亚、西伯利亚也有。生于海拔 3 500 m 的沙地、河边。

（87）赖草 *Leymus secalinus*（Georgi）Tzvel.

分布：盐池湾、石包城。甘肃省中部和河西走廊。我国东北、华北、西北；中亚、朝鲜、日本也有。生于海拔 1 400～3 500 m 的沙地、平原绿洲、山地草原等。

（88）若羌赖草 *Leymus ruoqiangensis* S. L. Lu & Y. H. Wu

分布：大道尔基、党河南山、石包城、平草湖。甘肃省广布。我国东北、西北、华北及四川、云南、西藏；日本、中亚也有。生于海拔 2 000～3 000 m 的山坡草地、河岸、路旁。

（89）柴达木臭草 *Melica kozlovii* Tzvelev

分布：鱼儿红。甘肃省广布。蒙古国亦有分布。生于海拔 2 000～3 830 m 的向阳山坡、多石山坡和谷底湿地。

（90）长白草 *Pennisetum centrasiaticum* Tzvel.

分布：石包城、平草湖。甘肃省广布。我国东北、西北、华北及四川、云南、西藏；日本、中亚也有。生于海拔 2 000～3 000 m 的山坡草地、河岸、路旁。

（91）虉草 *Phalaris arundinacea* L.

分布：盐池湾、大泉、温泉。甘肃省天水、陇南、临夏、甘南、祁连山区。我国东北、华北、华中、江苏、浙江、陕西；全世界温带地区。生于海拔 1 400～3 200 m 的沼泽草甸、河滩、水湿处。

（92）芦苇 *Phragmites australis*（Cav.）Trin. ex Steudel

分布：大道尔基。全国均有分布；全世界广布。生于沼泽草甸、池塘、河边、湖泊、盐碱地、沙丘。

（93）早熟禾 *Poa annua* L.

分布：阿尔格里泰。全国广布；欧、亚、美洲。生于海拔 1 900～3 500 m 的沟边、山坡草地、草甸。

（94）菫色早熟禾*Poa araratica ssp. ianthina*（Keng ex Shan Chen）Olonova & G. Zhu

分布：石包城、野马河。甘肃省甘南地区、祁连山区及临夏。我国山西、陕西、青海、西藏；印度、西伯利亚。生于海拔2 800～3 600 m的山坡草地、洪水沟。

（95）光稃早熟禾*Poa araratica ssp. psilolepis*（Keng）Olonova & G. Zhu

分布：查干布尔嘎斯、阿尔格里泰。甘肃省甘南地区、祁连山区及临夏。我国山西、陕西、青海、西藏；印度、西伯利亚。生于海拔2 800～3 600 m的山坡草地、洪水沟。

（96）藏北早熟禾*Poa boreali-tibetica* C.Ling

分布：盐池湾。我国西藏。生于海拔3 200～4 900 m的山坡砾石、草甸上。

（97）花丽早熟禾*Poa calliopsis* Litvinov ex Ovczinnikov

分布：盐池湾、党河南山、石洞沟。甘肃省祁连山区。我国青海、新疆、西藏；伊朗、巴基斯坦、印度、尼泊尔、中亚。生于海拔3 200～5 400 m的草甸、水边草地。

（98）高原早熟禾*Poa lipskyi* Roshev.

分布：盐池湾东洞子沟、黑刺沟、温泉。甘肃省祁连山区。我国甘肃、青海、新疆、云南、四川、西藏；中亚、西伯利亚。生于海拔3 600～4 100 m的山坡草地、砾石旁、河滩沙地。

（99）中亚早熟禾*Poa litwinowiana* Ovcz.

分布：盐池湾温泉、东洞子沟。甘肃省祁连山区。我国青海、新疆、西藏；中亚、伊朗、阿富汗、巴基斯坦、尼泊尔、锡金、不丹、印度北部。生于海拔3 000～4 500 m的山坡草地、草甸。

（100）疏花早熟禾*Poa polycolea* Stapf.

分布：盐池湾大泉、温泉。甘肃省祁连山区。我国四川西部、青海、西藏。生于海拔3 100～4 500 m的山坡草地、草甸、河滩地。

（101）细叶早熟禾*Poa pratensis ssp. angustifolia*（L.）Lejeun

分布：党河南山、鱼儿红。甘肃省临夏、甘南、祁连山区。我国东北、华北、西北；广布于北半球温带地区。生于海拔2 800～4 500 m的山坡草地、高山草甸、路旁、河边。

（102）灰早熟禾 *Poa glauca* Vahl

分布：鱼儿红。产新疆、内蒙古、陕西四川北部；欧洲、俄罗斯西伯利亚、中亚。生于海拔 2 000～3 900 m 的干燥砾石山坡、河滩草地。

（103）多鞘早熟禾 *Poa polycolea* Stapf

分布：鱼儿红。产西藏东南部、西部、东北部和四川西部、青海；克什米尔地区、尼泊尔、巴基斯坦、阿富汗、伊朗。生于海拔 3 000～5 000 m 的高山草甸或山坡。

（104）长芒棒头草 *Polypogon monspeliensis*（L.）Desf.

分布：石包城、狗了子沟。甘肃省肃北县。我国内蒙古、新疆；中亚、西伯利亚。生于洪水沟旁、石质山坡、沙地、砾石地、盐碱地。

（105）紫药新麦草 *Psathyrostachys juncea var. hyalantha*（Ruprecht）S. L. Chen

分布：石包城、鹰嘴山。甘肃省肃北县。我国内蒙古、新疆；中亚、西伯利亚。生于洪水沟旁、石质山坡、沙地、砾石地、盐碱地。

（106）太白细柄茅 *Ptilagrostis concinna*（Hook. f.）Roshev.

分布：音德尔特。产甘肃、西藏、青海、陕西、四川西北部。生于海拔 3 700～5 100 m 的高山草甸、山谷潮湿草地、山顶草地、山地阴坡、灌木林下、河滩草丛及沼泽地。

（107）细柄茅 *Ptilagrostis mongholica*（Turcz. ex Trin.）Griseb

分布：石包城、小公岔、鹰嘴山。甘肃省临夏、甘南地区、祁连山区。我国陕西、青海、四川、云南、西藏。生于海拔 2 600～3 300 m 的高山草甸、草地、山前冲积平原。

（108）双叉细柄茅 *Ptilagrostis dechotoma* Keng ex Tzvel.

分布：石包城、小公岔。甘肃省临夏、甘南地区、祁连山区。我国陕西、青海、四川、云南、西藏。生于海拔 2 600～3 300 m 的高山草甸、草地、山前冲积平原。

（109）中亚细柄茅 *Ptilagrotis pelliotii*（Danguy）Grub.

分布：石包城、盐池湾、鹰嘴山、鱼儿红。甘肃河西走廊。我国内蒙古、宁夏、青海、新疆；蒙古国、中亚。生于海拔 1 400～3 500 m 的干旱山坡、戈壁、砾石质坡地、岩缝隙中。

（110）鹤甫碱茅 *Puccinellia hauptiana*（Trin. ex V. I. Krecz.）Kitag.

分布：产内蒙古、黑龙江、吉林、辽宁、河北、山西、陕西、甘肃、青海、新疆、山东、江苏；俄罗斯西伯利亚、中亚、蒙古国、朝鲜、日本和北美。生于海拔 1 600～4 800 m 的河滩、湖畔沼泽地、田边沟旁、低湿盐碱地及河谷沙地。

（111）光稃碱茅 *Puccinellia leiolepis* L. Liou

分布：石包城。产西藏、青海。生于海拔 3 000～4 500 m 的山沟湿地、带盐碱的高山草甸上。

（112）碱茅 *Puccinellia distans*（L.）Parl.

分布：石包城、大公岔、野马河、大水河。甘肃省天水、河西走廊。我国华北、西北；欧洲、土耳其、伊朗、喜马拉雅地区、中亚、蒙古国、朝鲜、日本、北美也有。生于海拔 1 450～3 300 m 的盐湿低地。

（113）微药碱茅 *Puccinellia hauptiana*（Krecz.）Kitag.

分布：石包城、党河南山、鱼儿红、大道尔基。甘肃省甘南地区、河西走廊。我国内蒙古、河北、黑龙江、宁夏；蒙古国、中亚、朝鲜、日本、北美也有。生于海拔 2 200～3 200 m 的河边、低湿地、盐碱地。

（114）疏穗碱茅 *Puccinellia roborovskyi* Tzvelev.

分布：大水河。产西藏、青海；俄罗斯、中亚地区。生于海拔 3 200～4 550 m 的河谷沙地、湿润盐滩草地。

（115）狗尾草 *Setaria viridis*（L.）Beauv.

分布：石包城。全国各地皆有分布；广布于全世界温带和热带。生于田间杂草、荒地、河边。

（116）冠毛草 *Stephanachne pappophorea*（Hack.）Keng

分布：石包城、鱼儿红、小水沟。甘肃河西走廊。我国青海、新疆；蒙古国、中亚也有。生于海拔 1 700～2 350 m 的荒漠砾石地、石质粘土山坡、黄土山坡。

（117）异针茅 *Stipa aliena* Keng

分布：盐池湾。甘肃省甘南地区、祁连山区。我国山西、四川、青海、西藏。生于海拔 2 600～3 750 m 的山坡草地、河谷草地。

（118）短花针茅 *Stipa breviflora* Griseb.

分布：石包城。甘肃陇东、定西、兰州、临夏、甘南、河西走廊。我国西北、华北、西藏；中亚、尼泊尔也有。生于海拔 1 600～2 800 m 的干旱山坡、砾质山、草地。

（119）长芒草 *Stipa bungeana* Trin. ex Bge.

分布：石包城。我国东北、华北、西北、西南及西藏。生于海拔 1 600～3 500 m 的山坡草地、河谷阶地。

（120）沙生针茅 *Stipa caucasica ssp. glareosa*（P. A. Smirn.）Tzvelev

分布：盐池湾、乌兰窑洞、阿尔格里泰、野马滩、鱼儿红。我国内蒙古、河北、陕北、宁夏、青海、新疆、西藏；西伯利亚、中亚、蒙古国也有。生于海拔 1 200～4 100 m 的平坦沙地、冲积扇、山坡草地。

（121）甘青针茅 *Stipa przewalskyi* Roshev.

分布：鹰嘴山。我国内蒙古、宁夏、甘肃、西藏、青海、陕西、山西、河北、四川等省区。常生于海拔 850～3 600 m 的林缘、山坡草地或路旁。

（122）紫花针茅 *Stipa purpurea* Griseb.

分布：盐池湾、大泉、党河南山、野马河。甘肃省甘南地区、河西走廊。我国内蒙古、青海、新疆、西藏、四川；克什米尔地区、中亚的天山山地也有。生于海拔 1 800～4 000 m 的山坡草原、沙质河滩、冲积平原。

（123）座花针茅 *Stipa subsessiliflora*（Rupr.）Roshev.

分布：鱼儿红、尧勒特、大水河。产甘肃、新疆、青海；中亚地区也有分布。多生于海拔 1 900～5 100 m 的山坡草甸、冲积平原、砂砾地或河谷阶地上。

（124）天山针茅 *Stipa tianschanica* Roshev.

分布：鱼儿红、尧勒特、大水河。产甘肃、青海、新疆。多生于海拔 2 100～2 600 m 的干山坡和砾石堆上。

（125）戈壁针茅 *Stipa tianschanica var. gobica*（Roshev.）P. C. Kuo et Y. H. Sun

分布：石包城、鹰嘴山。甘肃河西走廊。我国华北、西北、西藏；蒙古国也有。生于海拔 1 400～3 000 m 的干燥砾石山坡、沙地、戈壁滩、冲积沟。

（126）穗三毛草 *Trisetum spicatum*（L.）Richter

分布：牙马图、半截沟、美丽布拉格。产黑龙江、吉林、辽宁、内蒙古、宁夏、甘肃、新疆、西藏、青海、陕西、山西、河北、湖北、四川、云南等省区；北半球极地和热带高海拔地区。生于海拔1 900 m以上的山坡草地和高山草原或高山草甸。

### 3.2.4.11　罂粟科Papaveraceae

（127）灰绿黄堇*Corydalis adunca* Maxim.

分布：石包城。甘肃省兰州、永登、河西走廊。我国内蒙古、陕西、宁夏、青海、西藏、四川、云南。生于海拔1 500～2 700 m的干燥土坡、荒漠地区石质山坡。

（128）条裂黄堇*Corydalis linarioides* Maxim.

分布：党河南山。甘肃省榆中、岷县、文县、临夏及甘南地区、祁连山区。我国甘肃、青海、宁夏、陕西、四川。生于海拔2 200～4 100 m的山坡草地、溪边、灌丛中。

（129）直茎黄堇*Corydalis stricta* Steph. ex DC.

分布：野马南山、党河南山。甘肃省河西走廊。我国青海、西藏、新疆；西伯利亚、中亚、蒙古国、克什米尔地区、巴基斯坦、尼泊尔。生于海拔4 000～4 500 m的山坡、沟谷、粘土盐碱地。

（130）糙果紫堇*Corydalis trachycarpa* Maxim.

分布：党河南山（西洞子沟、温泉）。甘肃省甘南地区、祁连山区及临夏。我国陕西、青海、四川、云南、西藏。生于海拔3 300～4 100 m的石缝中、水沟边、河漫滩。

（131）红花紫堇*Corydalis livida* Maxim.

分布：大黑沟口黑地、塔尔沟。产甘肃、青海。生于海拔2 400～4 000 m的石缝中。

（132）细果角茴香*Hypecoum leptocarpum* Hook.t. et Thoms.

分布：党河南山。甘肃省天水、临夏、甘南地区、祁连山区。我国东北、西北及四川、云南、西藏；阿富汗、巴基斯坦、尼泊尔、不丹、克什米尔地区、中亚也有。生于海拔2 100～3 900 m的山坡草地、路旁、沟底、草甸、沙砾地。

**3.2.4.12　小檗科 Berberidaceae**

（133）置疑小檗 *Berberis dubia* C. K. Schneid.

分布：狗了子沟、野马河。产于甘肃、宁夏、青海、内蒙古。生于海拔1 400～3 850 m的山坡灌丛中、石质山坡、河滩地、岩石上或林下。

**3.2.4.13　毛茛科 Ranunculaceae**

（134）铁棒锤 *Aconitum pendulum* Busch

分布：盐池湾双达坂、牙马图。甘肃省甘南、祁连山地区。我国河南、陕西、青海、四川、云南、西藏。生于海拔2 800～4 500 m的山坡草地、林缘。

（135）蓝侧金盏花 *Adonis coerulea* Maxim.

分布：野马南山。甘肃省甘南地区和祁连山区。我国四川西北部及青海、西藏。生于海拔2 300～3 970 m的砾石沙地、山坡草地、草甸。

（136）叠裂银莲花 *Anemone imbricata* Maxim.

分布：獭儿沟。产于四川、甘肃、青海、西藏。生于海拔3 200～5 300 m的高山草坡或灌丛中。

（137）美花草 *Callianthemum pimpinelloides*（D. Don）Hook. f. & Thomson

分布：牙马图、查干布尔嘎斯。产于我国西藏、云南、四川、青海；尼泊尔、锡金、印度北部。生于高山草地。

（138）灰叶铁线莲 *Clenatis canescens*（Turcz.）W. T. Wang et M. C. Chang

分布：石包城、鱼儿红。甘肃省安西、敦煌、肃北。我国内蒙古、宁夏。生于海拔110～2 300 m的干河床、沙地、戈壁滩、山坡。

（139）甘青铁线莲 *Clematis tangutica*（Maxim）Korsh.

分布：盐池湾、石包城。甘肃省榆中、甘南地区、河西走廊及永登、临夏、兰州等地。我国内蒙古、陕西、宁夏、青海、西藏、新疆、四川；中亚。生于海拔1 800～3 700 m的山地、石质山坡、山前砾石平原。

（140）白蓝翠雀花 *Delphinium albocoeruleum* Maxim.

分布：党河南山、东红沟。甘肃省祁连山、甘南地区。我国四川、青海、西藏、四川。生于海拔3 150～4 500 m的山地草坡。

（141）蓝翠雀花 *Delphinium caerulirm* Jacg. ex Camb.

分布：党河南山。甘肃省岷县、甘南和祁连山区。我国四川西部、青海、西藏；尼泊尔、锡金、不丹也有。生于海拔2 100～4 000 m的山坡草地、石质山坡。

（142）单花翠雀 *Delphinium candelabrum var. monanthum*（Hand. - Mazz.）W. T. Wang

分布：双达坂、党河南山、尧勒特、野马河。甘肃省甘南和祁连山地区。我国四川、青海、西藏。生于海拔3 600～4 500 m的多石山坡。

（143）长叶碱毛茛 *Halerpestes ruthenica*（Jacq.）Ovcz.

分布：大道尔基、大泉、盐池湾。产于我国新疆、青海、甘肃、宁夏、陕西、山西、河北、内蒙古、辽宁、吉林、黑龙江；蒙古国、俄罗斯西伯利亚地区也有。生于盐碱沼泽地或湿草地。

（144）碱毛茛（水葫芦苗）*Halerpestes sarmentosa*（Adams）Kom.

分布：大道尔基、大泉、盐池湾。甘肃省河西走廊。我国东北、华北、西北及山东、四川东北部、西藏；亚洲和北美的温带广布。生于盐碱性沼泽、草甸、湖边。

（145）三裂碱毛茛 *Halerpestes tricuspis*（Maxim.）Hand.-Mazz.

分布：东洞子沟、盐池湾、大泉。甘肃省甘南地区、祁连山区。我国四川西北部、陕西、青海、西藏、新疆；印度西北部、不丹、尼泊尔也有。生于海拔3 000～5 000 m的盐碱化湿草地。

（146）乳突拟耧斗菜 *Paraquilegia anemonoides*（Willd.）O. E. Ulbr.

分布：党河南山、野马南山、大黑沟、獭儿沟。甘肃省甘南地区及祁连山区。我国分布于西藏西部、新疆、青海、宁夏；蒙古国、俄罗斯、中亚地区。生于海拔2 600～3 400 m间的山地岩石缝或山区草原中。

（147）拟耧斗菜 *Paraquilegia microphylla*（Royle）Drumm.et Hutch.

分布：党河南山、野马南山。甘肃省甘南地区及祁连山区。我国四川、青海、西藏、云南、新疆；不丹、尼泊尔以及中亚地区。生于海拔2 700～4 300 m的高山岩石上或石隙中。

（148）蒙古白头翁 *Pulsatilla ambigua*（Turcz. ex Hayek）Juz.

分布：獭儿沟、高崖湾。我国分布于新疆、青海北部、甘肃北部、内蒙古、黑龙江西部；蒙古国、俄罗斯西伯利亚地区。生于高山草地。

（149）班戈毛茛 *Ranunculus banguoensis* L. Liou

分布：獭儿沟。产西藏。生于海拔 5 200 m 左右的湖边草甸。

（150）鸟足毛茛 *Ranunculus brotherusii* Freyn

分布：獭儿沟、音德尔特、查干布尔嘎斯。产新疆、青海；俄罗斯、中亚地区也有。生于海拔 2 600～3 500 m 的草地。

（151）川青毛茛 *Ranunculus chuanchingensis* L. Liou

分布：獭儿沟。产四川西北部、青海。生于海拔 4 900 m 的阳坡草甸。

（152）圆裂毛茛 *Ranunculus dongrergensis* Hand.-Mazz.

分布：獭儿沟。产西藏南部、云南西北部和四川北部。生于海拔 3 800～4 800 m 间的山地草坡上。

（153）柔毛茛 *Ranunculus membranaceus var. pubescens* W. T. Wang

分布：流沙沟。产甘肃、内蒙古、宁夏、青海、四川、新疆。生于 2 700～4 500 m 的山草甸、山坡、沼泽、河岸。

（154）浮毛茛 *Ranunculus natans* C. A. Mey.

分布：扎子沟。产西藏、青海、新疆、内蒙古、吉林和黑龙江；俄罗斯、中亚和西伯利亚地区也有。生于山谷溪沟浅水中或沼泽湿地。

（155）云生毛茛 *Ranunculus nephelogenes* Edgew.

分布：党河南山、脑干达坂。产西藏及云南、四川、甘肃、青海；印度、锡金、尼泊尔等地也有。生于海拔 3 000～5 000 m 的高山草甸、河滩湖边及沼泽草地。

（156）栉裂毛茛 *Ranunculus pectinatilobus* W. T. Wang

分布：獭儿沟。产内蒙古。生于海拔 2 000 m 以上的溪边、草甸。

（157）裂叶毛茛 *Ranunculus pedatifidus* Sm.

分布：石包城黑沟山。甘肃省甘南地区、祁连山区。我国黑龙江、内蒙古、新疆；蒙古国、西伯利亚也有。生于海拔 2 400～3 500 m 的山坡、草地。

（158）深齿毛茛 *Ranunculus popovii var. stracheyanus*（Maxim.）W. T. Wang

分布：獭儿沟。产西藏及甘肃等地；锡金也有。生于海拔 2 300～4 800 m 潮湿草地。

（159）苞毛茛 *Ranunculus involucratus* Maxim.

分布：野马南山、音德尔特、伊科达坂。甘肃省祁连山区。我国青海、西藏。生于海拔 4 500 m 的潮湿砾石山坡。

（160）高原毛茛 *Ranunculus tanguticus*（Maxim.）Ovcz.

分布：党河南山、野马南山。甘肃省甘南地区、祁连山区。我国山西、河北、云南、四川、陕西、青海、西藏。生于海拔 3 000～4 500 m 的山坡、沟边、沼泽湿地。

（161）叶城毛茛 *Ranunculus yechengensis* W. T. Wang

分布：音德尔特。产新疆。生于海拔 600 m 的高山草甸。

（162）直梗高山唐松草 *Thalictrum alpinum var. elatum* O. E. Ulbr.

分布：大黑沟。产云南、西藏、四川、青海、甘肃、宁夏、陕西、山西、河北。生于海拔 2 400～4 600 m 的高山草坡。

（163）腺毛唐松草 *Thalictrum foetidum* L.

分布：石包城、碱泉子（白石头沟）、狗了子沟。产我国西藏、四川西部、青海、新疆、甘肃、陕西、山西、河北、内蒙古；蒙古国、亚洲西部、欧洲也有分布。生于 2 200～3 500 m 的山地草坡或高山多石砾处。

（164）芸香叶唐松草 *Thalictrum rutifolium* Hook.f. et Thoms.

分布：野马南山、石包城、白石头沟、狗了子沟。甘肃省甘南地区、祁连山区及临夏。我国青海、四川、云南、西藏；锡金也有。生于海拔 2 280～4 300 m 山坡草地、河滩、山前砾石沙地。

3.2.4.14　虎耳草科 Saxifragaceae

（165）山羊臭虎耳草 *Sacxifraga hirculus* L.

分布：音德尔达坂。产山西、新疆、四川、云南和西藏。生于海拔 2 100～4 600 m 的林下、高山草甸、高山沼泽草甸及高山碎石隙。俄罗斯及欧洲北部、东部和中部均有。

（166）零余虎耳草 *Saxifraga cernua* L.

分布：党河南山。产吉林、内蒙古东部、河北、山西、陕西、宁夏、青海、新疆、四川、云南、西藏；俄罗斯、日本、朝鲜、不丹至印度及北半球其他高山地区和寒带均有。生于海拔 2 200～5 550 m 的林下、林缘、高山草甸和高山碎石隙。

（167）唐古特虎耳草 *Saxifraga tangutica* Engl.

分布：党河南山、查干布尔嘎斯、音德尔特。产甘肃南部、青海、四川北部和西部及西藏；不丹、克什米尔地区均有。生于海拔 2 900～5 600 m 的林下、灌丛、高山草甸和高山碎石隙。

（168）青藏虎耳草 *Saxifraga przewalskii* Engl.

分布：夏勒坑德、音德尔达坂。甘肃省甘南地区、祁连山区。我国青海、西藏。生于海拔 3 570～4 100 m 的草甸、碎石隙。

### 3.2.4.15　景天科 Crassulaceae

（169）小苞瓦松 *Orostachys thyrsiflorus* Fisch.

分布：石包城、大公岔。产甘肃河西走廊。我国甘肃、新疆、西藏；中亚、蒙古国也有。生于海拔 2 350～3 000 m 的山前荒漠草原、干旱石质山坡。

（170）瓦松 *Orostachys fimbriatus*（Turcz.）Berger.

分布：音德尔特。产湖北、安徽、江苏、浙江、青海、宁夏、甘肃、陕西、河南、山东、山西、河北、内蒙古、辽宁、黑龙江。生于海拔 1 400～3 500 m 的山坡石或瓦岩上。

（171）唐古红景天 *Rhodiola algida var. tangutica*（Maxim.）S.H.Fu

分布：党河南山、野马南山、大雪山。产甘肃省甘南地区、祁连山区。我国四川、青海、宁夏。生于海拔 2 000～4 500 m 的高山湿地、石缝中、近水边。

（172）圆丛红景天 *Rhodiola coccinea*（Royle）Boriss.

分布：美丽布拉格。产青海、甘肃。生于海拔 3 500～4 200 m 的石上。

### 3.2.4.16　蒺藜科 Zygophyllaceae

（173）蒺藜 *Tribulus terrestris* L.

分布：石包城、榆林河。甘肃省陇东、定西、兰州、河西走廊。全国各省区均有分布；亚洲、美洲、欧洲、非洲广布。生于沙地、荒地、干旱山坡。

（174）霸王 *Zygophyllum xanthoxylon*（Bge.）Maxim.

分布：石包城。甘肃省河西走廊及北部荒漠地区。我国内蒙古、宁夏、青海、新疆；蒙古国也有。生于海拔 1 200～2 400 m 的荒漠、戈壁、沙梁、砾质山坡。

（175）驼蹄瓣 *Zygophyllum fabago* L.

分布：石包城、大道尔基。产内蒙古、甘肃、青海和新疆；中亚、伊朗、伊拉克、叙利亚也有分布。生于冲积平原、绿洲、湿润沙地和荒地。

（176）甘肃驼蹄瓣 *Zygophyllum kansuense* Y.X Liou

分布：干沟石圈。甘肃省河西走廊及北部荒漠地区。我国内蒙古、宁夏、青海、新疆；蒙古国也有。生于海拔1 200～2 400 m的荒漠、戈壁、沙梁、砾质山坡。

（177）大花驼蹄瓣 *Zygophyllum potaninii* Maxim.

分布：鹰嘴山。甘肃省河西走廊及北部荒漠地区。我国内蒙古、宁夏、青海、新疆；蒙古国也有。生于海拔1 200～2 400 m的荒漠、戈壁、沙梁、砾质山坡。

（178）翼果驼蹄瓣 *Zygophyllum pterocarpum* Bunge

分布：獭儿沟、大道尔基。产内蒙古阿拉善盟、甘肃河西、新疆。生于石质山坡、洪积扇、盐化沙土。

3.2.4.17　豆科 Leguminosae

（179）披针叶野决明（黄华）*Thermopsis lanceolata* R. Br.

分布：党河流域、盐池湾、鱼儿红、大道尔基。甘肃省定西、临夏、甘南地区及祁连山区。我国东北、华北、西北及西藏；尼泊尔、蒙古国、西伯利亚及中亚也有。生于海拔2 100～3 500 m的沙质地、向阳山坡。

（180）团垫黄芪 *Astragalus arnoldii* Hemsl.

分布：野马河、大公岔。产青海、西藏。生于海拔4 600～5 100 m的山坡及河滩上。

（181）丛生黄芪 *Astragalus confertus* Benth. ex Bunge

分布：党河南山。产青海、四川、西藏西北部；印度、巴基斯坦亦有分布。生于高山草甸。

（182）大通黄芪 *Astragalus datunensis* Y. C. Ho

分布：鱼儿红。甘肃省阿克塞、肃北。生于海拔3 800 m的山顶流石滩中。

（183）斜茎黄芪 *Astragalus laxmannii* Jacq.

分布：盐池湾、鱼儿红。产新疆北部和青海。生于海拔2 000～2 500 m的山坡潮湿地带。

（184）甘肃黄芪 *Astragalus licentianus* Hand.-Mazz.

分布：鱼儿红、党河南山、獭儿沟。甘肃省阿克塞、肃北。我国青海。生于海拔 3 000～4 100 m 的冲积扇地、河滩石隙中、砾石山坡地。

（185）马衔山黄芪 *Astragalus mahoschanicus* Hand.-Mazz.

分布：鱼儿红、党河南山、獭儿沟。产四川（西北部）、内蒙古、甘肃、宁夏、青海、新疆。生于海拔 1 800～4 500 m 的山顶和沟边。

（186）多毛马衔山黄芪 *Astragalus mahoschanicus var. multipilosus* Y. H. Wu

分布：尧勒图沟脑、野牛沟口。产四川、内蒙古、甘肃、宁夏、青海、新疆。生于海拔 1 800～4 500 m 的山顶和沟边。

（187）茵垫黄芪 *Astragalus mattam* H. T. Tsai & T. T. Yu

分布：野马河、公岔达坂。产青海。生于海拔 4 000 m 的高山草地。

（188）白花茵垫黄芪 *Astragalus mattam var. albiflorus* X.G.Sun et X.J.Liou

分布：野马河。产甘肃。生于海拔 4 000 m 的高山草地。

（189）雪地黄芪 *Astragalus nivlis* Kar. & Kir.

分布：党河南山、鱼儿红、石包城、牙马图。产青海、新疆和西藏；中亚地区。生于 2 500～4 000 m 的高原、河滩及山顶。

（190）肾形子黄芪 *Astragalus skythropos* Bunge

分布：鱼儿红、獭儿沟。甘肃省阿克塞、肃北。我国青海。生于海拔 3 000～4 100 m 的冲积扇地、河滩石隙中、砾石山坡地。

（191）变异黄芪 *Astragalus variabilis* Bunge ex Maxim.

分布：鱼儿红、大公岔。产内蒙古、宁夏、甘肃、青海；蒙古国也有分布。生于荒漠地区的干涸河床砂质冲积土上。

（192）柴达木黄芪 *Astragalus kronenburgii var. chaidamuensis* S. B. Ho

分布：南仁达坂。甘肃省阿克塞、肃北。我国青海、甘肃。生于海拔 3 000～4 100 m 的冲积扇地、河滩石隙中、砾石山坡地。

（193）了墩黄芪 *Astragalus lioui* Tsai et Yü

分布：石包城。甘肃省金塔、嘉峪关、安西、肃北。我国内蒙古、宁夏、新疆。生于海拔 2 100 m 的荒漠区干河床、砾石沙地、戈壁。

（194）长毛荚黄芪 *Astragalus macrotrichus* Pet.-Stib.

分布：大道尔基、盐池湾。甘肃省酒泉、安西、肃北。我国山西、内蒙古、新疆也有。生于海拔2 500～3 200 m的戈壁滩、洪积扇、砾石沙地。

（195）多枝黄芪 *Astragalus polycladus* Bur. et Franch.

分布：党河南山、盐池湾。甘肃省祁连山区。我国青海、新疆、四川、云南。生于海拔2 000～4 000 m的山坡、山前平原砾石沙地。

（196）帚黄芪 *Astragalus scoparius* Schrenk

分布：盐池湾。产新疆；中亚阿尔泰山也有。生于海拔3 500 m的沙地。

（197）荒漠锦鸡儿 *Caragana roborovskyi* Kom.

分布：石包城。产内蒙古西部、宁夏、甘肃、青海东部、新疆天山。生于山坡、山沟、黄土丘陵、沙地。

（198）红花羊柴 *Corethrodendron multijugum*（Maxim.）B. H. Choi & H. Ohashi

分布：盐池湾、鱼儿红、大公岔、独山子。甘肃省临夏、兰州、河西走廊。我国内蒙古、宁夏、山西、青海、新疆、西藏；蒙古国、中亚也有。生于海拔1 600～3 400 m的干旱山坡、砾质山地、河岸。

（199）甘草 *Glycyrrhiza uralensis* Fisch.

分布：石包城、榆林河。甘肃省陇东、中部、河西走廊沙地、盐渍化草地。我国东北、华北、西北；蒙古国、中亚、巴勒斯坦、阿富汗也有。生于河岸沙质土、干旱黄土山丘、草原。

（200）草木樨 *Melilotus suaveolens* Ledeb.

分布：石包城。产东北、华南、西南各地，中国各省常见栽培。生于山坡、河岸、路旁、砂质草地。

（201）刺叶柄棘豆（猫头刺）*Oxytropis aciphylla* Ledeb.

分布：盐池湾、阿尔格力泰。甘肃省靖远、河西走廊。我国河北、内蒙古、陕西、宁夏、甘肃、青海、新疆；蒙古国、中亚也有。生于海拔1 100～3 500 m的戈壁、山坡、盐碱地、砾石沙地、沙丘。

（202）蓝花棘豆 *Oxytropis coerulea*（Pallas）Candolle

分布：香毛山。产黑龙江、内蒙古、河北、山西等省区。生于海拔1 200 m左右的山坡或山地林下。

（203）急弯棘豆 *Oxytropis deflexa*（Pall.）DC.

分布：盐池湾吾力沟。甘肃省武威、天祝、张掖、肃南、肃北。我国山西、四川；西伯利亚。生于海拔 4 000 m 的山地沟谷。

（204）密丛棘豆 *Oxytropis densa* Benth ex Baker

分布：夏勒坑德。甘肃省靖远、白银、酒泉、阿克塞、肃北。我国青海、西藏；克什米尔地区、巴基斯坦、蒙古国也有。生于海拔 4 100 m 的山坡、高山草原。

（205）镰形棘豆 *Oxytropis falcata* Bge.

分布：盐池湾。甘肃省临夏、甘南、祁连山区。我国四川、青海、新疆、西藏。生于海拔 3 200～4 500 m 的砾质山坡、山前砾石沙地、河岸砂地。

（206）小花棘豆（醉马草、马绊肠）*Oxytropis glabra*（Lam.）DC.

分布：大道尔基。甘肃省兰州、河西走廊。我国山西、内蒙古、陕西、宁夏、青海、西藏；巴基斯坦、克什米尔地区、蒙古国、中亚也有。生于海拔 1 400～3 100 m 的盐碱地、湿沙地、渠边。

（207）细叶棘豆 *Oxytropis glabra* var. *tenuis* Palib.

分布：石包城、大道尔基。产新疆。生于海拔 2 000 m 的山坡、盐碱地、河岸及沟渠边。

（208）密花棘豆 *Oxytropis imbricata* Komarow

分布：鱼儿红。产宁夏、甘肃及青海等省区。生于海拔 1 800～2 500 m 的阳坡。

（209）甘肃棘豆 *Oxytropis kansuensis* Bunge

分布：党河南山。产宁夏、甘肃、青海、四川、云南及西藏。生于海拔 2 200～5 300 m 的路旁、高山草甸、高山林下、高山草原、山坡草地、河边草原、沼泽地、高山灌丛下、山坡林间砾石地及冰碛丘陵上。

（210）宽苞棘豆 *Oxytropis latibracteata* Jurtzev

分布：鱼儿红、獭儿沟。产宁夏、甘肃、青海和四川等省区。生于海拔 1 700～4 200 m 的山前洪积滩地、冲积扇前缘、河漫滩、干旱山坡、阴坡、山坡柏树林下、亚高山灌丛草甸和杂草草甸。

（211）黑萼棘豆 *Oxytropis melanocalyx* Bunge

分布：党河南山、鱼儿红、野马河。产陕西、甘肃、青海、四川、云南、西藏等省区。生于海拔 3 100～4 100 m 的山坡草地或灌丛下。

（212）黄花棘豆 *Oxytropis ochrocephala* Bge.

分布：党河南山。甘肃省临夏、甘南、祁连山区。我国四川、青海、西藏。生于海拔 3 000～4 000 m 的山坡草地、沼泽草地、山坡砾石草地、干河谷地阶地。

（213）祁连山棘豆 *Oxytropis qilianshanica* C. W. Chang et C. L. Zhang

分布：党河南山。产甘肃祁连山和青海东部等地。生于海拔 2 300～2 650 m 的山坡和山顶草地。

（214）胀果棘豆 *Oxytropis stracheyana* Bunge

分布：蓝泉、野马河。产西藏和青海等省区；巴基斯坦、印度、哈萨克斯坦、乌兹别克斯坦、土库曼斯坦、吉尔吉斯斯坦和塔吉克斯坦也有分布。生于海拔 2 900～5 200 m 的山坡草地、石灰岩山坡、岩缝中、河滩砾石草地、灌丛下。

（215）胶黄芪状棘豆 *Oxytropis tragacanthoides* Fisch.

分布：党河南山、香毛山。产甘肃、青海、新疆等省区；哈萨克斯坦东北部、阿尔泰山区、中西伯利亚（叶尼塞河）、蒙古国的西北部也有分布。生于海拔 2 040～4 100 m 的干旱石质山地、山地河谷砾石沙土地及冲积扇上。

（216）苦马豆 *Sphaerophysa salsula*（Pall.）DC.

分布：石包城。甘肃省兰州、河西走廊。我国东北、华北、西北；蒙古国、中亚也有。生于渠边、河岸、盐渍化土地。

3.2.4.18　蔷薇科 Rosaceae

（217）鹅绒委陵菜（蕨麻）*Potentilla anserina* L.

分布：盐池湾、野马滩。甘肃省定西、临夏、陇南、甘南地区、祁连山区。我国东北、华北、西北及四川、云南、西藏；北半球温带、拉丁美洲、大洋洲等地。生于海拔 2 500～4 000 m 的草甸、山坡湿润草地、河漫滩。

（218）砂生地蔷薇 *Chamaerhodos sabulosa* Bge.

分布：乌兰窑洞。我国内蒙古、新疆、西藏；中亚、西伯利亚、蒙古国也有。生于海拔 3 500 m 的丘间砂地、干河滩、干旱荒漠草原。

（219）金露梅 *Dasiphora fruticosa*（L.）Rydb.

分布：公岔昌头山、黑刺沟达坂。甘肃省甘南地区、祁连山区、临夏。我国西藏、云南、四川及东北、华北、西北各地；北温带广布。生于海拔

2 800～3 300 m 的高山灌丛、草甸、山坡。

（220）白毛银露梅 *Dasiphora mandshurica*（Maxim.）Juz.

分布：公岔沿蓬沟、昌头山、黑刺沟达坂。甘肃省甘南地区、祁连山区。我国华北、陕西、青海、湖北、四川、云南；朝鲜也有。生于海拔 1 200～3 400 m 的干旱山坡、沟谷、岩石坡。

（221）小叶金露梅 *Dasiphora parvifolia*（Fisch. ex Lehm.）Juz.

分布：野马南山、党河南山、大雪山、碱泉子。甘肃省各地。我国黑龙江、内蒙古、青海、四川、西藏；蒙古国、俄罗斯也有。生于海拔 2 500～4 000 m 的干燥山坡、岩石缝中。

（222）西北沼委陵菜 *Comarum salesovianum*（Steph.）Aschers. et Graebn.

分布：党河南山。甘肃省祁连山区。我国内蒙古、甘肃、青海、新疆；蒙古国、西伯利亚、中亚也有。生于海拔 3 100～4 000 m 的山坡、沟谷、河岸、洪水沟。

（223）毛果委陵菜 *Fragariastrum eriocarpum*（Wall. ex Lehm.）Kechaykin & Shmakov

分布：乌兰达坂沟口。产陕西、四川、云南、西藏；尼泊尔、锡金及印度也有分布。生于海拔 2 700～5 000 m 的高山草地、岩石缝及疏林中。

（224）高原委陵菜 *Potentilla pamiroalaica* Juz.

分布：石包城、查干布尔嘎斯、小冰沟。产新疆、西藏；俄罗斯、中亚地区也有分布。生于海拔 3 300～4 700 m 的山坡、河谷阴处。

（225）钉柱委陵菜 *Potentilla saundersiana* Royle

分布：西洞子沟、鹰嘴山。甘肃省甘南地区、祁连山区。我国山西、陕西、宁夏、青海、新疆、四川、云南、西藏；印度、尼泊尔、不丹、锡金也有。生于海拔 2 600～4 000 m 的山坡草地、山沟、高山灌丛、草甸。

（226）丛生钉柱委陵菜 *Potentilla saundersiana* var. *caespitosa*（Lehm.）Wolf

分布：盐池湾吾力沟、香毛山、獭儿沟。甘肃省天水、榆中、天祝。我国内蒙古、山西、陕西、青海、新疆、四川、云南、西藏。生于海拔 2 700～4 100 m 的高山草地。

（227）绢毛委陵菜 *Potentilla sericea* L.

分布：党河南山、香毛山。产黑龙江、吉林、内蒙古、甘肃、青海、新疆、西藏；俄罗斯、蒙古国也有分布。生于海拔 600～4 100 m 的山坡草地、砂地、草原、河漫滩及林缘。

（228）变叶绢毛委陵菜 *Potentilla sericea var. polyschista* Lehm.

分布：党河南山。产我国西藏；喜马拉雅山西北部至克什米尔地区。生于海拔 4 400～5 200 m 高山草甸及山坡石缝中。

（229）密枝委陵菜 *Potentilla virgata* Lehm.

分布：大道尔基。产新疆；蒙古国、西伯利亚、中亚也有。生于海拔 3 100 m 的河滩地。

（230）羽裂密枝委陵菜 *Potentilla virgata var. pinnatifida*（Lehm.）Yü et Li

分布：阿尔格力泰。甘肃省天祝、酒泉、肃北。我国青海、新疆。生于海拔 1 000～3 700 m 的山谷水边、河漫滩。

（231）伏毛山莓草 *Sibbaldia adpressa* Bge.

分布：盐池湾。甘肃省河西走廊。我国黑龙江、内蒙古、河北、青海、新疆、西藏；西伯利亚、蒙古国也有。生于海拔 1 800～3 200 m 的河滩地、砾石地。

（232）鸡冠茶（二裂委陵菜）*Sibbaldianthe bifurca*（L.）Kurtto & T. Erikss.

分布：盐池湾、党河南山、鱼儿红、尧勒特。甘肃省榆中、甘南地区、祁连山区。我国黑龙江、吉林、内蒙古、河北、山西、陕西、新疆；广布于欧洲至远东地区。生于海拔 3 200 m 的河滩沙地、山坡草地。

### 3.2.4.19　胡颓子科 Elaeagnaceae

（233）沙棘 *Hippophae rhamnoides subsp. sinensis* Rousi

分布：党河南山、盐池湾。甘肃省广泛分布。我国华北、西北各省区以及河南、云南、贵州、四川、西藏；蒙古国、中亚。生于海拔 1 000～3 800 m 的河谷地段、山坡。

（234）肋果沙棘 *Hippophae neurocarpa* S. W. Liu & T. N. Ho

分布：党河流域、鱼儿红、狼岔沟口。我国新疆、甘肃（肃北）；蒙古国西部、中亚、阿富汗也有。生于海拔 2 000～3 500 m 的河谷地带。

3.2.4.20 梅花草科 Parnassiaceae

（235）三脉梅花草 *Parnassia trinervis* Drude

分布：盐池湾、野牛沟、查干布尔嘎斯。甘肃省甘南地区、祁连山区及临夏。我国陕西、青海、西藏、云南、四川。生于海拔 3 000～4 500 m 的山坡草地、沼泽化草甸。

3.2.4.21 董菜科 Violaceae

（236）早开堇菜 *Viola prionantha* Bge.

分布：党河南山。甘肃省陇南、甘南、祁连山区。我国东北、华北、西北均有分布；朝鲜、中亚。生于山坡草地、路旁。

（237）紫花地丁 *Viola yedoensis* Makino

分布：党河流域。甘肃省广布。我国东北、华北、西北均有分布；朝鲜、中亚、日本。生于草甸草原、沙地、荒地。

3.2.4.22 杨柳科 Salicaceae

（238）胡杨 *Populus ephratica* Oliver

分布：石包城、榆林河。甘肃河西走廊沙地（民勤、金塔、酒泉、玉门、安西、敦煌）。我国内蒙古、宁夏、青海、新疆；非洲、伊朗、俄罗斯也有。生于荒漠、半荒漠河流沿岸、河谷、盐碱土、湖泊周围。

（239）小叶杨 *Populus simonii* Carr.

分布：红柳峡残存小片林，石包城有栽培。我国辽宁、山东、河南、河北、山西、宁夏、陕西、甘肃最多，我国北方沙漠地区都有栽培。

（240）新疆杨 *Populus alba var. pyramdalis* Bge.

分布：鱼儿红。我国北方各省区常栽培，以新疆为普遍；分布在中亚、西亚、巴尔干、欧洲等地。

（241）杯腺柳 *Salix cupularis* Rehder

分布：鱼儿红。甘肃河西走廊沙地。我国内蒙古、青海、西藏、新疆；中亚地区、印度也有。

（242）线叶柳 *Salix wilhelmsiana* M.B.

分布：石包城、鱼儿红。产新疆、甘肃、宁夏、内蒙古等省区。生于荒漠和半荒漠地区的河谷，在昆仑山北坡海拔 1 500～2 000 m 的河谷很普遍。

（243）青山生柳 *Salix oritrepha var. amnematchinensis*（K. S. Hao ex C. F. Fang & A. K. Skvortsov）G. H. Zhu

分布：鱼儿红、乌兰达坂、党河南山。产青海、甘肃、四川西北部。生于海拔 3 000～3 500 m 的地区。

3.2.4.23　大戟科 Euphorbiaceae

（244）青藏大戟 *Euphorbia altotibetica* Paulsen

分布：盐池湾、野马滩、大水河、查干布尔嘎斯。产宁夏、甘肃、青海和西藏。生于海拔 2 800～3 900 m 的山坡、草丛及湖边。

3.2.4.24　白刺科 Nitrariaceae

（245）大白刺 *Nitraria roborowskii* Kom.

分布：石包城、硫磺矿、鱼儿红。甘肃省嘉峪关、安西、敦煌、肃北。我国内蒙古、宁夏、青海、新疆各沙漠地区；蒙古国也有。生于荒漠边缘沙地、干河床、砾石地。

（246）泡泡刺 *Nitraria sphaerocarpa* Maxim.

分布：石包城、榆林河。甘肃省河西走廊。我国内蒙古、新疆；蒙古国也有。生于海拔 1 050～2 200 m 的戈壁、山前平原砾质沙地。

（247）白刺 *Nitraria tangutorum* Bobr.

分布：石包城、硫磺矿。甘肃省靖远、兰州、河西走廊。我国陕西、内蒙古、宁夏、青海、新疆、西藏东北部。生于荒漠带的湖盆边缘、河流阶地、有风积沙的粘土上、沙丘。

（248）小果白刺 *Nitraria sibirica* Pall.

分布：石包城、硫磺矿、鱼儿红。分布于我国各沙漠地区，华北及东北沿海沙区也有分布。生于湖盆边缘沙地、盐渍化沙地、沿海盐化沙地。

（249）骆驼蓬 *Peganum harmala* L.

分布：扎子沟、红柳峡、党城湾。甘肃省靖远、白银、定西、兰州、河西走廊。我国内蒙古、陕西、宁夏；蒙古国、中亚也有。生于海拔 1 200～2 200 m 的干旱山坡、山前平原、丘间低地。

（250）骆驼蒿 *Peganum nigellastrum* Bunge

分布：鹰嘴山。产内蒙古、陕西、甘肃、宁夏；蒙古国也有。生于沙质或砾质地、山前平原、丘间低地、固定或半固定沙地。

### 3.2.4.25　十字花科 Cruciferae

（251）蚓果芥 *Braya humilis*（C. A. Mey.）B. L. Rob.

分布：东洞子沟、温泉。甘肃省陇东、临夏、兰州、河西走廊。我国河北、内蒙古、河南、陕西、青海、新疆、西藏；西伯利亚、中亚、蒙古国、朝鲜、北美洲均有分布。生于海拔 1 500～4 200 m 的河滩、山沟草地。

（252）短果蚓果芥 *Braya parvia*（Z. X. An）Al-Shehbaz

分布：党河南山、尧勒特。产青海、西藏。生于海拔 3 500～5 000 m 的坡地、河边。

（253）红花肉叶荠 *Braya rosea*（Turcz.）Bunge

分布：尧勒特水脑、蓝泉。产青海、新疆、四川、西藏；蒙古国西部、西伯利亚。生于海拔 2 500 m 的山坡。

（254）荠菜 *Capsella bursa-pastoris*（L.）Medic.

分布：石包城。我国及世界各地广泛分布。生于田间、路边。

（255）无苞双脊荠 *Dilophia ebracteata* Maxim.

分布：党河南山。产青海、新疆、西藏。生于海拔 2 800～3 500 m 的河滩沙地。

（256）盐泽双脊荠 *Dilophia salsa* Thomson

分布：尧勒特水脑、野马河、蓝泉、石洞沟。产青海、新疆、西藏；中亚、尼泊尔、巴基斯坦均有分布。生于海拔 2 000～3 000 m 的盐沼泽地。

（257）扭果花旗杆 *Dontostemon elegans* Maximowicz

分布：石包城。产甘肃西北部及新疆；蒙古国、俄罗斯也有分布。生于海拔 1 000～1 500 m 的砂砾质戈壁滩、荒漠、洪积平原、山间盆地及干河床沙。

（258）腺异蕊芥 *Dontostemon glandulosus*（Kar. & Kir.）O. E. Schulz

分布：石包城。产甘肃、四川、宁夏、青海、新疆、云南（德钦）、西藏。生于海拔 1 900～5 100 m 的山坡草地、高山草甸、河边砂地、山沟灌丛或石缝中。

（259）小花花旗杆 *Dontostemon micranthus* C. A. Mey.

分布：独山子、鱼儿红。产黑龙江、吉林、辽宁、内蒙古、河北、山西、青海；蒙古国、俄罗斯也有分布。生于海拔 900～3 300 m 的山坡草地、河滩、固定砂丘及山沟。

（260）线叶异蕊芥 *Dontostemon pinnatifidusssp. linearifolius*（Maxim.）Al-Shehbaz & H. Ohba

分布：塔尔沟、老虎沟。产甘肃、青海、新疆。生于海拔 3 100～4 500 m 的沙丘、漫滩、草地。

（261）阿尔泰葶苈 Draba altaica（C. A. Mey.）Bunge

分布：产甘肃、青海、新疆、西藏；西伯利亚、土耳其斯坦、克什米尔地区均有分布。生于海拔 2 000～5 300 m 的山坡岩石边、山顶碎石上、阴坡草甸、山坡砂砾地。

（262）毛葶苈 *Draba eriopoda* Turcz. ex Ledeb.

分布：獭儿沟、狗了子沟、野马河。我国山西、陕西、四川、甘肃、青海、西藏、新疆；锡金、中亚、西伯利亚也有。生于海拔 2 200～4 300 m 的阴湿山坡、高山草甸、河谷草滩。

（263）毛叶葶苈 *Draba lasiophylla* Royle

分布：蓝泉、香毛山黑沟、塔尔沟、党河南山。甘肃省甘南、临夏、祁连山区。我国山西、陕西、四川、青海、西藏、新疆；锡金、中亚、西伯利亚也有。生于海拔 2 200～4 300 m 的阴湿山坡、高山草甸、河谷草滩。

（264）喜山葶苈 *Draba oreades* Schrenk

分布：夏勒坑德。甘肃省肃北县。产新疆；巴基斯坦也有。甘肃新纪录。生于海拔 4 100 m 的高山草甸、石缝中。

（265）紫花糖芥 *Erysimum funiculosum* Hook. f. & Thomson

分布：查干布、音德尔达坂、尧勒特水脑。产甘肃、西藏、青海。生于海拔 3 400～5 500m 的岩石坡、长满草的地区、高山草甸、河滩。

（266）山柳菊叶糖芥 *Erysimum hieraciifolium* L.

分布：塔尔沟、蓝泉、白石头沟。产黑龙江、辽宁、内蒙古、西藏、新疆等。生于海拔 2 100～3 800 m 的岩石坡、潮湿的地区、草地。

（267）红紫桂竹香 *Erysimum roseum*（Maxim.）Polatschek

分布：党河南山。甘肃省甘南地区、祁连山区。我国青海、四川西北部。生于海拔 3 400～4 100 m 的高山石堆、砾石山坡。

（268）密序山萮菜 *Eutrema heterophyllum*（W. W. Sm.）H. Hara

分布：盐池湾。甘肃省甘南、祁连山区。我国西北诸省区、四川、云南、西藏。生于海拔 3 900～4 300 m 的山坡草地、石缝中。

（269）单花莛 *Eutrema scapiflorum*（Hook. f. & Thomson）Al-Shehbaz

分布：党河南山。甘肃省甘南、祁连山区。我国陕西、青海、新疆、西藏；西伯利亚、中亚、欧洲北部均有分布。生于海拔 3 900～4 300 m 的高山草甸、草地。

（270）独行菜 *Lepidium apetalum* Willd.

分布：盐池湾温泉。甘肃省广布。我国东北、华北及山东、河南、陕西、甘肃、青海、江苏、四川、云南、西藏等省区；广布于欧洲和亚洲。生于海拔 1 200～4 100 m 的山坡、河谷、河滩、路边、村旁。

（271）头花独行菜 *Lepidium capitatum* Hook.f. et Thoms.

分布：大道尔基、盐池湾、石包城。甘肃省甘南、肃北、阿克塞。我国云南、四川、青海、西藏；印度、巴基斯坦、尼泊尔、不丹、克什米尔地区。生于海拔 2 000～3 400 m 的山坡、草甸。

（272）毛果群心菜 *Lepidium appelianum* Al-Shehbaz

分布：石包城。甘肃省沿祁连山一带。我国内蒙古、陕西、宁夏、新疆；喜马拉雅地区、蒙古国、中亚也有。生于水边、田埂、村庄、路旁。

（273）头花独行菜 *Lepidium capitatum* Hook. f. & Thomson

分布：党河南山、盐池湾、牙马图、石包城。产青海、四川、云南、西藏；印度、巴基斯坦、尼泊尔、不丹、克什米尔等地区均有分布。生于海拔 3 000 m 左右的山坡。

（274）球果群心菜 *Lepidium chalepense* L.

分布：石包城。甘肃省河西走廊。我国新疆、西藏；亚洲中部及西部、欧洲。生于山谷、路边、河滩、村庄。

（275）心叶独行菜 *Lepidium cordatum* Willd. ex DC.

分布：硫磺矿、石包城。产内蒙古、甘肃、宁夏、青海、新疆；中亚、西伯利亚、蒙古国均有分布。生于盐化草甸或盐化低地。

（276）宽叶独行菜 *Lepidium latifolium* L.

分布：石包城。产内蒙古、西藏；欧洲南部、非洲北部、亚洲西部及中部、东至远东皆有分布。生于海拔 1 800～4 250 m 的村旁、田边、山坡及盐化草甸。

（277）柱毛独行菜 *Lepidium ruderale* L.

分布：大道尔基、石包城。产黑龙江、吉林、辽宁（大连）、山东、河南、湖北、陕西、甘肃、宁夏、青海、新疆；蒙古国、欧洲及亚洲西部均有分布。生在沙地或草地。

（278）垂果大蒜芥 *Sisymbrium heteromallum* C. A. Mey.

分布：石洞沟。产山西、陕西、甘肃、青海、新疆、四川、云南；蒙古国、西伯利亚、印度北部、欧洲北部均有分布。生于海拔 900～3 500 m 的林下、阴坡、河边。

（279）藏荠 *Smelowskia tibetica*（Thomson）Lipsky

分布：野马南山、党河南山、大雪山。甘肃省甘南、祁连山区。我国青海、西藏、新疆、四川；中亚、蒙古国、印度、尼泊尔、巴基斯坦也有分布。生于海拔 3 800～4 200 m 的山坡、河滩。

（280）棒果芥 *Sterigmostemum caspicum*（Lamarck）Ruprecht

分布：阿尔格力泰。甘肃省河西走廊。我国青海、新疆南部。生于海拔 3 500～4 300 m 的干山坡、高山草原。

（281）少腺爪花芥 *Sterigmostemum eglandulosum*（Botschantzev）H. L. Yang

分布：狗了子沟、大道尔基湿地、鹰咀山、阿尔格力泰。产青海。生于海拔 3 560～4 270 m 的山谷。

（282）燥原荠 *Stevenia canescens*（DC.）D.A.German

分布：盐池湾、黑刺沟。甘肃省陇东、河西走廊。我国黑龙江、内蒙古、河北、山西、陕西、青海、新疆、西藏；蒙古国、西伯利亚也有。生于海拔 1 400～3 800 m 的干旱山坡、山前砾石荒漠。

（283）涩芥 *Strigosella africana*（L.）Botsch.

分布：党河南山。甘肃省各地。我国华北、西北及河南、安徽、江苏、四川；亚洲、欧洲、非洲。生于海拔 3 500～3 900 m 的山坡草地、路边、田间。

**3.2.4.26　柽柳科 Tamaricaceae**

（284）宽苞水柏枝 *Myricaria bracteata* Royle

分布：石包城榆林河。甘肃省张掖、酒泉、安西、肃北。我国山西、河北、内蒙古、陕西、宁夏、青海、新疆、西藏；印度、巴基斯坦、阿富汗、中亚、蒙古国也有。生于海拔 2 200～3 000 m 的沙质河滩、湖边、冲积扇。

（285）匍匐水柏枝 *Myricaria prostrata* Hook. f. et Thoms. ex Benth. et Hook.f.

分布：党河南山、野马南山。甘肃省祁连山区。我国青海、西藏。生于海拔 3 900～4 500 m 的石砾地、河谷沙地、湖滩、河滩。

（286）具鳞水柏枝 *Myricaria squamosa* Desv.

分布：乌兰达坂。产西藏、新疆、青海、甘肃、四川等省区；阿富汗、巴基斯坦、印度也有分布。生于海拔 2 400～4 600 m 的山地河滩及湖边砂地。

（287）红砂 *Reaumuria soongorica*（Pall.）Maxim.

分布：大道尔基、石包城、硫磺矿。甘肃省河西走廊及皋兰、靖远、白银、兰州。我国内蒙古西北各省区；蒙古国、中亚。生于海拔 1 200～3 100 m 的戈壁滩、冲积扇、荒漠。

（288）细穗柽柳 *Tamarix leptostachys* Bge.

分布：石包城榆林河。甘肃省河西走廊。我国内蒙古、宁夏、青海、新疆；蒙古国、中亚。生于海拔 2 200 m 的河滩地、盐渍化沙土、湖盆边缘。

（289）多枝柽柳 *Tamarix ramosissima* Ledeb.

分布：石包城榆林河。甘肃省河西走廊。我国西北各沙漠地区；蒙古国、中亚、阿富汗、伊朗也有。生于荒漠区河漫滩、河岸、湖岸、盐渍化沙土。

（290）多花柽柳 *Tamarix hohenackeri* Bunge

分布：石包城。产新疆、青海、甘肃、宁夏和内蒙古；俄罗斯、伊朗和蒙古国也有分布。生于荒漠河岸林中，荒漠河、湖沿岸沙地广阔的冲积淤积平原上的轻度盐渍化土壤上。

（291）盐地柽柳 *Tamarix karelinii* Bunge

分布：石洞沟。产新疆、甘肃、青海和内蒙古；俄罗斯、伊朗、阿富汗、蒙古国也有分布。生于荒漠地区盐碱化土质沙漠、沙丘边缘、河湖沿岸等地。

### 3.2.4.27 白花丹科 Plumbaginaceae

（292）黄花补血草 *Limonium aureum*（L.）Hill.

分布：盐池湾。甘肃省河西走廊。我国内蒙古、宁夏、甘肃、新疆、四川；蒙古国、中亚也有。生于海拔 1 500～3 500 m 的石质山坡、洪积扇、戈壁、滩地。

### 3.2.4.28 蓼科 Polygonaceae

（293）锐枝木蓼 *Atraphaxis pungens*（M.B.）Jaub. et Spach.

分布：白石头沟、狗了子沟、乌兰达坂、大道尔基、大泉、盐池湾。甘肃河西走廊。我国内蒙古、宁夏、青海、新疆；蒙古国、中亚、印度也有。生于海拔 3 000～3 300 m 的砾石山坡、山前平原、河谷、阶地、戈壁或固定沙地。

（294）圆穗蓼 *Bistorta macrophylla*（D. Don）Soják

分布：党河南山。甘肃省甘南、祁连山、榆中、岷县、宕昌、临夏、兰州。我国陕西、青海、西藏、湖北、四川、贵州、云南等省区；尼泊尔、锡金、不丹、印度北部也有。生于海拔 3 800～4 500 m 的山坡草地、山顶草甸。

（295）珠芽蓼 *Bistorta vivipara*（L.）Gray

分布：野马南山。甘肃省祁连山、甘南和榆中、岷县、漳县、宕昌、武都、文县。我国东北、华北、西南及青海、西藏；北温带至北极广布。生于海拔 3 400～4 500 m 的山坡草地、山沟、山顶。

（296）沙拐枣 *Calligonum mongolicum* Turcz.

分布：大红泉。产内蒙古中西部、甘肃西部及新疆东部；蒙古国也有分布。生于海拔 500～1 800 m 的流动沙丘、半固定沙丘、固定沙丘、沙地、沙砾质荒漠和砾质荒漠的粗沙积聚处。

（297）西伯利亚蓼 *Knorringia sibirica*（Laxm.）Tzvelev

分布：大道尔基、大泉、盐池湾。甘肃省大部分地区。我国东北、华北、西北、西南地区；蒙古国、中亚、西伯利亚。生于海拔 3 000～3 500 m 的河流沿岸的低湿地方、草甸、盐碱地、湖盆边缘。

（298）细叶西伯利亚蓼 *Knorringia sibirica ssp. thomsonii*（Meisn. ex Steward） S. P. Hong

分布：独山子、党河南山。产西藏、青海；巴基斯坦、克什米尔地区、阿富汗、帕米尔地区也有。生于海拔 3 200～5 100 m 的盐湖边、河滩盐碱地。

（299）冰岛蓼 *Koenigia islandica* L.

分布：牙马图。产山西、甘肃、青海、新疆、四川、云南及西藏；北极地区、欧洲北部、哈萨克斯坦、俄罗斯、蒙古国、巴基斯坦、尼泊尔、不丹、印度西北部、克什米尔地区也有。生于海拔 3 000～4 900 m 的山顶草地、山沟水边、山坡草地。

（300）萹蓄 *Polygonum aviculare* L.

分布：石包城。甘肃省各地区。我国南北各省区市广布；亚洲、欧洲、美洲均有分布。生于水沟边、路边、荒地和河滩沙地，喜湿润。

（301）矮大黄 *Rheum nanum* Siewers

分布：石包城。甘肃河西走廊（嘉峪关、安西、敦煌、肃北）；蒙古国、俄罗斯。生于戈壁、石质山坡、沙质平原。

（302）歧穗大黄 *Rheum scaberrimum* Lingelsh

分布：党河南山、野马滩、大水河、牙马图。甘肃省临泽、肃北、阿克塞。全国青海、四川有分布。生于海拔 3 000～4 100 m 的石质山坡、山间洪积平原的沙地。

（303）巴天酸模 *Rumex patientia* L.

分布：石包城、鱼儿红。甘肃省嘉峪关、安西。我国新疆；俄罗斯也有。生于渠边、山沟。

### 3.2.4.29　石竹科 Caryphyllaceae

（304）藓状雪灵芝 *Eremogone bryophylla*（Fernald）Pusalkar & D. K. Singh

分布：野马大泉、大雪山。甘肃祁连山区、甘南。我国青海、西藏；锡金、尼泊尔也有。生于海拔 3 700～4 500 m 的高山碎石带、高山草甸。

（305）甘肃雪灵芝 *Eremogone kansuensis*（Maxim.）Dillenb. & Kaderei

分布：党河南山。甘肃省甘南、祁连山区。我国青海、西藏、四川、云南。生于海拔 3 800～4 500 m 的高山草甸、山坡草地、砾石地带。

（306）无心菜 *Arenaria serpyllitolia* L.

分布：党河南山。全国各地均有分布；广泛分布于欧洲、北非、亚洲、北美洲温带地区。生于海拔 3 500～3 900 m 的石质山坡草地。

（307）山卷耳 *Cerastium pusillum* Ser.

分布：牙马图。产宁夏、甘肃、青海、新疆、云南（维西）；俄罗斯、哈萨克斯坦、蒙古国也有。生于海拔 2 800～3 200 m 的高山草地。

（308）裸果木 *Gymnocarpos przewalskii* Maxim.

分布：石包城、红柳峡。甘肃省河西走廊。我国内蒙古、宁夏、青海、新疆；蒙古国南部也有。

（309）女娄菜 *Silene aprica* Turcz. ex Fisch. & C. A. Mey.

分布：美丽布拉格、牙马图。产我国大部分省区；朝鲜、日本、蒙古国和俄罗斯也有。生于平原、丘陵或山地。

（310）隐瓣蝇子草 *Silene gonosperma*（Rupr.）Bocquet

分布：大水河。产甘肃、青海、新疆、西藏、山西和河北等省区；中亚地区。生于海拔 3 000～4 400 m 的高山草甸。

（311）喜马拉雅蝇子草 *Silene himalayensis*（Rohrb.）Majumdar

分布：盐池湾温泉。甘肃省甘南、祁连山区。我国河北、湖北、陕西、四川、云南、西藏等省区；锡金也有。生于海拔 3 700～4 100 m 的山坡草地、高山草甸。

（312）山蚂蚱草 *Silene jenisseensis* Willd.

分布：鱼儿红。产黑龙江、吉林、辽宁、河北、内蒙古、山西；朝鲜、蒙古国和俄罗斯也有。生于海拔 250～3 000 m 的草原、草坡、林缘或固定沙丘。

（313）蔓茎蝇子草 *Silene repens* Patrin

分布：獭儿沟、流沙河、香毛山。产东北、华北和西北，以及四川和西藏；朝鲜、日本、蒙古国和俄罗斯（西伯利亚）也有。生于海拔 1 500～3 500 m 的林下、湿润草地、溪岸或石质草坡。

（314）沙生繁缕 *Stellaria arenarioides* Shi L. Chen

分布：党河南山、野马河。产甘肃、青海、新疆、西藏。生于海拔 2 500～4 800 m 的山坡草地、高山碎石带及河滩地。

（315）繁缕 *Stellaria media*（L.）Vill.

分布：鱼儿红、乌兰达坂。甘肃省广布。

（316）囊种草 *Thylacospermum caespitosum*（Cambess.）Schischk.

分布：乌兰达坂、查干布儿嘎斯、鱼儿红、盐池湾。产新疆、青海、甘肃、四川、西藏；哈萨克斯坦、吉尔吉斯斯坦至印度西北部也有。生于海拔3 600～6 000 m 的山顶沼泽地、流石滩、岩石缝和高山垫状植被中。

### 3.2.4.30　苋科 Amaranthaceae

（317）沙蓬 *Agriophyllum squarrosum*（L.）Mog

分布：石包城榆林河。甘肃省河西走廊沙地。我国东北、华北、西北各省区沙漠地区；蒙古国、俄罗斯也有。生于流动和半固定沙地。

（318）中亚滨藜 *Atriplex centralasiatica* Iljin

分布：大道尔基、盐池湾、石包城。甘肃省河西走廊和中部地区。我国东北、华北、西北各沙区、西藏；蒙古国、俄罗斯也有。生于盐土荒漠、湖边、戈壁。

（319）大苞滨藜 *Atriplex centralasiatica var. megalotheca*（M.Pop.）G. L. Chu

分布：狗了子沟。产新疆南部至甘肃西部；俄罗斯、哈萨克斯坦也有分布。生于荒地、田边等处。

（320）西伯利亚滨藜 *Atriplex sibirica* L.

分布：党河南山、石包城。产黑龙江、吉林、辽宁、内蒙古、河北北部、陕西北部、宁夏、甘肃西北部、青海北部至新疆；蒙古国及哈萨克斯坦、西伯利亚也有分布。生于盐碱荒漠、湖边、渠沿、河岸及固定沙丘等处。

（321）平卧轴藜 *Axyris prostrata* L.

分布：美丽布拉格、野牛沟口、党河南山、大水河。产青海、新疆和西藏；俄罗斯、蒙古国。生于河谷、阶地、多石山坡或草滩。

（322）地肤 *Bassia scoparia*（L.）A.J.Scott

分布：石包城。全国广布；欧洲、非洲、亚洲也有分布。生于山坡、田边、荒地、村旁。

（323）伊朗地肤 *Bassia stellaris*（Moq.）Bornm.

分布：石包城榆林河。产新疆、甘肃西部；伊朗、阿富汗、中亚地区也有分布。生于戈壁滩。

（324）球花藜 *Blitum virgatum* L.

分布：香毛山。产新疆北部及东部、甘肃西部、西藏；非洲、欧洲及中亚也有分布。生于山坡湿地、林缘、沟谷等处。

（325）珍珠猪毛菜 *Caroxylon passerinum*（Bunge）Akhani & Roalson

分布：石包城、盐池湾。甘肃河西走廊。内蒙古、宁夏、青海；蒙古国也有。生于山坡、山前平原、砾质滩地。

（326）藜 *Chenopodium album* L.

分布：石包城。全国各地；广布于世界各大洲。生于田边、路旁、村庄附近。

（327）灰绿藜 *Oxybasis glauca*（L.）S. Fuentes

分布：石包城。我国江苏、浙江、河南、湖南、湖北；东北、华北、西北；广布于南北半球的温带。生于农田、荒地、村旁、潮湿地、轻度盐渍化土壤。

（328）小白藜 *Chenopodium iljinii* Golosk.

分布：白石头沟、鱼儿红、党河南山。产宁夏、甘肃西部和西南部、四川西北部、青海、新疆；中亚地区也有分布。生于海拔 2 000～4 000 m 之间的河谷阶地、山坡及较干旱的草地。

（329）中亚虫实 *Corispermum heptapotamicum* Iljin

分布：乌兰窑洞。甘肃河西走廊。宁夏、青海、新疆；俄罗斯也有。生于流动沙丘、沙质平原、沙质戈壁。

（330）蒙古虫实 *Corispermum mongolicum* Iljin

分布：石包城榆林河。甘肃河西走廊。我国内蒙古、宁夏、青海、新疆；蒙古国、俄罗斯也有。生于沙质戈壁、固定沙丘。

（331）雾冰藜 *Grubovia dasyphylla*（Fisch. & C. A. Mey.）Freitag & G. Kadereit

分布：独山子、党河南山、盐池湾、石包城。甘肃河西走廊沙漠地区。我国东北、华北、西北及西藏；俄罗斯、蒙古国也有。

（332）黑翅雾冰藜 *Grubovia melanoptera*（Bunge）Freitag & G. Kadereit

分布：石包城、榆林河、鱼儿红。甘肃省安西、敦煌。内蒙古、宁夏、青海、新疆；蒙古国、俄罗斯也有。生于山坡、河床、沙地。

（333）蛛丝蓬（白茎盐生草）*Halogeton arachnoides* Moq.

分布：石包城、白石头沟、盐池湾、独山子。甘肃省中部和河西走廊。我国内蒙古、陕西、宁夏、青海、新疆；蒙古国、俄罗斯也有。生于草原、半荒漠和荒漠地带的盐碱地、干旱山坡、山前平原。

（334）猪毛菜 *Kali collinum*（Pall.）Akhani & Roalson

分布：石包城。甘肃省中部、河西走廊。我国东北、华北、西北、西南；我国山东、河南、江苏、西藏；朝鲜、蒙古国、俄罗斯、巴基斯坦也有。生于沙地、山坡、荒地、戈壁滩。

（335）新疆猪毛菜 *Kali sinkiangense*（A. J. Li）Brullo，Giusso & Hrusa

分布：石包城。产新疆、甘肃。生于砂砾质荒漠、河谷阶地。

（336）刺沙蓬 *Kali tragus* Scop.

分布：大道尔基、大泉、盐池湾、石包城。甘肃中部、河西走廊。我国山东、江苏；东北、华北、西北；蒙古国、俄罗斯也有。生于沙地、砾质戈壁、河滩。

（337）尖叶盐爪爪 *Kalidium caspidatum*（Ung.-sternb.）Grub.

分布：大泉、大道尔基、盐池湾。甘肃河西走廊沙地。我国内蒙古、河北、陕西、青海、新疆；蒙古国、俄罗斯也有。生于海拔 3 000～3 500 m 的盐土荒漠、草原、盐碱地。

（338）黄毛头 *Kalidium caspidatum var. sinicum* A.J.Li

分布：盐池湾。甘肃省兰州、民勤、安西。内蒙古、宁夏、青海。生于干旱山坡、洪积扇、戈壁。

（339）细枝盐爪爪 *Kalidium gracile* Fenzl

分布：石包城。甘肃河西走廊沙地。内蒙古、青海、新疆；蒙古国也有。生于荒漠、盐碱地、河谷沙地。

（340）盐爪爪 *Kalidium foliatum*（Pall.）Moq.

分布：石包城。产黑龙江、内蒙古、河北北部、甘肃北部、宁夏、青海、新疆；蒙古国、西伯利亚、中亚、欧洲东南部也有。生于盐碱滩、盐湖边。

（341）垫状驼绒藜 *Krascheninnikovia compacta*（Losinsk.）Grubov

分布：党河南山、野马滩。甘肃省祁连山区。我国青海、西藏、新疆。

生于海拔 3 100～4 300 m 的石质山坡、洪积扇、山前砾石荒漠。

（342）驼绒藜 *Krascheninnikovia ceratoides*（L.）Gueldenst.

分布：大道尔基、盐池湾、石包城。甘肃省甘南、河西走廊。我国内蒙古、青海、新疆；欧亚两洲干旱地区都有。生于海拔 2 200～4 000 m 的山坡、草原、干河床。

（343）松叶猪毛菜 *Salsola laricifolia*（Bunge）Akhani

分布：大泉、盐池湾、阿尔格力泰。甘肃省安西、肃北。全国青海、新疆；蒙古国也有。生于海拔 3 100～3 600 m 的石质干山坡、砾石河滩、洪积扇。

（344）盐角草 *Salicornia europaea* L.

分布：大泉、盐池湾、阿尔格力泰。产辽宁、河北、山西、陕西、宁夏、甘肃、内蒙古、青海、新疆、山东和江苏北部；朝鲜、日本、印度；欧洲、非洲和北美洲也有。生于盐碱地、盐湖旁及海边。

（345）碱蓬 *Suaeda glauca* Bunge

分布：大泉、盐池湾。产黑龙江、内蒙古、河北、山东、江苏、浙江、河南、山西、陕西、宁夏、甘肃、青海、新疆南部；蒙古国、俄罗斯西伯利亚及远东、朝鲜、日本。生于海滨、荒地、渠岸、田边等含盐碱的土壤上。

（346）盘果碱蓬 *Suaeda heterophylla*（Kar. et Kir.）Bge.

分布：盐池湾。甘肃河西走廊。我国内蒙古、宁夏、青海、新疆；蒙古国；中亚到欧洲也有。生于湿盐碱地、沙丘间低地、河滩。

（347）平卧碱蓬 *Suaeda prostrata* Pall.

分布：大道尔基。甘肃河西走廊沙地。我国西北各省沙区，河北、山西、内蒙古、江苏；蒙古国亦有分布；中亚也有。生于盐碱地、湖边。

（348）合头草（黑柴）*Sympegma regelii* Bge.

分布：石包城。甘肃中部、河西走廊、兰州。我国内蒙古、宁夏、青海、新疆；蒙古国、中亚。生于荒漠、半荒漠地区的沙地、低山、石质山坡、洪积扇。

（349）刺藜 *Teloxys aristata*（L.）Moq.

分布：盐池湾。产黑龙江、吉林、辽宁、内蒙古、河北、山东、山西、河南、陕西、宁夏、甘肃、四川、青海及新疆。生于山坡、荒地等处。

### 3.2.4.31 报春花科 Primulaceae

（350）大苞点地梅 *Androsace maxima* L.

分布：党河南山、盐池湾温泉、香毛山、老虎沟。甘肃省临夏、甘南、祁连山区。我国云南、四川、青海、新疆、西藏。生于海拔 3 300～4 500 m 的高山岩石、石崖上、山坡河谷阶地。

（351）北点地梅 *Androsace septentrionalis* L.

分布：党河南山、盐池湾温泉、碱泉子、白石头沟、扎子沟、流沙河。甘肃省临夏、甘南、祁连山区。我国云南、四川、青海、新疆、西藏。生于海拔 3 300～4 500 m 的高山岩石、石崖上、山坡河谷阶地。

（352）垫状点地梅 *Androsace tapete* Maxim.

分布：党河南山、盐池湾温泉、音德尔特、大水河、獭儿沟。甘肃省临夏、甘南、祁连山区。我国云南、四川、青海、新疆、西藏。生于海拔 3 300～4 500 m 的高山岩石、石崖、山坡河谷阶地。

（353）海乳草 *Glaux maritima* L.

分布：大道尔基、盐池湾、党河滩地、鱼儿红、独山子。甘肃省河西走廊。我国东北、华北、西北及长江流域一带也有；北半球温带广布。生于海拔 3 000～3 500 m 的沼泽草甸、盐化草甸、河漫滩。

（354）天山报春 *Primula nutans* Georgi

分布：大道尔基、盐池湾、石洞沟、蓝泉。甘肃省临夏、甘南、祁连山区。我国内蒙古、青海、新疆、四川；蒙古国；中亚、北美也有。生于海拔 2 750～3 800 m 的沼泽草甸、盐化草甸、滩地、湿草地。

（355）甘青报春 *Primula tangutica* Duthie

分布：牙马图。甘肃省临夏、甘南、祁连山区。产甘肃南部、青海东部和四川西北部。生于海拔 3 300～4 700 m 阳坡草地和灌丛下。

（356）羽叶点地梅 *Pomatosace fillicula* Maxim.

分布：东红沟。产于青海、四川、甘肃。生于海拔 3 000～4 500 m 的高山草甸和河滩砂地。

### 3.2.4.32 茜草科 Rubiaceae

（357）拉拉藤 *Galium spurium* L.

分布：大道尔基、石包城。全国广布。生于山坡、旷野、沟边、河滩、田中、林缘、草地。

### 3.2.4.33　龙胆科 Gentianaceae

（358）刺芒龙胆 *Gentiana aristata* Maxim.

分布：大道尔基。甘肃省陇南、甘南、祁连山区。我国云南、四川、青海、西藏。生于海拔 2 200～3 700 m 的山坡、河滩、草甸。

（359）圆齿褶龙胆 *Gentiana crenulatotruncata*（C. Marquand）T. N. Ho

分布：党河南山。甘肃省定西、兰州、临洮、祁连山区。我国东北、华北、西北各省区；蒙古国；中亚。生于海拔 1 500～3 900 m 的山坡草地。

（360）达乌里龙胆 *Gentiana dahurica* Fisch.

分布：党河南山。甘肃省定西、兰州、临洮、祁连山区。我国东北、华北、西北各省区；蒙古国；中亚。生于海拔 1 500～3 900 m 的山坡草地。

（361）蓝灰龙胆 *Gentiana caeruleogrisea* T. N. Ho

分布：查干布尔嘎斯。产甘肃、西藏、青海。生于海拔 3 600～4 300 m 的高山草甸。

（362）蓝白龙胆 *Gentiana leucomelaena* Maxim. ex Kusnezow

分布：党河南山。甘肃省定西、兰州、临洮、祁连山区。我国东北、华北、西北各省区；蒙古国、中亚。生于海拔 1 500～3 900 m 的山坡草地。

（363）假鳞叶龙胆 *Gentiana pseudosquarrosa* Harry Sm.

分布：香毛山、黑沟。产西藏东部、云南西北部、四川西部及青海（玉树地区）。生于海拔 1 400～3 800 m 的山坡草地、高山草甸及灌丛中。

（364）管花秦艽 *Gentiana siphonantha* Maxim. ex Kusnezow

分布：党河南山、狗了子沟。产四川西北部、青海、甘肃及宁夏西南部。生于海拔 1 800～4 500 m 的干草原、草甸、灌丛及河滩等地。

（365）紫红假龙胆 *Gentianella arenaria*（Maxim.）T. N. Ho

分布：音德尔特、野马河、东红沟、党河南山。产西藏北部、青海、甘肃。生于海拔 3 400～5 400 m 的河滩沙地、高山流石滩。

（366）黑边假龙胆 *Gentianella azurea*（Bunge）Holub

分布：党河南山、硫磺矿。产西藏、云南西北部、四川西北部、青海、甘肃、新疆。生于海拔 2 280～4 850m 的山坡草地、林下、灌丛中、高山草甸。

（367）矮假龙胆 *Gentianella pygmaea*（Regel & Schmalhausen）Harry Smith

分布：音德尔特、党河南山。产西藏、四川北部、青海、新疆；俄罗斯、锡金也有分布。生于海拔 3 650～5 300 m 的山坡砂石地、高山流石滩草地。

（368）新疆假龙胆 *Gentianella turkestanorum*（Gand.）Holub

分布：党河南山、流沙沟。产新疆北部；俄罗斯、蒙古国也有分布。生于海拔 1 500～3 100 m 的河边、湖边台地、阴坡草地、林下。

（369）扁蕾 *Gentianopsis barbata*（Froelich）Ma

分布：香毛山、党河南山。产西南、西北、华北、东北等地区及湖北西部（根据记载）。生于海拔 700～4 400 m 的水沟边、山坡草地、林下、灌丛中、沙丘边缘。

（370）湿生扁蕾 *Gentianopsis paludosa*（Munro ex J. D. Hooker）Ma

分布：党河南山、石包城、鱼儿红。产西藏、云南、四川、青海、甘肃、陕西、宁夏、内蒙古、山西、河北。生于海拔 1 180～4 900 m 的河滩、山坡草地。

（371）肋柱花 *Lomatogonium carinthiacum*（Wulfen）Reichenbach

分布：乌兰达坂。产西藏、云南西北部、四川、青海、甘肃、新疆、山西、河北；欧洲、亚洲、北美洲的温带以及大洋洲也有分布。生于海拔 430～5 400 m 的山坡草地、灌丛草甸、河滩草地、高山草甸。

（372）合萼肋柱花 *Lomatogonium gamosepalum*（Burkill）Harry Smith

分布：音德尔达坂、狼岔沟口、党河南山。产西藏东北部、四川、青海、甘肃西南部。生于海拔 2 800～4 500 m 的河滩、林下、灌丛中、高山草甸。

（373）辐状肋柱花 *Lomatogonium rotatum*（L.）Fries ex Nyman

分布：党河南山、盐池湾、鱼儿红、大道尔基。产我国西南、西北、华北、东北等地区。生于海拔 1 400～4 200 m 的水沟边、山坡草地。

（374）镰萼喉毛花 *Comastoma falcatum*（Turcz. ex Kar. & Kir.）Toyok.

分布：党河南山、鱼儿红、硫磺矿、乌兰达坂、石洞沟、美丽布拉格。产西藏、四川西北部、青海、新疆、甘肃、内蒙古、山西、河北；印度、尼泊尔、蒙古国、俄罗斯也有分布。生于海拔 2 100～5 300 m 的河滩、山坡草地、林下、灌丛、高山草甸。

### 3.2.4.34 夹竹桃科 Apocynaceae

（375）鹅绒藤 *Cynanchum chinense* R. Br.

分布：碱泉子、鱼儿红。产辽宁、河北、河南、山东、山西、陕西、宁夏、甘肃、江苏、浙江等省区。生于山坡向阳灌木丛中或路旁、河畔、田埂边。

### 3.2.4.35 紫草科 Boraginaceae

（376）长柱琉璃草 *Lindelofia stylosa*（Kar.et Kir.）Brand.

分布：石包城扁麻沟。甘肃祁连山区。我国新疆、西藏；克什米尔地区、中亚也有。生于海拔2 650m的草地、河滩。

（377）异果齿缘草 *Eritrichium heterocarpum* Y. S. Lian & J. Q. Wang

分布：碱泉子、白石头沟。产青海和云南。生于海拔3 230m的丘陵缓坡灌丛。

（378）青海齿缘草 *Eritrichium medicarpum* Y. S. Lian & J. Q. Wang

分布：鱼儿红、伊科达坂。产青海。生于海拔3 600～3 800 m的山坡、林下或灌丛。

（379）唐古拉齿缘草 *Eritrichium tangkulaense* W. T. Wang

分布：查干布尔嘎斯。产西藏（安多）、甘肃、新疆。生于海拔3 500～4 900 m的山坡、路边、河滩沙砾地或石山岩缝中。

（380）短梗鹤虱 *Lappula tadshikorum* Popov

分布：半截沟。产新疆；中亚地区也有分布。生于海拔3 000 m的山地。

（381）蓝刺鹤虱 *Lappula consanguinea*（Fisch. & C. A. Mey.）Gürke

分布：蓝泉。产新疆、甘肃、青海、宁夏、内蒙古及河北等省区；俄罗斯、蒙古国、巴基斯坦、克什米尔地区也有分布。生于海拔800～2 200 m的荒地、畜圈旁、石质山坡或山前干旱坡地。

（382）狭果鹤虱 *Lappula semiglabra*（Ledeb.）Guerke

分布：石包城、鹰嘴山。甘肃省河西走廊。我国新疆、西藏；中亚、阿富汗也有。生于海拔2 680m的戈壁滩、沙地。

（383）颈果草 *Metaeritrichium microuloides* W. T. Wang

分布：查干布尔嘎斯、伊科达坂、音德尔特。分布于西藏和青海。生于海拔 4 500～5 000 m 的河滩沙地、草甸残碎裸地或山顶石堆。

（384）西藏微孔草 *Microula tibetica* Benth.

分布：党河南山、西洞子沟。甘肃省甘南地区、祁连山区。我国青海、西藏；克什米尔地区、锡金也有。生于海拔 3 600～4 500 m 的山坡草地、河滩、流石滩上。

（385）小花西藏微孔草 *Microula tibetica* var. *pratensis*（Maxim.）W. T. Wang

分布：野马河、尧勒特、大水河。产青海、新疆、西藏。生于海拔 3 500～5 300 m 的河滩或草甸上。

### 3.2.4.36　茄科 Solanaceae

（386）马尿（脬）泡 *Przewalskia tangutica* Maxim.

分布：美丽布拉格、牙马图。甘肃省甘南、祁连山区。我国四川、青海、西藏。生于海拔 3 200～4 000 m 的干旱草原、高山砾石地。

（387）北方枸杞 *Lycium chinense* var. *potaninii*（Pojark.）A. M. Lu

分布：独山子。我国河北北部、山西北部、陕西北部、内蒙古、宁夏、甘肃西部、青海东部和新疆。生于向阳山坡、沟旁。

（388）新疆枸杞 *Lycium dasystemum* Pojarkova

分布：蓝泉。我国新疆、甘肃和青海；中亚。生于海拔 1 200～2 700m 的山坡、沙滩或绿洲。

（389）黑果枸杞 *Lycium ruthenicum* Murray

分布：鹰嘴山。我国陕西北部、宁夏、甘肃、青海、新疆和西藏；中亚、高加索和欧洲也有。耐干旱，常生于盐碱土荒地、沙地或路旁。

### 3.2.4.37　车前科 Plantaginaceae

（390）杉叶藻 *Hippuris vulgaris* L.

分布：大道尔基。甘肃省甘南、祁连山区及临夏。我国西南、西北至东北各地；蒙古国、日本；欧洲、中亚、北美至格陵兰岛。生于海拔 3 000～4 000 m 的河滩、湿草地、水池、沼泽。

（391）平车前 *Plantago depressa* Willdenow

分布：白石头沟、香毛山、碱泉子、鱼儿红。产黑龙江、吉林、辽宁、内蒙古、河北、山西、陕西、宁夏、甘肃、青海、新疆、山东、江苏、河南、安徽、江西、湖北、四川、云南、西藏。生于草地、河滩、沟边、草甸、田间及路旁。

（392）大车前 *Plantago major* L.

分布：蓝泉、鱼儿红。产黑龙江、吉林、辽宁、内蒙古、河北、山西、陕西、甘肃、青海、新疆、山东、江苏、福建、台湾、广西、海南、四川、云南、西藏。生于草地、草甸、河滩、沟边、沼泽地、山坡路旁、田边或荒地。

（393）北水苦荬 *Veronica anagallis-aquatica* L.

分布：石包城。我国长江以北及西南各省区市；亚洲温带地区及欧洲广布。生于水边及沼地。

（394）长果婆婆纳 *Veronica ciliata* Fischer

分布：美丽布拉格、蓝泉、干沟石圈。我国西北各省，四川、西藏；蒙古国、西伯利亚和中亚地区也有。生于高山草地。

（395）婆婆纳 *Veronica didyma* Tenore

分布：盐池湾、西洞子沟。甘肃省陇南、甘南、定西、河西走廊。我国华东、华中、西南、西北各省区市；广布于欧亚大陆亚热带、温带。

（396）毛果婆婆纳 *Veronica eriogyne* H. Winkler

分布：党河南山。产西藏、四川、青海、甘肃。生于海拔 2 500～4 500 m 的高山草地。

3.2.4.38　玄参科 Scrophulariaceae

（397）砾玄参 *Scrophularia incisa* Weinm.

分布：独山子、河滩地、狗了子沟、党河南山、香毛山。甘肃省甘南、祁连山区及临夏。我国西南、西北至东北各地；欧洲、中亚、北美至格陵兰岛及蒙古国、日本。生于海拔 3 000～4 000 m 的河滩、湿草地、水池、沼泽。

3.2.4.39　唇形科 Lamiaceae

（398）蒙古莸 *Caryopteris mongholica* Bunge

分布：狗了子沟、鹰咀山、干沟石圈、鱼儿红。产河北、山西、陕西、内蒙古、甘肃；蒙古国也有分布。生于海拔 1 100～1 250m 的干旱坡地、沙丘荒野及干旱碱质土壤上。

（399）白花枝子花 *Dracocephalum heterophyllum* Benth.

分布：党河南山。甘肃省天水、定西、临夏、甘南地区、河西走廊。我

国山西、内蒙古、四川、西藏及西北各地；俄罗斯也有。生于海拔 1 700~
4 100 m 的山地草原、干燥多石地区。

3.2.4.40　通泉草科 Mazaceae

（400）肉果草 *Lancea tibetica* J. D. Hooker & Thomson

分布：鱼儿红。我国西藏、青海、甘肃、四川、云南；印度也有。生于
海拔 2 000~4 500 m 的草地，疏林中或沟谷旁。

3.2.4.41　列当科 Orobanchaceae

（401）弯管列当 *Orobanche cernua* Loefling

分布：党河流域。甘肃河西走廊。我国内蒙古、山西、陕西、青海、新
疆；蒙古国、中亚、伊朗也有。生于盐渍化沙地。

（402）肉苁蓉 *Cistanche deserticola* Ma

分布：石包城。甘肃河西走廊。我国内蒙古、山西、陕西、青海、新
疆；蒙古国、中亚、伊朗也有。生于盐渍化沙地。

（403）疗齿草 *Odontites vulgaris* Moench

分布：狗了子沟、蓝泉、大泉、暖泉、獭儿沟。我国新疆、甘肃、青海
（循化）、宁夏、陕西；华北、东北；欧洲至蒙古国也有。

（404）绵穗马先蒿 *Pedicularis pilostachya* Maxim.

分布：獭儿沟。产甘肃西部与青海东部。生于海拔 4 720~5 070 m 的高
山草甸。

（405）大唇拟鼻花马先蒿 *Pedicularis rhinanthoides* subsp. *labellata*（Jacq.）
Tsoong

分布：党河南山、查干布尔嘎斯、鱼儿红、乌兰达坂、獭儿沟。我国河
北、山西、陕西、甘肃、青海、四川、云南、西藏及昌都专区。生于海拔
3 000~4 500 m 的山谷潮湿处和高山草甸中。

（406）阿拉善马先蒿 *Pedicularis alaschanica* Maxim.

分布：鱼儿红。我国青海、甘肃、内蒙古、宁夏回族自治区。生于河谷
多石砾与沙的向阳山坡及湖边平川地。

（407）华马先蒿 *Pedicularis oederi* var.*sinensis*（Maxim.）Hurus.

分布：党河南山、野马大泉、碱泉子。甘肃省榆中、岷县、临夏、甘
南、祁连山区。我国河北、山西、陕西、青海、四川、云南。生于海

3 200～4 100 m的高山草甸、岩壁上。

（408）绵穗马先蒿 *Pedicularis pilostachya* Maxim.

分布：獭儿沟。甘肃省夏河、天祝、肃南、肃北。我国青海。生于海拔4 100 m的山坡草地。

（409）假弯管马先蒿 *Pedicularis psedocuryituba* Tsoong

分布：盐池湾、党河南山、鱼儿红、美丽布拉格、狗了子沟、白石头沟、石洞沟。甘肃省肃北县。我国青海。生于海拔3 400～4 300 m的河谷沙地、山前平原沙地。

3.2.4.42　桔梗科 Campanulaceae

（410）喜马拉雅沙参 *Adenophora himalayana* Feer

分布：狗了子沟、石洞沟。产新疆、西藏、青海、四川、甘肃；喜马拉雅山、帕米尔、天山也有。生于海拔3 000～4 700 m的高山草地或灌丛下。

（411）长柱沙参 *Adenophora stenanthina*（Ledebour）Kitagawa

分布：鱼儿红。产内蒙古、河北、山西、陕西、宁夏、甘肃；蒙古国、西伯利亚南部、远东地区也有。生于砂地、草滩、山坡草地及耕地边。

3.2.4.43　菊科 Compsitae

（412）灌木亚菊 *Ajania fruticulosa*（Ledeb.）Poliak.

分布：党河流域、硫磺矿、石包城。甘肃省陇东、定西、榆中、兰州、河西走廊。我国内蒙古、青海、新疆、西藏；蒙古国也有。生于草原和荒漠草原带沙土、山坡。

（413）单头亚菊 *Ajania scharnhorstii*（Regel & Schmalh.）Tzvelev

分布：盐池湾、党河南山、野马南山、野马河。甘肃省祁连山区。我国内蒙古、宁夏、青海、西藏、云南、四川。生于海拔3 500～4 500 m的高山草甸、草原、河滩地。

（414）铃铃香青 *Anaphalis hancockii* Maxim.

分布：乌兰达坂、美丽布拉格、獭儿沟。产青海、甘肃、陕西、河北、四川、西藏。生于海拔2 000～3 700 m的亚高山山顶及山坡草地。

（415）冷蒿 *Artemisa frigia* Will.

分布：盐池湾黑刺沟。甘肃省陇东、临夏、河西走廊。我国东北、华北、西北地区。生于海拔1 700～3 700 m的山砾石地、山坡草地。

（416）莳萝蒿 *Artemisia anethoides* Mattf.

分布：盐池湾黑刺沟。甘肃省甘南、河西走廊。我国东北、华北、西北、西南及西藏；朝鲜、日本、印度、巴基斯坦及西伯利亚东部。生于海拔 2 900～3 800 m 的山前砾石地、山坡、草甸、河谷。

（417）纤杆蒿 *Artemisia demissa* Krasch.

分布：乌兰达坂、石包城。产内蒙古、甘肃、青海、四川及西藏；塔吉克共和国高山地区也有。生于海拔 2 600～4 800 m 的山谷、山坡、路旁、草坡及沙质或砾质草地上。

（418）沙蒿 *Artemisia desertorum* Spreng.

分布：美丽布拉格。产黑龙江、吉林、辽宁、内蒙古、河北、山西、陕西、宁夏、甘肃、青海、新疆、四川、贵州、云南及西藏；朝鲜、日本、印度、巴基斯坦。生于草原、草甸、森林草原、高山草原、荒坡、砾质坡地、干河谷、河岸边。

（419）甘肃蒿 *Artemisia gansuensis* Y. Ling & Y. R. Ling

分布：硫磺矿。产河北、山西、内蒙古、陕西、甘肃、宁夏、青海。生于干旱坡地、黄土高原、路旁等。

（420）臭蒿 *Artemisia hedinii* Ostenfeld.

分布：东红沟。产内蒙古、甘肃、青海、新疆、四川、云南、西藏。生于海拔 2 000～4 800 m 的草地、河滩、砾质坡地、田边、路旁。

（421）大花蒿 *Artemisia macrocephala* Jacguem ex Bess.

分布：大公岔。甘肃省河西走廊。我国内蒙古、宁夏、甘肃、青海、新疆、西藏；哈萨克斯坦、西伯利亚、蒙古国、伊朗、阿富汗、克什米尔地区及巴基斯坦北部也有。生于海拔 1 700～4 000 m 的山谷、洪积扇、河湖边的砂砾地或草地。

（422）香叶蒿 *Artemisia rutifolia* Steph ex. Spreng

分布：乌兰窑洞、尧勒特沟脑、平草湖、大红泉、白石头沟。甘肃省阿克塞、肃北。我国青海、新疆、西藏；哈萨克斯坦、西伯利亚、蒙古国、阿富汗、伊朗、巴基斯坦也有。生于海拔 1 300～3 800 m 的干山坡、干河谷、草原及半荒漠地区。

（423）猪毛蒿 *Artemisia scoparis* Waldst. et Kir.

分布：牙马图口子与水脑、克腾河。甘肃省常见。我国东北、华北、西北及西南各地；日本、朝鲜、蒙古国、印度、巴基斯坦、土耳其、阿富汗、伊朗及欧洲、西伯利亚地区也有。生于海拔 1 700～3 200 m 的山坡、路旁、沙地。

（424）垫型蒿 *Artemisia minor* Jacq. ex Bess.

分布：大红泉、扎子沟、独山子、大水河。产甘肃、青海、新疆及西藏；伊朗、克什米尔地区、印度、巴基斯坦及锡金等高山地区也有。生于海拔 3 000～5 800 m 的山坡、山谷、河漫滩、分水岭、洪积扇、盐湖边、冰渍台、砾石坡地或砾质草地以及路旁等。

（425）内蒙古旱蒿 *Artemisia xerophytica* Krasch.

分布：盐池湾阿尔格里泰。甘肃省河西走廊。我国内蒙古、陕西、宁夏、青海、新疆；蒙古国也有。生于海拔 1 700～3 500 m 的干山坡、砾石沙地、戈壁。

（426）蒙古蒿 *Artemisia mongolica*（Fisch. ex Bess.）Nakai

分布：蓝泉。产黑龙江、吉林、辽宁、内蒙古、河北、山西、陕西、宁夏、甘肃、青海、新疆、山东、江苏、安徽、江西、福建、台湾、河南、湖北、湖南、广东；蒙古国、朝鲜、日本及西伯利亚也有。生于水中或低海拔地区的山坡、灌丛、河湖岸边及路旁等。

（427）褐苞蒿 *Artemisia phaeolepis* Krasch.

分布：鱼儿红、狗了子沟、美丽布拉格。产内蒙古、山西、宁夏、甘肃、青海、新疆及西藏；蒙古国、西伯利亚西部也有。生于海拔 2 500～3 600 m 附近的山坡、沟谷、路旁、草地、荒滩、草甸。

（428）毛莲蒿 *Artemisia vestita* Wall. ex Bess.

分布：石包城。产甘肃、青海、新疆、湖北、广西、四川、贵州、云南及西藏；印度（北部）、巴基斯坦（北部）、尼泊尔、克什米尔地区也有。生于山坡、草地、灌丛、林缘等。

（429）弯茎假苦菜 *Askellia flexuosa*（Ledeb.）W. A. Weber

分布：石洞沟、扎子沟口、大道尔基、鱼儿红。我国内蒙古、山西、宁夏、甘肃、青海、新疆、西藏；蒙古国、俄罗斯、哈萨克斯坦也有分布。生于海拔1 000～5 050 m山坡、河滩草地、河滩卵石地、冰川河滩地、水边沼泽地。

（430）高山紫菀*Aster alpinus* L.

分布：夏勒坑德。甘肃省祁连山区。我国东北、河北、山西、新疆。生于海拔4 100 m的草甸。

（431）萎软紫菀*Aster flaccidus* Bunge.

分布：盐池湾。甘肃省甘南地区、祁连山区。我国华北、西北、西南及西藏；蒙古国、印度、尼泊尔及西伯利亚地区。生于海拔2 500～3 750m的高山草甸、山谷灌丛中。

（432）阿尔泰狗娃花*Aster altaicus* Willd.

分布：白石头沟。产新疆、内蒙古、青海、四川西北部以及西北、华北、东北各地；中亚、蒙古国及西伯利亚。生于草原、草甸、山地、戈壁滩地、河岸路旁，较为常见。

（433）中亚紫菀木*Asterothamnus centrali-asiaticus* Novopokr.

分布：石包城、红柳峡。甘肃省河西走廊、靖远、兰州。我国内蒙古、宁夏、青海、新疆；蒙古国、中亚。生于海拔1 500～2 200 m的干旱山坡、干河床、荒漠化草原。

（434）星毛短舌菊*Brachanthemum pulvinatum*（Hand.-Mazz.）Shih

分布：盐池湾、石包城。甘肃省河西走廊。我国内蒙古、宁夏、青海、新疆。生于海拔1 600～3 500 m的干旱砾石山坡、沟边。

（435）灌木小甘菊*Cancrinia maximowiczii* C. Winkl.

分布：野马南山、疏勒河上游沿岸、党河以北。甘肃省靖远、兰州、河西走廊。我国内蒙古、宁夏、青海、新疆。生于海拔3 400～4 000 m的砾石山坡、沟谷。

（436）小甘菊*Cancrinia discoidea*（Ledeb.）Poljak.

分布：小冰沟、野马河。产甘肃、新疆和西藏；蒙古国、俄罗斯也有。生于山坡、荒地和戈壁。

（437）粉苞菊*Chondrilla piptocoma* Fisch. et Mey.

分布：白石头沟。我国新疆；西伯利亚及哈萨克斯坦也有分布。生于海拔1 100～3 220 m的河漫滩砾石地带。

（438）藏蓟 *Cirsium arvense var. alpestre* Nägeli

分布：碱泉子。我国西藏、青海、甘肃及新疆。生于海拔 500～4 300 m 的山坡草地、潮湿地、湖滨地或村旁及路旁。

（439）刺儿菜 *Cirsium arvense var. integrifolium* Wimmer & Grab.

分布：石包城。甘肃省临夏、甘南、祁连山区。我国吉林、河北、陕西、山东、安徽、浙江、福建、湖北、湖南、江西、广东、广西及西南；朝鲜、日本也有。生于海拔 1 200～2 600 m 的山谷、路旁、田边。

（440）车前状垂头菊 *Cremanthodium ellisii* （Hook.f.）Kifam.

分布：党河南山、尧勒特水脑、查干布儿嘎斯。甘肃省祁连山区。我国青海、新疆。生于海拔 3 800～4 500 m 的高山草地、水边。

（441）矮垂头菊 *Cremanthodium humile* Maxim.

分布：党河南山、大黑沟、獭儿沟。甘肃省甘南地区、祁连山区。我国青海、西藏、四川、云南。生于海拔 3 800～4 200 m 的流石滩地。

（442）盘花垂头菊 *Cremanthodium discoideum* Maxim.

分布：獭儿沟。产西藏、四川、青海、甘肃；尼泊尔、锡金也有分布。生于海拔 3 000～5 400 m 的林中、草坡、高山流石滩、沼泽地。

（443）细裂假还阳参 *Crepidiastrum diversifolium* （Ledeb. ex Spreng.）J. W. Zhang & N. Kilian

分布：石包城、狗了子沟。我国甘肃、青海、新疆、西藏；哈萨克斯坦、西伯利亚、印度北部、锡金、尼泊尔也有分布。生于海拔 1 800～4 650m 的山坡或岩坡、河滩砾石坡。

（444）细叶假还阳参 *Crepidiastrum tenuifolium* （Willd.）Sennikov

分布：獭儿沟。我国东北、内蒙古、河北、新疆、西藏；蒙古国及俄罗斯也有分布。生于山坡、高山与河滩草甸、水边及沟底砾石地。

（445）北方还阳参 *Crepis crocea* （Lam.）Babc.

分布：白石头沟、狗了子沟。我国北京、内蒙古、河北、山西、陕西、甘肃、青海；蒙古国、西伯利亚也有分布。生于海拔 850～2 900 m 的山坡、农田撂荒地、黄土丘陵地。

（446）蓼子朴 *Lnula salsoloides* （Turcz.）Ostenf.

分布：石包城。甘肃省靖远、皋兰及河西走廊。我国辽宁、西北各省区沙地；蒙古国、中亚也有。生于海拔 1 400～2 200 m 的戈壁滩地、流动沙地、沙丘。

（447）中华苦荬菜 *Ixeris chinensis*（Thunb.）Nakai

分布：硫磺矿。我国黑龙江、河北、山西、陕西、山东、江苏、安徽、浙江、江西、福建、台湾、河南、四川、贵州、云南、西藏；俄罗斯远东地区及西伯利亚、日本、朝鲜也有分布。生于山坡路旁、田野、河边灌丛或岩石缝隙中。

（448）花花柴 *Karelinia caspia*（Pall.）Less.

分布：盐池湾。产新疆、青海、甘肃、内蒙古；蒙古国、伊朗和土耳其等地；中亚、欧洲东部也有分布。生于戈壁滩地、沙丘、草甸盐碱地和苇地水田旁，大片群生，极为常见。

（449）乳苣 *Mulgedium tataricum*（L.）DC.

分布：石包城。甘肃省陇东、定西、河西走廊。我国华北、西北及河南、西藏；蒙古国、伊朗、阿富汗、印度西北部。生于海拔 1 600～2 800 m 的河滩、草甸、田边、砾石地、沙丘。

（450）火绒草 *Leontopodium leontopodioides*（Willd.）Beauverd.

分布：流沙沟、党河南山。我国新疆、青海、甘肃、陕西、山西、内蒙古、河北、辽宁、吉林、黑龙江以及山东半岛；蒙古国、朝鲜、日本和西伯利亚也有分布。生于海拔 100～3 200 m 的干旱草原、黄土坡地、石砾地、山区草地，稀生于湿润地，极为常见。

（451）矮火绒草 *Leontopodium nanum*（Hoon.f.et Thoms.）Hand.-Mazz.

分布：盐池湾、野马南山、党河南山。甘肃省榆中、岷县、临夏，甘南、祁连山区。我国陕西、青海、新疆、四川；锡金、印度、克什米尔地区。生于海拔 2 800～4 000 m 的山坡草地、草甸。

（452）黄白火绒草 *Leontopodium ochroleucum* Beauverd

分布：尧勒特水脑、小冰沟、石包城、香毛山、野马河。产新疆、青海和西藏；蒙古国、西伯利亚西部和中部、中亚、锡金。生于海拔 2 300～4 500 m 的高山和亚高山的湿润或干燥草地、沙地、石砾地或雪线附近的岩石上。

（453）银叶火绒草 *Leontopodium souliei* Beauverd.

分布：鱼儿红。产青海东部、四川、甘肃和云南。生于海拔 3 100～4 000 m 的高山、亚高山林地、灌丛、湿润草地和沼泽地。

（454）拐轴鸦葱 *Lipschitzia divaricata*（Turcz.）Zaika, Sukhor. & N. Kilian

分布：盐池湾大泉、石包城、硫磺矿、鹰嘴山。甘肃省临夏、河西走廊。我国内蒙古、陕西、宁夏、河北、山西；蒙古国也有。生于海拔 1 500～3 100 m 的荒漠地带沙地、戈壁、干河床。

（455）栉叶蒿 *Neopallasia pectinate*（Pall.）Poljakov

分布：蓝泉。产黑龙江、吉林、辽宁、内蒙古、河北、山西、陕西、甘肃、宁夏、青海、新疆及四川西部、云南西北部、西藏东南部；蒙古国、中亚、西伯利亚也有。生于荒漠、河谷砾石地及山坡荒地。

（456）顶羽菊 *Rhaponticum repens*（L.）Hidalgo

分布：石包城。甘肃省兰州、临夏、河西走廊。我国华北和西北地区；伊朗、中亚、蒙古国。生于海拔 1 500～2 200 m 的荒漠草原地带、干旱荒坡。

（457）无梗风毛菊 *Saussurea apus* Maxim.

分布：党河南山、尧勒特。我国甘肃、青海、西藏。生于河谷。

（458）沙地风毛菊 *Saussurea arenaria* Maxim.

分布：盐池湾阿尔格里泰。甘肃省甘南地区、祁连山区。我国青海、西藏。生于海拔 2 800～4 000 m 的山坡、草甸、沙地、干河床。

（459）达乌里风毛菊 *Saussurea davurica* Adams.

分布：大道尔基。产甘肃、宁夏、内蒙古、青海、新疆；蒙古国、西伯利亚。生于海拔 1 060～3 120 m 的河岸碱地、湿河滩、河床林下、盐渍化低湿地、盐化草甸。

（460）球花雪莲 *Saussurea globosa* Chen

分布：大黑沟。产青海、甘肃、陕西、四川。生于海拔 2 100～4 500 m 的高山草坡及草坪、山顶、荒坡、草甸。

（461）鼠曲雪兔子 *Saussurea gnaphalodes*（Royle）Sch.-Bip.

分布：党河南山、野马南山、大雪山。甘肃祁连山区。我国青海、新疆、四川、西藏；印度、尼泊尔、哈萨克斯坦也有。生于海拔 3 700～4 500 m 的山坡流石滩。

（462）裂叶风毛菊 *Saussurea laciniata* Ledeb.

分布：盐池湾乌兰窑洞。甘肃省安西、肃北。我国内蒙古、陕西、宁夏、新疆；西伯利亚、哈萨克斯坦、蒙古国也有。生于海拔 3 500 m 的盐碱地、荒漠草原。

（463）尖头风毛菊 *Saussurea malitiosa* Maxim.

分布：鹰嘴山。我国甘肃、青海；蒙古国也有。生于海拔 3 500 m 以上的山坡。

（464）水母雪莲 *Saussurea medusa* Maxim.

分布：党河南山、大雪山。甘肃省甘南、祁连山区。我国青海、四川、西藏；克什米尔地区。生于海拔 3 700～4 500 m 的高山流石滩、多砾石山坡。

（465）褐花雪莲 *Saussurea phaeantha* Maxim.

分布：牙马图、獭儿沟。我国甘肃、青海、四川、西藏。生于海拔 3 800～4 500 m 的草甸、沼泽地及高山草地。

（466）美丽风毛菊 *Saussurea pulchra* Lipsch.

分布：白石头沟、大红沟。我国甘肃、青海。生于海拔 1 920～2 800 m 的砂质河谷。

（467）钻叶风毛菊 *Saussurea subulata* C. B. Clarke

分布：音德儿特、尧勒特。我国青海、新疆、西藏；印度也有分布。生于海拔 4 600～5 250 m 的河谷砾石地、山坡草地及草甸、河谷湿地、盐碱湿地及湖边湿地。

（468）唐古特雪莲 *Sarssurea tangutica* Maxim.

分布：党河南山。甘肃省甘南地区、祁连山区。我国河北、山西、青海、四川、云南、西藏。生于海拔 3 950～4 500 m 的高山流石滩、高山草甸。

（469）肉叶雪兔子 *Saussurea thomsonii* C. B. Clarke

分布：尧勒特水脑、野马河。我国青海、新疆、西藏。生于海拔 4 700～5 200 m 的河滩地。

（470）草甸雪兔子 *Saussurea. thoroldii* Hemsl.

分布：乌兰达坂沟、野马河、尧勒特。我国甘肃、青海、新疆、西藏；克什米尔地区也有分布。生于海拔 4 300～5 200 m 的河滩地、湖滨沙地、盐碱地。

（471）云状雪兔子 *Ssussurea aster* Hemsl.

分布：盐池湾南仁达坂。我国青海、西藏。甘肃新纪录！生于海拔4 500 m 的高山流石滩。

（472）星状雪兔子 *Saussurea stella* Maxim.

分布：大道尔基。我国甘肃、青海、四川、云南、西藏；锡金、不丹也有分布。生于海拔 2 000～5 400 m 的高山草地、山坡灌丛草地、河边或沼泽草地、河滩地。

（473）北千里光 *Senecio dubitabilis* C. Jeffrey & Y. L. Chen

分布：乌兰达坂沟、党河南山、石包城。产新疆、青海、甘肃、西藏、河北、陕西；西伯利亚、哈萨克斯坦、蒙古国、巴基斯坦及印度西北部也有分布。生于海拔 2 000～4 800 m 砂石处、田边。

（474）天山千里光 *Senecio thianschanicus* Regel et Schmalh.

分布：盐池湾温泉、美丽布拉格、大水河、石洞沟、白石头沟。甘肃省祁连山区。我国青海、新疆、西藏、四川；吉尔吉斯斯坦、缅甸也有。生于海拔 2 000～4 100 m 的河滩、沟谷、草地。

（475）长裂苦苣菜 *Sonchus brachyotus* DC.

分布：石包城。甘肃省天水、兰州、华亭、定西、榆中、会宁及河西走廊。我国东北、华北、西北及江苏、浙江、河南、四川、云南、西藏；俄罗斯、阿富汗、巴基斯坦、尼泊尔也有。生于海拔 1 000～2 200 m 的盐碱地、荒地、田间。

（476）绢毛菊 *Soroseris hookeriana*（C. B. Clarke）Stebb.

分布：党河南山。甘肃省甘南地区、祁连山区。我国陕西、青海、西藏；锡金、不丹、尼泊尔也有。生于海拔 4 100～4 500 m 的高山草甸、灌丛中。

（477）帚状鸦葱 *Takhtajaniantha pseudodivaricata*（Lipsch.）Zaika

分布：石包城、硫磺矿。甘肃省河西走廊。我国内蒙古、宁夏、青海、新疆及山西、陕西；蒙古国、中亚也有。生于海拔 2 200 m 的干河床、戈壁、沙地、石质山坡。

（478）白花蒲公英 *Taraxacum albiflos* Kirschner & Štepanek

分布：鱼儿红、野马河。产甘肃西部、青海、新疆、西藏等省区；印度西北部、伊朗、巴基斯坦、俄罗斯等国也有分布。生于海拔 2 500～6 000 m 的山坡湿润草地、沟谷、河滩草地以及沼泽草甸处。

（479）短喙蒲公英 *Taraxacum brevirostre* Hand.-Mazz.

分布：大道尔基。产甘肃、青海、西藏等省区；阿富汗、巴基斯坦、伊拉克、伊朗、土耳其也有分布。生于海拔 1 700～5 000 m 的山坡草地处。

（480）灰果蒲公英 *Taraxacum maurocarpum* Dahlst.

分布：大道尔基、石包城。产青海、四川、西藏等省区；伊朗、阿富汗、巴基斯坦也有分布。生于海拔 3 000～4 500 m 的高山草坡、河边。

（481）蒲公英 *Taraxacum mongolicum* Hand.-Mazz.

分布：盐池湾温泉。甘肃省常见。我国东北、西北、西南地区；朝鲜、蒙古国、中亚也有。生于海拔 1 700～4 100 m 的河滩、山坡草地、路边。

（482）白缘蒲公英 *Taraxacum platypecidum* Diels

分布：蓝泉。产黑龙江、吉林、辽宁、内蒙古、河北、山西、陕西、河南、湖北、四川等省区；朝鲜、俄罗斯、日本也有分布。生于海拔 1 900～3 400 m 的山坡草地或路旁。

（483）华蒲公英 *Taraxacum sinicum* Kitag.

分布：盐池湾。甘肃省河西走廊。我国东北、华北、西北各省沙漠地区；蒙古国、中亚也有。生于海拔 3 200 m 的盐化草甸。

（484）黄缨菊 *Xanthopappus subacaulis* C. Winkl.

分布：狗了子沟、香毛山。我国云南、四川、青海和甘肃。生于海拔 2 400～4 000 m 的草甸、草原及干燥山坡。

3.2.4.44　忍冬科　Caprifoliaceae

（485）小叶忍冬 *Lonicera microphylla* Willd. ex Roem. & Schult.

分布：狗了子沟。产内蒙古、河北、山西、宁夏、青海、新疆、西藏；阿富汗、印度、蒙古国也有分布。生于海拔 1 100～3 600 m 的干旱多石山坡、草地或灌丛中及河谷林缘。

（486）小缬草 *Valeriana tangutica* Batalin

分布：香毛山、老虎沟、狗了子沟。产内蒙古、宁夏、甘肃、青海。生于海拔 1 200～3 600 m 的山沟或潮湿草地。

### 3.2.4.45　伞形科 Umbelliferae

（487）三辐柴胡 *Bupleurum triradiatum* Adams ex Hoffm.

分布：扎子沟。产青海、新疆、西藏和四川西北部；西伯利亚和日本也有分布。生于海拔2 350～4 900 m的草甸、山坡阳处或石缝中。

（488）葛缕子 *Carum carvi* L.

分布：扎子沟、蓝泉。产东北、华北、西北、西藏及四川西部；欧洲、北美、北非和亚洲也有分布。生于河滩草丛中、林下或高山草甸。

（489）碱蛇床 *Cnidium salinum* Turcz.

分布：大道尔基、蓝泉、狗了子沟。产黑龙江、内蒙古、宁夏、甘肃、青海等地；蒙古国、俄罗斯也有分布。生于草甸、盐碱滩、沟渠边等潮湿地段。

（490）裂叶独活 *Heracleum millefolium* Diels

分布：野马河。产西藏、青海、甘肃、四川、云南。生于海拔3 800～5 000 m的山顶或沙砾沟谷草甸。

（491）长茎藁本 *Ligusticum thomsonii* C. B. Clarke

分布：党河南山、狗了子沟、白石头沟。产甘肃、青海、西藏；印度、巴基斯坦也有分布。生于海拔2 200～4 200 m的林缘、灌丛及草地。

（492）青藏棱子芹 *Pleurospermum pulszkyi* Kanitz.

分布：党河南山、盐池湾温泉。甘肃省甘南地区、临夏、祁连山区。我国青海、西藏。生于海拔3 600～4 600 m的山坡草地、石隙中、河滩地。

## 3.3　植物区系

### 3.3.1　植物区系的基本组成

根据野外调查和资料查阅整理，祁连山国家公园酒泉片区植物多样，分布的高等植物有56科228属492种（表3-1）。其中，苔藓植物6科7属8种，石松和蕨类植物仅2科2属3种。裸子植物2科2属4种，被子植物44科218属467种（包含亚种、变种或变型15个）。种子植物中，裸子植物2科2属4种，被子植物43科179属413种。祁连山国家公园酒泉片区无中国特有科，中国特有属4个，分别是羽叶点地梅属（*Pomatosace*）、颈果草属（*Metaerit-richium*）、马尿（泡）胖属（*Przewalskia*）、黄缨菊属（*Xanthopappus*），中国特有种125种。区系组成上，该片区的温带荒漠植物区系在新第三纪上新世（或在第四纪初）就已经形成，其植物区系是从中亚植物区系和古地中海南岸的干热植物区系发展而来，东部有蒙古植物区系成分渗入。本区系种子植物，科的分布型可划分为5个类型4个变型。世界分布型科在本区28科，近半数为单种科，占绝对优势，对本区系的植被类型和生态系统类型的形成起决定性的作用。世界分布型科，本区系科具有明显的温带性质，与古地中海区系联系紧密，本区系热带性质起源的科较少。本区系属的分布型可划分为11个类型和15个变型，成分比较复杂。

表3-1　祁连山国家公园酒泉片区高等植物组成

| 类别 | 科 | 属数 | 种数 |
|---|---|---|---|
| 苔藓植物 | 6 | 7 | 8 |
| 石松和蕨类植物 | 2 | 2 | 3 |
| 裸子植物 | 2 | 2 | 4 |
| 被子植物 | 44 | 218 | 467 |
| 合计 | 56 | 228 | 492 |

### 3.3.2　植物区系的特征

#### 3.3.2.1　科的组成及区系特征

从酒泉片区的被子植物中种子植物的科的组成进行分析，研究发现，优势科是种类组成及其特征能够在植物群落中起建群作用。如表3-2所示，本区种子植物含10种以上的大型科有11科，占总科数的25%，包含155属347种，分别占本区同类别的71.1%和75.1%。由物种从少到多排列，分别是蓼科、石竹科、龙胆科、蔷薇科、莎草科、苋科、毛茛科、十字花科、豆科、禾本科和菊科。因此，这11科为本区的优势科，它们对本区植物景观格局起到构建作用。含5～9种的11个，合计75种，它们是石蒜科、罂粟科、藜科、杨柳科、白刺科、伞形科、报春花科、怪柳科、车前科、紫草科和列当科，占总科数的22.7%，包含36属75种，分别占本区同类别的16.5%和16.2%。含3～4种的科有6个，分别为眼子菜科、灯芯草科、虎耳草科、景天科和茄科，占总科数的13.6%，拥有8属23种，占同类的4%。单种和2种的小型科在本区科的丰富度上贡献很大，合计有16科，其中，单种科10个，分别是百合科、鸢尾科、香蒲科、小檗科、梅花草科、大戟科、白花丹科、茜草科、玄参科、通泉草科、水麦冬科和胡颓子科。1～2种科占总科数的36.3%，包含19属22种，分别占本区同类别的9%和4%。单种科在本区科的丰富度上贡献明显，但对属和种的贡献较弱。小型科和单种科包含了本区所有的分布区类型，且二者占本区总科数的较大比例，与地域特色的严酷自然环境有关。

表3-2　被子植物科的物种组成统计

| 种科 | 科 | | 属 | | 种 | |
|---|---|---|---|---|---|---|
| | 数目 | 百分比 | 数目 | 百分比 | 数目 | 百分比 |
| ≥10种科 | 11 | 25 | 155 | 71.1 | 347 | 75.1 |
| 5～9种科 | 11 | 22.7 | 36 | 16.5 | 75 | 16.2 |
| 3～4种科 | 6 | 13.6 | 8 | 4.0 | 23 | 4.0 |
| 2种科 | 6 | 13.6 | 9 | 4.0 | 12 | 2.0 |
| 单种科 | 10 | 22.7 | 10 | 5.0 | 10 | 2.0 |

　　按吴征镒关于科的分布区类型系统对本区各科植物种类进行了划分统计（表3-3）。由表可见，世界分布型28科，包含366种，分别占总科数和总种数的62.2%和88%，包含所有的大型科、中型科、大多数小型科、小半单种科，其分布区类型占绝对优势，对本区的景观格局形成和植物群落的组成起决定性的作用。生态幅广、适应能力强、具有庞大种系的世界分布型科在本区占有绝对优势，反映了本区自然环境严酷、恶劣。除世界分布型科，本区温带性质科13科，占剩余科数76.5%，反映了本区气候状况的温带性质；其中，地中海区性质科1科，这说明本区与古地中海植物区系有一定联系。热带性质科4科，占剩余科数23.5%，种数10种，但均为温带分布种，推断本区可能为这些科热带性质分布的北界。其中，白刺科（Nitrariaceae）、麻黄科（Ephedraceae）、柽柳科（Tamaricaceae）、蒺藜科（Zygophyllaceae）、龙胆科（Gentianaceae）、苋科（Amaranthaceae）、毛茛科（Ranunculaceae）和胡颓子科（Elaeagnaceae）在本地区的区系构建中具有重要的作用，或者说该片区植

物区系的特征体现出了这几个科植物的特征。它们的分布区类型依次是地中海区至温带—热带亚洲、大洋洲和南美洲间断分布、欧亚和南美温带间断分布、旧世界温带分布、泛热带分布、3个世界分布和"全温带"分布。世界分布型科占37.5%，进一步反映了本区自然环境恶劣；除世界分布科，温带性质的科占绝对优势。白刺科是地中海—荒漠植物区系的代表科之一，古地中海东部（今中亚）是其分化中心，表明本区与地中海区联系紧密。泛热带分布表征科的存在反映了本区植物区系有一定的热带性质渊源。由科的分布型可以推断，该区生态环境性质的变化规律是总体自然环境恶劣；随着古地中海退却和青藏高原的整体隆升，本区自然环境条件好转，温带性质科蓬勃发展；复杂地势造就更加良好的小生态环境，热带性质科以少量温带性质种的形式得以残存。

表3-3　种子植物科的分布型及不同等级科的数量

| 分布区类型 | 科数 | 种数 | 大型科 | 中型科 | 小型科 | 单型科 |
|---|---|---|---|---|---|---|
| 世界分布 | 28 | 366 | 6 | 3 | 14 | 5 |
| 泛热带分布 | 2 | 8 | 0 | 0 | 1 | 1 |
| 热带亚洲、非洲、南美洲间断分布 | 1 | 1 | 0 | 0 | 0 | 1 |
| 热带亚洲和热带美洲间断分布 | 1 | 1 | 0 | 0 | 0 | 1 |
| 北温带 | 4 | 7 | 0 | 0 | 1 | 3 |
| 北温带和南温带间断分布(全温带) | 5 | 16 | 0 | 0 | 3 | 2 |
| 欧亚和南美洲温带间断分布 | 2 | 4 | 0 | 0 | 1 | 1 |
| 旧世界温带分布 | 2 | 4 | 0 | 0 | 1 | 1 |
| 地中海区至温带—热带亚洲、大洋洲和南美洲间断分布 | 1 | 5 | 0 | 0 | 1 | 0 |

#### 3.3.2.2　属的多样性

本片区被子植物属共计218个，其中，单种属124个124种（不含种下等级，变种或亚种6个），2种属42个84种（不含种下等级，变种1个），3种属17个51种（不含种下等级，变种1个），4种属12个48种，5种属5个25种，6种属3个18种（不含种下等级，变种1个），7种属3个21种（不含种下等级，变种1个），8种属1个8种（不含种下等级，变种1个），含11至17个物种的属各1个计98种，11、12种属各1个共，23种（不含种下等级，变种1个）。根据所含种数的多少，可以将本区种子植物属按种数多少划分为4组（表3-4）。由表可知，单种属和小型属占总属数的两者之和，为92.3%，构成了本区植物区系属这一级的主体。种数较多的大型属所占的比例表现了本区植物区系上的繁荣和生态所具有的活力，本区大型属包括蒿属（Artemisia）、萎陵菜属（Potentilla）、毛茛属（Ranunculus）、黄芪属（Astragalus）、棘豆属（Oxytropis）、风毛菊属（Saussurea），多是主要的建群种或伴生种，它们的分布状况能较直观地体现本区植物的区系特征，只占总属数的3.2%，却包含了21.2%的种，表明大型属的优势性明显。本区单种属占总属数的56.8%，表明本区植物物种的分化程度较高，植物区系年轻，处于活跃演化阶段。单种属代表植物进化的两个相反方向，一个是新属建立，种类尚未分化；另一个是古老属演化终极，只有少数残遗种类。世界范围内的单种属，即真正意义上的单种属，本区有合头草属（Sympegma）、囊种草属（Thylacospermum）、海乳草属（Glaux）、羽叶点地梅属（Pomatosace）、颈果草属（Metaeritrichium）、马尿脬属（Przewalskia）、栉叶蒿属（Neopallasia）、黄缨菊属（Xanthopappus）8个。本区众多的单种属，反映了本区生境复杂多样、区系性质新旧兼备的特点。

表3-4 被子植物属的特征物种组成统计

| 分类 | 属 | | 种 | |
|---|---|---|---|---|
| | 数目 | 百分比 | 数目 | 百分比 |
| 大型属(≥10种) | 7 | 3.2 | 98 | 21.2 |
| 中型属(6～9种) | 7 | 3.2 | 47 | 10.1 |
| 小型属(2～5种) | 76 | 35.5 | 208 | 45.0 |
| 单种属 | 124 | 56.8 | 124 | 26.8 |

按吴征镒的植物区系分类办法，在属层面上本区种子植物区系可划分成11个类型和15个变型，说明本区地理成分比较复杂（表3-5）。主要类型特征分析如下：

一是世界分布型。由于此类型属生态适应幅度较广，其分布很难说明植物区系的地理特征，因此在进行区系比较分析中常扣除不计。本区该类型有26属95种，分别占总属数和总种数的14.3%和22.8%，这说明本区自然条件严酷。其中主要有黄芪属（*Astragalus*）16种1变种，多是和我国西北寒、旱区系共有种类，在形态结构上具有明显的高山特化结构，体现出本区所分布的该属植物是以耐寒、耐旱类型为主的生态特点。主要分布为温带地区和热带高山地区，并且在我国主产西南部山地，适应湿冷生境的毛茛属（*Ranunculus*）13种、龙胆属（*Gentiana*）6种，广布的苔草属（*Carex*）12种1变种、广义蓼属（*Polygonum*）5种，还有虽属世界广布而实则主产温带和寒带的早熟禾属（*Poa*）11种1变种等，它们是构成本区山地高寒草甸和温性草原草甸的主要类群。较多的属还有狭义的猪毛菜属（*Kali*）3种、独行菜属（*Lepidium*）7种、灯芯草属（*Juncus*）4种等。本区的世界成分主要是由主产地在北温带和热带高山区的属所组成，表明本区世界分布属多分布在自然条件更加严酷的高山区。

二是热带类型，有泛热带分布型和热带亚洲分布2种。泛热带分布型共5属7种，他们是膜果麻黄（*Ephedra przewalskii*）、中麻黄（*Ephedra intermedia*）、单子麻黄（*Ephedra monosperma*）、长芒棒头草（*Polypogon monspeliensis*）、白草（*Pennisetum flaccidum*）、刺藜（*Dysphania aristata*）、青藏大戟（*Euphorbia altotibetica*）。这些种多为亚洲温带分布，已无明显热带性质。热带亚洲分布有小苦荬属（*Ixeridium*）的中华小苦荬（*Ixeridium chinense*）1属1种，中华小苦荬为东亚分布种，已无明显热带性质。以上热带分布共6属8种，占总属数和总种数的3.8%和2.5%，表明无论从类型数量还是占有比例，本区与热带区系联系较弱，原因是本区远离热带和亚热带。它们存在本区一方面是因为有麻黄属（*Ephedra*）这样的古老残遗种，一方面因为有对严酷环境适应性较强、生态适应幅度较大的草本种存在。多为单种属，这表明本区不是这些属的分布中心，而是热带向温带的延伸，是这些属热带性质的北界，且种的分布区主要在温带，进一步说明本区热带性质微弱。

表3-5 片区种子植物属的分布型统计

| 分布区类型 | 亚类型 | 属数 | 百分比 | 种数 | 百分比 |
|---|---|---|---|---|---|
| 世界 | 世界 | 26 | — | 95 | — |
| 热带 | 泛热带 | 5 | 3.2 | 7 | 2.2 |
| | 热带亚洲（印尼—马来西亚） | 1 | 0.6 | 1 | 0.3 |
| 温带 | 北温带 | 53 | 34 | 154 | 48 |
| | 北极—高山 | 3 | 1.9 | 4 | 1.2 |
| | 北温带—南温带 | 17 | 10.9 | 38 | 11.8 |
| | 欧亚与南美洲间断 | 2 | 1.3 | 9 | 2.8 |
| | 东亚与北美洲间断 | 1 | 0.6 | 1 | 0.3 |
| | 旧世界温带 | 14 | 9 | 22 | 6.9 |
| | 地中海与东亚间断 | 2 | 1.3 | 4 | 1.2 |
| | 地中海与喜马拉雅间断 | 1 | 0.6 | 1 | 0.3 |
| | 欧亚与非洲南部间断 | 1 | 0.6 | 1 | 0.3 |
| | 温带亚洲 | 7 | 4.5 | 10 | 3.1 |
| 古地中海 | 地中海、西亚至中亚 | 18 | 11.5 | 8 | 8.7 |
| | 地中海至中亚，非洲南部、澳大利亚间断 | 1 | 0.6 | 1 | 0.3 |
| | 中亚 | 7 | 4.5 | 13 | 4 |
| | 中亚东 | 4 | 2.6 | 4 | 1.2 |
| | 中亚至喜马拉雅和中国西南 | 2 | 1.3 | 2 | 0.6 |
| | 中亚至喜马拉雅、阿尔泰、北太平洋美洲间断 | 1 | 0.6 | 1 | 0.3 |
| 东亚 | 东亚 | 3 | 1.9 | 3 | 0.9 |
| | 中国—喜马拉雅 | 5 | 3.2 | 7 | 2.2 |
| | 中国—日本 | 1 | 0.6 | 1 | 0.3 |
| 中国特有 | 中国特产 | 4 | 2.6 | 4 | 1.2 |

　　三是北温带分布及其变型，共75属205种，分别占48.1%和63.8%，是本区包含属数和种数最多的分布类型，属种比值为2.73，高于本区的种属比值，表明此分布类型最适应于本区的自然环境，体现了本区植物区系的特征是以北温带为主的温带性质。其中典型北温带分布53属154种，分别占34%和48%，包含了本区较多的大型属和中型属，是本区最优势的分布型。其中常见于各类草甸、灌丛和高山流石坡稀疏植被中的风毛菊属（*Saussurea*）17种、棘豆属（*Oxytropis*）15种1变种、委陵菜属（*Potentilla*）6种1变种、蒿属（*Artemisia*）14种，还有蒲公英属（*Taraxacum*）6种、针茅属（*Stipa*）8种1变种、披碱草属（*Elymus*）7种1变种、葱属（*Allium*）5种、驼绒藜属（*Krascheninnikovia*）2种、翠雀属（*Delphinium*）2种1变种、虎耳草属（*Saxifraga*）4种、点地梅属（*Androsace*）3种、报春花属（*Primula*）2种、马先蒿属（*Pedicularis*）4种等，这些属大多适应高山寒冷环境，在本区都有很大的种群和分布范围，很多种都是本区的建群种或优势种，能直观地反映本区的植被景观，表明典型北温带分布属在本区植物区系特征的形成过程中起着决定性作用。其中，垫形蒿（*Artemisia minor*）可能是"横断—喜马拉雅山脉"地区"次生"的原始种类之一；大花蒿（*Artemisia macrocephala*）本种可能是蒿属现存种中较为原始的种类之一。这反映了本区植物区系的古老性。北极—高山分布包含冰岛蓼属（*Koenigia*）、肉叶荠属（*Braya*）和红景天属（*Rhodiola*），除红景天属偶有大面积分布外，它们的种群不大，多成片分布在海拔高的山区。北温带和南温带间断分布有17属38种，是本区最大的分布变型。代表属有碱茅属（*Puccinellia*）、臭草属（*Melica*）、蝇子草属（*Silene*）、喉毛花属（*Comastoma*）、假龙胆属（*Gentianella*）、鹤虱属（*Lappula*）、婆婆纳属（*Veronica*）等。这些物种多属于伴生种，广泛分布于本区，在本区植被区系建成中起补充作用。另外，直梗唐松草（*Thalictrum alpinum var. elatum*）可能是高山唐松草中最原始的类型，这反映了本区植物区系的古老性。欧亚和南美温带间断分布属9种，其中，赖草属（*Leymus*）5种，火绒草属（*Leontopodium*）4种。东亚和北美洲间断分布有野决明属（*Thermopsis*）披针叶野决明（*Thermopsis lanceolata*）1属1种。旧世界温带分布及其变型共有18属28种，分别占11.5%和8.7%，在本区分布型中占有重要地位。其中旧世界温带分布有14属2种，分别占9%和6.9%，是本分布型的主体。其中芨芨草属（*Achnatherum*）为沿途常见属种，沼委陵菜属（*Comarum*）多以建群种的方式广泛分布，水柏枝属（*Myricaria*）尤其在雪线下高山寒漠带建群分布，沙棘属（*Hippophae*）、青兰属（*Dracocephalum*）、沙参属（*Adenophora*）等是常见属种。此分布型对本区植被景观建成贡献很大。地中海区、西亚（或中亚）和东亚间断分布有属4种，包括木蓼属（*Atraphaxis*）和鸦葱属（*Scorzonera*）。地中海区和喜马拉雅间断分布有莴苣属（*Lactuca*）乳苣（*Lactuca tataricum*）1种。欧亚和南部非洲（有时也在大洋洲）间断分布有蛇床属（*Cnidium*）碱蛇床（*Cnidium salinum*）1种。

四是温带亚洲分布，共7属10种，分别占4.5%和3.1%。其中细柄茅属（*Ptilagrostis*）和亚菊属（*Ajania*）是来自于北温带的菊蒿属（*Tanacetum*）和针茅（*Stipa*）的衍生成分，表明本区植物区系具有年轻性，本区存在着适应以高寒生态因子影响为主而形成的高山特化类群的生态环境。大黄属（*Rheum*）、轴藜属（*Axyris*）、瓦松属（*Orostachys*）、锦鸡儿属（*Caragana*）、地蔷薇属（*Chamaerhodos*）均适应温暖寒旱的气候，反映了本区温暖寒旱的气候特点。

五是地中海区、西亚至中亚分布及变型，共2属34种，分别占13.5%和10.5%，在本区分布型中占有重要地位。其中地中海区、西亚至中亚分布有18属28种，分别占11.5%和8.7%，对本区植物区系与地中海植物区系的联系中贡献最大。白刺属（*Nitraria*）是第三纪孑遗植物，全世界共11种，我国有5种，在本区均有分布，且是较为进化的类型，说明本区处于白刺属的现代分布中心。盐爪爪属（*Kalidium*）4种，在本区有广泛分布，在某些地区作为建群种存在。驼蹄瓣属（*Zygophyllum*）4种，分布范围有限，仅作为伴生种或偶见存在。其他为单种属，裸果木属（*Gymnocarpos*）、沙拐枣属（*Calligonum*）、盐爪爪属（*Kalidium*）等为古地中海第三纪残遗成分，说明本区与古地中海成分联系密切。红砂属（*Reaumuria*）在本区荒漠区、荒漠草原区建群分布。地中海区至中亚和南美洲、大洋洲间断分布有霸王属（*Sarcozygium*）霸王（*Sarcozygium xanthoxylon*）1属1种，已经归于骆驼蹄瓣属。地中海区至中亚和墨西哥至美国南部间断分布有骆驼蓬属（*Peganum*）1属，骆驼蓬（*Peganumharmala*）和骆驼蒿（*Peganum nigellastrum*）2种。地中海区至温带—热带亚洲、大洋洲和南美洲间断分布有甘草属（*Glycyrrhiza*）甘草（*Glyc-*

*yrrhiza uralensis*）1属1种。泛地中海分布有念珠芥属（*Neotorularia*）1属，蚓果芥（*Neotorulariahumilis*）和短果念珠芥（*Neotorularia brachycarpa*）2种。

本区地中海区、西亚至中亚分布及变型中，多数是1～2种属，零星分布或偶见，有建群种和伴生种，但这些种的存在可以反映本区系与地中海植物区系关系密切。本区地中海区成分不包括地中海区至热带非洲和喜马拉雅间断分布，由此可以推断，喜马拉雅山脉和青藏高原的隆起阻断了本区植物区系与西南地中海植物区系的联系，对本区植物区系的形成影响深刻。

六是中亚分布及变型，共14属20种，分别占9%和6.1%，对本区植物区系的形成贡献较大。其中中亚分布7属13种，是本分布型的主体。花旗杆属（*Dontostemon*）全世界共11种，我国均有分布，本区4种，是十字花科中较为进化的属，说明本区处于十字花科次生分布中心。紫菀木属（*Asterothamnus*）的中亚紫菀木（*Asterothamnus centrali-asiaticus*）在本区分布广泛，是重要的伴生种。小甘菊属（*Cancrinia*）和短舌菊属（*Brachanthemum*）是本区高寒荒漠、荒漠草原常见种，对本区景观格局有一定贡献。双脊荠属（*Dilophia*）的无苞双脊荠（*Dilophia ebracteata*）是典型的高山成分，在雨后泥石滩大面积分布，尤为壮观。中亚东部（亚洲中部）分布有4属4种。合头草属（*Sympegma*）的合头草（*Sympegma regelii*），是典型的中亚成分，以其耐旱的特性在本区分布广泛，是常见的建群种、共建种和伴生种。中亚至喜马拉雅和我国西南分布有属种。单种属囊种草属（*Thylacospermum*）的囊种草（*Thylacospermum caespitosum*）在本区高山荒漠带分布广泛，对高山荒漠的景观构成有一定的贡献。中亚至喜马拉雅—阿尔泰和太平洋北美洲间断分布有藏荠属（*Hedinia*）藏荠（*Hedinia tibetica*）1属1种，在高山寒漠带分布广泛，对高山寒漠带的景观构成有较大贡献。

七是东亚分布及其变型，共9属11种，分别占5.7%和3.4%。其中东亚分布3属3种。莸属（*Caryopteris*）的蒙古莸（*Caryopteris mongholica*）主要分布在本区内海拔较低的荒漠石质山坡、沙地、干河床及沟谷等处，为荒漠植物群落的伴生种。狗娃花属（*Heteropappus*）阿尔泰狗娃花（*Heteropappus altaicus*）以前属于单独的属，现在归并于紫菀属（*Aster*），零星分布，范围较广。中国—喜马拉雅分布有5属7种，是本分布型的主体。垂头菊属（*Cremanthodium*）、肉果草属（*Lancea*）、微孔草属（*Microula*）、膨果豆属（*Phyllolobi-*

um）、单花荠属（*Pegaeophyton*）多分布于本区高山寒漠带和高山荒漠带。车前状垂头菊（*Cremanthodium ellisii*）、盘花垂头菊（*Cremanthodium discoideum*）、矮垂头菊（*Cremanthodiumhumile*）、肉果草（*Lancea tibetica*）等基本上属于青藏高原特有喜湿、耐寒的多年生草本成分，体现了本区植物区系与青藏高原植物区系的联系。本区有小花西藏微孔草（*Microula tibetica var. pratensis*）这一变种的正种是微孔草（*Microula tibetica*），本区植物区系处于青藏高原植物区系的边缘，说明本区自然环境与青藏高原自然环境渐有区别。中国—日本分布有假还阳参属（*Crepidiastrum*）细裂假还阳参（*Crepidiastrum diversifolium*）1属1种，为偶见种。这种分布类型在东亚分布及其变型中所占比例较小，且种的分布亦不占优势，说明了本区与中国日本植物区系有微弱的联系，原因是祁连山地在本区系与中国日本植物区系间的交流中起到廊道沟通作用，但祁连山地的地质历史较为年轻，因此，与中国日本植物区系交流尚且不多。

八是中国特有属分布，共4属4种，分别是羽叶点地梅属（*Pomatosace*）羽叶点地梅（*Pomatosace filicula*）、颈果草属（*Metaeritrichium*）颈果草（*Metaeritrichium microuloides*）、马尿脬属（*Przewalskia*）马尿脬（*Przewalskia tangutica*）、黄缨菊属（*Xanthopappus*）黄缨菊（*Xanthopappus subacaulis*）。羽叶点地梅属是单种属，分布于青海东部、甘肃西南部、四川西北部、西藏东北部和新疆，生长于高山草甸和河滩砂地。颈果草属是紫草科下一个属，本属有1种，产我国西藏、青海和甘肃，列入《世界自然保护联盟红色名录》（IUCN）中，保护级别为易危（VU）。马尿泡属于单种属，它分布在甘肃、青海、新疆、四川、西藏以及阿尔金山沙地，常生于高海拔地带的高山、砂砾及较干旱的草原，适合有机质含量较高的中性土壤，具有耐寒、耐旱、耐碱的特性，在《世界自然保护联盟濒危物种红色名录》中属于无危（LC），属于国家第二批珍稀保护植物。黄缨菊属同样是单物种，分布于云南、四川、青海和甘肃，生于草甸、草原及干燥山坡。这些特有属全为单物种，且多是主产我国西北、西南的特有单种属，围绕青藏高原和蒙古高原分布，都不是古老的原始类型的属，说明本区成分以西南高山为其起源地，同时体现出本区植物区系的年轻性和衍生性质。

综上所述，本区植物区系温带性质显著，其中又以北温带性质为主体，全温带分布和旧世界温带分布为其重要补充，体现了本区以温带气候为主，由于本区海拔较高，寒温带气候有一定的分布；古地中海成分比重较大，表明本区植物区系的旱生性和古老、残遗性，地中海区、西亚至中亚分布和中亚分布是这一性质的重要体现，若将中亚分布看作是地中海区、西亚至中亚分布的间断，则可以推断喜马拉雅山脉和青藏高原的隆起对本区植物区系的形成有很大作用；世界分布包含较多的属和种，表明本区自然环境严酷；热带性质所占比例较小，表明本区热带性质微弱；东亚分布所占比例较小，这是由于祁连山地所起的廊道连接作用，但祁连山地的形成相对较晚，对本区与东亚分布间的交流影响较弱；中国特有成分不多，都是衍生属，说明本区植物区系生境独特、区系年轻。另外，本区植物区系与大洲的间断分布有 9 属 18 种，比例小，表明本区植物区系与各大洲交流较少，与本区处于亚欧大陆腹地有关。

### 3.3.2.3　种的多样性

（1）种的区系特征

物种是植物分类和植物区系研究的基本单元，也是植物地理和植被研究最基本的组成成分，物种的特性、分布和演化历史反映了植物区系的起源和发展历程，种的形成、演化、传播的方向和途径是植物区系研究的关键。因此，对不同尺度上的物种研究及其分布区类型的正确划分是科、属区系地理的基础。祁连山国家公园酒泉片区植物物种鉴定和分布区的整理基于野外现场调查，以《中国植物志》和《Flora of China》为基础，结合《甘肃植物志》（第二卷），对区域内的相关文献、科学考察报告等资料进行梳理，并查阅国家标本平台（National Specimen Informa-tion Infrastructure，简称 NSII）和中国数字植物标本馆（Chinese Virtualherharium，简称 CVH）等标本记录，采用与《中国植物物种名录》（2023 版）相同的分类系统和物种名称，系统整理了祁连山国家公园酒泉片区野生植物，并参考相关资料得出本区种子植物的现代地理分布范围。其中，科属种的位置和物种处理方面，裸子植物分类系统采用最新杨永等（2022）发表的裸子植物分类系统、被子植物分类系统采用 APG IV 系统。

按照吴征镒先生对于现存植物属的分布型系统，根据物种调查的分布范围，结合实际情况，祁连山国家公园酒泉片区种子植物种的分布区系可划分成9个类型和22个变型1个亚变型（表3-6）。主要特征分析如下：

一是世界分布型，共6种。典型的有芦苇（*Phragmites australis*）、草地早熟禾（*Poa pratensis*）、藜（*Chenopodium album*）、大车前（*Plantago major*）等，它们之所以能够广布世界，是因为它们有强大的适应能力，繁殖能力和种群扩散能力。

二是北温带分布及其变型，共107种，占总种数的23.2%。其中，北温带分布是本分布型的核心，有23种，占5.1%。北极—高山分布和全温带分布分别有7种和2种，是本分布型的重要补充。北极至阿尔泰、北美洲间断分布和地中海、东亚、新西兰和墨西哥—智利间断分布分别为7种、1种和4种，说明本区与世界各洲温带成分联系微弱。

三是东亚和北美洲间断分布，共5种，这说明本区植物区系与海外联系微弱，这是因为本区深处亚欧大陆中心。

四是旧世界温带分布及变型，共9种，占1.2%。地中海区、西亚（或中亚）和东亚间断分布有16种，是本分布类型的核心。比较重要的种类有扁茎灯心草（*Juncus gracillimus*）、盐爪爪（*Kalidium foliatum*）、二裂委陵菜（鸡冠茶）（*Sibbaldianthe bifurca*）、肋柱花（*Lomatogonium carinthiacum*）等。

表3-6　种子植物种的分布型统计

| 分布区类型 | 类型 | 种数 | 百分比 |
|---|---|---|---|
| 世界分布 | 广布世界 | 6 | — |
| 温带分布 | 北温带 | 23 | 5.1 |
| | 北极—高山 | 7 | 1.7 |
| | 北极—阿尔泰和北美间断 | 2 | 0.2 |
| | 北温带和南温带 | 7 | 1.2 |
| | 欧亚和南美洲温带间断 | 1 | 0.2 |
| | 地中海、东亚、新西兰和墨西哥智利间断 | 4 | 0.2 |
| | 东亚和北美间断 | 5 | 0.7 |
| | 旧世界温带 | 9 | 1.2 |
| | 地中海、西亚和东亚间断 | 16 | 3.9 |

| 分布区类型 | 类型 | 种数 | 百分比 |
|---|---|---|---|
| 温带分布 | 温带亚洲 | 33 | 7.1 |
| 地中海分布 | 地中海,西亚至中亚 | 15 | 2.4 |
| | 地中海至中亚和墨西哥美国南部间断 | 1 | 0.2 |
| | 中亚 | 18 | 4.4 |
| | 中亚东部 | 51 | 11.7 |
| | 中亚至喜马拉雅和中国西南部 | 28 | 6.3 |
| | 西亚至西喜马拉雅和青藏高原 | 5 | 0.7 |
| | 中亚至喜马拉雅—阿尔泰和北美太平洋间断 | 1 | 0.2 |
| | 中亚至喜马拉雅—阿尔泰 | 39 | 9 |
| 东亚 | 东亚 | 7 | 1.7 |
| | 中国—喜马拉雅 | 41 | 10 |
| | 中国—日本 | 23 | 4.9 |
| 中国特有 | 中国特产 | 125 | 26.6 |

五是温带亚洲分布，共33种，占7.1%。此分布类型局限于亚洲温带地区，而本区有位于其中心地带，但种类相对较少，分布范围海拔相对较低，说明本区以严寒的高山、高原为主的地形特点所造就的气候环境更加严酷，已不同于典型的温带气候。

六是地中海区、西亚至中亚分布及变型，共有15种，占2.4%。这说明本区现代地中海成分已不是十分重要，这主要是因为喜马拉雅山脉和青藏高原的隆起造成气候条件的巨大变化，并阻隔两区之间的交流。

七是中亚分布及变型。它是本区种类最多的分布类型，共124种，占总种数的32.3%。其中，中亚东部分布所含种类最多，有51种，与含33种的中亚至喜马拉雅—阿尔泰分布共同构成本分布类型的核心，所含种类多为耐寒耐旱草本植物和矮小灌木或半灌木，体现了本区处于亚洲中部草原和荒漠的气候特点。中亚分布18种，中亚至喜马拉雅和西南分布28种，二者是本分布型的重要组成部分，体现了本区多山地的地理特点。本分布类型的另外两个变型对本区植物区系的贡献不大。

八是东亚分布。除中国特有种，在本区占次要地位，共有71种，占17.5%。其中中国—喜马拉雅分布有41种，占10%，是本分布类型的核心，也是本区含种类最多的分布型之一。中国—日本分布有23种，占4.9%，本区在种的水平上与中国—日本植物区系交流较多。典型的东亚分布有7种，多为伴生种或偶见种。

综上所述，本区非中国特有种植物区系的中亚性质显著，说明本区植物区系与古地中海植物区系关系密切。现代地中海成分所占比重不大，这是由于喜马拉雅山形成和青藏高原隆起造成的。温带成分占有重要地位，其中又以寒温带性质明显，这是由于本区多高山、高原地形，平均海拔较高的原因。东亚成分也占有重要地位，本区与中国—日本植物区系在种水平上的交流多于在属水平上的交流，这是由于祁连山地的廊道作用明显。

九是中国特有种。本区有中国特有种125种，占总种数的26.6%。特有种地理分布不涉及古热带植物区，说明本区特有种没有热带性质。特有种地理分布包含唐古特地区的种有9种，占特有种总数的84.4%，说明本区特有种起源于唐古特植物区系，这是因为本区位于唐古特地区边缘，受其影响深刻。包含横断山脉地区的种有64种，占58.7%，说明本区与横断山脉植物区系关系密切。包含东喜马拉雅地区的种有49种，包含西藏、帕米尔、昆仑地区的种有44种，分别占45%和40.4%，是本区特有种地理分布的重要组成部分。分别包含准格尔地区、天山地区、华中地区、内蒙古草原地区、华北地区、云南高原地区的种相对较多，说明本区特有种来源广泛，与以上地区交流相对较多。分别包含西喜马拉雅地区、东北地区、华东地区、大兴安岭地区的种较少，对本区特有种的贡献不大。在植物亚区水平上，中亚荒漠植物亚区、青藏高原植物亚区和中国喜马拉雅森林植物亚区的气候、地理等自然特征是本区特有种起源、产生和发展的最主要决定因素。中国—日本植物亚区对本区特有种的形成有重要影响，其影响路线是华北—华中—黄土高原，这主要是由于此线上无南北走向的山脉阻挡，植物可借助风力等传播扩散到本地。欧亚草原植物亚区和欧亚森林植物亚区对本区有影响，主要是因为天山地区和阿拉善高原处于与中亚荒漠植物亚区交界处，但影响不深刻，是因为三个亚区自然环境的差异显著。张志勇等运用聚类分析法，把该地区特有种归为8类。青藏高原东缘（唐古特—横断山脉地区）含44种，占特有种的40.4%，种类最多，此类型种类生活型包含了本区乔木物种祁连圆柏和山杨，1种一年生草本，1种二年生草本，7种灌木，34种多年生草本。东喜马拉雅—青藏高原及东缘，包含3种，占29.4%。生活型含4种一年生草本，1种二年生草本，27种多年生草本。这两种特有种分布型含76种，占69.8%，说明本区特有种主要分布地区是东喜马拉雅、青藏高原及其东缘地区。西北干旱地区有10种，西北干旱区—西藏—青藏高原东缘地区有9种，西北—青藏高原—贵、川至秦岭淮河以北地区有7种，西北—青藏高原东缘地区有3种，青藏高原—西南—华中—新疆天山以南地区有3种，东北—华北—新疆天山以南地区有2种。总之，本地区特有种主要起源于青藏高原东缘地区，西北干旱地区为特有种丰富度增加的主要来源，分布范围较广的特有种仅11种，占10.1%，说明本区地理位置特殊，相对封闭，与黄土高原以东的地区交流较少。

（2）国家重点保护植物

2021年9月7日，经国务院批准，国家林业和草原局、农业农村部公告发布新版《国家重点保护野生植物名录》，同时，废止1999年旧版《国家重点保护野生植物名录》（第一批）。最新发布的2021版名录包括苔藓植物、石松类和蕨类植物、裸子植物、被子植物、藻类、真菌，总计6大类1 100余种野生物种。据调查，该片区的四百余种高等植物中，共有7种国家重点保护植物，属于6科5属，保护级别为二级，无一级保护植物，见表3-7。对其保护的主要原因是他们是中国特有的种质资源，或是具有重要经济价值的野生植物资源，且在大量人类采挖中导致数量和分布范围缩减，还有部分种类生长在脆弱受损或受威胁自然生态系统中，具有重要的生态价值。

表3-7 酒泉片区国家重点保护植物表

| 中文名 | 学名 | 保护原因 | 片区分布 | 保护级别 |
|---|---|---|---|---|
| 黑紫披碱草 | *Elymus atratus* | 特有种,重要的种质资源 | 党河南山、鱼儿红 | 二级 |
| 唐古红景天 | *Rhodiola tangutica* | 特有种,具有重要的经济价值,人为采挖严重 | 党河南山、野马南山、大雪山 | 二级 |
| 四裂红景天 | *Rhodiola quadrifida* | 特有种,具有重要的经济价值,人为采挖严重 | 党河南山、野马南山、大雪山 | 二级 |
| 甘草 | *Glycyrrhiza uralensis* | 根和根状茎供药用,具有重要的经济价值,人为采挖严重 | 石包城、榆林河 | 二级 |
| 羽叶点地梅 | *Pomatosace filicula* | 我国特有的单种属植物,具有重要的科学研究价值 | 党河南山、野马南山、大雪山 | 二级 |
| 黑果枸杞 | *Lycium ruthenicum* | 重要的种质资源,具有重要的经济价值 | — | 二级 |
| 水母雪兔子 | *Saussurea medusa* | 具有重要的生态价值 | 党河南山、大雪山 | 二级 |

## 3.4 植被资源

### 3.4.1 植被演化历史

根据本地区地质演化历史和现有物种分布规律,可以知道,本区在新生代时期,地形并不高,气候较现代暖热,纬度位置较现代稍低,可能位于当时亚热带的边缘,所以本区在科的性质上表现为以世界分布型科为主体,温带性质科为重要组成部分,热带性质科为补充。本区地中海性质科的存在,表明本区位于古地中海的边缘,影响不大。到了造山时期,上渐新世到第四纪,本区所处位置及周边发生剧烈变化,山地、高原的形成使本区北移,气候变冷,大陆性气候加剧,尤其是在第四纪,由于喜马拉雅和青藏高原大幅度地抬升到接近今日的高度而改变了原来的大气环流格局,它给周围地区,特别是中国大部分地区的气候造成深刻的影响，如使我国西北部气候变得更加干旱，为荒漠植被和半荒漠植被的形成和发展提供了极其有利的条件；巨大的喜马拉雅山脉的升起，使印度洋季风影响的范围明显收缩，这一季风现如今已经不能进入西藏地区了；昆仑山、祁连山和秦岭的升起，形成一道屏障，在西北地区阻截突入的西伯利亚反气旋的干旱寒流。因此，亚洲中部逐渐形成一个荒漠景观的封闭区域，终年被干燥的大陆性气候所控制。由于这一时期地形的剧烈运动和气候的剧烈变化，使本区植物与其他地区交流密切，造成了属的分布类型的多样性，也形成了本区属分布类型的格局。由于已经形成的地形格局和气候状况，本区处于一个相对封闭的环境，与外界交流较少，已经存在的植物种类经过自然选择，适应了本区的生境条件而得以存活，不适应的则被淘汰，形成了现有种的分布类型格局。总体而言，本区科的分布类型少，属的分布类型多，而种的分布类型较多。这是由于本区地质历史的变化和气候条件的变化，科到属再到种的分布类型的组合可以反映这种变化。

　　从植物群落角度分析，植被的形成是一个自然历史过程。河西走廊和祁连山的地形、地貌、气候、降水等自然地理特征，由于古地中海的海浸，自白垩纪起开始旱化，第三纪喜马拉雅造山运动使境内高耸的大山隔离了海洋季风的进入，到了第四纪冰期后，更加旱化，就形成现代的荒漠面貌，因此，植物区系上以古地中海为中心，形成以中亚成分为主的植被景观，山体上升，降雨充分，所以一些高山植物还保留在这里。从这个意义上讲，在地质历史尺度上，这里已经形成了较为稳定的生态系统。这里分布的草原属于欧亚草原带的一部分，欧亚草原是世界上最大的草原区，其形成始于新第三纪的中亚。在更新世的冰川阶段，草原取代了森林植被，而森林植被又在温暖的间冰期重新定居在该地区，从而影响了适应这些栖息地的植物分布。

　　我们探讨的影响植被分布和植被特征的因素是短时间环境变化和人类活动等协同因素如何影响植物分布和群落组成。该片区深居亚洲大陆内地，受东南季风的影响较小，酒泉片区属于高寒半干旱气候区，寒冷、干燥是气候的主要特征。年降水量154 mm，集中分布于6～8月，降雨占年总量的60%以上，显然，季节分配不均。年蒸发量2 493.3 mm，是降水量的17.5倍，相对湿度35%。日照丰富，年达3 100小时。年均温度-2.5℃，7月13.3℃，1

月-15.6℃，年均日差12.1℃。无霜期54天。全年有较大的西北风，河流及冰川分布较为丰富。综合起来，位于该片区的生物气候如（图3-8）。

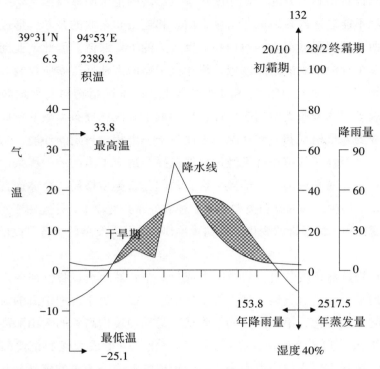

图3-8　祁连山国家公园酒泉片区生物气候图（根据《甘肃植被》〔1997〕改编）

由图3-8的信息综合表明，该地区的自然地理特征不利于植物生长和植被的发育，植物的生长期特别短。水分是影响该区植被发育的主要原因。据统计，1967—1984年，酒泉片区出现春末夏初干旱的年份达43%，其中，三分之一的年份是大旱，出现夏秋干旱的年份接近一半。很明显，本来就很少降雨的公园区域，出现如此高频率的水分胁迫，植物的春季萌发和夏季的开花、结实严重受到干旱的影响。因此，植被和草场先天发育的不稳定性决定着该地区植被演替方向。近期的野外调查观察发现，由于连续的生长季干旱，植被退化严重，部分高寒草原植被覆盖度下降，物种多样性降低，植物长势不旺，生物量严重减少。另外，与干旱形成明显对照的是涝灾。涝灾除暴雨和暴风雪外，这里值得一提的是祁连山冰川和积雪融化水对植被的影响。在大多人的眼里，祁连山的冰川积雪融化带来了有利的一面，事实也是如此，它养育着占甘肃省土地面积61%的河西走廊的绿洲。祁连山的森林生态系统，高山草甸、草原生态系统，维系着400多万河西人民的生存、发展。但是，在局部的小范围和一定的时间内，冰川消退、积雪融化的洪水给流域的植被造成了严重甚至是毁灭性的危害。如酒泉片区白石头沟、钓鱼沟一带，近年来因山洪暴发，携带的淤泥将沟谷河床两边的植被全部覆盖、掩埋，道路冲垮。2.5～3 m高的草场防护栏不到三年就被洪水积沙和淤泥掩埋，这样，流域两边和低缓平原的大面积草场遭到破坏，对当地畜牧业和交通带来严重影响。因此，雨水与物种需水的错位或不匹配导致植物生长和群落组成发生改变。

影响该地植被和区系组成的第二重要因素是寒潮、强降温和霜冻。据观测，在酒泉片区出现的寒潮和强降温天气的月份是9月、10月到次年6月，年出现频次3次左右。寒潮和强降温的出现时间正好是植物萌发或结实期，对植物的发育、传种接代和植被的影响将是毁灭性的。

另外，鼠害在片区高寒荒漠化草原地段最为严重，由于间歇性干旱和一定程度的过度放牧，导致鼠害加重，严重危害草场植被。比如在酒泉片区盐池湾吾力沟的紫花针茅草原、碱泉子和老虎沟部分区域的沙生针茅（*Stipa caucasica ssp. glareosa*）、紫花针茅草原，鼠害几乎破坏了草场，所到之处，仅剩下连老鼠都不食的毒草，如镰叶棘豆（*Oxytropis falcata*）等。

综上，由于短时间尺度上的自然和人为因素的相互作用，加上大范围的气候变化、全球变暖，以及全球性降雨减少、干旱增加等影响，国家公园部分植被尤其草原类型和湿地类型出现旱化、干化和盐渍化，土壤呈现盐碱化、退化、沙化等现象，值得关注。

### 3.4.2　植被群落分类

植被型是指建群种生活型相同或相似，同时对水热条件生态关系一致的植物群落的联合。群系是建群种或共建种相同（在热带或亚热带有时是标志种相同）的植物群落的联合。群丛是片层结构相同，各层片的优势种或共优种相同的植物群落的联合。任何植被类型都与一定的环境特征联系在一起。它们除具有特定的外貌、结构外，还具有特定的生态幅度和分布范围。依据中国100万植被类型空间分布数据解析，包含灌丛生态系统、草地生态系统、湿地生态系统、荒漠生态系统4种生态系统，分布有7种植被类型，分别为灌丛、草甸、草原、高山稀疏植被、沼泽、湿地、荒漠，面积分别为30.0 km²、101.5 km²、10 220.3 km²、4 457.1 km²、64.7 km²、8.6 km²和1 587.7 km²；草原面积最大，占片区总面积的60.2%；其次为高山稀疏植被，占片区总面积的26.3%；湿地面积最小，仅占片区总面积的0.05%。

结合现场调查，依据《中国植被》对植被类型的划分标准和《甘肃植被》，本区植被类型大致分为7个植被类型40个植物群系和53个群丛，见表3-9。

表3-9 祁连山国家公园酒泉片区植物群落类型表

| 植被型 | | 群系 | 群丛 |
|---|---|---|---|
| Ⅰ温带森林 | | 河谷小叶杨群系 | 河谷小叶杨群系 |
| | | 祁连圆柏群系 | 祁连圆柏群系 |
| Ⅱ山地和河谷灌丛 | | 小叶金露梅灌木群系 | 小叶金露梅+猫头刺群落 |
| | | | 小叶金露梅+镰荚棘豆群落 |
| | | | 小叶金露梅+西北沼委陵菜群落 |
| | | 西北沼委陵菜灌木群系 | 西北沼委陵菜+小叶金露梅群落 |
| | | | 西北沼委陵菜+驼绒藜群落 |
| | | 线叶柳灌木群系 | 线叶柳灌木群落 |
| | | 河谷肋果沙棘灌木群系 | 肋果沙棘群落 |
| | | 白刺灌木群系 | 白刺灌木群落 |
| Ⅲ草原 | 温性荒漠草原 | 沙生针茅群系 | 沙生针茅+猫头刺群落 |
| | | | 沙生针茅+松叶猪毛菜群落 |
| | | | 沙生针茅+红砂群落 |
| | | 戈壁针茅群系 | 戈壁针茅群落 |
| | 高寒荒漠草原 | 紫花针茅群系 | 紫花针茅+灌木亚菊群落 |
| | | | 紫花针茅+垫状驼绒藜群落 |
| | | 冰草群系 | 冰草群落 |

| 植被型 | | 群系 | 群丛 |
|---|---|---|---|
| Ⅲ草原 | 根茎禾草草甸草原 | 赖草草甸群系 | 赖草草甸群落 |
| | | 草地早熟禾草甸群系 | 草地早熟禾草甸群落 |
| | | 西藏早熟禾草甸群系 | 西藏早熟禾草甸群落 |
| Ⅳ荒漠 | 温带半灌木、小半灌木荒漠 | 合头草荒漠群系 | 合头草+红砂群落 |
| | | | 合头草群落 |
| | | | 合头草+紫菀木群落 |
| | | 碱韭荒漠群系 | 碱韭荒漠群落 |
| | | 红砂荒漠群系 | 红砂+沙葱群落 |
| | | | 红砂+盐爪爪群落 |
| | | 星毛短舌菊荒漠群系 | 星毛短舌菊荒漠群落 |
| | | 裸果木荒漠群系 | 裸果木荒漠群落 |
| | | 驼绒藜荒漠群系 | 驼绒藜+少腺爪花芥群落 |
| | | | 驼绒藜群落 |
| | | | 驼绒藜+松叶猪毛菜群落 |
| | | 猫头刺荒漠群系 | 猫头刺+灌木亚菊群落 |
| | | | 猫头刺群落 |
| | | 珍珠猪毛菜荒漠群系 | 珍珠猪毛菜猪毛菜群落 |
| | | 松叶猪毛菜荒漠群系 | 松叶猪毛菜群落 |
| | 盐生灌木荒漠 | 盐爪爪盐生荒漠群系 | 尖叶盐爪爪+松叶猪毛菜群落 |
| | | | 细枝盐爪爪群落 |
| | | 柽柳群系 | 柽柳群落 |
| | 温带灌木荒漠 | 膜果麻黄荒漠群系 | 膜果麻黄荒漠群落 |
| | 草原化荒漠 | 芨芨草草原化荒漠群系 | 芨芨草荒漠群落 |

**续表 3-9**

| 植被型 | | 群系 | 群丛 |
|---|---|---|---|
| V 垫状植被 | 高寒稀疏垫状植被 | 垫状驼绒藜群系 | 垫状驼绒藜群落 |
| | | 囊种草群系 | 囊种草群落 |
| VI 草甸 | 典型丛生禾草草甸 | 垂穗披碱草草甸群系 | 垂穗披碱草群落 |
| | 沼泽化草甸 | 芦苇沼泽化草甸群系 | 芦苇沼泽草甸群落 |
| | | 扁穗草沼泽化草甸群系 | 华扁穗草沼泽群落 |
| | | 黑褐苔草沼泽化草甸群系 | 黑褐苔草沼泽群落 |
| | 盐化草甸 | 芨芨草盐化草甸群系 | 芨芨草盐化草甸群落 |
| | | 赖草盐化草甸群系 | 赖草盐化草甸群落 |
| | 高寒草甸 | 粗壮嵩草高寒草甸群系 | 粗壮嵩草高寒草甸群落 |
| | | 圆囊苔草高寒草甸群系 | 圆囊苔草高寒草甸群落 |
| VII 沼泽和水生植被 | | 丛生苔草沼泽群系 | 丛生苔草沼泽群落 |
| | | 芦苇沼泽群系 | 芦苇沼泽群落 |
| | | 小眼子菜群系 | 小眼子菜群落 |

### 3.4.3 主要植被群系特征概述

#### 3.4.3.1 森林

由于西祁连山地区被大山（疏勒南山、党河南山、大雪山和野马南山等）所包围，海拔多在 3 000 m 以上，干旱高寒是该地区的主要气候类型，因此，分布于酒泉片区的森林较少，它不能构成该地的主要植被成分。但是，酒泉片区石包城乡周围的低海拔地段，也零星分布有两类温带落叶阔叶林群系。

（1）祁连圆柏林群系

祁连圆柏（*Juniperus przewalskii*）林主要分布于祁连山东段，在祁连山国家公园酒泉片区属于西延的部分，分布在鱼儿红保护站东沟 3 600 m 的阳坡或半阳坡，数量不多。乔木层仅祁连圆柏一种，树高多在 5 m 左右，胸径一般为 10 cm。枝下高仅 1~3 m。灌木层有 10% 盖度。主要种类有置疑小檗

（*Berberis dubia*）、小叶忍冬（*Lonicera microphylla*）、金露梅（*Dasiphora fruticosa*）、银露梅（*Dasiphora mandshurica*）等。草本层种类较多，盖度20%左右。常见的种类有珠芽蓼（*Bistorta viviparum*）、糙叶黄芪（*Astragalus nivlis*），以及一些蒿类、唐松草、翠雀花。祁连圆柏是该区域重要的水源涵养林，面积不大，但生态价值和指示意义非常重要，应该加强监测和保护。

（2）荒漠河岸胡杨林群系

胡杨（*Populus euphratica*）是中亚荒漠的乔木树种，多生于水源附近和地下水位较高的荒漠中的河流两岸，故称"荒漠河岸林"。它属于亚洲荒漠地区特有的隐域性植被类型，在我国新疆塔里木河流域、经罗布泊到甘肃黑河流域下游的额济纳旗谷地集中分布有大片的胡杨林。胡杨林是荒漠地区的宝贵森林资源，不但起着防风固沙的作用，还是绿洲的保护神。近年来，由于流域上游用水过多，人为的乱砍滥伐、毁林开荒、地下水位的下降、生态用水的减少和全球大环境的变化导致胡杨林面积逐渐萎缩、退化，部分地区只剩下衰败残迹。基于胡杨林的大面积的减少和退化，胡杨实生幼苗来不及发育，跟不上更新，加上胡杨本身重要的研究和利用价值，实施保护迫在眉睫。

胡杨林在祁连山西端的天然林主要分布于石包城榆林河一带河谷、河床和河岸，胡杨林面积不大，表现出低矮稀疏、树种单一、覆盖度小和灌木层缺乏等特点。群落中胡杨种群的年龄结构不合理、发育不良、零星分布。该地区胡杨林分布海拔在2 600 m左右。基本上已被柽柳群落所替代。

（3）河谷小叶杨群系

小叶杨（*Populus simonii*）是在荒漠地区自然生长和广泛栽培的适应性很强的乡土性乔木树种，它喜光、耐寒、耐旱、较耐盐碱，在灌溉或地下水位高的含有粘壤土的沙地上生长旺盛，而在没有水源供给或地下水位低的沙地上，生长不良，形成"小老树"。小叶杨群系在酒泉片区内仅分布于石包城的榆林河下游和红柳峡一带海拔2 600～3 200 m左右的河漫滩、河谷地，面积小，种群结构单一，生长稀疏，郁闭度低，主茎3 m多，胸径在20 cm以下。该群系分三层，乔木层仅小叶杨，灌木层有膜果麻黄（*Ephdera prezwalskii*）、松叶猪毛菜（*Salsola laricifolia*），草本层有唐古特铁线莲（*Clematis tanguticus*）、黄花补血草（*Limonium aureum*）等种类，表现出旱化的景象，应加强管理。

### 3.4.3.2 山地和河谷灌丛植被

正如前文所述，干燥寒冷的气候决定了祁连山国家公园酒泉片区典型地带性植被是荒漠化草原、荒漠和草甸。虽然在山地和河谷发育着一些中生温性灌丛植被，但也深深地打上了荒漠和草原的烙印。在该地区常见的灌木植被有小叶金露梅（*Dasiphora parvifolia*）群系、西北沼委陵菜（*Comarum salesovianum*）群系、线叶柳（*Salix wilhelmsiana*）群系和沙棘（*Hippophae rhamnoides ssp. sinensis*）群系等四个类型。

（1）小叶金露梅群系

小叶金露梅（*Dasiphora parvifolia*）群系主要分布在党河南山北麓、野马南山、大雪山等山系的各大沟的平缓山坡、沟谷以及低洼处。其分布海拔为3 200～3 800 m，生长土壤为山地碳酸盐灰褐土，成土母质为堆积—残积物、冰积物和洪积物，土层腐殖质10～20 cm，有机质含量1%～2%。该群系随水分状况、土壤条件和海拔的变化，其长势、盖度和群落物种组成各不相同，因此形成不同的群落（群丛）类型。在生境土壤土层较厚、坡度较缓、雨水较多或水分条件较好的低洼处，小叶金露梅生长较好，群落种类较为丰富，而在高寒荒漠边缘生境恶劣的地段，它形成的群落就显得萧条。该群落物种组成虽较多，但整个群落的长势较差，总盖度不及20%。群落中主要的牧草植物短花针茅（*Stipa breviflora*）个体小，一年生植物几乎没有生长。显然，该群落在向荒漠化方向演替。在亚高山草甸区域，小叶金露梅也能形成亚高山草甸群落。荒漠群落中，小叶金露梅则混生其中。因海拔、土壤理化和其他小生境的差异，小叶金露梅可以形成不同的群丛。如小叶金露梅+猫头刺群丛，分布海拔较低，伴生种类有沙葱（*Allium mongolicum*）、白花枝子花（*Dracocephalumheterophyllum*）等；小叶金露梅+镰叶棘豆（*Oxytropis falcata*）群丛，分布海拔较前者高，伴生种类是细叶鸢尾（*Iris tenuifolia*）、铺散亚菊（*Ajania khartensis*）和紫花针茅等。

（2）西北沼委陵菜群系

西北沼委陵菜（*Comarum salesovianum*）分布于我国西北及西藏以及东亚、中亚和喜马拉雅地区，属于古北温带的种类。由西北沼委陵菜组成的群系是荒漠化草原与荒漠植被的天然分界线，分布于沟谷河床、河岸边，生于布满卵石的土壤表面。在酒泉片区内分布范围不广，局限性很大，仅见于盐池湾吾力沟、黑刺沟、洞子沟等海拔 3 200～3 600 m 的河谷地带，但在这些地方形成大面积的单优势物种组成的群丛。以西北沼委陵菜为建群种的群落，长势较好，群落总盖度约 40%～80%，群落结构分两层。第一层是西北沼生委陵菜和小叶金露梅，前者高 30 cm 以上，冠幅 50 cm 左右，占总盖度的80%。第二层是草本和半灌木植物种类，常见的有驼绒藜、白花枝子花、弯茎假苦菜（*Askellia flexuosa*）、蒲公英（*Taraxacum mongolicum*）、二裂委陵菜（鸡冠茶）（*Sibbaldianthe bifurca*）、高山紫菀（*Aster aplina*）等。在盐池湾乡吾力沟海拔 3 400 m 的山地一个 16 m² 的样方组成是西北沼委陵菜有 4 丛，平均 25 cm 高，小叶金露梅 3 丛，30 cm 高，另外，还有灰绿藜（*Chenopodium glaucum*）、柔软紫菀（*Aster flaccidus*）和镰叶韭（扁葱）（*Allium carolinianum*）等。该群系可分西北沼生委陵菜+小叶金露梅群丛、西北沼生委陵菜+驼绒藜群丛两个群丛，前者分布广，后者主要在水分较少的地段。

（3）线叶柳群系

线叶柳群系分布于党河流域中游沿岸，土壤为偏湿的沼泽草甸土。面积不大，但有党河水的抚育，生长较好，郁闭度大，总盖度在 80% 以上，有些地方线叶柳呈小乔木状。伴生的种类有柽柳科的柽柳属或水柏枝属、蓼子朴（*Inula salsoloides*）、假苇拂子茅（*Calamagrostis pseudophragmitos*）和芨芨草（*Neotrinia splendens*）等。

（4）河谷沙棘灌丛群系

沙棘属（*Hippophae* L.）植物在祁连山国家公园酒泉片区有两个种，分别是沙棘（*Hippophae rhamnoides ssp. sinensis*）和肋果沙棘（*Hippophae neurocarpa*），前者较为广布，后者仅见于党城湾五个庙、盐池湾吾力沟、大小黑刺沟等地。两者都形成大片的单优势的植物群落。

沙棘（*Hippophae rhamnoides ssp. sinensis*）灌丛是一种耐寒、喜阳、耐旱、喜水、喜沙性土壤的落叶灌木。因其果实含有丰富的维生素和其他营养物质，并在植树造林、绿化荒山、土壤改良和保持水土等方面具有重要的意义，因此，对沙棘（*Hippophae rhamnoides ssp. sinensis*），尤其是沙棘果实和沙棘育种等的综合开发和研究比较深入。由沙棘组成的群落在酒泉片区分布于党河流域的河谷阶地、河漫滩或季节性河床上，海拔从 2 700 m 到 3 400 m 之间。群落外貌灰绿色，群落盖度10%～50%，群落组成基本分为两层，即灌木层和草本层，伴生种类有小叶金露梅等灌木，草本植物有披针叶野决明（*Thermopsis lanceolata*）、唐古特铁线莲〔*Clematis tangutica*〕、二裂委陵菜（鸡冠茶）、赖草（*Leymus secalinus*）等。

肋果沙棘（*Hippophae neurocarpa*）灌丛：主要分布于党城湾五个庙、盐池湾吾力沟、大小黑刺沟的河谷阶地、河漫滩，与沙棘的生境基本一致，比沙棘灌丛分布面积小，长势较差，高度在30 cm以下，群落高度在10%左右。群落可分为两层，第一层是灌木，主要伴生种类有肋果沙棘，第二层为草本层，常见有芨芨草、披针叶野决明（*Thermopsis lanceolata*）等。

### 3.4.3.3 草原

草原是旱生多年生草本植物（常有旱生或超旱生小半灌木存在）为主体的植被类型，针茅属（*Stipa* L.）植物是主要建群种和标志种。干旱缺水（雨）、温度变化较大是其主要的气候特点。酒泉片区南依党河南山和疏勒南山，北靠野马山和大雪山，全境在高山的控制之下，除党河谷地和石包城山前盆地外，其余50%以上的面积均在海拔4 000 m以上。加上中亚干旱沙漠气候的影响，形成的草原类型表现出荒漠化和高寒化的特点。据统计，在酒泉片区，各类草原占9%，草甸占33%，其余为山地和戈壁荒漠。草原分布在酒泉片区的低山、浅山平原、洪积扇的平缓山坡、滩地和干河床，周围被荒漠和高寒荒漠包围。根据群落特点，酒泉片区的草原可分为温性荒漠化草原（如沙生针茅〔*Stipa caucasica ssp. glareosa*〕群系、戈壁针茅群系等）、高寒荒漠草原（如紫花针茅群系）和草甸草原（如赖草群系）三个群系组，各群系组主要的群落类型介绍如下。

（1）温性荒漠化草原

①沙生针茅（*Stipa caucasica ssp. glareosa*）群系是亚洲中部草原区的一个重要的荒漠草原类型，对干旱和寒冷具有很强的适应能力。在酒泉片区分布于酒泉片区内党河流域以北、大道尔基、平达坂、疏勒河两岸等低山砾石戈壁、沙地。土壤以有机质含量低的风沙土和棕漠土为主。分布海拔在3 200 m到3 800 m之间，植被盖度在15%～20%，草层多在10 cm以下，建群种为沙生针茅（*Stipa caucasica ssp. glareosa*）、戈壁针茅、短花针茅和沙葱（*Allium mongolicum*）等。灌木层和半灌木层的主要种类是红砂、合头草、珍珠猪毛

菜、松叶猪毛菜、驼绒藜、猫头刺、小叶金露梅、狭叶锦鸡儿（*Caragana stenophylla*）、冷蒿（*Artemisia frigida*）、铺散亚菊等，高度为 15～50 cm，灌木层盖度 10%～15%，占群落总盖度的大半。显然，该群系的外貌荒漠成分较多。

根据伴生种类的差异，将沙生针茅（*Stipa caucasica ssp. glareosa*）群系分为如下三个群丛。一是沙生针茅（*Stipa caucasica ssp. glareosa*）+猫头刺群丛，分布在大道尔基、平达坂等的山前戈壁。二是沙生针茅（*Stipa caucasica ssp. glareosa*）+松叶猪毛菜群丛，在党河两岸的山前砾石戈壁上有分布。三是沙生针茅（*Stipa caucasica ssp. glareosa*）+红砂群丛，分布在党城湾附近。沙生针茅（*Stipa caucasica ssp. glareosa*）群系是该地区羊和骆驼的主要放牧场之一，但地表为砾石、覆沙，容易沙化和荒漠化，因此，应注意合理放牧，加强保护，以免沙化。

②戈壁针茅（*Stipa tianschanica var.gobica*）群系分布于酒泉片区内的钓鱼沟、石包城的石板墩一带海拔 2 700～3 200 m 的平缓山坡、干河谷阶地、滩地。土壤为荒漠草原棕钙土。该群系适应干旱气候，因而种类组成贫乏，饱和度低，据统计，每平方米的样方中有 5～10 种植物，群落总盖度 15%，主要建群种戈壁针茅的高约 10～25 cm，伴生的草本植物有异花针茅（*Stipa aliena*）、短花针茅（*Stipa brevifolia*）、芨芨草和碱葱（*Allium polyrrhizum*）等，伴生的灌木及半灌木种类如红砂、珍珠猪毛菜、小叶金露梅、垫状驼绒藜（*Krascheninnikovia compacta*）和冷蒿。

（2）高寒荒漠草原

①紫花针茅群系：紫花针茅（*Stipa purpurea*）是帕米尔—青藏高原特有种类。由紫花针茅组成的群落是重要的高寒草原和高山牧场，蕴藏着丰富的饲料资源。在酒泉片区内也占有很大的面积，主要分布于海拔 3 600～4 200 m 的党河南山、疏勒南山、野马山、大雪山的高山山地，处于荒漠化草原的上限。土壤母质为多角形碎石、沙粒，有机质含量低。紫花针茅在祁连山东段发育良好，草丛高 22～25 cm，在西段长势较差，草丛高 4～9 cm，群落盖度 20%～35% 不等。主要伴生植物是冰草（*A. cristatum*）、矮火绒草（*Leontopdium nanum*）、黄花棘豆（*Oxytropis ochrocephala*）、细叶鸢尾（*Iris tenuifolia*）、藏芥（*Hedinia tibetica*）、镰荚棘豆（*Oxytropis falcata*）、二裂委陵菜（鸡冠茶）

和微孔草（*Microula tibetica*）等草本植物和猫头刺（*Oxytropis aciphylla*）、垫状驼绒藜（*Krascheninnikovia compacta*）等灌木和半灌木种类。在酒泉片区内，紫花针茅群系可分为紫花针茅+灌木亚菊群丛和紫花针茅+垫状驼绒藜（*Krascheninnikovia compacta*）群丛。前者分布在野马滩下游三个锅一带，后者主要在酒泉片区边墙沟、白石沟、大井泉、石板墩及野马滩等地的前侵面上。

由于该植被类型分布在高山垫状植被的下缘，海拔较高，是主要的夏季牧场，靠近各个沟脑。此地常是淘金者的活动场所，加上鼠害严重，因此，对紫花针茅荒漠草原的破坏相当厉害。

②冰草群系：冰草（*Agropyron cristatum*）为优良牧草，青鲜时马和羊最喜食，牛与骆驼亦喜食，营养价值很高，是中等催肥饲料。由该物种组成的群系是分布于酒泉片区内石包城乡石板墩，分布在海拔 3 200～3 600 m 的亚高山山地，面积不大。土壤为亚高山草甸土。该群系的主要建群种类是冰草（*Agropyron cristatum*），株高 3～7 cm，生长发育正常。另有细叶鸢尾、二裂委陵菜（鸡冠茶）（*Sibbaldianthe bifurca*）、密丛棘豆（*Oxytropis densa*）等，总盖度为 20%。

（3）根茎禾草草甸草原

在酒泉片区内，根茎禾草草甸草原仅赖草（*Leymus secalinus*）草甸草原一个群系。该群落分布范围较小，只在党河沿岸的湖盆地段分布，如平草湖、月牙湖、盐池湾乡附近的湖滩、二道泉、独山子脚下的湖盆等地有分布，因地下水位高，土壤盐碱化程度强，有些地方有盐结皮，因而植被稀疏，植物很难生长，只见到以赖草为主的群落类型。在此群落中，赖草高 10～40 cm，盖度 5% 左右，有时达 10%。另外，伴生有盐地风毛菊（*Saussurea runcinata var. pinnatidentata*）、苦苣菜（*Sonchus oleraceus*）、银洽草（*Koeleria litvinowii subsp. argentea*）、宽叶赖草（*Leymus ovatus*）、海乳草（*Lysimachia maritima*）、刺芒龙胆（*Gentiana aristata*）。

3.4.3.4  荒漠

荒漠是一个自然地理景观名词，是指那些具有稀少的降水、强烈的蒸发和强大陆性气候类型，以及土壤富含可溶性盐类，其上植被稀疏甚至无植被的地区或地段。在地貌上，有沙质荒漠（沙漠）、砾石荒漠（砾漠）、石质荒漠（石漠）、壤土荒漠（壤漠）、雅丹荒漠、盐土荒漠（盐漠）等类型。组成荒漠的植物以超旱生或强旱生的灌木和半灌木为主，深根、叶肉质和耐盐碱，这些植物以各种形态解剖和生理生态特征适应低降水、高蒸发、大温差和瘠薄土，以及间或遇风沙等恶劣环境，在长期的进化过程中，形成了独特的植被景观。在该地区分布有大面积的荒漠植被，荒漠植被面积占总面积的一半以上，主要在党河以北的大道尔基、平达坂、疏勒河两岸等地的低山、砾石戈壁、复沙戈壁上，土壤以山地棕漠土、灰棕漠土、棕漠土和风沙土为主，腐殖质积累很少。详细分析，该地区的荒漠植被有温带矮半灌木荒漠、温带盐生荒漠、温带灌木荒漠和草原化荒漠。主要有如下种群系。

（1）温带矮半灌木荒漠

①合头草群系：合头草（*Sympegma regellii*）是属于苋科单种属植物，主产中亚，生长在荒漠、半荒漠地区，是羊和骆驼喜食的优良牧草。合头草荒漠分布较广，是荒漠地区主要的植被类型。酒泉片区内合头草荒漠主要在石包城和党城湾一带海拔较低的沙砾质、石质、土质山前洪积扇、戈壁滩上。合头草群落生长发育良好，株高 20～50 cm，株丛稀疏，盖度 3%～25% 之间。合头草荒漠群落是骆驼喜食的牧草，该群系构成的牧场是良好的骆驼秋季抓膘草场，干鲜均可饲用。根据群落特征和伴生种的不同，可将合头草群系分为三类。一是合头草+红砂群丛。此群落在党城湾五个庙附近，生长地段多砾石，地势平坦，该群落的总盖度为 2%，除合头草和红砂外，有时有中亚紫菀木（*Asterothamnus centraliasiaticus*）、泡泡刺（膜果白刺）（*Nitraria sphaerocarpa*）和帚状鸦葱（*Takhtajaniantha pseudodivaricata*）等分布。二是合头草群丛。在石包城较多，群落生长的地表土层厚，地势低，以合头草为绝对优势种，但总盖度不高，仅 2% 左右，另外杂有戈壁针茅（*Stipa tianschanica var. gobica*）、珍珠猪毛菜（珍珠柴）（*Caroxylon passerinum*）、黄花补血草（*Limonium aureum*）等。三是合头草+中亚紫菀木群丛。该群丛所处地段为石包城榆林河一带的地面冲沟两旁水流漫过的地方，在这种季节性水分较优的环境中，植物种类较为丰富，盖度较大。合头草和中亚紫菀木的总盖度大 9%，伴生有红砂、星毛短舌菊（*Brachanthemum pulvinatum*）和黄花补血草（*Limonium aureum*）等。

②红砂荒漠群系：红砂（*Reaumuria soongrica*）又名琵琶柴，属中亚广布

的物种，也是中亚植物区系的代表物种，属于超旱生盐生的深根性矮半灌木。红砂荒漠群系广泛分布于我国荒漠地区，是典型的地带性植被类型。在酒泉片区也有大片的红砂荒漠灌木，集中分布于石包城、盐池湾、碱泉子、老虎沟等山前砾石洪积扇、山麓平原和戈壁，如平草湖、贾公台、大泉河滩、野马滩、二道泉等地，土壤一般为灰棕荒漠土甚至盐土。红砂株高在 15 cm 到 35 cm 之间，随生境水分状况变化，叶肉质，簇生，老枝灰棕色或淡棕色。红砂群落结构比较简单，往往只有半灌木层，而草本层很少发育。群落稀疏，盖度也在 3%～15% 之间波动。红砂群系在酒泉片区主要有以下二个群丛。一是红砂+沙葱群落，分布于酒泉片区大黑沟一带 2 700 m 左右的山前戈壁荒漠，群落总盖度 28%，在 16 m² 的样方中，有沙葱 17 株，红砂 13 株，盐爪爪（*Kalidium foliatum*）2 株，合头草 2 株，红砂高 15 cm。二是红砂+盐爪爪群落，分布于酒泉片区盐渍化粘土或沙土上，有红砂、尖叶盐爪爪（*Kalidium cuspidatum*）、白刺（*Nitraria roborowskii*）和沙生针茅（*Stipa caucasica ssp. glareosa*）等种类。

红砂荒漠群落是重要的放牧场，但沙质土壤容易起沙，因此，过度放牧易沙化，应注意保护和适度利用，切勿超载或过牧。

③星毛短舌菊荒漠群系：星毛短舌菊（*Brachanthemum pulvinatum*）是特产中国的短舌菊属植物，它组成的群落在酒泉片区有分布，面积不大，生境属戈壁砾石地表。星毛短舌菊的株高 10～30 cm，群落盖度 5%～15%，主要伴生有珍珠猪毛菜柴、尖叶盐爪爪（*Kalidium cuspidatum*）、松叶猪毛菜（*Salsola laricifolia*）、驼绒藜（*Krascheninnikovia ceratoides*）、黄花补血草（*Limonium aureum*）、碱葱、沙生针茅（*Stipa caucasica ssp. glareosa*）。星毛短舌菊群落虽然面积小，但是该区域重要的荒漠草场，也是牛、羊和骆驼的牧草。

④裸果木荒漠群系：裸果木（*Gymnocarpos przewalskii*）是石竹科植物，生长于荒漠的砾石戈壁、低矮剥蚀残丘下部、山前洪积扇、石质山坡和砾石地上，为超旱生半灌木或灌木，分布在我国的河西走廊、青海北部、新疆、内蒙古和宁夏等地。阿拉善和额济纳是该种分布较为集中的环境。裸果木为古地中海残遗种，是研究亚洲和非洲荒漠植物区系起源及其统一的活化石材料，具有重要的科学研究价值。加上频繁放牧和砍挖，使该种群个体数量日趋减少，所以，在 1999 版的国家重点保护植物名单中被列为国家二级重点保

护植物。裸果木在地表径流处和低洼处常形成单一优势群落，在酒泉片区，仅见于石包城大黑沟有成片的裸果木荒漠纯群落，其他物种鲜有生长。在许多其他荒漠群落中，裸果木常常以伴生种的姿态出现。

⑤驼绒藜荒漠群系：驼绒藜（*Krascheninnikovia ceratoides*）同样属于地中海—中亚成分，是一种以干燥草原和半沙漠为特征的植物，其基部强烈分枝，小枝和叶密生灰色星状毛。生于砂质戈壁、碎石山坡、干河床等地的荒漠土和盐化土壤上。在祁连山国家公园酒泉片区生长发育良好，尤其在水分条件好的地段，如野马滩、白马沟、钓鱼沟等山前洪积扇和地表径流处、低洼处常形成大片的单一优势的驼绒藜群落，而且长势好，株高在 30 cm 以上，群落盖度在 25% 以上。由于驼绒藜是良好的灌木牧草，因而该群落在草场利用上起着重要的作用。

根据生境不同和伴生种的特点，可将驼绒藜群系分为如下 3 个群丛。

一是驼绒藜+燥原芥（*Stevenia canescens*）群丛。该群丛分布在石包城野马滩 3 830 m 的高山荒漠，偶有沙葱和红砂渗入。在 16 m² 的地域，群落中燥原芥（*Stevenia canescens*）有 16 株，驼绒藜 4 株，总盖度 27%。二是驼绒藜群丛。这一群落分布较广，分布海拔范围较大，主要取决于生境的好坏，往往形成大片的纯群落，而且盖度较高，在 35% 以上。三是驼绒藜+松叶猪毛菜群丛。此群丛分布在野马南山的山前洪积扇和党河北岸白马沟等地，灌木亚菊（*Ajania fruticulosa*）、松叶猪毛菜（*Salsola laricifolia*）、沙生针茅（*Stipa caucasica ssp. glareosa*）伴入其中。

⑥猫头刺荒漠群系：猫头刺（*Oxytropis aciphylla*）又名刺叶柄棘豆，其叶轴先端针刺状，加上枝多而开展，易积沙成垫状沙包。在西祁连山地区该群系主要分布于大雪山和党河南山的山前洪积冲积扇上，如酒泉片区内的红山口子、钓鱼沟，以猫头刺为主的群落生于沙质土壤，易起扬沙，但猫头刺可挡沙，分布海拔为 2 600~3 300 m。群落总盖度 20%~40%。伴生植物有沙生针茅（*Stipa caucasica ssp. glareosa*）、膜果麻黄、驼绒藜、铺散亚菊、披针叶野决明和松叶猪毛菜（*Salsola laricifolia*）等。该群系主要有以下 2 种：

一是猫头刺群丛。在酒泉片区，猫头刺形成单一群丛，杂生种类很少。群落中猫头刺高 20 cm，盖度 45%，平均密度每 2 m² 一株。7 月份正是猫头刺开花结果期，紫红色的花冠密布株冠，颇为壮观。二是猫头刺+亚菊群丛。

该群丛分布在党河流域的大道尔基北面山前沙砾质地表上，海拔 2 600 m 左右，靠近膜果麻黄荒漠灌木群落。群落种类较为复杂，除猫头刺、铺散亚菊外，主要有驼绒藜、沙生针茅（*Stipa caucasica ssp. glareosa*）等。群落盖度20%。

⑦珍珠猪毛菜荒漠群系：珍珠猪毛菜（*Caroxylon passerinum*）曾经属于广义的苋科藜亚科猪毛菜属（*Salsola*），近年来，研究观点将其列入苋科珍珠猪毛菜属（*Caroxylon*），珍珠猪毛菜柴荒漠是草原化荒漠的典型类型，在酒泉片区的大雪山北部的石包城和党河流域一带的山前平原和洪积扇地带都有分布，沙砾质地，灰棕色荒漠土是其主要生境土壤。珍珠猪毛菜是亚洲中部的特有成分，植株高度10～20 cm，群落盖度4～7%。群落的主要伴生植物是红砂，常常与红砂形成群落，因此，群落结构显得较为简单，尖叶盐爪爪、合头草等是群落中易出现的种类。珍珠猪毛菜群落是羊、骆驼的主要牧场之一，四季皆宜。

⑧松叶猪毛菜荒漠群系：松叶猪毛菜（*Salsola laricifolia*）的物种位置也是发生了改变，属于猪毛菜属（*Salsola*）的一个物种，不再属于猪毛菜属。该群系是柴达木盆地荒漠区系的主要组分，是一种极其耐旱的小半灌木。该群系在酒泉片区同样发育良好，分布地段在2 700～3 400 m冲积扇、洪积扇、山前丘陵、河流阶地和丘间低地，土壤类型为石膏灰棕荒漠土和原始灰棕荒漠土，地表夹杂着细砂。松叶猪毛菜（*Salsola*）荒漠群落结构比较稀疏，种类贫乏，往往大面积分布，总盖度5%～8%。伴生种类有铺散亚菊（*Ajania khartensis*）、红砂、泡泡刺和驼绒藜等。在丰水年份或季节性流水沟，偶尔见到白茎盐生草（*Halogeton arachnoidus*）、针茅等植物种类。在酒泉片区内，该类群落仅为放牧场，但因距水源远而利用不够充分。

（2）温带盐生小半灌木和盐生灌木荒漠

盐生荒漠小半灌木群落，是盐渍化土壤上的植被类型，土壤属旱盐土，矿化度高，含盐量大。在野马滩上游、党河上游河滩都是这种类型的土壤，其上的植被主要为盐生的半灌木和小半灌木以及其他草本植物。在党河流域、榆林河流域中下游的沿河低洼地带生长有盐爪爪小半灌木一个群系两个群丛和柽柳群系。

①盐爪爪盐生荒漠群系：盐爪爪属（*Kalidium* Moq.）是地中海、西亚至中亚的特有属，尖叶盐爪爪是生长在盐土荒漠上的优势种和建群种，在酒泉

片区内分布于大雪山、党河南山等山前冲积盐化土壤、碱滩地、泉水露头之处。群落盖度随水分而异，在 5% 到 20% 变动。植株高 5～34 cm，伴生种类有红砂、珍珠猪毛菜、合头草、细枝盐爪爪（*Kalidium gracile*）等半灌木和赖草（*Leymus secalinus*）、芨芨草（*Neotrinia splendes*）和芦苇（*Phragmites australis*）等草本植物。盐爪爪植物在秋、冬季霜打之后，是骆驼喜食的牧草。根据盐爪爪的种类，可将其分为 2 个群丛。

一是尖叶盐爪爪（*Kalidium cuspidatum*）+松叶猪毛菜（*Salsola laricifolia*）盐生荒漠群丛，分布于石包城的阿拉格太等地，海拔 3 400 m。群落组成是尖叶盐爪爪和松叶猪毛菜（*abrotanoides*），群落总盖度 14%，尖叶盐爪爪的株高 9.5 cm，占总盖度的 70%。二是细枝盐爪爪（*Kalidium gracile*）盐生荒漠群丛，该群落面积较小，群落盖度较高，植株 20～40 cm，伴生植物有西伯利亚白刺（*Nitraria siberica*）、赖草、早熟禾、蒲公英和乳苣（*Lactuca tatarica*）等。

②柽柳灌木群系：柽柳（*Tamarix spp.*）灌木群系生于该酒泉片区内榆林河一带的盐土平原、沙丘、河漫滩，土壤为荒漠盐化草甸土，该群系的种类组成不多，建群种为多枝柽柳（*Tamarix ramosissima*），伴生种类有唐古特白刺（*Nitraria tangutica*）、细枝盐爪爪、蓼子朴（*Inula salsoloides*）、芨芨草（*Achnathenum splendes*）、芦苇（*Phragomites communis*）。群落盖度 20%～30%。

柽柳俗称红柳，是沙漠里强有力的固沙植物，被喻为沙漠卫士，它有许多适应沙漠和盐生环境的能力。茎秆粗大，能生出不定根，根系深，能充分吸收地下水，因而耐沙埋；叶片具有吸盐功能，从土壤中吸收的大量盐分能够由叶排出，从而降低土壤盐碱含量，适应盐生土壤；在广大的荒漠地区，柽柳常常形成很大的"红柳包"，而在固沙中起重要的作用。

但是，近年来由于各种原因，全球大范围的荒漠化、沙化和盐碱化趋势逐年增强，加上干旱加重，大片的"红柳包"被风沙侵蚀，呈现出荒凉的景象。值得一提的是，从多枝柽柳灌木的生长、发育和衰退的过程以及自身的生物学特征分析，该群落在地下水位下降时，向荒漠化旱生植被过渡，而地下水位上升时，盐渍化加重，则向盐生荒漠植被演替。这说明多枝柽柳是一种不稳定地向两极演化的次生植被，是地下水位的"警报器"。研究表明，柽柳属植物对地下水位和盐分非常敏感，地下水位 2～3 m 是红柳的警戒水位，低于它，植被发育良好，反之，植被退化、盐碱化等加重；同时，土壤含盐量2%～3%也是红柳存在与否的警戒线。

（3）温带灌木荒漠

主要有膜果麻黄灌木荒漠群系。膜果麻黄（*Ephedera przewalskii*）是生于固定和半固定沙丘、戈壁、山前平原、干河床的灌木种类，土壤为砾质、石质石膏灰棕色荒漠土。由膜果麻黄组成的群落是亚洲中部典型灌木荒漠的重要地带性植被类型，膜果麻黄极其耐旱，叶退化，枝特化为同化枝。该群落结构简单，没有多少层片，一般高35～60 cm，种类组成贫乏，多数情况下，单由膜果麻黄一种植物组成一个群落，群落盖度10%左右。伴生植物常为驼绒藜、沙生针茅（*Stipa caucasica ssp. glareosa*）、星毛短舌菊、霸王（*Zygophyllum xanthoxylum*）和中亚紫菀木等。

膜果麻黄群系在酒泉片区主要分布于党河南山、大雪山和疏勒南山等山体的山前洪积扇或荒漠戈壁上，群系种类简单，无法再细分群丛。膜果麻黄是提取麻黄素的主要原料，因此，人工采挖比较严重，造成砾质荒漠化。另外，还可用作防风固沙。

（4）草原化荒漠

芨芨草草原化荒漠：芨芨草（*Neotrinia splendens*）草原化荒漠主要分布在酒泉片区西部党河流域两岸的河谷阶地靠近荒漠和草甸的地段，在盐池湾保护站、湿地保护站周边有大面积的分布。土壤沙质棕色，常覆以细沙，但盐分含量也较高，是一种荒漠化的产物。在这种类型的群落中，芨芨草生长高度30～90 cm，盖度30%左右，伴生植物主要有针茅（*Stipa* L.）、蒿类（*Artemisia* L.）、盐生草（*Halogeton arachnoideus*）、红砂和猫头刺等。

### 3.4.3.5　高山稀疏垫状植被

祁连山国家公园酒泉片区四面环山，北部有大雪山、野马南山，南部是党河南山，东部为疏勒南山，四周的高山海拔在永久雪线以上，分布着现代的冰川，雪线以下则分布有高山稀疏的垫状植被，它是在高寒、生理性干旱、多风、强辐射和大温差、低气压等严酷环境中形成的，矮化、匍匐状的植物生态学外貌是高寒垫状植被的主要特征。高寒垫状植被的种类组成以旱生植物为主，且多呈垫状。

（1）垫状驼绒藜群系

垫状驼绒藜（*Krascheninnikovia compacta*）群落在酒泉片区主要分布于党

河南山、大雪山等地，分布海拔在 3 600 m 以上。群落盖度 2%～20% 不等，株丛高 3～7 cm，冠幅较大，伴生植物有囊种草（*Thylacospesmum calspitosum*）、垫状点地梅（*Androsace tapete*）、甘肃蚤缀（*Aenaria kansuensis*）、藏芥（*Hedinia tibetica*）、镰荚棘豆（*Oxytropis falcata*）（*Oxytropis falcata*）、镰叶韭（*Allium carolinianum*）。

（2）垫状蚤缀群系

垫状蚤缀（*Arenaria pulvinata*）是祁连山地区的特有植物，以它为主组成的植物群落盖度大约 15%，伴生有水母雪莲花（*Saussurea medusa*）、青藏虎耳草（*Saxifraga tangutica*）垫状点地梅（*Androsace tapete*）、矮垂头菊（*Cremanthodium nanum*）以及红景天（*Rhodiola rosea*）等，在裸露的岩壁上，生有单子麻黄（*Ephedra monosperma*）和红景天（*Rhodiola rosea*）。垫状蚤缀植被是一种介于高寒草甸和高山流石滩植被之间的植被类型，垫状蚤缀枝叶紧密，一般 40～50 cm 直径，形状尤为特殊，球形或馒头状，是一种很典型的高山垫状小灌木植物。

### 3.4.3.6　草甸

草甸是由多年生适中性的草本植物组成的群落，不属于地带性类型，是一类隐域植被。草甸植被的土壤类型主要为草甸土，可分为沼泽草甸土、盐生草甸土、高山草甸土等。组成草甸的主要植物是禾本科、莎草科、菊科、豆科和蓼科等。根据草甸的种类组成、土壤特点、土壤水分状况和草甸的分布海拔可以将祁连山国家公园酒泉片区的草甸分为典型丛生禾草草甸、沼泽化草甸、盐化草甸和高寒草甸等四种类型。

（1）典型丛生禾草草甸

主要有垂穗披碱草（*Elymus nutans*）草甸，以斑块状的形式出现在大道儿基、二道泉、盐池湾乡周围等地海拔 3 000～3 500 m 的湿地河流阶地。分布地段向阳温暖，土壤肥沃，水分适中。建群种为垂穗披碱草，草高 30～50 cm，盖度 70%～90%。伴生种类有芨芨草、披针叶野决明（*Thermopsis lanceolata*）、黑褐苔草（*Carex atrofusca*）、细叶马蔺、早熟禾和二裂委陵菜（鸡冠茶）。在有些区域，垂穗披碱草组成单优势的群落，偶尔有乳苣、萹蓄（*Polygonum aviculare*）等伴随。垂穗披碱草草甸因垂穗披碱草的产草量高、草质柔软、营养丰富、适口性好而成为良好的牧场，也是很有发展前途的一种野生牧草。

（2）沼泽化草甸

①芦苇草甸群系：芦苇（*Phragmites australis*）沼泽草甸是生于沼泽化的草甸土、盐化草甸土、草甸盐土和典型盐土上的芦苇群落。见于酒泉片区党河流域、榆林河流域、野马河流域中下游的河滩洼地和河谷外围滩地。芦苇群落的盖度在20%～40%之间，伴生种类较多，依盐份和地下水位的变化而改变。草甸土上的群落比较单纯，伴生的有拂子茅（*Calmagrostis epigejos*）、赖草（*Leymus secalus*）；轻度盐碱化的盐化草甸土的芦苇群落的伴生种类有芨芨草、白刺（*Nitraria tangutorum*）等；在草甸盐土和重度盐渍化上的芦苇群落中主要的伴生种类是甘草、蒲公英（*Taraxacum mongolicum*）、盐地风毛菊（*Saussurea salsa*）、细枝盐爪爪（*Kalidium gracile*）。这些芦苇群丛分布地点在酒泉片区没有明显的界线，往往交叉分布，随所处环境中的土壤含盐量的多少和地下水位的高低而变化。芦苇不仅是一种良好牧草和工业原料，而且它的根状茎称作"芦根"，是常用中药，并且，在固堤、固渠中起着重要作用。

②扁穗草沼泽草甸群系：扁穗草（*Blysmus compressus*）沼泽草甸群系分布于酒泉片区党河边的尖咀子滩、大泉湖、盐池湾乡附近、月牙湖、石包城乡的周围。气候湿润，水分充足，土壤为沼泽草甸土，植物生长茂盛，覆盖度6%0～80%，草层高度2～25 cm，种类有华扁穗草（*Blysmus sinocompressus*）、粗壮嵩草（*Carex robusta*）、海韭菜（*Triglochin maritimum*）、芦苇、拂子茅、水葫芦苗（*Halerpesters trilobata*）、鹅绒委陵菜（*Potentilla anserina*）、无脉苔草（*Carex enervis*）、赖草、海乳草（*Lysimachia maritima*）和肋柱花（*Lomatogonium carinthiacum*）等。

③黑褐苔草沼泽草甸群系：黑褐苔草（*Carex atrofusca ssp. minor*）沼泽草甸群系在酒泉片区的分布与扁穗草群系的地理位置基本一致，土壤水分长期处于饱和状态，土壤类型属于沼泽草甸土，群落盖度30%，草丛生长旺盛，是该地区一个主要的牧场类型。生长的植物主要有珠芽蓼（*Bistorta viviparum*）、川甘蒲公英（*Taraxacum lugubre*）、水麦冬（*Triglochin palustre*）、溚草、早熟禾、葛缕子（*Carum carvi*）等。

（3）盐化草甸

分布于酒泉片区党河至平草湖、月牙湖、盐池湾乡至大水河脑的湖盆、芨芨台墩子、石包城乡的公岔口、白石头沟等地，气候温暖，水分状况较好，土壤以旱盐土、风沙土类为主。在酒泉片区盐池湾一带有大片的盐化草甸群系。盐化草甸群落是牛、羊的主要冬、春牧场。此类群落有芨芨草盐化草甸、赖草盐化草甸。

①芨芨草盐化草甸群系：芨芨草（*Neotrinia splendes*）盐化草甸在酒泉片区内虽然有沙化倾向，但大部分长势良好，群落总盖度在40%以上，有些高达90%，草高50 cm左右。群落的建群种芨芨草是耐旱耐寒并耐盐碱的丛生禾草。伴生有赖草、西伯利亚白刺（*Nitraria sibirica*）、披碱草（*Elymus nutans*）、披针叶野决明（*Theropsis lanceolata*）、小花棘豆（*Oxytropis glabra*）、芦苇、海乳草（*Gluxa maritima*）、盐地凤毛菊（*Saussurea salsola*）等。在草甸盐土上，伴生植物更为耐盐，主要有尖叶盐爪爪、甘草等。而水位下降，土壤旱化的结果，导致荒漠植物的进入，如红砂和骆驼蓬（*Peganum nigellastrum*）。

②赖草盐生草甸群系：该群系主要在党河南山的新月形沙丘地有分布，土壤属盐化草甸土，是针茅草原退化和盐碱化后形成的一种盐生植被类型。群落主要种类有赖草、披针叶野决明（*Thermopsis lanceolata*）、沙生针茅（*Stipa caucasica ssp. glareosa*）和二裂委陵菜（鸡冠茶）（*Sibbaldianthe bifurca*）等。

（4）高寒草甸

高寒草甸是不同于上述各类草甸的一种植物群落，它由耐寒的中生多年生草本植物组成，生于高海拔又是它的一个特征，此类群落的生境常为海拔3 200～5 200 m，主要分布于我国的青藏高原和亚洲中部高山地带。分布地区的特点是高寒、中湿、日照充足、太阳辐射强、风大。土壤为高山草甸土，土壤水分适中，土层薄，地表根系缠结成毡状草皮层，土壤呈微酸性至中性（pH值为6～7.5）。组成高山草甸的植物以嵩草属为主，杂以蓼科、毛茛科、禾本科和菊科等科的植物。在西祁连山地区，该类群落主要有：

①矮生嵩草（*Carex alatauensis*）草甸：分布于党河南山北麓大水河脑、大小克腾河、吊达坂、湖洞沟、牛圈子，分布于海拔3 400～4 000 m的高山和亚高山草甸，群落建群种矮生嵩草（*Carex alatauensis*）高5～8 cm，生长茂密，盖度40%～90%，群落结构简单，仅草本层一层，群落外貌整齐呈黄绿色，常见伴生种类有紫花针茅（*Stipa purpurea*）、矮火绒草（*Leontopodium nanum*）、高山紫菀（*Aster alpina*）、高原毛茛（*Ranunculus brotherusii*）、唐古红

景天、二裂委陵菜（鸡冠茶）、珠芽蓼（*Bistorta viviparum*）、达乌里龙胆（*Gentiana dahurica*）、华马先蒿（*Pedicularis oederi ssp. sinensis*）和苔草（*Carex sp.*）等。显然，矮生嵩草草甸的植物组成非常丰富。矮生嵩草草甸是该地区主要的夏季牧场，矮生嵩草草质柔软，营养丰富，是牲畜的抓膘草。

②西藏嵩草草甸：西藏嵩草（*Carex tibetikobresia*）分布于海拔较低的滩地和阳坡，土壤为高山草甸土。组成西藏嵩草草甸的植物种类同样较多，主要有矮大黄（*Rheum pumilum*）、珠芽蓼（*Bistorta viviparum*）、凤毛菊（*Sausurea ssp.*）和矮生嵩草（*Carex alatauensis*）等。

③粗壮嵩草草甸：粗壮嵩草（*Carex robusta*）分布于酒泉片区的野马滩、凯廷河流域3 500 m以上的高山草甸。群落长势良好，群落盖度78%，粗壮嵩草株高5～10 cm，主要伴生种类有紫花针茅（*Stipa purpurea*）、二裂委陵菜（鸡冠茶）、披针叶野决明（Thermopsis lanceolata）、黑毛雪兔子（*Saussurea hypsipeta*）、多枝黄芪（*Astragalus polycaldus*）、燥原芥（*Ptilotrichum canescens*）和小叶金露梅等。该群落牧草质量好，是夏季主要的牧场之一。

### 3.4.3.7　沼泽和水生植被

沼泽植物和水生植物群落是一类以生于土壤水分过饱和环境的湿生植物和水生植物为主组成的植被，由于地域的隐域性，植被具有非地带性的特点。根据组成沼泽植被的种类和水生植物的生长特点，可将该酒泉片区的沼泽植被分为丛生苔草沼泽群系、芦苇沼泽群系、细叶眼子菜群系和杉叶藻群系。

（1）丛生苔草沼泽群系

丛生苔草（*Carex caespititia*）沼泽群系是分布于酒泉片区盐池湾乡附近的一个群落类型，面积小，是夏季牧场。群落土壤为沼泽土，群落盖度接近100%，群落共建种丛生苔草和小灯心草（*Juncus bufonius*）占绝对优势。伴生种类有矮火绒草、水麦冬、海乳草（*Glaux maritima*）、西伯利亚蓼（*Knorringia sibirica*）和巴天酸模（*Rumex patientia*）等。

（2）芦苇沼泽群系

芦苇沼泽主要见于石包城乡的水峡口，分布长度达3.5 km，宽约50 m，芦苇郁闭度80%～100%，形成芦苇单优势的植物群落。另外，群落中伴生有小香蒲（*Typha minima*）、小花灯芯草（*Juncus articulatus*）、沼泽荸荠（*Ele-*

*ocharis palustris*）等。

（3）细叶眼子菜群系

细叶眼子菜（*Potamogeton pectinatus*）是一种沉水植物，属于最典型的水生植物。在酒泉片区党河流域、野马河流域等地河谷两岸平缓低洼处和多泉积水处，有小面积的细叶眼子菜群落。群落单纯，伴生种类缺乏。

（4）杉叶藻群系

杉叶藻（*Hippuris vulgaris*）在恩格勒系统中属于杉叶藻科，现在流行的APG IV将其归为车前科，是全世界有分布的多年生水生草本，植物全株光滑无毛，茎直立，常带紫红色，有匍匐白色或棕色肉质根茎，节上生多数纤细棕色须根，生于泥中。叶条形，轮生，沉水中的根茎粗大，茎中具有多孔隙贮气组织，白色或棕色，节上生多数须根，叶线状披针形。全草细嫩、柔软，产量较高，是动物的良好饲料。杉叶藻群系在党河流域宽阔的水流较缓的区域分布广泛，但面积不大，长势喜人，有时与眼子菜属植物混生，有时形成单一物种的优势群落，岸边是沼泽植被。

### 3.4.4　植被垂直分布概况

植被分布受三种地带性规律，即纬向地带性规律，经向地带性规律和垂直地带性规律的综合影响。甘肃省纬度横跨10°，经度贯穿14°，这样就形成了北亚热带常绿阔叶林、温带落叶阔叶林、温带草原和荒漠等不同的植被类型。同时，甘肃地处欧亚大陆的内陆区域，远离海洋，东西部的植被类型相差很大。从海拔高度看（垂直地带性规律），甘肃省区域位于黄土高原、内蒙古高原、青藏高原和秦岭山地四者的交汇处，除了少数谷地外，大部分地区属于海拔1 000 m以上的山区，而在这些高山地区形成了十分明显的垂直变化的高山植被。这三种规律对于甘肃植被的分布起了决定性的作用。但在不同的区域范围内，三者中起主导作用的因素却是不同的。由于甘肃西部受祁连山地和甘南高原隆起的影响，在乌鞘岭和甘南高原以东，纬向地带性规律表现比较明显，而在乌鞘岭和甘南高原以西表现就不太明显。在北秦岭以北，从黄土高原到河西走廊西端，其海拔高度变化不大，经向地带规律却表现明显。起主导作用的因素是水分（年降水量）。东部的陇东高原和中部陇中黄土丘陵区属典型草原类型（年降水量450 mm左右），向西至景泰、古浪以南为荒漠化草原（年降水量184 mm），再向西至永昌、山丹一带为草原化

荒漠，而至张掖（年降水量129 mm）、酒泉（年降水量85.3 mm）以西如敦煌
（年降水量仅为36.8 mm）的广阔地区均为温带荒漠区域。而在祁连山地则由
于垂直地带性规律起主导作用，在祁连山东部为亚寒带针叶林植被区，而在
其西部为祁连山—东阿尔金山山地草原荒漠植被区。

位于西祁连山的祁连山国家公园酒泉片区，海拔大多数在3 000 m以上，
其植被分布的垂直地带性规律占据主导地位，这里植被的垂直分布现象十分
明显，该区域没有明显的水平地带性植被。在高海拔地区又以旱生耐寒性植
物为主，其垂直带可分为：

（1）山地荒漠带：位于垂直带的基部，是温带极端干旱荒漠向山地延伸
的部分，以砾质荒漠型植被为主，主要有旱生和超旱生灌木荒漠植物膜果麻
黄、泡泡刺、裸果木、蒙古沙拐枣，半灌木、小半灌木荒漠植物红砂、合头
草、松叶猪毛菜（Salsola laricifolia）等，在盐渍化和比较潮湿的地区有盐化
草甸植物芨芨草和盐地沙生灌丛多枝柽柳、刚毛柽柳、白刺灌丛。在该片区
海拔3 200～3 600 m范围内常分布有山地和河谷灌丛植被，如小叶金露梅、
西北沼委陵菜（Comarum salesovianum）和肋果沙棘等。荒漠植被的组合也很
多，形成不同的群系，如松叶猪毛菜（Salsola laricifolia）+沙生针茅（Stipa
caucasica ssp. glareosa）、红砂+松叶猪毛菜（Salsola laricifolia），木紫菀+松叶
猪毛菜、垫状驼绒藜（Krascheninnikovia compacta）+刺叶柄棘豆（Oxytropis
aciphylla）等，也有星毛短舌菊（Brachanthemum pulvinatum）+红砂群系在多
处分布。

（2）山地草原带：分布于海拔2 700～3 600 m范围内，山体的阴坡主要
有温带荒漠草原植被，以沙生针茅（Stipa caucasica ssp. glareosa）、戈壁针茅
（Stipa tianschanica var. gobica）、多根葱（Allium polyrhizum）、合头草、冰草等
植物为主，形成多个草原植物群丛，如沙生针茅（Stipa caucasica ssp. glareo-
sa）群系、短花针茅群系，伴生有细枝岩黄芪、拐带鸦葱、细叶亚菊、黄花
补血草（Limonium aureum）和披针叶野决明（Thermopsis lanceolata）等。

（3）高寒草原草甸带：分布于海拔3 600～3 800 m范围内，在党河南山
以紫花针茅（Stipa purpurea）群落为主，伴生垫状驼绒藜（Krascheninnikovia
compacta）、细叶鸢尾（Iris tenuifolia）、甘肃雪灵芝（Eremogone kansuensis）、
镰荚棘豆（Oxytropis falcata）等。在其下部海拔3 000～3 600 m常有高寒灌丛

小叶金露梅生长，但植株矮小稀疏，远处呈黑色，因此有大黑沟、小黑沟等以植物命名的小地名，沟谷处有西北沼委陵菜（*Comarum salesovianum*）大面积分布，牧民称之为臭扁麻，故有扁麻沟小地名。在海拔 3 600～4 000 m 地段分布着高寒草甸为主的植被，以藏嵩草（*Carex tibetikobresia*）和粗壮嵩草（*Carex sargentiana*）草甸为主，在其下部分布着以紫花针茅和冰草为主的高寒荒漠草原植被。

（4）高寒荒漠带：分布于海拔 3 800 m 以上，在党河南山、大雪山、陶赖南山、大小哈尔腾的现代冰川雪线以下的高山冰渍台地、平缓山脊地段和高山碎石带。该地段气候异常寒冷，低温，紫外线辐射强，因此只有高山稀疏垫状植被分布，植物稀少，只有垫状驼绒藜（*Krascheninnikovia compacta*）、甘肃雪灵芝、藓状雪灵芝（*Eremogone bryophylla*）、囊种草（*Thylacospermum caespitosum*）、亚菊（*Ajania khartensis*）、水母雪莲（*Saussurea medusa*）、垫状点滴梅（*Androsace tapete*）等垫状植物生长，伴随有珠芽蓼（*Bistorta vivipara*）、蝇子草属（*Silene*）、垂头菊属（*Cremanthodium*），拟楼斗菜（*Paraquilegia microphylla*）、早熟禾属（*Poa*）和矮火绒草（*Leontopodium nanum*）等。

### 3.4.5　植物群落物种多样性的空间分布

根据野外调查和文献资料统计，本区域出现的被子植物有 467 种；其中，乔木和小乔木种类 6 种，灌木和小灌木 43 种，多年生植物 410 种，一年生或二年生植物 33 种，分别占总数的 1.1%、9.2%、84.8%、7.1%。因为植物的生活型是植物在长期的进化过程中，适应各种综合的环境因子逐渐形成的，从这些优势植物的生活型就可以看出一个地区植被的一些特点和生态学外貌。祁连山国家公园酒泉片区的优势植物以多年生植物占绝大多数，正好反映了该地区的地形、地貌、气候等自然地理特征。虽然在酒泉片区荒漠面积最大，达 49.87%，但组成荒漠植被的建群种和优势种（灌木和小灌木）只占总数的 9.2% 左右。种类稀少是荒漠植物区系的普遍特征，据统计，该酒泉片区的荒漠植物群落中每平方米有 1～3 种植物，而高山草甸每平方米有 5～8 种。所以，仅凭优势植物所占的比例分析植被特征是不全面的。（图 3-1、表 3-10）

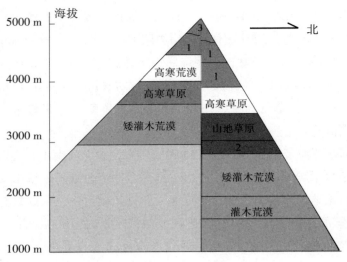

1 高山垫伏植物；2 荒漠化草原；3 高山冰雪带

图3-1　祁连山国家公园酒泉片区植被的垂直分布示意图

（根据《中国植被》（1980）改编）

表3-10　酒泉片区国家重点保护植物表

| 习性 | 物种属 | 百分比 |
|---|---|---|
| 乔木或小乔木 | 6 | 1.1 |
| 灌木或小灌木 | 43 | 9.2 |
| 多年生草本 | 410 | 84.8 |
| 一年生或二年生草本 | 33 | 7.1 |

　　组成片区的植物种类比较贫乏，在广大的面积内生长的植物500种，因此，植物群落相对单调和稀少，往往由1～3种植物就构成一个荒漠植物群落，高山草甸和盐生草甸以及沼泽（除单优势群落外）群落的种数仅有4～8种。但是，由于组成这些群落的生境复杂多样，高寒、多盐碱、砾石、戈壁、干旱、海拔高和地下水位的多变等，导致该地区的植被类型较为丰富，拥有七种植被型（森林、灌丛、荒漠、草原、草甸、沼泽和水生、高山垫状植被）、37个群系和53个群落类型。其中，荒漠植被群系达13个，占三分之

一，其次是草甸（9个）、草原（5个）、河谷灌丛（4个），高寒和荒漠群系类型达到总群系的60%。从群系类型及数量侧面反映了植被类型的荒漠特性。总体上，该片区的植被种类组成稀少，但植被类型多样。

从该地区分布植物果实类型统计，发现该地区植物的果实类型以干果为主，肉质果实不足10种，如黑果枸杞、沙棘、肋果沙棘和白刺属的几个种。干果类颖果（禾本科38属72种）、瘦果（菊科29属75种，蔷薇科8属15种，毛茛科8属25种）、胞果（苋科21属30种）、荚果（豆科10属37种）、角果（十字花科13属32种）、坚果（莎草科4属17种）和蒴果（石竹科6属13种，龙胆科4属15种，列当科5属9种）等居多。这些干果种子小而果皮干瘦的特点，能够保证种子有效传播并在适宜地环境中快速萌发，有利于传种接代，也是植物对荒漠环境的适应表现。

从植物的生态学外貌、植物的生活型可以综合体现植物对多种环境的适应，而且，从植物的形态解剖特征也能体现出来。除沼泽和湿生植物以外，大多数植物属于耐旱、耐盐和耐寒的植物。下面主要讨论旱寒盐生植物适应环境的一些基本特征。

在荒漠生态系统中，植物为了适应复杂多变的恶劣环境，形成了各自的形态学和解剖学特征。变化最大的是叶片，叶片缩小或变为针状、刺状、鳞片状甚至完全退化。如膜果麻黄（*Ephedra przewaskii*）、中麻黄（*E. intermedia*）和单子麻黄（*E. monosperma*）的叶子几乎退化，利用当年生的嫩枝进行光合作用。尖叶盐爪爪（*Kalidium cuspidatum*）、细枝盐爪爪（*K. gracile*）、黄毛头（*K. cuspidatum var. sinicum*）、松叶猪毛菜（*Salsola laricifolia*）和珍珠猪毛菜（*Caroxylon passerinum*）的叶片肉质化，以保存水分。红砂（*Reaumuria soongorica*）和合头草（*Sympegma regelli*）叶片缩小，减少蒸腾面积。垫状驼绒藜（*Krascheninnikovia compacta*）、驼绒藜（*K. latens*）、小叶金露梅（*Dasiphora parvifolia*）、铺散亚菊（*Ajania khartensis*）和猫头刺（*Oxytropis acipyhlla*）等植株叶片或全身为绒毛或柔毛，叶片小、数目少、气孔下陷、气孔数目减少，有时叶片早落，植株呈假死状态等特征是植物减少蒸腾面积、降低水分消耗、忍耐强风和大温差的具体表现。高山冰缘植物风毛菊属的几种植物，如黑毛雪兔子（*Saussureahypsipeta*）、云状雪兔子（*S. aster*）、水母雪莲（*S. medusa*）、鼠曲雪兔子（*S. gnaphaloides*）、唐古特雪莲（*S. tangutica*）等全身被厚厚的绒毛，以适应寒旱交加的气候条件。植株矮化、密丛状、表皮层加厚、机械组织发达等也是在这种环境中形成的。如垫状驼绒藜（*Kraschen-innikovia compacta*）、垫状蚤缀（*Arenaria pulvenata*）和密丛棘豆（*Oxytropis densa*）等植物，体形强烈矮化和紧密交织是它们防寒、防旱、防风的综合表现。另外，在盐生环境中，有泌盐的有柽柳属植物；有肉质叶的有盐爪爪属和西伯利亚白刺（*Nitraria sibirica*）植物等。为适应强辐射，在广袤的荒漠景观中，群落整体上呈灰白色，以反射强光的照射。在容易起沙并在风力作用下，常常遭受沙埋的植物，如柽柳、泡泡刺、麻黄等能够在沙埋后形成不定根，迅速长出新枝，合头草和红砂更为特殊，能在沙覆盖后，茎基裂开，一分为二形成两个植株。

荒漠植物适应干旱、少雨、风沙大的另外一个重要特征就是根系发达，地下部分的生物量是地上部分的5～8倍，比中生环境之中的植物的根冠比大得多。像泡泡刺（*N. sphaerocarpa*）的根系，虽然不深，但水平根却十分强大，据资料，泡泡刺的根系基本分布在10～60 cm的土层中，根系向流水方向延伸，达几十平方米的面积，一株植物能形成很大的"白刺包"，利用表土层的植物还有珍珠猪毛菜（*Caroxylon passerinum*）、骆驼蒿（*Peganum nigel-lastrum*）等。反过来，另外一类植物则根系深扎，靠强大而深埋的主根来吸收地下水，以维持生命。这类植物的主根根系平均深达4 m，如黑果枸杞（*Lycium ruthenicum*）、甘草（*Glycyrrhiza uralensis*）、松叶猪毛菜（*Salsola laric-ifolia*）等，这使它们能够在极旱的环境中稳定生存。

总之，植物在长期的进化过程中，逐渐形成了耐盐、耐寒、耐旱、耐瘠薄等形态学、解剖学和生态学的特征，适应了荒漠、高寒等相对单调、严酷的生态环境，从而保持着生态系统的相对稳定性。

## 3.5 植物资源

经过调查整理，祁连山国家公园酒泉片区共有高等植物56科228属492种。其中，苔藓植物门（*Bryophyta*）6科7属8种，石松类和蕨类植物（*Lycopods and pteridophytes*）2科2属3种，裸子植物门（*Gymnospermae*）2科2属4种，被子植物门（*Angiospermae*）44科218属467种（包含种下单元）。

根据国际自然及自然资源保护联盟，本区共有3种珍稀濒危植物，为中麻黄（*Ephedra intermedia*）、唐古红景天（*Rhodiola tangutica*）、颈果草（*Metaeritrichium microuloides*），均属于易危（VU, Vulnerable species）物种。上述植物中，列入《濒危野生动植物种国际贸易公约》的兰科植物 2 种——掌裂兰（*Dactylorhiza hatagirea*）和火烧兰（*Epipactis helleborine*）。按照国家重点保护植物名录，黑紫披碱草（*Elymus atratus*）、唐古红景天（*Rhodiola tangutica*）、四裂红景天（*Rhodiola quadrifida*）、甘草（*Glycyrrhiza uralensis*）、羽叶点地梅（*Pomatosace filicula*）、黑果枸杞（*Lycium ruthenicum*）和水母雪兔子（*Saussurea medusa*）等 7 种是新颁布的在本区分布的国家重点保护植物，属于监测和保护对象。尽管一些物种，如黑果枸杞具有重要的经济或药用价值，但这些物种的致濒原因是过度的采挖，因此不但不能开发利用，而且应该重点加以保护。另外，羽叶点地梅属（*Pomatosace*）、颈果草属（*Metaeritrichium*）、马尿泡属（*Przewalskia*）、黄缨菊属（*Xanthopappus*）4 个中国特有属，也属于单种属植物，对于研究中国植物的起源演化具有重要的科学价值，建议加以保护。

根据相关研究资料记载，祁连山国家公园酒泉片区共有药用植物 188 种、牧草 131 种、木本资源植物 36 种，同时，也有一些野菜、野果资源。

### 3.5.1　裸子植物

研究发现，祁连山国家公园酒泉片区的裸子植物有 2 个科 2 个属 4 个种，均为木本植物，分别是柏科（*Cupressaceae*）祁连圆柏（*Juniperus przewalskii*），麻黄科（*Ephedraceae*）中麻黄（*Ephedra intermedia*）、单子麻黄（*Ephedra monosperma*）和膜果麻黄（*Ephedra przewalskii*）。其中，祁连圆柏为我国特有树种，产于青海（东部、东北部及北部）、甘肃河西走廊及南部、四川北部（松潘），常生于海拔 2 600～4 000 m 地带之阳坡，耐旱性强，可作分布区内干旱地区的造林树种。在酒泉片区仅见于鱼儿红保护站柏树沟附近，数量有限。它代表了祁连山西端森林分布的一种类型，应重点监测和保护。中麻黄为我国分布最广的麻黄之一，抗旱性强，生于石包城、小公岔的干旱荒漠、沙滩地区及干旱的山坡或草地上。因含生物碱，可供药用，肉质多汁的苞片可食，根和茎枝在产地常作燃料。膜果麻黄常生于干燥沙漠地区及干旱山麓，多砂石的盐碱土上也能生长，在水分稍充足的地区常组成大面积的群落，或与柽柳、沙拐枣等旱生植物混生，分布于大道尔基、大泉、石包城。小枝顶端常因虫害而卷曲，具有固沙作用，茎枝可作燃料。单子麻黄为草本状矮小灌木，多分枝，弯曲并有结节状突起，皮多呈褐红色。多生于党河南山、野马大泉的山坡石缝中或林木稀少的干燥地区，含生物碱，可供药用。

### 3.5.2 被子植物

研究表明，祁连山国家公园酒泉片区生长多种经济植物，牧草资源主要有禾本科针茅属（*Stipa*）、鹅观草属（*Elymus*）、羊茅属（*Festuca*）、莎草科苔草属（*Carex*）、豆科黄芪属（*Astragalus*）、蓼科拳参属（*Bistorta*）、西伯利亚蓼属（*Knorringia*）、蔷薇科委陵菜属（*Potentilla*）、金露梅属（*Dasiphora*）和苋科藜亚科等广泛分布的植物，它们是野生动物和家养骆驼、绵羊和山羊的理想饲料，也分布有豆科棘豆属（*Oxytropis*）的甘肃棘豆（*Oxytropis kansuensis*）（*O. kansuensis*）、黄花棘豆（*O. ochrocephala*）、小花棘豆（*O. glabra*）以及苦马豆（*Sphaerophysa salsula*）等，禾本科的芨芨草（*Neotrinia splendens*）等不适宜食草动物和家畜的植物。

酒泉片区属干旱荒漠区和高寒荒漠区药用植物较为丰富，具有典型代表药用的植物资源，主要分布于党河水脑以西、石包城、碱泉子周围及大雪山、疏勒南山北坡、中低山坡和河谷地带，植物群落结构简单、优势种突出，种类多样性较高，蕴藏量不一，特产药用植物突出，据统计，有41科115属173种（表3-11）。其中，报春花科的羽叶点地梅（*Pomatosace filicula*）分布于海拔3 200～4 600 m的山间盆地；全草入药；味苦、性寒；清热、祛瘀血。茄科的马尿泡（*Przewalskia tangutica*）是生于海拔3 200～5 200 m的多年生草本；根及种子入药；味苦、性寒，有毒；镇惊、消肿止痛、治毒疮；根含莨菪碱、东莨菪碱、山莨菪碱。菊科的黄缨菊（*Xanthopappus subacaulis*）为多年生无茎草本；生于草甸、草原及干燥山坡，生长于海拔2 400～4 000 m地段；以全草入药，性味苦；微寒，有小毒；止血、催吐；主治吐血、子宫出血，食物中毒。表3-10列举了被子植物中药用植物的部位和主要功效。

表3-11 祁连山国家公园酒泉片区被子植物药用植物资源

| 科 | 科拉丁名 | 种 | 种拉丁名 | 药用部位 | 药效 |
|---|---|---|---|---|---|
| 水麦冬科 | Juncaginaceae | 海韭菜 | *Triglochin maritima* L. | 全草、果实 | 清热生津,解毒利湿,健脾止泻 |
| | | 水麦冬 | *Triglochin palustris* L. | 全草、果实 | 清热利湿,消肿止泻 |
| 眼子菜科 | Potamogetonaceae | 穿叶眼子菜 | *Potamogeton perfoliatus* L. | 全草、果实 | 可治湿疹、皮肤瘙痒 |
| | | 小眼子菜 | *Potamogeton pusillus* L. | 全草、果实 | 可治肺痈、乳痈、肠痈 |
| | | 蓖齿眼子菜 | *Stuckenia pectinata* (L.)Börner | 全草、果实 | 可治肺炎、疮疖、月经不调 |
| 兰科 | Orchidaceae | 掌裂兰 | *Dactylorhiza hatagirea* (D. Don)So6 | 块茎 | 补肾,健脾,止咳 |
| | | 火烧兰 | *Epipactis helleborine* (L.)Crantz | 根 | 理气行血,补肾强腰,散瘀止痛 |
| 鸢尾科 | Iridaceae | 细叶鸢尾 | *Iris tenuifolia* Pall. | 种子,根 | 安胎养胎 |
| 石蒜科 | Amaryllidaceae | 蒙古韭 | *Allium mongolicum* Regel | 全草 | 归心,安五脏 |
| | | 碱韭 | *Allium polyrhizum* Turcz. ex Regel | 全草 | 消肿,健胃 |
| 香蒲科 | Typhaceae | 小香蒲 | *Typha minima* Funkhoppe | 果实 | 补肾固精,止血祛瘀 |
| 灯芯草科 | Juncaceae | 小灯芯草 | *Juncus bufonius* L. | 全草 | 清热,利尿,止血 |
| 禾本科 | Poaceae | 冰草 | *Agropyron cristatum* (L.)Gaertn. | 根 | 清热,止血,利尿 |
| | | 芨芨草 | *Neotrinia splendens* (Trin.)M. Nobis | 全草、果实 | 利尿,清热,止血 |

续表3-11

| 科 | 科拉丁名 | 种 | 种拉丁名 | 药用部位 | 药效 |
|---|---|---|---|---|---|
| 禾本科 | Poaceae | 白草 | *Pennisetum flaccidum* Griseb. | 根茎 | 清热,利尿,凉血,止血 |
| | | 赖草 | *Leymus secalinus* (Georgi)Tzvelev | 全草或根茎 | 清热,利湿,止血 |
| | | 芦苇 | *Phragmites australis* (Cavanilles)Trinius ex Steud. | 根状茎,花 | 清肺,止咳,止呕 |
| 罂粟科 | Papaveraceae | 条裂黄堇 | *Corydalis linarioides* Maxim. | 全草 | 活血散瘀,消肿止疼,除风湿 |
| | | 直茎黄堇 | *Corydalis stricta* Stephan ex Fisch. | 全草 | 清热解毒 |
| | | 糙果紫堇 | *Corydalis trachycarpa* Maxim. | 根 | 可治风热外感 |
| | | 细果角茴香 | *Hypecoum leptocarpum* Hook. f. & Thomson | 全草 | 可治感冒发烧、肺炎、咳嗽、肝炎 |
| 毛茛科 | Ranunculaceae | 铁棒锤 | *Aconitum pendulum* Busch | 根 | 散瘀止血,消肿解毒 |
| | | 蓝侧金盏花 | *Adonis coerulea* Maxim. | 全草 | 利尿,消肿,补心阳 |
| | | 叠裂银莲花 | *Anemone imbricata* Maxim. | 全草 | 可治消化不良、痢疾、淋病、风寒湿痹、关节积黄水 |
| | | 甘青铁线莲 | *Clematis tangutica* (Maxim.)Korsh. | 茎、叶 | 健胃消积,利水 |
| | | 长叶碱毛茛 | *Halerpestes ruthenica* (Jacq.)Ovcz. | 全草 | 利水消肿,祛风除湿,可治关节炎、水肿 |
| | | 碱毛茛 | *Halerpestes sarmentosa* (Adams)Kom. | 全草 | 利水消肿,祛风除湿,可治关节炎、水肿 |

| 科 | 科拉丁名 | 种 | 种拉丁名 | 药用部位 | 药效 |
|---|---|---|---|---|---|
| 毛茛科 | Ranunculaceae | 三裂碱毛茛 | *Halerpestes tricuspis* (Maxim.) Hand.～Mazz. | 全草 | 利水消肿,祛风除湿,可治关节炎,水肿 |
| | | 蒙古白头翁 | *Pulsatilla ambigua* (Turcz. ex Hayek) Juz. | 全草 | 清热解毒,凉血止痢 |
| | | 鸟足毛茛 | *Ranunculus brotherusii* Freyn | 全草 | 腹水,浮肿,咽喉肿痛,积聚肿块 |
| | | 高原毛茛 | *Ranunculus tanguticus* (Maxim.) Ovcz. | 全草 | 消炎退肿,平喘,截疟 |
| | | 腺毛唐松草 | *Thalictrum foetidum* L. | 根 | 清热解毒,凉血止痢 |
| 虎耳草科 | Saxifragaceae | 唐古特虎耳草 | *Saxifraga tangutica* Engl. | 全草 | 清热退烧,健胃补脾 |
| 景天科 | Crassulaceae | 瓦松 | *Orostachys fimbriatus* (Turcz.) Berger. | 全草 | 活血,止血 |
| | | 小苞瓦松 | *Orostachys thyrsiflora* Fisch. | 全草 | 清热,止血,活血,敛疮 |
| 小檗科 | Berberidaceae | 置疑小檗 | *Berberis dubia* C. K. Schneid. | 根皮,茎皮 | 清热解毒 |
| 蒺藜科 | Zygophyllaceae | 蒺藜 | *Tribulus terrestris* L. | 果实 | 平肝解郁,活血祛风,明目,止痒 |
| | | 霸王 | *Zygophyllum xanthoxylum* (Bunge) Maxim. | 根 | 可治气滞腹胀 |
| 豆科 | Fabaceae | 斜茎黄芪 | *Astragalus laxmannii* Jacq. | 种子 | 可治神经衰弱 |
| | | 甘肃黄芪 | *Astragalus licentianus* Hand.～Mazz. | 根 | 补气固表,止咳平喘,利水消肿 |

续表3-11

| 科 | 科拉丁名 | 种 | 种拉丁名 | 药用部位 | 药效 |
|---|---|---|---|---|---|
| 豆科 | Fabaceae | 红花羊柴 | *Corethrodendron multi-jugum*(*Maxim.*)*B.H. Choi & H. Ohashi* | 根 | 补中升阳,固表止汗,利尿排脓 |
| | | 甘草 | *Glycyrrhiza uralensis* Fisch. | 根 | 补脾益气,润肺止咳,清热解毒和调和 |
| | | 草木樨 | *Melilotus suaveolens* Ledeb. | 全草 | 止咳平喘,散结止痛 |
| | | 镰荚棘豆 | *Oxytropis falcata* Bunge | 根 | 可治外伤 |
| | | 小花棘豆 | *Oxytropis glabra*(Lam.) DC. | 根 | 止痛镇静 |
| | | 甘肃棘豆 | *Oxytropis kansuensis* Bunge | 根 | 止血,利尿,解毒疗疮 |
| | | 黑萼棘豆 | *Oxytropis melanocalyx* Bunge | 根 | 排毒医疮,利尿消肿 |
| | | 黄花棘豆 | *Oxytropis ochrocephala* Bunge | 全草,花 | 可治肺热咳嗽、痰饮腹水、体虚水肿、脾虚泄泻 |
| | | 苦马豆 | *Sphaerophysa salsula* (Pall.)DC. | 全草 | 利尿,消肿 |
| | | 披针叶野决明 | *Thermopsis lanceolata* R. Br. | 种子 | 祛痰止咳,润肠通便 |
| 蔷薇科 | Rosaceae | 蕨麻 | *Argentina anserina*(L.) Rydb. | 根 | 收敛剂 |
| | | 金露梅 | *Dasiphora fruticosa*(L.) Rydb. | 花、叶 | 健脾,化湿,清暑,调经 |
| | | 白毛银露梅 | *Dasiphora mandshurica* (Maxim.)Juz. | 叶 | 清热,健胃,调经 |

续表 3-11

| 科 | 科拉丁名 | 种 | 种拉丁名 | 药用部位 | 药效 |
|---|---|---|---|---|---|
| 蔷薇科 | Rosaceae | 小叶金露梅 | *Dasiphora parvifolia* (Fisch. ex Lehm.)Juz. | 花、叶 | 清热,健胃,调经 |
| | | 密枝委陵菜 | *Potentilla virgata* Lehm. | 全草 | 清热解毒,散瘀止血 |
| | | 羽裂密枝委陵菜 | *Potentilla virgata var. pinnatifida*(Lehm.)T. T. Yu & C. L. Li | 全草 | 清热解毒,散瘀止血 |
| | | 毛莓草 | *Sibbaldianthe adpressa*(Bunge)Juz. | 全草 | 止血 |
| | | 鸡冠茶 | *Sibbaldianthe bifurca*(L.)Kurtto & T. Erikss. | 全草 | 止血 |
| 胡颓子科 | Elaeagnaceae | 中国沙棘 | *Hippophae rhamnoides ssp. sinensis* Rousi | 果实 | 健脾消食,止咳祛痰,活血散瘀 |
| 梅花草科 | Parnassiaceae | 三脉梅花草 | *Parnassia trinervis* Drude. | 全草、果实 | 清热解毒,止咳化痰 |
| 杨柳科 | Salicaceae | 胡杨 | *Populus euphratica* Oliv. | 叶、花 | 止血 |
| | | 小叶杨 | *Populus simonii* Carr. | 树皮 | 祛风活血,清热利湿 |
| | | 青山生柳 | *Salix oritrepha var. amnematchinensis*(K. S. Hao ex C. F. Fang & A. K. Skvortsov)G. Zhu | 茎皮、果 | 可治水肿、斑疹、疼痛、瘙痒、湿疹 |
| 大戟科 | Euphorbiaceae | 青藏大戟 | *Euphorbia altotibetica* Paul. | 根 | 泻水逐饮,消肿散结 |
| 白刺科 | Nitrariaceae | 大白刺 | *Nitraria roborowskii* Kom. | 果实 | 健脾消食,下乳,安神 |
| | | 小果白刺 | *Nitraria sibirica* Pall. | 果实 | 健脾消食,下乳,安神 |

续表 3-11

| 科 | 科拉丁名 | 种 | 种拉丁名 | 药用部位 | 药效 |
|---|---|---|---|---|---|
| 白刺科 | Nitrariaceae | 白刺 | *Nitraria tangutorum* Bobrov. | 果实 | 健脾消食,下乳,安神 |
| | | 多裂骆驼蓬驼蓬 | *Peganum harmala* L. | 全草、根 | 可治咳嗽气短、风湿痹痛、皮肤瘙痒、无名肿毒 |
| | | 骆驼蒿 | *Peganum nigellastrum* Bunge | 全草、根 | 可治咳嗽气短、风湿痹痛、皮肤瘙痒、无名肿毒 |
| 十字花科 | Brassicaceae | 荠 | *Capsella bursa-pastoris* (L.)Medik. | 全草、种子 | 和脾,利水,止血,明目 |
| | | 毛葶苈 | *Draba eriopoda* Turcz. ex Ledeb. | 种子 | 泻肺降气,祛痰平喘,利水消肿 |
| | | 喜山葶苈 | *Draba oreades* Schrenk | 全草 | 助消化 |
| | | 独行菜 | *Lepidium apetalum* Willd. | 种子 | 下气,凉血,清热 |
| | | 宽叶独行菜 | *Lepidium latifolium* L. | 全草 | 清热解毒 |
| | | 垂果大蒜芥 | *Sisymbriumheteromallum* C. A. Mey. | 全草 | 止咳化痰,清热解毒 |
| 柽柳科 | Tamaricaceae | 具鳞水柏枝 | *Myricaria squamosa* Desv. | 嫩枝 | 发散解毒 |
| | | 红砂 | *Reaumuria soongarica* (Pall.)Maxim. | 枝条,叶 | 祛湿止痒 |
| | | 多花柽柳 | *Tamarixhohenackeri* Bunge | 枝条,叶 | 祛风除湿,利尿,解表 |
| | | 多枝柽柳 | *Tamarix ramosissima* Ledeb. | 枝条,叶 | 祛风除湿,利尿,解表 |

| 科 | 科拉丁名 | 种 | 种拉丁名 | 药用部位 | 药效 |
|---|---|---|---|---|---|
| 白花丹科 | Plumbaginaceae | 黄花补血草 | *Limonium aureum*(L.) Hill | 花萼和根 | 可治月经不调、鼻衄、带下 |
| 蓼科 | Polygonaceae | 圆穗蓼 | *Bistorta macrophylla* (D. Don)Soják | 根 | 止血,活血,止泻 |
| | | 珠芽蓼 | *Bistorta vivipara* (L.)Gray | 根 | 清热解毒,止血散瘀 |
| | | 西伯利亚蓼 | *Knorringia sibirica* (Laxm.)Tzvelev | 根,茎 | 疏风清热,利水消肿 |
| | | 细叶西伯利亚蓼 | *Knorringia sibirica* ssp. *thomsonii*(Meisn. ex Steward)S. P.Hong Nord. | 根,茎 | 疏风清热,利水消肿 |
| | | 冰岛蓼 | *Koenigia islandica* L. | 根,茎 | 可治热性虫病、肾炎水肿 |
| | | 萹蓄 | *Polygonum aviculare* L. | 全草 | 通经利尿,清热解毒 |
| | | 矮大黄 | *Rheum nanum* Siev. ex Pall. | 根,茎 | 清热缓泻,健胃安中 |
| | | 巴天酸模 | *Rumex patientia* L. | 根,茎 | 清热解毒,止血消肿 |
| 石竹科 | Caryophyllaceae | 无心菜 | *Arenaria serpyllifolia* L. | 全草 | 清热,解毒,明目 |
| | | 女娄菜 | *Silene aprica* Turcz. ex Fisch. & C. A. Mey. | 全草 | 活血调经,健脾行水 |
| | | 喜马拉雅蝇子草 | *Silenehimalayensis* (Rohrb.)Majumdar | 全草、花、果实 | 健脾,利尿,通乳,调经,补血 |
| | | 繁缕 | *Stellaria media*(L.)Vill. | 茎、叶及种子 | 清热解毒,凉血,活血止痛 |

续表3-11

| 科 | 科拉丁名 | 种 | 种拉丁名 | 药用部位 | 药效 |
|---|---|---|---|---|---|
| 苋科 | Amaranthaceae | 沙蓬 | *Agriophyllum squarro-sum*（L.）Moq. | 种子 | 祛疫,清热,解毒,利尿 |
| | | 中亚滨藜 | *Atriplex centralasiatica* Iljin | 果实 | 明目,强壮,缓和药 |
| | | 大苞滨藜 | *Atriplex centralasiatica var. megalotheca*（M. Pop.）G. L. Chu | 果实 | 明目,强壮,缓和药 |
| | | 西伯利亚滨藜 | *Atriplex sibirica* L. | 果实 | 清肝明目,祛风消肿 |
| | | 地肤 | *Bassia scoparia*（L.）A.J. Scott | 种子 | 清热利湿,祛风止痒 |
| | | 藜 | *Chenopodium album* L. | 种子 | 清热利湿 |
| | | 雾冰藜 | *Grubovia dasyphylla*（Fisch. & C. A. Mey.）Freitag & G. Kadereit | 全草 | 清热祛湿 |
| | | 猪毛菜 | *Kali collinum*（Pall.）Akhani & Roalson | 全草 | 降低血压 |
| | | 刺沙蓬 | *Kali tragus* Scop. | 全草 | 平肝降压 |
| | | 盐角草 | *Salicornia europaea* L. | 全草 | 降低血压、血糖,消炎,抗衰老 |
| | | 碱蓬 | *Suaeda glauca*（Bunge）Bunge | 种子 | 抗氧化,抗动脉粥样硬化 |
| | | 刺藜 | *Teloxys aristata*（L.）Moq. | 全草 | 祛风止痒 |
| 报春花科 | Primulaceae | 北点地梅 | *Androsace septentrionalis* L. | 全草 | 清热解毒,消肿止痛 |
| | | 垫状点地梅 | *Androsace tapete* Maxim. | 花 | 清热,可治干黄水 |

| 科 | 科拉丁名 | 种 | 种拉丁名 | 药用部位 | 药效 |
|---|---|---|---|---|---|
| 报春花科 | Primulaceae | 海乳草 | *Lysimachia maritima* (L.)Galasso | 全草 | 散气,祛风,明目,消肿止痛 |
| | | 羽叶点地梅 | *Pomatosace fillicula* Maxim. | 全草 | 清热,祛瘀血 |
| 茜草科 | Rubiaceae | 拉拉藤 | *Galium spurium* L. | 全草 | 清热解毒,消肿止痛,利尿,散瘀 |
| 龙胆科 | Gentianaceae | 达乌里秦艽 | *Gentiana dahurica* Fisch. | 根及全草 | 祛风湿,止痹痛,舒筋止痛,清虚热,利湿褪黄 |
| | | 管花秦艽 | *Gentiana siphonantha* Maxim. ex Kusnezow | 根及全草 | 泻肝火,去湿热 |
| | | 扁蕾 | *Gentianopsis barbata* (Froelich)Ma | 全草 | 清热解毒,利胆,消肿 |
| | | 湿生扁蕾 | *Gentianopsis paludosa* (Munro ex J. D.Hooker) Ma | 全草 | 清热利湿,解毒 |
| | | 肋柱花 | *Lomatogonium carinthiacum*(Wulfen)Reichenbach | 全草 | 清热利湿,解毒 |
| | | 合萼肋柱花 | *Lomatogonium gamosepalum*(Burkill)Smith | 全草 | 清热利湿,解毒 |
| | | 辐状肋柱花 | *Lomatogonium rotatum* (L.)Fries ex Nyman | 全草 | 清热利湿,解毒 |
| 紫草科 | Boraginaceae | 颈果草 | *Metaeritrichium microuloides* W. T. Wang | 全草 | 可用于妇女产后劳伤 |
| 茄科 | Solanaceae | 北方枸杞 | *Lycium chinense var. potaninii*(Pojark.) A. M. Lu | 果实、根皮 | 果实清肝明目,根皮解热止咳 |
| | | 新疆枸杞 | *Lycium dasystemum* Pojarkova | 果实、根皮 | 果实清肝明目,根皮解热止咳 |

续表 3-11

| 科 | 科拉丁名 | 种 | 种拉丁名 | 药用部位 | 药效 |
|---|---|---|---|---|---|
| 茄科 | Solanaceae | 黑果枸杞 | *Lycium ruthenicum* Murray | 果实 | 抗氧化,抗过敏 |
| | | 马尿脬 | *Przewalskia tangutica* Maxim. | 全草 | 镇痛,消肿 |
| 车前科 | Plantaginaceae | 杉叶藻 | *Hippuris vulgaris* L. | 全草 | 凉血止血,养阴生津 |
| | | 平车前 | *Plantago depressa* Willdenow | 种子 | 清热利尿,清肝明目 |
| | | 大车前 | *Plantago major* L. | 全草,种子 | 利尿,镇咳,祛痰,止泻,明目 |
| | | 北水苦荬 | *Veronica anagallis-aquatica* L. | 全草 | 止血,止痛,活血消肿,清热利尿,降血压 |
| | | 长果婆婆纳 | *Veronica ciliata* Fischer | 全草 | 疼痛,瘫痪,乳腺炎,痢疾 |
| | | 婆婆纳 | *Veronica didyma* Tenore | 全草 | 补肾壮阳,凉血,止血,理气止痛 |
| | | 毛果婆婆纳 | *Veronica eriogyneh.* Winkler | 全草 | 清热解毒,生肌止血 |
| 玄参科 | Scrophularia-ceae | 砾玄参 | *Scrophularia incisa* Weinmann | 全草 | 清热,解毒,透疹,通脉 |
| 唇形科 | Lamiaceae | 蒙古莸 | *Caryopteris mongholica* Bunge | 花,枝,叶 | 祛寒,燥湿,健胃,壮身,止咳 |
| | | 白花枝子花 | *Dracocephalumhetero-phyllum* Bentham | 全草 | 镇咳平喘 |
| 通泉草科 | Mazaceae | 肉果草 | *Lancea tibetica* J. D. Hooker & Thomson | 全草 | 养肺排脓,清热止咳 |
| 列当科 | Orobanchaceae | 疗齿草 | *Odontites vulgaris* Mo-ench | 全草 | 清热燥湿,凉血止痛 |

| 科 | 科拉丁名 | 种 | 种拉丁名 | 药用部位 | 药效 |
|---|---|---|---|---|---|
| | | 假弯管马先蒿 | *Pedicularis pseudocur-vituba* P. C. Tsoong | 全草 | 散淤,祛风,利湿 |
| 桔梗科 | Campanulaceae | 喜马拉雅沙参 | *Adenophora himalaya-na* Feer | 根 | 清热养阴,润肺止咳 |
| | | 长柱沙参 | *Adenophora stenanthina*（Ledeb.）Kitagawa | 根 | 清热养阴,润肺止咳 |
| 菊科 | Asteraceae | 冷蒿 | *Artemisa frigia* Will. | 全草 | 清热,利湿,退黄 |
| | | 莳萝蒿 | *Artemisia anethoides* Mattf. | 全草 | 清热,利湿,退黄 |
| | | 沙蒿 | *Artemisia desertorum* Spreng. | 根、茎、叶、种子 | 祛风湿,清热消肿 |
| | | 臭蒿 | *Artemisiahedinii* Osten-feld. | 全草 | 祛风湿,清热消肿 |
| | | 蒙古蒿 | *Artemisia mongolica.*（Fisch. ex Bess.）Nakai | 全草 | 有温经,止血,散寒,祛湿 |
| | | 猪毛蒿 | *Artemisia scoparis* Waldst. et Kir. | 全草 | 祛风湿,清热消肿 |
| | | 毛莲蒿 | *Artemisia vestita* Wall. ex Bess. | 全草 | 祛风湿,清热消肿 |
| | | 高山紫菀 | *Aster alpinus* L. | 全草 | 清热解毒 |
| | | 阿尔泰狗娃花 | *Aster altaicus* Willd. | 全草、花 | 清热降火,排脓 |
| 菊科 | Asteraceae | 小甘菊 | *Cancrinia discoidea*（Ledeb.)Poljak. | 全草 | 疏风散热,明目消肿,清热祛湿 |
| | | 刺儿菜 | *Cirsium arvense var. in-tegrifolium* Wimmer & Grab. | 全草 | 凉血止血,祛瘀消肿 |
| | | 盘花垂头菊 | *Cremanthodium discoi-deum* Maxim. | 全草 | 息风止痉 |

续表 3-11

| 科 | 科拉丁名 | 种 | 种拉丁名 | 药用部位 | 药效 |
|---|---|---|---|---|---|
| 菊科 | Asteraceae | 车前状垂头菊 | *Cremanthodium ellisii* (Hook. f.)Kitam. | 全草 | 祛痰止咳,宽胸利气 |
| | | 蓼子朴 | *Inula salsoloides* (Turcz.)Ostenfeld | 全草、花 | 解热,利尿 |
| | | 乳苣 | *Lactuca tatarica* (L.)C. A. Mey. | 全草 | 清热解毒,活血排脓 |
| | | 火绒草 | *Leontopodium leontopo-dioides*(Willd.) Beauverd. | 全草 | 清热凉血,利尿 |
| | | 拐轴鸦葱 | *Lipschitzia divaricata* (Turcz.)Zaika, Sukhor. & N. Kilian | 全草 | 清热解毒 |
| | | 顶羽菊 | *Rhaponticum repens* (L.)Hidalgo. | 全草 | 清热解毒,活血消肿 |
| | | 沙生风毛菊 | *Saussurea arenaria* Maxim. | 全草 | 清热解毒,凉血止血 |
| | | 紫苞雪莲 | *Saussurea iodostegia* Hance | 全草 | 清热解毒,凉血止血 |
| | | 水母雪兔子 | *Saussurea medusa* Maxim. | 全草 | 清热解毒,凉血止血 |
| | | 褐花雪莲 | *Saussurea phaeantha* Maxim. | 全草 | 清热解毒,凉血止血 |
| | | 美丽风毛菊 | *Saussurea pulchra* Lipsch. | 全草 | 清热解毒,解表安神 |
| | | 唐古特雪莲 | *Saussurea tangutica* Maxim. | 全草 | 清热解毒,解表安神 |
| | | 长裂苦苣菜 | *Sonchus brachyotus* DC. | 全草 | 清热解毒,消肿排浓 |
| | | 绢毛菊 | *Soroserishookeriana*(C. B. Clarke)Stebb. | 全草 | 清热解毒,凉血止血 |

| 科 | 科拉丁名 | 种 | 种拉丁名 | 药用部位 | 药效 |
|---|---|---|---|---|---|
| 菊科 | Asteraceae | 蒙古鸦葱 | *Takhtajaniantha mongolica* (Maxim.) Zaika | 全草 | 清热解毒,利尿 |
| | | 白花蒲公英 | *Taraxacum albiflos* Kirschner & Štepanek | 全草 | 清热解毒,利尿 |
| | | 蒲公英 | *Taraxacum mongolicum* Hand.-Mazz. | 全草 | 清热解毒,消肿散结 |
| | | 华蒲公英 | *Taraxacum sinicum* Kitag. | 全草 | 抗菌消炎 |
| | | 黄缨菊 | *Xanthopappus subacaulis* C. Winkl. | 全草 | 止血,催吐 |
| 忍冬科 | Caprifoliaceae | 小叶忍冬 | *Lonicera microphylla* Willdenow ex Schultes | 枝叶,花 | 清热解毒,消肿 |
| | | 小缬草 | *Valeriana tangutica* Batalin | 全草 | 止血,止咳,止痛 |
| 伞形科 | Apiaceae | 三辐柴胡 | *Bupleurum triradiatum* Adams ex Hoffm. | 全草 | 和解少阳,疏肝理气 |
| | | 葛缕子 | *Carum carvi* L. | 全草,种子 | 祛痰止咳,滋补消肿 |

祁连山国家公园酒泉片区海拔高、地形复杂、土壤含沙量高,雨季水土流失严重,导致土层变薄、肥力下降,植被趋于稀疏低矮。酒泉片区土地受地表风蚀、粗化、流沙等影响,土壤沙漠化严重,危及林地及林木生长。酒泉片区在区域上属于肃北蒙古族自治县和阿克塞哈萨克族自治县,为牧区,由于历史原因,在保护区的核心区和缓冲区均有牧民居住,牲畜啃食和采挖对林木造成一定的影响。林木种质资源主要有裸果木、红砂、猪毛菜、灌木亚菊、金露梅、柽柳等为乔木、灌木、小灌木、半灌木、亚灌木16科29属48种(表3-12)。

表3-12 祁连山国家公园酒泉片区被子植物木材植物资源

| 科 | 种名称 | 种拉丁名 |
|---|---|---|
| 白刺科<br>Nitrariaceae | 大白刺 | *Nitraria roborowskii* Kom. |
| | 小果白刺 | *Nitraria sibirica* Pall. |
| | 泡泡刺 | *Nitraria sphaerocarpa* Maxim. |
| | 白刺 | *Nitraria tangutorum* Bobrov. |
| 柽柳科<br>Tamaricaceae | 宽苞水柏枝 | *Myricaria bracteata* Royle |
| | 匍匐水柏枝 | *Myricaria prostrata* Hook. f. & Thomson ex Benth. & Hook. f. |
| | 具鳞水柏枝 | *Myricaria squamosa* Desv. |
| | 红砂 | *Reaumuria soongarica*（Pall.）Maxim. |
| | 多花柽柳 | *Tamarixhohenackeri* Bunge |
| | 盐地柽柳 | *Tamarix karelinii* Bunge |
| | 细穗柽柳 | *Tamarix leptostachya* Bunge |
| | 多枝柽柳 | *Tamarix ramosissima* Ledeb. |
| 唇形科<br>Lamiaceae | 蒙古莸 | *Caryopteris mongholica* Bunge |
| 豆科<br>Fabaceae | 荒漠锦鸡儿 | *Caragana roborovskyi* Kom. |
| | 红花羊柴 | *Corethrodendron multijugum*（Maxim.）B.H. Choi &H. Ohashi |
| | 猫头刺 | *Oxytropis aciphylla* Ledeb. |
| 胡颓子科<br>Elaeagnaceae | 肋果沙棘 | *Hippophae neurocarpa* S. W. Liu & T. N.Ho |
| | 中国沙棘 | *Hippophae rhamnoides ssp. sinensis* Rousi |
| 蒺藜科<br>Zygophyllaceae | 霸王 | *Zygophyllum xanthoxylum*（Bunge）Maxim. |
| 菊科<br>Asteraceae | 灌木亚菊 | *Ajania fruticulosa*（Ledeb.）Poljak. |
| | 中亚紫菀木 | *Asterothamnus centraliasiaticus* Novopokr. |

| 科 | 种名称 | 种拉丁名 |
|---|---|---|
| 菊科<br>Asteraceae | 星毛短舌菊 | *Brachanthemum pulvinatum*(Hand.-Mazz.)Shih |
| | 灌木小甘菊 | *Cancrinia maximowiczii* C. Winkl. |
| 蓼科<br>Polygonaceae | 锐枝木蓼 | *Atraphaxis pungens*(M. Bieb.)Jaub. & Spach |
| 蔷薇科<br>Rosaceae | 金露梅 | *Dasiphora fruticosa*(L.)Rydb. |
| | 白毛银露梅 | *Dasiphora mandshurica*(Maxim.)Juz. |
| | 小叶金露梅 | *Dasiphora parvifolia*(Fisch. ex Lehm.)Juz. |
| | 西北沼委陵菜 | *Comarum salesovianum*(Steph.)Asch. et Gr. |
| 茄科<br>Solanaceae | 北方枸杞 | *Lycium chinense var. potaninii*(Pojark.)A. M. Lu |
| | 新疆枸杞 | *Lycium dasystemum* Pojarkova |
| | 黑果枸杞 | *Lycium ruthenicum* Murray |
| 忍冬科<br>Caprifoliaceae | 小叶忍冬 | *Lonicera microphylla* Willdenow ex Schultes |
| 石竹科<br>Caryophyllaceae | 裸果木 | *Gymnocarpos przcwalskli* Maxim. |
| 苋科<br>Amaranthaceae | 尖叶盐爪爪 | *Kalidium cuspidatum*(Ung.-Sternb.)Grub. |
| | 黄毛头 | *Kalidium cuspidatum var. sinicum* A. J. Li |
| | 盐爪爪 | *Kalidium foliatum*(Pall.)Moq. |
| | 细枝盐爪爪 | *Kalidium gracile* Fenzl |
| | 驼绒藜 | *Krascheninnikovia ceratoides*(L.)Gueldenst. |
| | 垫状驼绒藜 | *Krascheninnikovia compacta*(Losinsk.)Grubov |
| | 松叶猪毛菜 | *Salsola laricifolia*(Bunge)Akhani |
| | 合头藜 | *Sympegma regelii* Bunge |
| 小檗科<br>Berberidaceae | 置疑小檗 | *Berberis dubia* C. K. Schneid. |

续表 3-12

| 科 | 种名称 | 种拉丁名 |
|---|---|---|
| 杨柳科 Salicaceae | 杯腺柳 | *Salix cupularis* Rehder |
| | 新疆杨 | *Populus alba* var. *pyramdalis* Bge. |
| | 胡杨 | *Populus euphratica* Oliv. |
| | 小叶杨 | *Populus simonii* Carr. |
| | 青山生柳 | *Salix oritrepha* var. *amnematchinensis*(K. S.hao ex C. F. Fang & A. K. Skvortsov)G.H. Zhu |
| | 线叶柳 | *Salix wilhelmsiana* M. B. |

此外，酒泉片区有可食用的野菜、野果资源，如中国沙棘（*Hippophae rhamnoides ssp. sinensis*）、鹅绒委陵菜（蕨麻）（*Argentina anserina*）、蒙古韭（*Allium mongolicum*）、多根葱（*A. polyrhizum*）、白藜（*Chenopodium album*）、大白刺（*Nitraria roborowskii*）、小果白刺（*N. sibirica*）、白刺（*N. tangutorum*）等，但种类和蕴藏量有限，达不到开发的水平。

## 3.6　草地资源

### 3.6.1　草地类型及分布

#### 3.6.1.1　草地类型划分

祁连山国家公园酒泉片区总面积有169.97万公顷，区内天然草地分类根据1981年全国重点牧区草场资源调查大纲及技术规程进行划分，采用类及亚类、组、型三级分类单位和系统。

类是草地分类的高级单位。其成因一致，反映了以水热为中心的气候和植被特征，具有一致的大地形条件，各类之间都有独特的地带性，自然经济特征都有质的差异。

亚类是类的辅助单位。在类的范围内，亚类可根据大地形、土壤基质和植被分异进行划分。不同类划分亚类的依据有所不同。

组是草地分类的中级单位。在草地类和亚类范围内，以组成建群层片的草地植物的经济类群进行划分，具有一致的地形或基质条件，植被由同一生态经济类群的植物构成。它是型的联合，各组之间具有生境条件和经济价值上的差异。

型（类型）是草场分类系统中的基本单位，主要以草场植被优势种相同、生境条件相似、利用方式一致划分。

根据上述原则和分类标准，将祁连山国家公园酒泉片区范围内的草场划分为7个类、2个亚类、10个组、16个草地型（表3-13）。

根据第三次全国土地调查数据，祁连山国家公园酒泉片区草地面积为75.04万公顷。其中，天然牧草的面积为48.71万公顷，面积最大，占祁连山国家公园酒泉片区总面积的35.93%，树木郁闭度小于0.1，表层为土质，不用于放牧的草地，其他草地类型的面积为26.33万公顷。

表3-13　祁连山国家公园酒泉片区草地类型表

| 类 | 亚类 | 组 | 型 |
|---|---|---|---|
| 灌丛草甸草场类 | 灌丛草甸草场亚类 | 低山落灌丛草甸组 | 金露梅—杂类草型 |
| 草原化草甸草场类 | 草原化草甸草场亚类 | 亚高山、宽谷草原化草甸组 | 紫花针茅+粗壮嵩草+扁穗冰草型 |
| | | | 紫花针茅+细叶马蔺草场型 |
| 草甸化草原草场类 | | 湖盆、低地根茎禾草草甸草原组 | 赖草型 |
| 盐生草甸草场类 | 盐生草甸草场亚类 | 湖盆、沟谷丛生禾草草甸组 | 芨芨草+嵩类型 |
| | | 复沙地杂类草、草场组 | 苦马豆+赖草型 |
| 沼泽化草甸草场类 | 沼泽化草甸草场亚类 | 湖盆、洼地湿中生莎草草甸组 | 华扁穗草+西藏嵩草+无脉苔草型 |
| 荒漠化草原类 | 荒漠化草原亚类 | 山前倾斜平原荒漠草原草场组 | 紫花针茅+垫状驼绒藜型 |
| | | 残丘、干河床小半灌木荒漠草原草场组 | 垫状驼绒藜+杂类草型 |
| | | | 细叶亚菊+锐翅木蓼型 |

续表3-13

| 类 | 亚类 | 组 | 型 |
|---|---|---|---|
| 荒漠草场类 | 砾质荒漠亚类 | 戈壁河床半灌木荒漠草场组 | 红砂+珍珠猪毛菜型 |
| | | | 蒿叶猪毛菜+驼绒藜型 |
| | | | 合头草+蒙古葱型 |
| | | | 盐爪爪+盐角草型 |
| | | | 珍珠猪毛菜+红砂型 |
| | 复沙荒漠亚类 | 低丘、沙地半灌木荒漠草场组 | 猫头刺+沙生针茅型 |

### 3.6.1.2 草地类型的分布及特征

（1）灌丛草甸草场类

该类草场主要分布在盐池湾钓鱼沟、大红沟、小红沟、石包城公岔大坂及鱼儿红一带的大黑沟、红窑子达坂、沿蓬沟、黑刺沟达坂等海拔在2 800～3 300 m之间的山体坡地、冲沟河床，呈镶嵌状分布。地势起伏较大，阳坡气温高、地表干燥，阴坡气温低、湿度稍高，土壤含水量因坡向而异。以亚高山草原土和灰棕漠土类为主，腐殖质层10～20 cm，有机质含量低。该类草场面积为93 358.4公顷，占草场总面积的8.3%，本类草场可分为1个组、1个草地型，即金露梅+杂类草草地型。其主要植物种类4～11种，有金露梅、小叶金露梅、白毛银露梅、灌木亚菊（*Ajania fruticulosa*）、扁穗冰草（*Agropyron cristatum*）、早熟禾（*Poa annua*）、披碱草（*Elymus dahuricus*）、藏异燕麦（*Helictorrichon tibeticum*）、羊茅（*Festuca ovina*）、嵩草（*Carex myosuroides*）达乌里龙胆（*Gentiana dahurica*）、湿生扁蕾（*Centianopsis paludosa*）、蒿属（*Artemisia*）等。

（2）草原化草甸草场类

该类草场主要分布在党河南山北麓至党河以南、大水河脑、尧勒特及大小克腾郭勒河一带，分布于海拔3 400～4 200 m的高山、亚高山地带，以及鱼儿红、石油河、野马山的部分亚高山阴坡地段、白獭拉沟、吊大坂、湖洞沟等海拔3 100～3 400 m的宽谷、山坡地带。降水量虽不多，但地处阴坡宽谷地段，蒸发量较小，气温低且较湿润，植被盖度较大，为 60%～90%，以草原草甸植被为主，土壤为高山草甸土、高山草原土和亚高山草原土，土壤腐殖质层 10～20 cm，植物种类在 2 种到 11 种之间，适应的家畜为绵羊、山羊和牛，其次是马。该类草场面积为 30.2 万公顷，占草地总面积的 26.85%。本类草场可分 1 个组、2 个草地型。

一是紫花针茅+矮生嵩草+扁穗冰草草地。这种类型草地分布在党河南山北麓的大小河脑、大小克腾河、吊大坂、湖洞沟，分布于海拔在 3 400～4 000 m 的亚高山地带。主要植物有紫花针茅（*Stipa purpurea*）、矮生嵩草（*Carexhumilis*）、扁穗冰草（*Agropyron cristatum*）、苔草（*Carex condilapis*）、大花嵩草（*Carex nudicarpa*）、山地早熟禾（*Poa orinosa*）、羊茅（*Festuca ovina*）、垂穗披碱草（*Elymus nutans*）、小花棘豆（*Oxytropis glabra*）、风毛菊（*Saussurea japonica*）、蒿属（*Artemisia*）、阿拉善马先蒿（*Pedicularis alaschanica*）、刺芒龙胆（*Gentiana aristata*）等。

二是紫花针茅+细叶马蔺草地。在盐池湾一带的漫土滩，石包城公岔脑河滩中段 3 100～3 400 m 的宽谷、滩地、低山地带分布。植物种类主要有紫花针茅（*Stipa purpurea*）、细叶马蔺（*Iris tenuifolia*）、扁穗冰草（*Agropyron cristafum*）、大花嵩草（*Carex nudicarpa*）、矮生嵩草（*Carexhumilis*）、阿尔泰狗娃花（*Aster altaricus*）和一些杂类草。

（3）草甸化草原草场类

该类草场的分布范围较小，只在党河沿岸、南宁格勒河沿岸的河滩湖盆地段分布，如平草湖、盐池湾乡附近的河滩，独山子脚下的湖盆等。因气候寒冷、地下水位高、土壤盐碱化程度强，有些地表有 1～2 cm 厚的盐结皮，加之践踏过重，植被覆盖度较低，仅有 5～20%，牧草种类单一，适宜放牧马、牛、羊。面积为 4.9 万公顷，占草场总面积的 4.37%。本类草场可分 1 个组、1 个草地型，即赖草草地，这类草地只有赖草（*Leymus secalinus*）生长，个别地段伴有苦马豆（*Sophora alopecuroides*）。

（4）盐生草甸草场

该草场类主要分布在党河两岸，盐池湾乡大水河脑的湖盆，芨芨墩台子、查干土鲁、石包城乡公岔口、白石头沟、鱼儿红乡东牧场沟、乱山子和鱼儿红牧场以东的河沟。土壤以旱盐土为主，植被覆盖度为 20%～50%，牧草种类有1～8种，是牛、羊的冬春牧场和部分家畜接羔场地。面积为8.2万公顷，占草地总面积的7.25%，有2个组、2个草地型。

一是芨芨+蒿类草地，以芨芨草（Neotrinia splendens）、蒿类（Artemisia spp）为主，伴生有赖草（Leymus secalinus）、西伯利亚白刺（Nitraria sibirica）、灰绿藜（Chenopodium glaucum）、披针叶野决明（Thermopsis lanceolata）、小花棘豆（Oxytropis glabra）、镰荚棘豆（Oxytropis falcata）等。主要分布在党河两岸草湖、水脑、芨芨墩台子、查干土鲁、白石头沟、公岔口、鱼儿红东牧场沟等地。

二是苦马豆+赖草草地，此型主要分布在牙马图口子与水脑，克腾河之间的新月形沙丘地带，主要植物以苦马豆（Sphaerophysa salsula）和赖草（Leymus secalinus）为主。伴生植物有披针叶野决明（Thermopsis lanceolata）、沙生针茅、甘肃嵩草（Carex kansuensis）、细叶马蔺（Iris tenuifolia）、扁穗冰草（Agropyron cristatum）、多茎萎陵菜（Potentilla multicaulis）、冷蒿（Artemisia scoparia）、阿拉善马先蒿（Pedicularis alaschanica）等。

（5）沼泽化草甸草场类

主要分布在党河流域、月牙湖、蓝泉、大泉、小泉、大道尔基和盐池湾乡附近等地。该类草地水分充足，土壤为沼泽草甸土，植物生长茂盛，覆盖度为70%～95%，草层高度为5～25 cm，种类5～11种，主要有华扁穗草（Blysmus sinocompressus）、大花嵩草（Carex nudicarpa）和无脉苔草（Carex enervis）伴生种有海韭菜（Triglochin maritimum）、早熟禾（Poa annua）、甘肃嵩草（Carex kansuensis）、矮火绒草（Leontopodium nanam）、盐地风毛菊（Saussurea salsa）和天山报春（Primula nutans）等。

（6）荒漠化草原类

该类草场面积约6.2万公顷，占草场总面积的5.6%。主要分布在野马滩、野马河南侧乱山子、哈勒窑洞、奎腾口子、石包城乡的石板墩沟、白石头沟等地的山前倾斜面、残丘、干河床一带。气候凉，而且干旱缺水，土壤以亚高山草原土类为主，有机质含量低，植被覆盖度为10%～50%，草层高2～25 cm，植物种类4～7种，多为旱生小半灌木、蒿类及一些禾草，适合山羊群的放牧。该类草地有2个组、3个草地型。

一是紫花针茅+垫状驼绒藜草地。此类型草地分布在野马滩，野马河南侧乱山子、奎腾口子等地的山前倾斜地带和滩地。植物种类有紫花针茅（*Stipa purpurea*）、垫状驼绒藜（*Krascheninnikovia compacta*）、猪毛蒿（*Artemisia scoparia*）、蒙古葱（*Allium monglicum*）、中麻黄（*Ephedra intermedia*）、合头草（*Sympegma ragelii*）、红砂（*Reaumuria soongorica*）及个别莎草科植物。

二是垫状驼绒藜+杂类草草地。这类型草地主要分布在野马河南侧的残丘和下游地段。植物种类以垫状驼绒藜（*Krascheninnikovia compacta*）和杂类草为主。

三是细叶亚菊+刺木蓼草地。此类型草地分布在野马河下游和三个锅桩一带的河床。植物种类以细叶亚菊（*Ajania parvifora*）和锐翅木蓼（*Atraphatix spinosa*）为主。

（7）荒漠草场类

该类草场在境内分布广、面积大，有51.2万公顷，占草场总面积的45.8%。其分布主要在党河以北、大道尔基、阿尔勒克泰、平大坂、疏勒河两岸、妖魔山、荒田地、鹰咀山等地的低山、砾质和复沙戈壁上。气温高，蒸发量大，干旱。土壤以山地灰棕漠土、灰棕漠土和棕漠土为多，其次是风沙土类，有极少的腐殖质积累。植被稀疏，种类1～8种，草层高2～48 cm，植被覆盖度10～30%或更高些。植物主要以深根肉质叶、耐盐碱的旱生、超旱生半灌木形成层片。这类草场因缺水草质低劣，主要适应骆驼的四季牧场及羊的放牧场。该草地类分二个亚类、六个草地型。

一是砾质荒漠亚类。该草地类型主要分布在大道尔基戈壁、大沙沟、黑刺沟、平达坂、查干陶勒盖、疏勒河两岸，石包城的大公岔、石坂墩、土达坂戈壁等地带。草场植物主要以红砂（*Reaumuria soongorica*）、松叶猪毛菜（*Salsola laricifolia*）、合头草（*Sympegma ragelii*）、细枝盐爪爪（*Kalidium gracile*）、珍珠猪毛菜（*Salsola passerina*）为优势种交替形成各草地型，伴生植物有蒙古葱（*Allium mongolicum*）蒿属（*Artemisia*）、中麻黄（*Ephedra intermedia*）、膜果麻黄（*Ephedra przewalskii*）、冠芒草（*Enneapogon brachysfachyum*）、红花羊柴（*Corethrodendron multijugum*）、金露梅、黄花补血草（*Limeniuam aureum*）、驼绒藜、灌木亚菊（*Ajania fruticulosa*）、霸王（*Zygophyllum xanthoxylum*）和一些禾本科植物。极端干旱的干沟地段以红砂、猪毛菜和蒿类为主，在土层厚、地面低洼的地段则以合头草、珍珠猪毛菜为多，而盐碱滩地、泉水露头之地段则以盐爪爪占优势。

　　二是复沙荒漠亚类。此类型草地分布在盐池湾乡的红山口子、钓鱼沟口子等低丘复沙地段，仅猫头刺+沙生针茅草地型。主要植物是猫头刺（*Oxytropis aciphylla*）、沙生针茅、赖草（*Leymus dasystachys*）、蒙古葱、中麻黄（*Ephedra intermedia*）、合头草（*Sympegma regelii*）、多茎委陵菜（*Potentilla multicaulis*）、披针叶野决明（*Thermopsis lanceolata*）和蒿属（*Artemisia*）等。

　　上述不同类、亚类和型的草地，因物种组成和习性不同，单位面积的产草量不同（表3-13）。从草地类型生产力来看，灌丛草甸草场类有灌丛也有草本，植物种类有4～11种，草层高度为2～20 cm，灌丛高度为20～55 cm，植被覆盖度30%左右，鲜草产量1 447.5～1 965 kg/hm²。该类草地适应牛和羊的放牧。草原化草甸草场类虽然气候高寒，降水量不多，但地处阴坡宽谷地带，蒸发量较小，而且较湿润土壤以高山草甸土和亚高山草原土类为主，腐殖质层10～20 cm，植被覆盖度在60～90%，高层高度5～36 cm，植物种类2～11种。其中，紫花针茅+矮生嵩草+扁穗冰草草地鲜草产量在607.5～1 530 kg/hm²，紫花针茅+细叶马蔺草地鲜草产量在1 050～1 612.5 kg/hm²。草甸化草原草场类只有赖草生长，个别地方伴生有苦马豆或披针叶野决明，产量较低一般为300 kg/hm²。盐生草甸草场土壤以旱盐土为主，植被覆盖度为20%～50%，草层高度为4～70 cm，牧草种类1～8种，鲜草产量为772.5～1 777.5 kg/hm²，平均为1 215 kg/hm²。它是牛、羊的冬春牧场和部分家畜接羔场地。沼泽化草甸草场类土壤为沼泽化草甸土，水分充足植物生长茂盛，覆盖度为60%～90%，草层高度为2～25 cm，种类5～11种。鲜草产量1 237.5～3 041.25 kg/hm²，平均2 377.5 kg/hm²。荒漠化草原类草场干旱缺水，土壤以亚高山草原圭类为主，有机质含量低，植被覆盖度为10～50%，草层高1～25 cm，植物种类4～7种，多以旱生小半灌木、蒿类及一些禾草为主。产鲜草330～1 350 kg/hm²，平均750 kg/hm²。适宜山羊群的放牧。荒漠草场类干旱，气温高，蒸发量大，土壤以山地灰棕模土、灰棕模土、棕模土为多，其次为风沙土类，极小腐殖质积累，植被稀疏，种类1～8种，草层高2～48 cm，植被覆盖度10%～30%或更高些。植物主要以深根、肉质叶和耐盐碱的旱生、超旱生半灌木形成层片，产量较高，但变幅较大，一般鲜产产量在420～3 030 kg/hm²。这类草场主要为适应骆驼的四季牧场和羊的冬春场（表3-14）。

表3-14　祁连山国家公园酒泉片区天然草地类型面积表

| 草地类型 | 面积(公顷) | 占总面积的比例(%) |
|---|---|---|
| 灌丛草甸草场 | 93 358.4 | 8.3 |
| 草原化草甸草场 | 302 008.8 | 26.85 |
| 草甸化草原草场 | 49 153.8 | 4.37 |
| 盐碱化草甸草场 | 81 548.0 | 7.25 |
| 沼泽化草甸草场 | 20 583.8 | 1.83 |
| 荒漠草原草场 | 62 988.8 | 5.6 |
| 荒漠草场 | 515 158.4 | 45.8 |
| 合计 | 1 124 800 | 100 |

从表3-14可以看出，荒漠草场在境内所占的面积最大，其次是草原化草甸草场。这类草场为肃北发展草地畜牧业提供了一定的物质资源和广阔的天然牧场。

### 3.6.2　草地资源及评价

#### 3.6.2.1　草地资源结构

天然草地资源数量质量的评价是在调查清楚草场植被和划分草场类型的基础上，根据各种不同类型草场的数量、质量特点，通过划分草场资源等级和制订草场资源等级图统计的。从草场质量看，酒泉片区二等草场有32.6万公顷，占可利用草场面积的29%，三等草场面积16.5万公顷，占可利用草场面积的14.7%，四等草场面积为60.7万公顷，占草场可利用面积的54%，五等草场有2.6万公顷，只占草场可利用面积的2.3%。综上所述，本区天然草场质量属于中下等。

从草地等级看，六级草场有25.9万公顷，占可利用草场面积的23%，七级草场有80.3万公顷，占可利用草场面积的71.4%，八级草场有6.3万公顷，占草场可利用面积的5.6%。

本区天然草场产草量都比较低，六级以上的草场没有。就各级草场在境内的分布而言，质量较好的草场分布在党河以南、以东，以及鱼儿红。产草量较高的草场在石包城的公岔及鱼儿红一带。而盐池湾乡的草场产量较低，草场退化，沙化及盐碱化较严重。

### 3.6.2.2 草地资源特征

本区的草场植被属典型的内陆高寒草原和荒漠草原。由于境内自西北至东南受各大山体的影响，在地形、气候、土壤等自然条件上都有很大差异，致使该区的天然草场具有以下特征：

（1）草地类型多样

草地类型有灌丛草甸、草原化草甸、草甸化草原、盐生草甸、沼泽化草甸、荒漠化草原和荒漠草原等7种类型。天然草场以党河为界，东南包括各山体，党河沿岸可分为以紫花针茅（*Stipa purpurea*）、矮生嵩草（*Carex humilis*）和扁穗冰草（*Agropyron cristatum*）为主要植物的亚高山宽谷草原化草甸草场类，沟谷、湖盆以中生、湿中生芨芨草（*Neotrinia splendens*）、赖草（*Leymus secalinus*）、华扁穗草（*Blysmus sinocompressus*）和嵩草为主的草甸、草甸草原及沼泽草甸类。这类草场是酒泉片区草原的精华所在。

本区西北地势较平缓，气候干燥，形成以旱生超旱生半灌木植物为主的荒漠草场类型，多以合头草（*Sympegma regelii*）、红砂（*Reaumuria soongorica*）、蒿叶猪毛菜、盐爪爪（*Kalidium foliatum*）和蒿类为主。

各种草场类型之间的数量、质量差异较大，产草量较低。在各种类型的草场中，较好的草原化草甸草场占草场可利用面积的26.85%，这类草场为本区畜牧业生产的发展和野生动物的生存发展提供了较好的物质基础。

（2）荒漠草场面积大

荒漠草场在境内分布广、面积大，约占草场可利用面积的49.8%。该类草场气候干燥，蒸发量大，土壤腐殖质积累少，植被稀疏、单一。植物主要以深根、肉质叶、耐寒、耐盐碱的旱生、超旱生的灌木和小半灌木为主。有红砂（*Reaumuria soongorica*）、合头草、蒿叶猪毛菜、盐爪爪（*Kalidium foliatum*）、驼绒藜、垫状驼绒藜和蒿类。这类牧草具有适口性强、营养价值高的特点，牲畜吃了这种嫩草易上膘。这类草场是山羊、绵羊和骆驼的良好牧场。该类草场因为面积较大，为本区发展草地畜牧业提供了广阔的天然牧场。

（3）牧草资源丰富

牧草的种类是构成草原的基本要素。单位面积上牧草种类的多少直接影响着草场的产量和质量。尤其是优良牧草的多少和其在草群中所占的比重，是衡量草场质量优劣的主要依据。党河南山优良牧草，如粗状嵩草（*Carex robusta*）、紫花针茅（*Stipa purpurea*）、扁穗冰草（*Agropyron cristatum*）、垂穗披碱草（*Elymus nutans*）、大花嵩草（*Carex macranfha*）、早熟禾（*Poa annua*）、赖草（*Leymus dasystachys*）、芨芨草、合头草、垫状驼绒藜和各种蒿类，尤其是紫花针茅、粗状嵩草、垫状驼绒藜和蒿类，粗蛋白含量高达 15%～20%，粗脂肪达 6%～8%。且含有大量维生素，该类牧草营养价值较高，在草地畜牧业中发挥了很重要的作用。本区东南部草原化草甸草场上分布的优良牧草有 8～11 种，草甸和沼泽化草甸草场上有 5～10 种。多种牧草混生在一起，并且随着各种类型的草地交替出现。这种分布不仅可以充分利用空间，而且在营养成分上也起了互相补充和搭配的作用。这也是本区草地畜牧业赖以生存和长期发展的重要因素之一。除了有优良牧草外，还有丰富的药用植物，如达乌里秦艽（*Gentiana dahurica*）、掌叶大黄（*Rheum palmatum*）、金色补血草（*Liamonium aureum*）、水母雪莲（*Saussurea medusa*）、红景天（*Rhodiola sp*）、中国沙棘（*Hippophae rhamnoides ssp. sinesis*）、锁阳（*Cynomorium songaricum*）、中麻黄（*Ephedra intermedia*）、膜果麻黄（*Ephedra przewalskii*）等。

（4）优良豆科牧草贫乏

豆科牧草是天然草场上蛋白质的主要来源之一。因此，豆科牧草在天然草场上出现的多少可作为评价草场质量的依据之一。本区草场上优良豆科牧草比较贫乏，分布面积也很狭窄，除有些干河床和沟谷地带生长有稀少的黄芪和锦鸡儿（*Caragana spp.*）外，其他均为有毒种类，如小花棘豆（*Oxytropis glabra*）、甘肃棘豆（*Oxytropis kansuensis*）和镰荚棘豆（*Oxytropis falcata*）等。

（5）草场为放牧型草地

天然草场面积虽大，但草地产草量较低，割草地很少，草地的利用基本以放牧为主。有些较好的草地被暂时封育起来，作为冬春季节牲畜补饲和接羔育羔草场。

从放牧时间上看，冬春草场放牧时间长，夏秋草场放牧时间短。从 10 月中下旬畜群转入冬春草场，到第二年 6 月下旬离开冬春草场而转入夏秋牧场。季节性草场利用很不均衡。有些草场则因缺水，致使人畜饮水困难而无法利用。

本区不同草地有不同的畜群，共同组成特定的草地生态系统。草原植被上放牧有马、绵羊；荒漠草场和灌丛草场上放牧有骆驼和山羊；高寒草甸草场上放牧有牦牛等。

在不同的草地生态系统中，牧畜种类的不一致性，主要由各种牲畜的采食特性、营养的特殊要求和适应关系所决定。例如骆驼、山羊喜采食并适应粗硬、具刺、有特殊味道、灰分较多的灌木和半灌木；绵羊喜食比较柔软、干物质较多的、植株较矮的禾草和蒿属植物；马喜食柔嫩多汁的蒿草；牦牛善于采食稠密的矮草。

### 3.6.2.3 草地资源动态分析

（1）季节动态

统计表明，天然草地产量的季节动态，表现在产草量四季不平衡。在一年之中，牧草在春季开始萌发，生长发育比较缓慢，随着发育阶段和对环境条件的适应，生长速度加快。在牧草的发育阶段，春季牧草开始萌发到分枝、分蘖时期，生长缓慢，产量较低；在拔节、抽穗期生长速度加。到夏季，在孕蕾到开花期最大量的积累地上干物质。在秋季，牧草结籽直到种子成熟，干物质的积累达到最大量，地上部分产量最高。牧草在生长末期随着天气变冷，叶片和种子大量脱落，产量开始降低。到冬季，地上部分已经完全枯黄，草地产量也最低。

在酒泉片区，年降水量主要集中在七八月份，此时土壤温度和湿度较高，此期牧草能够持续生长，植物干物质的积累较高。因此，本区天然草场产量最高的时期不是开花期，而是种子成熟期。不同年份降水量不同，天然草地产草量也不相同。在干旱的年份，草地植物得不到充分的生长发育，天然草地产草量较低。降水量较高的年份，草场植物得到了充分的生长发育，天然草地产草量也相对较高。

草场利用方式和放牧强度不同，对草地植被和产量也造成不同的影响，四季划区轮牧比较严格的草场上，通过合理放牧，有利于牧草的再生和繁殖，促进了草场植被的自然更新和恢复，并使草地生产力保持在一定的水平上。一些不能严格实行科学轮牧的草场和过度放牧的草场，草地植被则不断地退化，草地生产力不断地降低。

（2）天然草地退化及草地资源动态分析

由于长期以来对草地缺乏科学的管理、利用和保护，导致了酒泉片区草地的退化、沙化和盐碱化，并引起草地生境的恶化，风沙肆虐，鼠害猖獗，毒害杂草发展，草地质量下降，生产力降低。

在党河沿岸，月牙湖、平草湖一带，五六十年代曾经是草木茂盛的地带，分布着高大茂密的天然红柳林和一些较好的草地。后来，这一片红柳尽被百姓砍樵破坏，如今这些地带仅长着一些稀疏低矮的小半灌木，有些地带已经成为裸露的光土滩。

在盐池湾乡乌兰布勒格村和南宁格勒村等荒漠化草原和荒漠草原地带，草场植被中原来的建群种和优势种植物逐渐衰退，而一些质量低劣的杂类草和毒草大量滋生，如镰荚棘豆（*Oxytropis falcata*）、甘肃棘豆（*Oxytropis kansuensis*）、小花棘豆（*Oxytropis glabra*）和披针叶野决明（*Thermopsis lanceolata*）等，尤其是镰荚棘豆（*Oxytropis falcata*），目前已经成为二村草场上的恶性毒草，常常导致该村羊、马中毒和母畜流产。由于镰荚棘豆（*Oxytropis falcata*）的种子繁殖能力很强，凡是有水的地方，遍地都是，目前呈蔓延发展趋势。天然草地上毒草的发展，造成了草地质量的下降，同时也直接影响到当地畜牧业生产的发展。

在盐池湾乡二村和四村的冬春草场上，由于过度频繁的放牧，草地出现较多的白色碱斑地，土壤盐渍化程度较重。酒泉片区最好的草原化草甸草场在三村奎腾河口子一带，现已出现明显的沙丘特征，草地的沙化问题也比较突出。

在盐池湾高寒草原地带，高原鼠兔和高原鼢鼠的危害较重，危害面积约有1.7万平方千米，平均每平方千米约有高原鼠兔1 200只。鼠类的危害加剧了天然草场的退化。

此外，山洪暴发时，泥石流冲压草场，使酒泉片区的草场遭到了很大破坏。沿着党河流域从扎子沟到盐池湾乡一带，山洪暴发时带下来的泥土、砂石淤积草场，冲压掉的草场面积约有80 km²。并且被洪水冲压掉的草场都是经过围栏和封育较好的草场。

酒泉片区草原化草甸草场占草场可利用面积的26.85%，这类草场是肃北境内最好的草场。鱼儿红乡的这类草场，因过度放牧和鼠虫的危害，草地已出现退化的趋势。这类草地必须实行科学管理、利用和保护，以保证这类草场植被的自然恢复，并维持其生产力水平。

草甸化草原仅占草场可利用面积的0.37%，这类草场在冬春季节牲畜补饲放牧中发挥了重要的作用。因为这类草地所占的比例较小，对于这类草地必须加强其管理，采取施肥、灌溉和补播等综合措施，逐步提高草地的生产力并逐步扩大这类草地的面积。

酒泉片区沼泽化草甸虽然仅占1.83%，但这类草地在涵养水源，维持党河、疏勒河等河流上游的生态平衡发挥了很重要的作用，对这类草地必须采取科学的管理措施并合理地利用，防止其退化。

酒泉片区荒漠化草原占草场可利用面积的5.6%，荒漠草场占49.8%，荒漠生态系统结构也比较简单，脆弱且易于破坏。因长期遭受人为的干扰破坏，如之前的挖金、开矿、砍樵和采药等，植被破坏和水土流失比较严重。对这类草场要采取一定的措施进行保护，因为荒漠植被是本区荒漠生态系统的核心，它既维持着境内荒漠区营养物质循环和能量流通的全部过程，又是防止这一地区被风蚀和流沙，遏制进一步荒漠化的重要因素。荒漠地区具有较高的太阳辐射能量和辽阔的土地资源，也分布着荒漠草场特有的珍稀野生动植物资源，如果能够严格地遵循自然规律，科学地经营管理和合理的利用这类草地，荒漠草场将为人们提供更多的财富。相反，如果忽视荒漠生态系统的合理利用和科学管理，过度的放牧、滥挖滥采、破坏荒漠植被，必然会引起草场的沙漠化和生态环境的进一步恶化。

### 3.6.3　草地虫害和鼠害

#### 3.6.3.1 草地虫害

（1）草地主要害虫种类

表3-15　草地主要害虫种类

| 序号 | 名称 | 拉丁名 | 分布 | 生境 |
|---|---|---|---|---|
| 1 | 宽须蚁蝗 | *Myrmeleotettix palpalis*（Zub） | 盐池湾 | 草原、草甸化草原 |
| 2 | 西伯利亚蝗 | *Gomphocerus sibiricus*（L） | 盐池湾 | 草甸、灌丛草甸、草原 |
| 3 | 李氏大足蝗 | *Gomphocerus licenti*（Chang） | 盐池湾 | 灌丛草甸、草甸 |

| 序号 | 名称 | 拉丁名 | 分布 | 生境 |
|---|---|---|---|---|
| 4 | 狭翅雏蝗 | *Chorthippus dubius*（Zub） | 盐池湾 | 草甸、草甸化草原 |
| 5 | 白边痂蝗 | *Bryodema luctuosum luctuosum*（Stoll） | 盐池湾 | 草原、荒漠化草原 |
| 6 | 科氏痂蝗 | *Bryodema kozlovi* B. Bienko | 盐池湾（新分布种） | 草原 |
| 7 | 青海痂蝗 | *Bryodema miramae* B. Bienko | 盐池湾 | 草原、荒漠化草原 |
| 8 | 祁连山痂蝗 | Bryodema qilianshanensis Lian et Zheng | 盐池湾 | 砾石质荒漠、荒漠化草原 |
| 9 | 红翅皱膝蝗 | *Angaracris rhodopa*（F.-W） | 盐池湾 | 草原、荒漠化草原、草甸化草原 |
| 10 | 黑腿星翅蝗 | *Calliptamus barbarus*（Costa） | 盐池湾 | 荒漠化草原、草原、荒漠 |

（2）主要害虫种类及其发生规律

酒泉片区分布的蝗虫种类较多，但优势种类随草地类型、海拔及地形差异的不同而不同。常见的有红翅皱膝蝗、白边痂蝗、狭翅雏蝗、宽须蚁蝗、西伯利亚蝗、李氏大足蝗、黑腿星翅蝗、青海痂蝗和祁连山痂蝗等。

在比较湿润和海拔较高的草原和草甸草场上分布的优势种类有狭翅雏蝗、宽须蚁蝗、白边痂蝗和西伯利亚蝗等，在低海拔和干旱的荒漠草场上分布的优势种类有祁连山痂蝗和青海痂蝗等。

在酒泉片区草原化草甸草场上，分布的优势种蝗虫有红翅皱膝蝗、科氏痂蝗和白边痂蝗等，在草甸化草原草场上分布的优势种类有狭翅雏蝗和宽须蚁蝗等，在灌丛草甸草地上分布的优势种类有西伯利亚蝗和李氏大足蝗等，在荒漠化草场上分布的优势种类有黑腿星翅蝗和白边痂蝗，在荒漠草场上分布的优势种有青海痂蝗、祁连山痂蝗和黑腿星翅蝗等。

西伯利亚蝗分布在海拔较高的草原和草甸草场上，主要以禾本科、莎草科牧草为主要食物，喜食的植物有赖草、针茅、芨芨草、扁穗冰草等，常对牧草造成严重损失。西伯利亚蝗体形中等偏小、暗褐色。在本地区一年发生一代，以卵在土中越冬。在一般年份，最早孵化出现在5月底到6月上旬，盛期在6月中旬，最早羽化期在6月下旬，7月上旬为羽化盛期，7月中旬产卵，产卵场所是土质疏松、避风向阳、温度较高而植被盖度较小的地带。西伯利亚蝗有扩散和迁移的习性，蝻初孵化时常呈小群的点状分布，2龄以后开始扩散，3、4龄时继续扩散。成虫期，特别在性成熟前常有结群较长距离的迁飞行为，其飞行高度同气温高低成正相关，中午前后，为飞行高峰，飞行高度为40～50 m，一次迁飞距离为数百米，一群蝗虫的数量为数百头至千头，甚至更多。

同西伯利亚蝗接近的种类有李氏大足蝗。白边痂蝗在鱼儿红草原，最早孵化在5月下旬，6月上旬达到孵化盛期，羽化期最早在7月上旬，7月中旬达到羽化盛期。8月上旬为产卵盛期，每头雌虫可产卵囊2～3块，每一卵囊平均含卵27粒。白边痂蝗主要栖居在植被稀疏、土壤沙质大的干旱草原。白边痂蝗喜食蒿草、针茅、碱茅和赖草等。

宽须蚁蝗主要分布于高山草原和草甸化草原。主要危害禾本科及莎草科牧草，如早熟禾、芨芨草、针茅、苔草和嵩草。宽须蚁蝗在本区一年发生一代，以卵在土中越冬，在本地区最早孵化在5月中旬，5月下旬进入孵化盛期，6月中旬开始羽化，经15～20天开始交配，7月中下旬进入产卵盛期。雌蝗可产卵囊2～3块，雄性成虫交配后20天左右随即死亡，雌虫产卵后也经过20天左右即死亡。

狭翅雏蝗一年发生一代，雌蝗产卵于土下1～3 cm处，以卵在土中越冬，最早在6月中旬开始孵化出土，孵化盛期一般在6月下旬，7月下旬为羽化始期，8月下旬为羽化盛期，8月下旬到9月上旬为产卵期。狭翅雏蝗主要分布在高山草甸和草甸化草原。主要发生在植被稀疏的禾本科草地上，在覆盖度低于85%的莎草科草场上也有少量分布。狭翅雏蝗喜食的植物有禾本科的针茅、碱茅、早熟禾、扁穗冰草、垂穗披碱草和赖草等。狭翅雏蝗对牧草的危害主要在高龄蝻及成虫期，大发生年份，其危害是相当严重的。

红翅皱膝蝗，一年发生一代，以卵在土中越冬。在本区最早孵化在5月下旬，孵化盛期在6月中旬，最早羽化在7月上旬，最盛期在7月下旬，成虫产卵期最早在8月上旬。红翅皱膝蝗主要分布在草原化草甸草场上，喜食紫花针茅、扁穗冰草、早熟禾和赖草等。当发生数量大时，常可严重危害牧草。

黑腿星翅蝗主要分布在荒漠化草原，生活在干旱、温热的条件下草丛覆盖度较小、植被稀疏的地段。喜食的植物有菊科的蒿类、藜科的垫状驼绒藜和禾本科的针茅等。

祁连山痂蝗和青海痂蝗主要分布在干旱的荒漠草场，植被以灌木、半灌木，以及超旱生的禾草、菊科、藜科、百合科为主，如小叶锦鸡儿、珍珠猪毛菜、合头草、蒙古葱、沙生针茅和戈壁针茅等。

酒泉片区的草原蝗虫一年发生一代，从幼龄蝗蝻到成虫死亡可活到100天以上，各种蝗虫发生的时间有前有后。早期发生的种类有宽须蚁蝗，中期发生的有红翅皱膝蝗、白边痂蝗、祁连山痂蝗和青海痂蝗等，晚期发生的种类有狭翅雏蝗等。保护区蝗虫发生的基本规律是每10年大发生一次。

### 3.6.3.2　草地鼠害

（1）草地主要害鼠种类

表3-16　草地主要害鼠种类

| 序号 | 名称 | 拉丁文名 | 分布 | 生境 |
| --- | --- | --- | --- | --- |
| 1 | 高原鼠兔 | *Ochotona curzoniae* Hodgson | 盐池湾 | 高山草甸、亚高山草甸、草原化草甸、草甸化草原等 |
| 2 | 高原鼢鼠 | *Myospalax baileyi* Thomas | 盐池湾 | 高寒草原 |
| 3 | 大沙鼠 | *Rhombomys opimus* Lichtenstein | 石包城 | 沙土荒漠、粘土荒漠和砾石荒漠地带 |
| 4 | 子午沙鼠 | *Meriones meridianus* Pallas | 石包城 | 荒漠、半荒漠、平原及丘陵等地带 |
| 5 | 长爪沙鼠 | *Meriones unguiculatus* Milne-Edwards | 石包城 | 沙质土壤的草原地带 |
| 6 | 三趾跳鼠 | *Dipus sagitta* Pallas | 石包城 | 荒漠、半荒漠 |
| 7 | 五趾跳鼠 | *Allactaga sibirica* Forster | 盐池湾 | 半荒漠草场，山麓平原和丘陵地带 |
| 8 | 旱獭 | *Marmota himalayana* Hodyson | 盐池湾 | 高山草甸、高原 |

（2）主要害鼠种类及其发生规律

高原鼠兔主要分布在盐池湾乡的高山、亚高山草甸、草原化草甸、草甸化草原和干草原上，在河谷阶地、山麓缓坡、山前冲积扇、低山丘陵阳坡的小蒿草和紫花针茅草场上数量较多。高原鼠兔主要食植物的嫩茎、叶、花、种子及根芽，对鲜嫩多汁的绿色部分更为喜食，尤以禾本科、莎草科、豆科和菊科植物为甚。高原鼠兔的食量较大，平均每日采食鲜草77.3 g，其日食量占体重的52%，不同季节日食量也有变化，夏季的食量大于春季、秋季，又大于夏季。高原鼠兔在酒泉片区一年繁殖一次，根据野外调查，其繁殖主要在4月底至7月份，繁殖盛期在5月至6月上旬，妊娠率高达82.4%。每胎仔数平均为6只。高原鼠兔以草为食，采食牧草的茎叶、花、种子和根芽，在冬季挖食牧草的越冬芽，春季返青后又啃食幼芽，直接破坏了牧草的生长发育，造成牧草的生机衰退，逐渐死亡。夏季，牧草随着生长而被鼠兔不断啃食，牧草失去抽穗、开花结实、散布种子和繁殖的机会，造成草地的不断退化。高原鼠兔有效洞口402～1 410个/hm²，其危害程度很大。

高原鼢鼠，主要栖息于海拔3 000 m以上的高寒草原地带。主要啃食牧草根系。每年地表解冻后，从4月初至11月间，通常昼夜进行挖掘，抛出地壤形成许多土丘。土丘一般直径为30～60 cm，高14～20 cm。夜间活动较白天频繁。4月中旬至6月中旬繁殖，每年生殖1次，每胎3仔，6月怀孕率56%。无冬眠现象，越冬达4个半月。高原鼢鼠种群密度以有效洞口数计，一般为每一公顷280～1 340个新土丘，对草场的破坏非常严重。

大沙鼠主要分布在石包城的沙土荒漠和砾石荒漠的山麓地带。在沙土荒漠中，多分布在沙丘斜坡的下部有锦鸡儿和梭梭等植物的地方。在砾质荒漠草场，长有梭梭、盐爪爪和白刺多的地方较为常见。大沙鼠较喜食梭梭、盐爪爪、白刺、盐生草和沙蓬等。大沙鼠的数量变化常与食物有关，而在荒漠草场，植物的生长状况又与前一年10月份至本年5月份间的降水量有密切关系，大沙鼠的数量与这一时期的降水量成正比。因此，可根据这一时期的降水量预测大沙鼠的数量变化。

戈壁五趾跳鼠主要栖息在盐池湾海拔3 000 m左右的草甸化草原、山麓平原和丘陵地带。

长爪沙鼠常见于石包城荒漠草原。具有疏松的沙质土壤、背风向阳、坡度不大并长有茂密的白刺滨藜及小画眉等植物的环境条件是它们栖息的最适生境，有时每公顷可达50只以上。

子午沙鼠在酒泉片区分布在荒漠和半荒漠草场，常集居在白刺、梭梭和盐爪爪多的砂质荒漠地带。子午沙鼠全年活动，不冬眠，活动主要在夜间0～1时。

从以上几种鼠类分布和鼠害发生情况看，在酒泉片区天然草地上，在海拔较高的高寒草原地带分布的优势种鼠类为高原鼠兔和高原鼢鼠。在海拔较低，干旱的荒漠草场分布的主要优势种为大沙鼠。这三种鼠类目前对酒泉片区天然草地的危害很大。在盐池湾、鱼儿红和石包城草地，每年鼠害发生面积有55.8×104公顷，占草地可利用面积的20%，其中鼠害达到危害临界密度的有49.1×104公顷，占草地可利用面积的17.6%。以上三种鼠类的数量发展近年来呈上升趋势，尤其以高原鼠兔的数量发展居高不下，使草地不断退化和沙化。

近年来，在草原上灭鼠一直采用生物鹰架控制，这种方式对高原鼠兔和大沙鼠的防治有一定的效果，但对地下活动的鼠类，如高原鼢鼠起不到较好的作用。因此，在以后的鼠害防治中还得采取综合措施进行防治。

## 3.7 植被及植物资源总体评价

### 3.7.1 植物资源多样性

经过几次系统的区域性考察，祁连山国家公园酒泉片区，尤其是盐池湾国家级自然保护区的本底资源较为清楚，为该区域植物资源的保护利用和发展规划的制订提供了保障。据调查，祁连山国家公园酒泉片区有苔藓植物6科7属8种、蕨类植物2科2属3种、裸子植物2科2属4种、被子植物44科218属477种（包含种下单元）。被子植物中，单种属有124个124种（不含种下等级，变种或亚种6个），2种属42个84种（不含种下等级，变种1个），3种属17个51种（不含种下等级，变种1个），4种属12个48种，5种属5个25种，6种属3个18种（不含种下等级，变种1个），7种属3个21种（不含种下等级，变种1个），8种属1个8种（不含种下等级，变种1个），含11至17个物种的属各1个，计98种，11、12种属各1个，共23种（不含种下等级，变种1个）。单属（仅含一个属）的科有18个，含36种，它们是水麦冬科、眼子菜科、百合科、鸢尾科、石蒜科、香蒲科、灯芯草科、小檗科、虎耳草科、锁阳科、胡颓子科、梅花草科、大戟科、白花丹科、茜草科、玄参科、通泉草科和桔梗科，占有总属的三分之一，说明该地区生物多样性在属的层面上更为突出。科中有2～3属的是10个21属46种，占物种数和属数的近十分之一，占科总数的近四分之一，分别是兰科、罂粟科、景天科、蒺藜科、杨柳科、白刺科、茄科、唇形科、忍冬科及柽柳科。含4～9属的科也是10个，计55属108种，由莎草科、报春花科、龙胆科、车前科、紫草科、列当科、石竹科、伞形科、蔷薇科及蓼科组成。上述植物中，从植物习性分析，木本（乔木、灌木和半灌木等）有48种，一年生或越年生植物33种，多年生草本植物410种。植物区系特征表现为温带性质，以北温带成分为主体；古地中海成分比重较大，中亚性质显著，表现出干旱的气候特征和植物区系的古老性；东亚成分较少，特有种主要起源于青藏高原东缘地区。从属种的区系特征可以看出，古地中海的退却和青藏高原的整体隆升对本区系格局的形成影响深刻，祁连山地在本区系与中国日本植物区系间的交流中起到了廊道沟通作用。

本区大部分植物是饲用植物，有许多优良牧草，据统计有150余种。例如西藏早熟禾（*Poa tibetica*）、草地早熟禾（*Poa pratensis*）、灰早熟禾（*Poa glauca*）、碱茅（*Puccinellia distans*）、华扁穗草（*Blysmus sinocompressus*）、青藏苔草（*Carex moorcroftii*）、圆囊苔草（*Carex orbicularis*）、无脉苔草（*Carex enervis*）、芨芨草（*Achnatherum splendens*）、垂穗披碱草（*Elymus nutans*）、冰草（*Agropyron cristatum*）、赖草（*Leymus secalinus*）、短花针茅（*Stipa breviflora*）、甘青针茅（*Stipa przewalskyi*）、芦苇（*Phragmites australis*）、多枝黄芪（*Astragalus polycladus*）等有较大的种群。由优良牧草为主构成的草原为畜牧业提供了优良草场。只有少数一些植物属于不能食用的有毒植物，如甘肃棘豆（*Oxytropis kansuensis*）、小花棘豆（*Oxytropis glabra*）、披针叶野决明（*Thermopsis lanceolata*）和骆驼蓬（*Peganum multisectum*）等。

本区药用植物（中药和民族药）也较为丰富，有173种，以菊科、蔷薇科、毛茛科、龙胆科、列当科、车前科、石竹科、蓼科、苋科和豆科为主，大多数以全草、根、根状茎，或果实和种子入药，功效主要是清热解毒、利尿、消肿等。其中，中麻黄（*Ephedra intermedia*）、蒙古白头翁（*Pulsatilla ambigua*）、唐古红景天（*Rhodiola tangutica*）、青藏虎耳草（*Saxifraga przewalskii*）、苦马豆（*Sphaerophysa salsula*）、甘草（*Glycyrrhiza uralensis*）、蕨麻

（*Potentilla anserina*）、黄花补血草（*Limonium aureum*）、管花秦艽（*Gentiana siphonantha*）、碱韭（*Allium polyrhizum*）等具有较大的种群，但本区生态环境脆弱，开发利用须科学合理进行。祁连圆柏（*Sabina przewalskii*）、水母雪兔子（*Saussurea medusa*）、唐古特雪莲（*Saussurea tangutica*）等种群较小，不宜开发利用，应予保护。

本区盐碱地占有比较大的面积，盐生植物丰富，可利用方面多样，如小果白刺（*Nitraria sibirica*）、黄花补血草（*Limonium aureum*）等可作药用；猪毛菜（*Kali collina*）等可作饲料用，多花柽柳（*Tamarix hohenackeri*）、美丽风毛菊（*Saussurea pulchra*）等可作绿化植物。本区盐生植物对防治荒漠化、保护和维持荒漠生态平衡起到积极的作用。

本区地势起伏变化剧烈，生态类型多样，人为干扰较少，其场所是进行各种科学研究的理想场所。本区生态环境总体具有脆弱性，部分地区资源植物适合开发利用，因此，在开发利用本区植物资源时应注意科学布局并合理地进行。大部分植物资源不宜开发利用，但可进行科学研究、种质资源获取保存、园林花卉植物引种栽培等，以保护为主。

### 3.7.2　珍稀濒危植物、国家重点保护植物和特有植物

根据国际自然及自然资源保护联盟，本区共有3种珍稀濒危植物，为中麻黄（*Ephedra intermedia*）、唐古红景天（*Rhodiola tangutica*）、颈果草（*Metaeritrichium microuloides*），均属于易危（VU，Vulnerable species）物种。列入《濒危野生动植物种国际贸易公约》的兰科植物2种——掌裂兰（*Dactylorhiza hatagirea*）和火烧兰（*Epipactis helleborine*）。祁连山国家公园酒泉片区列入最新国家重点保护植物名录的有7种，分别是禾本科的黑紫披碱草（*Elymus atratus*）、景天科的唐古红景天（*Rhodiola tangutica*）和四裂红景天（*Rhodiola quadrifida*）、豆科的甘草（*Glycyrrhiza uralensis*）、报春花科的羽叶点地梅（*Pomatosace filicula*）、茄科的黑果枸杞（*Lycium ruthenicum*）、菊科的水母雪兔子（*Saussurea medusa*），这些植物均属于二级。

关于祁连山国家公园酒泉片区的特有物种分布情况，据统计，该区域拥有羽叶点地梅属（*Pomatosace*）、颈果草属（*Metaeritrichium*）、马尿泡属（*Przewalskia*）、黄缨菊属（*Xanthopappus*）4个中国特有属125个中国特有种，青藏高原特有植物有16科34属52种，无本地区特有种。

### 3.7.3 影响植被、植物资源和草地的因素

祁连山国家公园酒泉片区地处青藏高原北缘祁连山西端，属干旱半干旱气候，冰山冻土、高山寒漠、高山草甸草原、湿地和干旱荒漠生态系统依不同海拔镶嵌分布。本区天然植被类型主要有温带落叶阔叶林、山地和河谷灌丛、温性荒漠草原、高寒荒漠草原、根茎禾草草甸草原、温带半灌木和小灌木荒漠、温带盐生小灌木和盐生灌木荒漠、温带灌木荒漠、草原化荒漠、高山稀疏垫状植被、典型丛生禾草草甸、沼泽化草甸、盐化草甸、高寒草甸、沼泽和水生植被等。

影响植被分布和植被特征的各种因素有自然因素和人为因素两个方面。从自然因素角度分析，片区地处中纬度，深居亚洲大陆内地，受东南季风的影响较小，保护区属于高寒半干旱气候区，寒冷、干燥是气候的主要特征，年降水量少且集中分布于夏季，季节分配不均。年蒸发量大于降水量10倍以上，相对湿度35%。日照时间长，年均温度低，无霜期不足。全年有较大的西北风，河流及冰川分布较为丰富。这些自然地理特征不利于植物生长和植被的发育，导致植物的生长期特别短，草场有效生物量积累时间少。植物和植被的生长发育容易受到低温和干旱的影响。水分是影响该区植被发育的主要原因。统计表明，该区域出现春末夏初干旱的年份达43%，其中，三分之一的年份是大旱，出现夏秋干旱的年份接近一半。显而易见，本来就很少降雨的国家公园，出现如此高频率的干旱胁迫，植物的春季萌动、夏季生长和开花、秋季结实严重受到影响。因此，植被和草场因先天发育条件的不稳定性，决定了该地区植被演替方向。与连续多年的干旱或季节性降雨的不匹配导致的干旱形成鲜明对照的是涝灾和雪灾——夏季暴雨、冬季暴风雪，祁连山冰川和积雪融化对地表原本很薄的土层的剥离作用和植被冲刷作用非常强烈，带走了大量的土壤，使得植物根系暴露，降低了植物应对严酷环境的能力。在局部的小范围和一定的时间内，冰川消退、积雪融化的洪水给流域的植被和草场造成了严重的危害。高温、干旱和水灾协同影响当地植物和植被发育外，还导致土壤盐碱化、退化和沙化等。影响该地植被的一个重要因素是寒潮、强降温和霜冻。除非生物因素直接或间接影响本地区植物群落的生长和植被演替以外，自然的生物因素，如大型动物和小型食草动物，尤其是鼠类严重危害草场和植被。

在祁连山国家公园酒泉片区人为因素对自然植被的影响主要是过度放牧。我们看到的草场退化、沙化、盐碱化等荒漠化问题一方面与全球和地区尺度的气候变化、全球变暖、降雨减少、降雨分配不均、干旱增加有关，另一方面与草场的载畜量有关。曾经的矿产开发对植被的影响非常明显，翻挖的土石掩埋了植被，在山洪发作时引起水土流失，目前，乱开矿产和破坏植被、污染环境的现象被有效遏制，恢复整治的地段，尽管有鼠类动物出没频繁，但植物正在进行初级演替。

## 3.8　植被及植物资源管理保护对策

### 3.8.1　植被、植物资源和草地面临的威胁及原因分析

#### 3.8.1.1　自然地理特征变化

祁连山国家公园酒泉片区地处中纬度，深居亚洲大陆内地，受东南季风的影响较小，保护区属于高寒半干旱气候区，寒冷、干燥是气候的主要特征。该地区的自然地理特征不利于植物生长和植被的发育，植物的生长期特别短。首先，水分是影响该区植被发育的主要原因。植物的春季萌发，以及夏季的开花和结实严重受到干旱的影响。植被和草场先天发育的不稳定性，决定着该地区植被演替方向。此外，在局部和一定的时间内，冰川消退、积雪融化的洪水给流域的植被造成了严重甚至是毁灭性的危害。近年来，因山洪暴发，携带的淤泥将沟谷河床两边的植被全部覆盖、掩埋，将道路冲垮。流域两边和低缓平原的大面积的草场遭到破坏，对当地畜牧业和交通带来严重影响。

其次，每次寒潮和强降温的出现时间正好是植物萌发或结实期，影响植物的发育和传种接代，对植被的影响将是毁灭性的。

#### 3.8.1.2　非法采集和盗伐

由于植物、矿物资源的商业价值以及有限的执法资源，非法采集植物、矿物和非法伐木活动频繁，对该地区的植被资源构成了严重威胁。这些活动通常是由非法采伐者和植物贩子驱动，以供应草药、木材和其他市场需求，从而导致了珍稀植物和树木的非法收集，损害了生态系统完整性。

在保护区内党河流域的大小沟脑，如盐池湾段的72个沟，都被私人掘金者掏挖过。挖金者设备简陋，只顾淘金，不顾植被和环境保护，大大影响了所采地段的植被。翻挖的土石掩埋了植被，在山洪发作时引起水土流失。洗

金药水不经过处理直接排入沟中，危害下游生命。肃北县人民政府和保护区已经采取了相应措施，遏制了乱开矿产、破坏植被、污染环境的势头。

### 3.8.1.3　过度放牧

从1949年至今，肃北县的人口稳步增长，耕地面积的变化与人口改变相一致，而牲畜数量增加了20余倍。由于人口增长和牲畜养殖需求增加，过度放牧现象频繁出现，导致草本植被的磨损和退化，牧草资源减少，对野生动物和牧民的生计构成威胁。在保护区高寒荒漠化草原地段，过度放牧导致鼠害加重，严重危害草场植被。在保护区吾力沟3 400 m左右的紫花针茅草原中，鼠害几乎破坏了草场，所到之处，仅剩下连老鼠都不食的毒草，如镰叶棘豆等。

### 3.8.1.4　草原火灾

火灾可能是由人为因素或自然原因引发的，不适当的火灾管理可能导致草地生态系统的破坏。人为因素主要有农田清理、牧草管理或放火犯罪活动等，气候干燥和火险升高也增加了火灾的风险。

### 3.8.1.5　物种入侵

外来植物物种的入侵可能对当地植被产生威胁，因为它们通常具有竞争性强和快速生长的特点。入侵物种通常由于国际贸易、旅游和人类活动引入，而当地植被往往难以抵御这些外来入侵。

## 3.8.2　抗威胁对策及建议

### 3.8.2.1　自然地理特征变化适应措施

祁连山国家公园酒泉片区缺乏降水，因此管理和保存水资源至关重要，应合理调整干旱荒漠地区农、牧、林三者的关系，严禁乱砍滥伐，可以考虑建设水库、人工湖泊和水源保护区，以确保足够的水量供应。同时，考虑引入对干旱条件更为耐受的植物品种，以改善植被的抵抗力。此外，定期监测必不可少，应实施气象监测，开发旱情监测系统以及火险预警系统，及时采取措施以减轻灾害。

### 3.8.2.2　非法采集和盗伐的控制

祁连山国家公园管理局酒泉分局应加强执法力量，以打击非法采砂等违法活动。同时通过教育和宣传活动，提高当地农牧民对生态保护的意识。

### 3.8.2.3　过度放牧管理

祁连山国家公园管理局酒泉分局应与当地政府沟通，开发和实施草场管理计划，以确保可持续的放牧实践，包括合理的牲畜数量控制和放牧区域的轮换。同时，要实施与人口增长相一致的土地使用政策，以减少土地的过度开发。

### 3.8.2.4　草原火灾预防

祁连山国家公园管理局酒泉分局应实施火灾预防措施，如设立火线、开展清理活动和推广安全的牧草管理。同时，提供相关培训和教育，以教育当地农牧民关于火灾预防和应对的最佳实践。

### 3.8.2.5　物种入侵管理

祁连山国家公园管理局酒泉分局应建立入侵物种监测系统，及时检测入侵物种的出现，并采取行动清除入侵物种，以恢复当地生态系统的平衡。同时，还可以加强与邻近地区和国际组织的合作，以共同应对入侵物种问题。

以上对策和建议需要在政府、当地社区和相关群体之间建立合作，以确保综合的生态保护计划的实施。同时，定期的监测和评估也是必要的，可以跟踪进展和动态调整策略以适应不断变化的情况。

# 第4章 脊椎动物

祁连山国家公园酒泉片区主要以原甘肃省盐池湾国家级自然保护区范围为主，本次调查为祁连山国家公园酒泉片区的综合科考，可参考甘肃省盐池湾国家级自然保护区的历史数据分析脊椎动物动态变化。盐池湾保护区在2000年开展了全面的科学考察，考察结果于2010年正式出版（记为2000年数据）。本次科考脊椎动物的数据主要以实地调查结果为主，同时参考其他资料数据（涉及本区域的文献报道），共记录酒泉片区脊椎动物5纲28目73科276种。依据《国家重点保护野生动物名录》（2021年），酒泉片区记录有国家重点保护野生动物共62种，保护动物种类丰富（占脊椎动物种类的22.5%）。其中，一级保护物种19种，包括8种哺乳类和11种鸟类；二级保护动物43种，包括哺乳类13种，鸟类30种。与2000年盐池湾保护区科考数据相比，新增种类143种，包括两栖类1种，爬行类7种，鸟类119种和兽类16种。

## 4.1 调查方法

### 4.1.1 参考技术依据

主要有《全国陆生野生动物资源调查与监测技术规程》（试行本）（国家林业局）、《自然保护区与国家公园生物多样性监测技术规程》（DB 53/T 391—2012）（云南省）、《国家公园资源调查与评价技术规程》（DB53/T 29—2009）（云南省）、《自然酒泉片区生物多样性调查规范》（LY/T 1814—2009）、《甘肃省第四次大熊猫调查报告》（甘肃科技出版社，2017）。

### 4.1.2 调查范围

祁连山国家公园酒泉片区位于祁连山脉的中部，包括了肃南裕固族自治县、肃北蒙古族自治县以及阿克塞哈萨克族自治县部分地区。该片区的地理坐标为北纬 38°43′～北纬 40°27′，东经 97°50′～东经 99°30′，总面积 169.97 万公顷。

### 4.1.3　样线布设

在选定的调查区域内随机布设样线，并考虑生境类型、海拔梯度、透视度和可通行条件等因素，以调查在当天能够完成并返回为主要依据。

本项目共布设样线 15 条。在不同生境、海拔布设了 26 台红外相机，连同酒泉片区已有相机，总数达 80 台（表 4-1）。

表 4-1　红外相机布设位点信息

| 序号 | 相机编号 | 小地名 | 经度（东经） | 纬度（北纬） | 海拔（m） |
|---|---|---|---|---|---|
| 1 | dhNS-005 | 东红沟 | 96.541 842 | 38.600 394 | 3 998 |
| 2 | dhNS-006 | 西红沟 | 96.493 565 | 38.615 307 | 4 050 |
| 3 | dhNS-009 | 黑达坂 | 96.373 533 | 38.662 953 | 3 987 |
| 4 | dhNS-012 | 狼岔沟 | 96.229 728 | 38.678 775 | 4 041 |
| 5 | dhNS-013 | 狼岔沟 | 96.236 586 | 38.702 528 | 3 926 |
| 6 | dhNS-015 | 大沙沟 | 96.127 022 | 38.758 625 | 3 856 |
| 7 | dhNS-016 | 大沙沟 | 96.074 896 | 38.461 653 | 3 802 |
| 8 | dhNS-017 | 狗熊沟 | 96.064 981 | 38.762 775 | 4 508 |
| 9 | dhNS-018 | 黑刺沟 | 96.042 633 | 38.801 672 | 3 828 |
| 10 | dhNS-021 | 吾力沟 | 95.909 767 | 38.854 986 | 3 828 |
| 11 | dhNS-023 | 美丽布拉格 | 95.820 761 | 38.871 722 | 4 011 |
| 12 | dhNS-026 | 温都子 | 95.787 772 | 38.920 481 | 3 760 |
| 13 | dhNS-038 | 半架沟 | 95.552 623 | 39.168 711 | 3 558 |
| 14 | dhNS-041 | 编码沟 | 95.474 833 | 39.207 292 | 3 695 |
| 15 | dhNS-046 | 扎子沟 | 95.390 342 | 39.203 172 | 3 722 |
| 16 | dhNS-048 | 尧日沟西 | 95.648 963 | 39.041 214 | 4 102 |
| 17 | YMNS-001 | 顾尔本达乌中沟 | 95.947 839 | 39.358 667 | 4 446 |
| 18 | YMNS-006 | 野马南山 | 95.888 278 | 39.222 028 | 3 806 |

**续表**4-1

| 序号 | 相机编号 | 小地名 | 经度(东经) | 纬度(北纬) | 海拔(m) |
|---|---|---|---|---|---|
| 19 | YMNS-008 | 野马南山 | 95.937 889 | 39.214 667 | 4 222 |
| 20 | YMNS-009 | 野马南山 | 95.963 467 | 39.216 961 | 4 203 |
| 21 | YMNS-011 | 野马南山 | 95.938 394 | 39.188 361 | 3 868 |
| 22 | YMNS-013 | 野马南山 | — | — | — |
| 23 | YMNS-014 | 野马南山 | 95.888 754 | 39.185 056 | 3 738 |
| 24 | YMNS-027 | 野马南山 | 95.964 319 | 39.169 697 | 3 755 |
| 25 | YMNS-029 | 野马南山 | 96.065 944 | 39.172 667 | 4 009 |
| 26 | YMNS-042 | 野马南山 | 96.321 414 | 39.200 592 | 4 433 |
| 27 | YMNS-049 | 野马南山 | 96.316 628 | 39.161 694 | 4 414 |
| 28 | YMNS-A3 | 野马南山 | 95.840 997 | 39.142 825 | 3 291 |
| 29 | 03-03 | 疏勒南山 | 96.812 917 | 39.214 706 | 3 691 |
| 30 | 03-01 | 疏勒南山 | 96.793 411 | 39.193 019 | 3 785 |
| 31 | 09-05 | 疏勒南山 | 96.523 684 | 39.101 571 | 3 478 |
| 32 | 10-01 | 疏勒南山 | 96.892 803 | 39.178 402 | 3 300 |
| 33 | 12-01 | 疏勒南山 | 96.845 464 | 39.144 822 | 3 773 |
| 34 | 16-02 | 疏勒南山 | 96.893 056 | 39.077 056 | 3 831 |
| 35 | 18-01 | 疏勒南山 | 96.955 953 | 39.091 489 | 3 437 |
| 36 | 18-02 | 疏勒南山 | 96.942 253 | 39.089 231 | 3 302 |
| 37 | 20-01 | 疏勒南山 | 96.873 703 | 39.056 469 | 3 874 |
| 38 | 26-01 | 疏勒南山 | 96.926 211 | 39.042 208 | 3 627 |
| 39 | 25-02 | 疏勒南山 | 96.897 863 | 39.013 189 | 3 771 |
| 40 | 30-02 | 疏勒南山 | 96.936 913 | 38.997 369 | 4 048 |
| 41 | 鱼儿红02 | 火烧沟 | 96.948 050 | 39.406 611 | 2 778 |
| 42 | 鱼儿红03 | 三个启眼 | 96.966 605 | 39.405 013 | 3 098 |

| 序号 | 相机编号 | 小地名 | 经度(东经) | 纬度(北纬) | 海拔(m) |
|---|---|---|---|---|---|
| 43 | 鱼儿红 04 | — | 97.013 829 | 39.398 227 | 3 154 |
| 44 | 鱼儿红 05 | 干沟 | 97.004 900 | 39.390 091 | 3 437 |
| 45 | 鱼儿红 06 | 干沟大班 | 97.030 372 | 39.378 041 | 3 823 |
| 46 | 鱼儿红 08 | 塔尔沟脑 | 97.024 996 | 39.356 766 | 3 786 |
| 47 | 鱼儿红 11 | 咬洞沟 | 97.060 932 | 39.341 375 | 3 799 |
| 48 | 鱼儿红 14 | 小石洞沟 | 97.054 456 | 39.328 765 | 3 798 |
| 49 | 鱼儿红 18 | 石洞沟 | 97.093 812 | 39.317 054 | 3 297 |
| 50 | 鱼儿红 19 | 石洞沟 | 97.076 566 | 39.308 492 | 3 826 |
| 51 | 鱼儿红 20 | 斜沟口子 | 97.115 397 | 39.296 707 | 3 424 |
| 52 | 鱼儿红 21 | 窑洞子沟口 | 97.146 837 | 39.284 081 | 3 694 |
| 53 | 鱼儿红 22 | 斜沟脑 | 97.139 167 | 39.294 308 | 3 914 |
| 54 | 鱼儿红 24 | 窑洞子沟脑 | 97.145 293 | 39.298 999 | 3 944 |
| 55 | 肃北 01 | — | 96.819 076 | 38.962 748 | 4 038 |
| 56 | 肃北 02 | — | 96.854 322 | 38.971 149 | 4 094 |
| 57 | 肃北 03 | — | 96.808 809 | 38.940 528 | 3 962 |
| 58 | 肃北 04 | — | 96.809 656 | 38.932 287 | 3 936 |
| 59 | 肃北 05 | — | 96.847 856 | 38.915 749 | 4 006 |
| 60 | 肃北 06 | — | 96.892 058 | 38.885 496 | 4 062 |
| 61 | 肃北 07 | — | 96.958 938 | 38.840 643 | 4 253 |
| 62 | 肃北 08 | — | 96.960 642 | 38.845 264 | 4 303 |
| 63 | 肃北 09 | — | 96.961 115 | 38.847 602 | 4 311 |
| 64 | 肃北 10 | — | 96.962 935 | 38.829 045 | 4 153 |
| 65 | 肃北 11 | — | 97.011 457 | 38.785 627 | 4 326 |
| 66 | 肃北 12 | — | 97.010 769 | 38.785 303 | 4 323 |

**续表4-1**

| 序号 | 相机编号 | 小地名 | 经度（东经） | 纬度（北纬） | 海拔（m） |
|---|---|---|---|---|---|
| 67 | 肃北13 | — | 97.006 790 | 38.789 442 | 4 299 |
| 68 | 肃北14 | — | 97.020 848 | 38.821 997 | 4 167 |
| 69 | 肃北15 | — | 97.012 363 | 38.822 133 | 4 160 |
| 70 | 肃北16 | — | 96.982 313 | 38.821 043 | 4 116 |
| 71 | 肃北17 | — | 96.897 919 | 38.836 809 | 4 102 |
| 72 | 肃北18 | — | 96.961 473 | 38.823 018 | 4 108 |
| 73 | 肃北19 | — | 97.049 103 | 38.822 897 | 4 194 |
| 74 | 肃北20 | — | 97.050 045 | 38.823 080 | 4 195 |
| 75 | 肃北21 | — | 97.050 039 | 38.823 110 | 4 194 |
| 76 | 肃北22 | — | 97.067 937 | 38.817 212 | 4 263 |
| 77 | 肃北23 | — | 97.071 135 | 38.820 018 | 4 245 |
| 78 | 肃北24 | — | 97.055 952 | 38.824 477 | 4 201 |
| 79 | 肃北25 | — | 97.025 747 | 38.824 265 | 4 176 |
| 80 | 肃北26 | — | 96.988 378 | 38.820 483 | 4 129 |

### 4.1.4 具体调查方法

#### 4.1.4.1 兽类调查方法

为获取数量稀少、活动规律特殊、在野外很难见到实体的大中型兽类物种，本项目调查主要使用红外相机法，同时辅以样线法和访谈法。

在保证可通行的前提下，在调查小区不同海拔、不同生境随机布设自动照相机，型号为猎科LTL-6 210和东方红鹰E3。选取动物经常出没的山间小路、兽径、溪流，以及有明显动物活动痕迹的位点，将相机固定在附近树干等自然物体上，相机高度0.5～0.8 m。相机设置为全天拍摄，中心+两侧感应，灵敏度自动，拍摄间隔1秒，连续拍摄3张或录制720 p视频10秒。安装测试后，适当清理周边高草、树枝等可能遮挡镜头的物体。相机布设后每隔3～6个月检查一次，更换电池和存储卡。

大型兽类和鸟类样线为同一样线，同时调查。调查时 2～3 人一组，大型兽类主要观察地上的遗迹，如食迹、足迹、粪便（有时遗迹也在树上能见到，如熊类的食迹、爪痕等）、皮毛等，有时也可能在山上、树上见到兽类实体。

小型兽类（主要是啮齿类）用样方法进行调查。鼠夹主要沿河流、主沟、兽径等相对宽阔的区域线性布设，以油炸花生米做诱饵，鼠夹间距为 5m，每样方布设 100 个鼠夹。

### 4.1.4.2　鸟类调查方法

鸟类调查主要以样线法进行，针对鸡形目等地面活动鸟类辅以红外相机法调查。样线调查分别于夏繁殖季、春秋迁徙季和冬季越冬季进行，在适宜天气条件下（大雾、大雨、大风天气除外），于日出后 4 h 内和日落前 3 h 内进行监测（冬季则在日出后天气转暖时调查）。监测者沿样带行走，速度 1～2 km/h，边走边观察、聆听，发现鸟类时以双筒望远镜观察，确定其种类、数量和活动情况；记录观测者前方、两侧及从前飞向后方的鸟类种类、数量以及栖息生境等信息；发现鸟类痕迹（粪便、羽毛）时，应仔细观察并拍照采样。行进的同时，用 GPS 记录样线调查的行进航迹。

### 4.1.4.3　爬行类调查方法

爬行类调查采用样线法，样线设置与鸟类调查样线相同，在鸟类调查结束后返回的途中进行调查，调查时间为 10：00～15：00，即爬行类活动高峰期。样线调查于繁殖季 5～8 月进行，调查时沿样线行走，观察样线两侧 5～10 m 范围内分布的爬行动物，记录其种类和数量。

### 4.1.4.4　两栖类调查方法

两栖类与水有很大关系，样线主要沿河流湿地布设。样线调查于 5～8 月两栖类繁殖季及河流丰水期进行，调查时沿样线行走，观察样线两侧 5～10m 范围内分布的两栖动物成体及幼体，必要时可以翻开石块，查看隐匿的动物个体。为保证调查的充分性，以资料调研和访谈法相结合的方式进行。

### 4.1.4.5　鱼类调查方法

鱼类调查以收集现有资料为主；同时，在鱼类繁殖季节 5 月～8 月进行野外采集，并以访谈法辅助调查。采集以沉网诱捕法为主，对采集到的鱼类个体进行初步辨认和拍照后选取适当数量制作标本，其余个体均放归原生境。所有鱼类标本均被浸泡于纯酒精溶液中保存，并被带回实验室进行分类鉴定。

#### 4.1.4.6 社区访谈法

社区访谈法是野外实地调查的有效补充，访谈对象主要为酒泉片区群众，特别是当地的乡土动物专家和民间医务人员。调查的主要内容有野生动物名称、发现地点、时间、大概数量等。

### 4.1.5 数据分析

#### 4.1.5.1 红外相机数据

根据独立有效照片计算相对丰富度指数（relative abundance index，RAI）：

$$RAI = A_i / N \times 100$$

其中，$A_i$ 代表第 $i$ 类（$i = 1 \cdots$）动物出现的独立有效照片数

N 代表独立有效照片总数

#### 4.1.5.2 样带法统计的相对数量

计算公式如下：

$$D_i = (N_i - 1) / 2L_i \cdot W_i$$

其中，$D_i$ 为 $i$ 样线内每一物种的种群出现密度（只/km²）；$N_i$ 为样线内物种出现的个数（只）；$L_i$ 为该条样线的长度（km）；$W_i$ 为 $i$ 样线的宽度（km）。

#### 4.1.5.3 样方法统计的相对数量

计算公式如下：

$$D = N/S$$

D 为物种的相对密度（只/km²）；N 为样方内物种的个数（只）；S 为样方面积。

### 4.1.6 文献依据

调查中，脊椎动物数据的统计整理均依照最新的分类系统和资料。其中，鸟类分类系统依据《中国鸟类分类与分布名录》（第四版），兽类物种鉴定参考《中国兽类野外手册》，兽类分类系统依据《中国兽类名录》（2021），国家保护物种级别依据《国家重点保护野生动物名录》（2021），"三有动物"

名录依据《国家保护的有重要生态、科学、社会价值的陆生野生动物名录》（2023），CITES 附录依据 2019 濒危野生动植物种国际贸易公约（CITES 附录）（http://www.cites.org.cn/），中国动物红色名录及特有种统计依据《中国脊椎动物红色名录》（蒋志刚等，2016），IUCN 红色名录等级（The IUCN Red List of Threatened Species.）依据 Version 2016，动物区系及分布型统计依据《中国动物地理》（张荣祖，1999）。

## 4.2　动物物种多样性、区系分析及变化

本区域共记录有脊椎动物 5 纲 28 目 73 科 276 种。本次科考共记录到脊椎动物 5 纲 28 目 73 科 266 种；与 2000 年盐池湾保护区科考数据相比较，新增种类 143 种，包括两栖类 1 种，爬行类 7 种，鸟类 119 种和兽类 16 种。（表 4-2）。

表 4-2　各次科考脊椎动物多样性概况

| 纲 | 两次科考数据 | | 酒泉片区 | | |
| --- | --- | --- | --- | --- | --- |
| | 2000 | 2023 | 目 | 科 | 种类 |
| 鱼纲 | 5 | 5 | 1 | 2 | 5 |
| 两栖纲 | 1 | 2 | 1 | 2 | 2 |
| 爬行纲 | 2 | 9 | 1 | 5 | 9 |
| 鸟纲 | 93 | 207 | 19 | 49 | 212 |
| 哺乳纲 | 32 | 43 | 6 | 15 | 48 |
| 合计 | 133 | 266 | 28 | 73 | 276 |

### 4.2.1　鱼类

酒泉片区分布有鱼类 5 种，属鲤形目，包括条鳅科的短尾高原鳅、梭形高原鳅、重穗唇高原鳅、酒泉高原鳅，鲤科的花斑裸鲤（表 4-3）。

表4-3　酒泉片区鱼类种类

| 种类 | | | 2000 | 2023 | 资源量 |
|---|---|---|:---:|:---:|:---:|
| 鲤形目<br>Cypriniformes | 条鳅科<br>Nemacheilidae | 短尾高原鳅<br>*Triplophysa brevicauda* | √ | √ | + |
| | | 梭形高原鳅<br>*Triplophysa leptosoma* | √ | √ | # |
| | | 酒泉高原鳅<br>*Triplophysa hsutschouensis* | √ | √ | # |
| | | 重穗唇高原鳅<br>*Triplophysa papillolabitus* | √ | √ | # |
| | 鲤科 Cyprinidae | 花斑裸鲤<br>*Gymnocypris eckloni* | √ | √ | ++ |

注：+ 有分布，不常见　++ 较常见　# 有分布（资料数据）

　　鱼类区系的形成是鱼类与环境因子长期作用的结果。世界上淡水鱼类的种类很多，其中绝大多数为鲤形目种类，故以此为核心，可以将世界淡水鱼类分为7个分布区。我国鱼类主要为古北区和印度区种类，并进一步划分为5区，包括北方区（北方山麓区）、华西区（中亚高山区）、宁蒙区（宁蒙高原区）、华东区（江河平原区）和华南区（岭南山麓区）。中亚高山区（华西区）是世界淡水鱼类地理区划中全北区的一个亚区，又分为准噶尔亚区、伊犁—额敏亚区、塔里木亚区、藏西亚区、青藏亚区、陇西亚区、康藏亚区和川西亚区。此区一般为高山和高原地带，具有很强的大陆性气候特征，昼夜温差很大。自然景观为荒漠、高山草原、高山针叶林或高山冻土带。鱼类最显著的特征就是鲤科的裂腹鱼类和条鳅科的高原鳅种类丰富，鱼类身体粗圆，无鳞，基本为地方性的冷水鱼。中新世的陇山运动，使河西走廊早与黄河隔开，河西各水系也相继分离，造成此区域的鱼类特有种较多。

　　酒泉片区地处河西走廊及祁连山的西端，也是青藏高原的西北部边缘，地貌主要以荒漠、高山草原为主，水系为高山融水形成的内陆河水系。由于河流水浅、水量季节性明显、水温很低，鱼类资源匮乏，主要以适应冷水的地栖鱼类为主。5 种鱼类中 4 种为高原鳅属鱼类，数量和分布均少。花斑裸鲤为青藏亚区和陇西亚区的种类，分布较广，在本区也有分布。

### 4.2.2　两栖类

酒泉片区分布的两栖类种类为 1 目 2 科 2 属 2 种，即花背蟾蜍（*Bufo raddei*）和高原林蛙（*Rana kukunoris*）。花背蟾蜍的分布较广，栖息在肃北海拔低于 2 600 m 的湿地沟渠、草甸沼泽、河岸沼泽草地等生境中；国内在北方常见，区系为古北界，分布型为东北—华北型（X）。高原林蛙为中国林蛙分出来的一个种类，鼓膜部位有黑褐色三角形斑；多生活在海拔 2 000～4 200 m 高的原地区的各种水域及其附近的湿润环境中，以水塘、水坑和沼泽等静水域及其附近的草地主要栖息地；国内分布于甘肃、青海、西藏、四川，是中国特有种；广布种，分布型为高地型（P）。

### 4.2.3　爬行类

科考调查结果表明，区域内分布的爬行类物种共有 2 亚目 5 科 5 属 9 种（表 4-4），分别占甘肃全省爬行类 3 目 10 科 33 属 59 种的 66.67%、50.00%、15.15%、15.25%；其中，蜥蜴 5 种，蛇类 4 种。9 种爬行动物均列入了国家保护的有重要生态、科学、社会价值的陆生野生动物名录。

本次调查观测到 4 种爬行类，其中，青海沙蜥数量最多，花条蛇在荒漠戈壁有分布。叶城沙蜥、变色沙蜥、虫纹麻蜥、中介蝮和白条锦蛇为根据文献数据新增的种类，在本区域应该有分布。2000 年科考记录的莎车麻蜥在分类上一般作为密点麻蜥莎车亚种（*Eremias multiocellata yarkandensis* Blanford，1875），分布在兰州盆地、青海东部、柴达木盆地南部和新疆天山南部地区，和密点麻蜥为同一种。

酒泉片区分布的 9 种爬行类的区系组成为古北界，分布型有中亚型（D）6 种，高地型（P）1 种，古北型（U）1 种，喜马拉雅—横断山区型（H）1 种，体现了中亚荒漠和高原的物种组成特征。

表4-4 酒泉片区爬行类多样性

| 目 | 科 | 中文名 | 学名 | 2000 | 2023 | 分布型 | IUCN等级 | 资源量 |
|---|---|---|---|---|---|---|---|---|
| 蜥蜴亚目 Lacertilia | 鬣蜥科 Agamidae | 青海沙蜥 | *Phrynocephalus vlangallii* | √ | √ | P | LC | +++ |
| | | 叶城沙蜥 | *Phrynocephalus axillaris* | — | — | D | LC | # |
| | | 变色沙蜥 | *Phrynocephalus versicolor* | — | — | D | LC | # |
| | 蜥蜴科 Lacertidae | 密点麻蜥 | *Eremias multiocellata* | √ | √ | D | LC | ++ |
| | | 虫纹麻蜥 | *Eremias vermiculata* | — | — | D | LC | # |
| 蛇亚目 Serpentes | 蝰科 Viperidae | 高原蝮 | *Gloydius strauchi* | — | √ | H | NT | + |
| | | 中介蝮 | *Gloydius intermedius* | — | — | D | LC | # |
| | 鳗形蛇科 Lamprophiidae | 花条蛇 | *Psammophis l ineolatus* | | √ | D | LC | + |
| | 游蛇科 Colubridae | 白条锦蛇 | *Elaphe dione* | — | — | U | LC | # |

注：+ 为有分布，不常见；++ 为较常见；+++ 为数量多；# 为有分布（资料数据）；

IUCN等级：近危（Near Threatened，NT）、无危（Least Concern，LC）；

分布型：U 为古北型，D 为中亚型，H 为喜马拉雅—横断山区型，P 为高地型。

### 4.2.4 鸟类

#### 4.2.4.1 物种多样性

鸟类是国家公园中陆生脊椎动物种类最多、最主要的一个类群。科考共记录鸟类19目49科212种（附录2-2）（分类系统依据郑光美《中国鸟类分类与分布名录》〔第四版〕），占甘肃省鸟类479种的44.25%，占酒泉片区脊椎动物种数（276种）的76.81%。

19目中，种类最多的是雀形目，达25科104种（表4-5），占酒泉片区鸟类的49.06%；鸻形目、雁形目鸟类相对较丰富，分别有4科27种、1科21种；猛禽种类包括鹰形目2科16种、鸮形目1科4种、隼形目1科4种；鸡形目有1科6种；鹱形目、鲣鸟目和犀鸟目种类最少，都是1种。

49科中，种类最多的5个科是鸭科（Anatidae，21种）、鹰科（Accipitridae，15种）、鹬科（Scolopacidae，13种）、鹟科（Muscicapidae，13种）、燕雀科（Fringillidae，13种），分别占酒泉片区鸟类的9.9%、7.1%、6.1%、6.1%、6.1%。其他种类较多的科还有鸦科（Corvidae，8种）、鹡鸰科（Motacillidae，8种）、雀科（Passeridae，8种）、鸠鸽科（Columbidae，7种）、雉科（Phasianidae，6种）、鸻科（Charadriidae，6种）、鸥科（Laridae，6种）和百灵科（Alaudidae，6种）。种类只有1种的科有13个。（表4-6）

表4-5  酒泉片区鸟类各类群的组成

| 目 | 科 | 种 | 目 | 科 | 种 |
|---|---|---|---|---|---|
| 鸡形目 | 1 | 6 | 鹲形目 | 1 | 3 |
| 雁形目 | 1 | 21 | 鲣鸟目 | 1 | 1 |
| 鹲鹈目 | 1 | 3 | 鸻形目 | 4 | 27 |
| 鸽形目 | 1 | 7 | 鸮形目 | 1 | 4 |
| 沙鸡目 | 1 | 2 | 鹰形目 | 2 | 16 |
| 夜鹰目 | 2 | 3 | 犀鸟目 | 1 | 1 |
| 鹃形目 | 1 | 1 | 啄木鸟目 | 1 | 2 |
| 鹤形目 | 2 | 5 | 隼形目 | 1 | 4 |
| 鸻形目 | 1 | 1 | 雀形目 | 25 | 104 |
| 鹱形目 | 1 | 1 | | | |

表4-6  酒泉片区鸟类科内种的组成

| 科内含种数 | 目数 | 占总目数的比例(%) | 科数 | 占总科数的比例(%) |
|---|---|---|---|---|
| 含20种以上 | 3 | 15.79 | 1 | 2.04 |
| 含10～20种 | 1 | 5.26 | 4 | 8.16 |

**续表4-6**

| 科内含种数 | 目数 | 占总目数的比例(%) | 科数 | 占总科数的比例(%) |
|---|---|---|---|---|
| 含7~9种 | 1 | 5.26 | 4 | 8.16 |
| 含5~6种 | 2 | 10.53 | 6 | 12.24 |
| 含3~4种 | 5 | 26.32 | 12 | 24.49 |
| 含2种 | 2 | 10.53 | 9 | 18.37 |
| 含1种 | 5 | 26.32 | 13 | 26.53 |
| 总　计 | 19 | 100 | 49 | 100 |

祁连山国家公园酒泉片区为典型的大陆性气候，干旱少雨，蒸发强烈，分布有落叶灌丛、草甸、干旱草原、荒漠草原、荒漠、湿地植被等自然景观。同时，区域内分布着阿尔金山、党河南山、土尔根达坂、喀克土蒙克、托来南山、疏勒南山、走廊南山等山脉，海拔高至4 000~4 500 m。因此，区域内猛禽种类多，鹰形目有16种之多；高山上生活的雪鸡、山鹑、石鸡等鸡形目鸟类种类也较丰富，尤其是雪鸡，数量多、分布广。红外相机数据表明，在酒泉片区，雪鸡有同域分布的现象。雀形目中山地鸟类以鸦科、岩鹨科、雀科、燕雀科较为典型，种类及数量较多且易见，鸟类组成体现了典型的高山生态系统和荒漠生态系统的特点。

区域内有盐池湾湿地（党河上游），它是著名的黑颈鹤在西部的重要繁殖栖息地，因此，湿地鸟类如鸻形目（Charadriiformes）、雁形目（Anseriformes）种类丰富。《湿地公约》列入的水禽包括䴙䴘目（Podicipediformes）、鹈形目（Pelecaniformes）、鹳形目（Ciconiiformes）、雁形目、鹤形目（Gruiformes）、鸻形目（包括鸻鹬类和鸥类）。酒泉片区鸟类组成中水禽有61种，占28.77%，比例高，主要得益于盐池湾党河有很好的湿地生境。

212种鸟类中，留鸟比例最高，为84种（占39.6%），夏候鸟71种（占33.5%），旅鸟52种（占24.5%），冬候鸟5种（占2.4%）。从区域内的鸟类居留型上来看，留鸟占比很高，这也与区域内主要为高山、荒漠生境有关。同时，本区域内夏候鸟和迁徙过路鸟比例也高。由于河流湿地的存在，夏秋季节食物充沛，有很多的夏候鸟在此处繁殖，春秋季节有很多迁徙过路鸟在此处停歇，造成迁徙过路鸟和夏候鸟比例高，这与同为河西干旱区的张掖黑河国家级自然保护区以及甘肃安西极旱荒漠国家级自然保护区的鸟类组成特征相似。本区域内冬季严酷的高山及荒漠环境使得冬候鸟只有5种（占2.4%）。

### 4.2.4.2　区系分析

鸟类的地理分布区主要是以它们繁殖的范围为准绳；在鸟类区系特点方面，主要对酒泉片区共155种繁殖鸟类的分布型进行了分析（表4-7），分布型最多的是广布型（O），有37种（占23.9%），其次是古北型（U）（31种，占20.0%）、高地型（P或I）（24种，15.5%）、全北型（C）（19种，12.3%）、中亚型（D）（19种，12.3%）和喜马拉雅—横断山区型（H）（10种，6.5%）。酒泉片区鸟类区系中，古北界的种类（分布型包括全北型、古北型、东北型、华北型、东北—华北型、中亚型、季风型、高地型）有104种（占67.1%），东洋界的种类（分布型包括东洋型、南中国型和喜马拉雅—横断山区型）只有14种（占9.0%），广布种也占一定的比例，有37种（占23.9%）。鸟类区系组成上古北界占很大优势，东洋界所占比例小，北方区系特征明显。

表4-7　酒泉片区鸟类区系成分统计

| 目 | C | U | M | B | X | D | E | P或I | H | W | S | O | 合计 |
|---|---|---|---|---|---|---|---|---|---|---|---|---|---|
| 鸡形目 | — | — | — | — | — | 2 | — | 2 | 1 | — | — | 1 | 6 |
| 雁形目 | 1 | 2 | — | — | — | — | — | 1 | — | 1 | — | 1 | 6 |
| 鹃鹀目 | — | 1 | — | — | — | — | — | — | 1 | — | — | — | 2 |
| 鸽形目 | — | — | — | — | 1 | — | — | 1 | 1 | — | — | 4 | 7 |
| 沙鸡目 | — | — | — | — | — | 1 | — | 1 | — | — | — | — | 2 |
| 夜鹰目 | — | — | 1 | — | — | — | — | — | — | — | — | 2 | 3 |
| 鹃形目 | — | — | — | — | — | — | — | — | — | — | — | 1 | 1 |
| 鹤形目 | — | 1 | — | — | — | — | — | 1 | — | — | — | 1 | 3 |
| 鸨形目 | — | — | — | — | — | — | — | — | — | — | — | 1 | 1 |
| 鹳形目 | — | 1 | — | — | — | — | — | — | — | — | — | — | 1 |
| 鹈形目 | — | 1 | — | — | — | — | — | — | — | — | — | — | 1 |

续表4-7

| 目 | C | U | M | B | X | D | E | P或I | H | W | S | O | 合计 |
|---|---|---|---|---|---|---|---|---|---|---|---|---|---|
| 鲣鸟目 | — | — | — | — | — | — | — | — | — | — | — | — | 0 |
| 鸻形目 | 2 | 5 | — | — | — | 2 | — | 1 | — | — | — | 3 | 13 |
| 鸮形目 | 2 | 2 | — | — | — | — | — | — | — | — | — | — | 4 |
| 鹰形目 | 2 | 2 | — | — | — | 3 | — | — | — | — | — | 5 | 12 |
| 犀鸟目 | — | — | — | — | — | — | — | — | — | — | — | 1 | 1 |
| 啄木鸟目 | — | 2 | — | — | — | — | — | — | — | — | — | — | 2 |
| 隼形目 | 1 | 1 | — | — | — | — | — | — | — | — | — | 1 | 3 |
| 雀形目 | 11 | 13 | 6 | — | 2 | 11 | 1 | 18 | 8 | 1 | — | 16 | 87 |
| 合计 | 19 | 31 | 7 | 0 | 2 | 19 | 2 | 24 | 10 | 4 | 0 | 37 | 155 |
| 比例(%) | 12.3 | 20.0 | 4.5 | 0.0 | 1.3 | 12.3 | 1.3 | 15.5 | 6.5 | 2.6 | 0.0 | 23.9 | 100.0 |

注：C为全北型，分布于欧亚大陆北部和北美洲；

U为古北型，分布于欧亚大陆北部，向南达于东洋界相邻地区；

M为东北型，我国东北地区或再包括附近地区；

B为华北型，主要分布于华北区；

X为东北—华北型，分布于我国东北和华北，向北伸达朝鲜半岛、俄罗斯远东和蒙古国等地；

D为中亚型，分布于我国西北干旱区、国外中亚干旱区，有的达北非；

E为季风型，东部湿润地区为主；

P或I为高地型，P主要分布于中亚地区的高山，I以青藏高原为中心，包括其外围山地；

H为喜马拉雅—横断山区型；

W为东洋型，主要分布于亚洲热带、亚热带，有的达北温带；

S为南中国型；

O为不易归类的分布，其中不少分布比较广泛的种。

### 4.2.4.3 鸟类多样性变化

2000年盐池湾科考，共观测到鸟类15目35科93种，其中5种在本次调查中没有见到，分别是普通秧鸡（Rallus indicus）、细嘴短趾百灵（Calanbrella acutirostris）、山鹡鸰（Dendronanthus indicus）、田鹨（Anthus novaeseelandiae）和沙色朱雀（Carpodacus stoliczkae），这5种在酒泉片区内应该还有分布。与2000年盐池湾科考数据相比较，本次调查新增鸟类119种（表4-8），其中，有2种国家一级保护物种——黑鹳和波斑鸨，有18种国家二级保护物种。

　　鸟类是脊椎动物中变动最大的类群，对环境很敏感，在许多区域都是周转率最高的动物类群。在生境良好、人为干扰变少的情况下，鸟类的种类和数量会显著增加。酒泉片区以盐池湾保护区为主要区域，与2000年的科考相比，鸟类种类新增很多。经过了20多年，大的气候变化、鸟类物种的扩散及新分布，使得本区域鸟类物种多样性变化很多，加之近些年生态文明建设、自然保护管理的加强，自然环境得到很好的改善，保护区内人为干扰也大大减少，相比于20年前，鸟类物种多样性新增很多。

表 4-8　酒泉片区 2023 年调查新增鸟类种类

| 目 | 科 | 中文名 | 学名 | 国家重点保护级别 | 三有动物 | CITES附录 | INCN等级 | 数量 |
|---|---|---|---|---|---|---|---|---|
| 鸡形目 | 雉科 | 高原山鹑 | *Perdix hodgsoniae* | — | √ | — | LC | +++ |
| 雁形目 | 鸭科 | 白额雁 | *Anser albifrons* | 二级 | — | — | LC | # |
| | | 疣鼻天鹅 | *Cygnus olor* | 二级 | — | — | LC | # |
| | | 翘鼻麻鸭 | *Tadorna tadorna* | — | √ | — | LC | + |
| | | 赤膀鸭 | *Anas strepera* | — | √ | — | LC | + |
| | | 赤颈鸭 | *Mareca penelope* | — | √ | — | LC | # |
| | | 琵嘴鸭 | *Anas clypeata* | — | √ | — | LC | # |
| | | 针尾鸭 | *Anas acuta* | — | √ | — | LC | + |
| | | 绿翅鸭 | *Anas crecca* | — | √ | — | LC | # |
| | | 白眉鸭 | *Spatula querquedula* | — | √ | — | LC | # |
| | | 赤嘴潜鸭 | *Netta rufina* | — | √ | — | LC | + |
| | | 鹊鸭 | *Bucephala clangula* | — | √ | — | LC | + |
| | | 普通秋沙鸭 | *Mergus merganser* | — | √ | — | LC | # |

续表 4-8

| 目 | 科 | 中文名 | 学名 | 国家重点保护级别 | 三有动物 | CITES附录 | INCN等级 | 数量 |
|---|---|---|---|---|---|---|---|---|
| 䴙䴘目 | 䴙䴘科 | 凤头䴙䴘 | *Podiceps cristatus* | — | √ | — | LC | + |
| | | 黑颈䴙䴘 | *Podiceps nigricollis* | 二级 | — | — | LC | # |
| 鸽形目 | 鸠鸽科 | 原鸽 | *Columba livia* | — | √ | — | LC | + |
| | | 雪鸽 | *Columba leuconota* | — | √ | — | LC | # |
| | | 欧鸽 | *Columba oenas* | — | √ | — | LC | + |
| | | 鸥斑鸠 | *Streptopelia turtur* | — | √ | — | VU | # |
| 夜鹰目 | 夜鹰科 | 欧夜鹰 | *Caprimulgus europaeus* | — | √ | — | LC | + |
| 鹤形目 | 鹤科 | 蓑羽鹤 | *Grus virgo* | 二级 | — | Ⅱ | LC | ++ |
| 鸨形目 | 鸨科 | 波斑鸨 | *Chlamydotis macqueenii* | 一级 | — | I | VU | # |
| 鹳行目 | 鹳科 | 黑鹳 | *Ciconia nigra* | 一级 | — | Ⅱ | LC | + |
| 鹈形目 | 鹭科 | 牛背鹭 | *Bubulcus ibis* | — | √ | — | LC | + |
| 鲣鸟目 | 鸬鹚科 | 普通鸬鹚 | *Phalacrocorax carbo* | — | √ | — | LC | # |
| 鸻形目 | 反嘴鹬科 | 反嘴鹬 | *Recurvirostra avosetta* | — | √ | — | LC | # |
| | 鸻科 | 环颈鸻 | *Charadrius alexandrinus* | — | √ | — | LC | ++ |
| | | 金鸻 | *Pluvialis fulva* | — | √ | — | LC | # |
| | | 蒙古沙鸻 | *Charadrius mongolus* | — | √ | — | LC | ++ |
| | | 铁嘴沙鸻 | *Charadrius leschenaultii* | — | √ | — | LC | + |
| | 鹬科 | 针尾沙锥 | *Gallinago stenura* | — | √ | — | LC | # |
| | | 黑尾塍鹬 | *Limosa limosa* | — | √ | — | NT | # |

| 目 | 科 | 中文名 | 学名 | 国家重点保护级别 | 三有动物 | CITES附录 | INCN等级 | 数量 |
|---|---|---|---|---|---|---|---|---|
| 鸻形目 | 鹬科 | 白腰杓鹬 | *Numenius arquata* | 二级 | — | — | NT | # |
| | | 鹤鹬 | *Tringa erythropus* | — | √ | — | LC | # |
| | | 白腰草鹬 | *Tringa ochropus* | — | √ | — | LC | + |
| | | 林鹬 | *Tringa glareola* | — | √ | — | LC | # |
| | | 青脚鹬 | *Tringa nebularia* | — | √ | — | LC | # |
| | | 翻石鹬 | *Arenaria interpres* | 二级 | | — | LC | # |
| | | 弯嘴滨鹬 | *Calidris ferruginea* | — | √ | — | NT | # |
| | 鸥科 | 棕头鸥 | *Chroicocephalus brunnicephalus* | — | √ | — | LC | + |
| | | 红嘴鸥 | *Chroicocephalus ridibundus* | — | √ | — | LC | + |
| | | 渔鸥 | *Ichthyaetus ichthyaetus* | — | √ | — | LC | + |
| | | 灰翅浮鸥 | *Chlidonias hybrida* | — | √ | — | LC | + |
| | | 白翅浮鸥 | *Chlidonias leucopterus* | — | √ | — | LC | + |
| 鸮形目 | 鸱鸮科 | 长耳鸮 | *Asio otus* | 二级 | — | Ⅱ | LC | + |
| | | 短耳鸮 | *Asio flammeus* | 二级 | — | Ⅱ | LC | # |
| 鹰形目 | 鹗科 | 鹗 | *Pandion haliaetus* | 二级 | — | Ⅱ | LC | # |
| | 鹰科 | 雀鹰 | *Accipiter nisus* | 二级 | — | Ⅱ | LC | # |
| | | 苍鹰 | *Accipiter gentilis* | 二级 | — | Ⅱ | LC | + |
| | | 白尾鹞 | *Circus cyaneus* | 二级 | — | Ⅱ | LC | + |
| | | 普通𫛭 | *Buteo japonicus* | 二级 | — | Ⅱ | LC | +++ |
| | | 棕尾𫛭 | *Buteo rufinus* | 二级 | — | Ⅱ | LC | # |

续表4-8

| 目 | 科 | 中文名 | 学名 | 国家重点保护级别 | 三有动物 | CITES附录 | INCN等级 | 数量 |
|---|---|---|---|---|---|---|---|---|
| 啄木鸟目 | 啄木鸟科 | 大斑啄木鸟 | *Dendrocopos major* | — | √ | — | LC | + |
| | | 灰头绿啄木鸟 | *Picus canus* | — | √ | — | LC | # |
| 隼形目 | 隼科 | 游隼 | *Falco peregrinus* | 二级 | — | I | LC | + |
| 雀形目 | 伯劳科 | 红尾伯劳 | *Lanius cristatus* | — | √ | — | LC | + |
| | | 灰伯劳 | *Lanius excubitor* | — | √ | — | LC | + |
| | | 楔尾伯劳 | *Lanius sphenocercus* | — | √ | — | LC | + |
| | 鸦科 | 喜鹊 | *Pica pica* | — | √ | — | LC | ++ |
| | | 大嘴乌鸦 | *Corvus macrorhynchus* | — | — | — | LC | +++ |
| | | 小嘴乌鸦 | *Corvus corone* | — | — | — | LC | # |
| | | 黄嘴山鸦 | *Pyrrhocorax graculus* | — | √ | — | LC | + |
| | | 达乌里寒鸦 | *Corvus dauuricus* | — | √ | — | LC | # |
| | 山雀科 | 大山雀 | *Parus major* | — | √ | — | LC | + |
| | | 白眉山雀 | *Poecile superciliosus* | 二级 | — | — | LC | # |
| | 文须雀科 | 文须雀 | *Panurus biarmicus* | — | √ | — | LC | + |
| | 苇莺科 | 东方大苇莺 | *Acrocephalus orientalis* | — | √ | — | LC | # |
| | 蝗莺科 | 斑胸短翅蝗莺 | *Locustella thoracica* | — | √ | — | LC | # |
| | | 小蝗莺 | *Locustella certhiola* | — | √ | — | LC | # |
| | 燕科 | 淡色沙燕 | *Riparia diluta* | — | √ | — | LC | + |
| | | 岩燕 | *Hirundo rupestris* | — | √ | — | LC | ++ |
| | | 烟腹毛脚燕 | *Delichon dasypus* | — | √ | — | LC | + |

| 目 | 科 | 中文名 | 学名 | 国家重点保护级别 | 三有动物 | CITES附录 | INCN等级 | 数量 |
|---|---|---|---|---|---|---|---|---|
| 雀形目 | 柳莺科 | 黄腰柳莺 | *Phylloscopus proregulus* | — | √ | — | LC | # |
| | | 黄腹柳莺 | *Phylloscopus affinis* | — | √ | — | LC | + |
| | | 暗绿柳莺 | *Phylloacopus trochiloides* | — | √ | — | LC | # |
| | 长尾山雀科 | 银喉长尾山雀 | *Aegithalos glaucogularis* | — | √ | — | LC | # |
| | 莺鹛科 | 白喉林莺 | *Sylvia curruca* | — | √ | — | LC | # |
| | | 荒漠林莺 | *Sylvia nana* | — | √ | — | LC | # |
| | 旋木雀科 | 欧亚旋木雀 | *Certhia familiaris* | — | √ | — | LC | # |
| | 鸭科 | 黑头鸭 | *Sitta villosa* | — | √ | — | LC | + |
| | 鹪鹩科 | 鹪鹩 | *Troglodytes troglodytes* | — | √ | — | LC | + |
| | 椋鸟科 | 灰椋鸟 | *Sturnus cineraceus* | — | √ | — | LC | + |
| | | 北椋鸟 | *Sturnus sturninus* | — | √ | — | LC | + |
| | 鸫科 | 灰头鸫 | *Turdus rubrocanus* | — | √ | — | LC | # |
| | | 棕背黑头鸫 | *Turdus kessleri* | — | √ | — | LC | # |
| | | 斑鸫 | *Turdus eunomus* | — | √ | — | LC | # |
| | | 白眉歌鸫 | *Turdus iliacus* | — | √ | — | NT | # |
| | 鹟科 | 白须黑胸歌鸲 | *Calliope tschebaiewi* | — | √ | — | LC | # |
| | | 红胁蓝尾鸲 | *Tarsiger cyanurus* | — | √ | — | LC | # |
| | | 北红尾鸲 | *Phoenicurus auroreus* | — | √ | — | LC | + |
| | | 贺兰山红尾鸲 | *Phoenicurus alaschanicus* | 二级 | — | — | NT | + |

续表4-8

| 目 | 科 | 中文名 | 学名 | 国家重点保护级别 | 三有动物 | CITES附录 | INCN等级 | 数量 |
|---|---|---|---|---|---|---|---|---|
| 雀形目 | 鹟科 | 黑喉红尾鸲 | *Phoenicurus hodgsoni* | — | √ | — | LC | ++ |
| | | 蓝额红尾鸲 | *Phoenicurus frontalis* | — | √ | — | LC | + |
| | | 穗鹏 | *Oenanthe oenanthe* | — | √ | — | LC | + |
| | | 沙鹏 | *Oenanthe isabellina* | — | √ | — | LC | ++ |
| | | 白背矶鸫 | *Monticola saxatilis* | — | √ | — | LC | + |
| | 戴菊科 | 戴菊 | *Regulus regulus* | — | √ | — | LC | # |
| | 太平鸟科 | 太平鸟 | *Bombycilla garrulus* | — | √ | — | LC | # |
| | 岩鹨科 | 鸲岩鹨 | *Prunella rubeculoides* | — | √ | — | LC | + |
| | | 棕胸岩鹨 | *Prunella strophiata* | — | √ | — | LC | + |
| | 朱鹀科 | 朱鹀 | *Urocynchramus pylzowi* | 二级 | — | — | LC | ++ |
| | 雀科 | 家麻雀 | *Passer domesticus* | — | √ | — | LC | ++ |
| | | 白斑翅雪雀 | *Montifringilla nivalis* | — | √ | — | LC | + |
| | | 褐翅雪雀 | *Montifringilla adamsi* | — | √ | — | LC | ++ |
| | 鹡鸰科 | 黄鹡鸰 | *Motacilla flava* | — | √ | — | LC | # |
| | | 黄头鹡鸰 | *Motacilla citreola* | — | √ | — | LC | ++ |
| | | 平原鹨 | *Anthus campestris* | — | √ | — | LC | # |
| | 燕雀科 | 白斑翅拟蜡嘴雀 | *Mycerobas carnipes* | — | √ | — | LC | # |
| | | 巨嘴沙雀 | *Rhodospiza obsoleta* | — | √ | — | LC | # |
| | | 林岭雀 | *Leucosticte nemoricola* | — | √ | — | LC | + |
| | | 拟大朱雀 | *Carpodacus rubicilloides* | — | √ | — | LC | + |

| 目 | 科 | 中文名 | 学名 | 国家重点保护级别 | 三有动物 | CITES附录 | INCN等级 | 数量 |
|---|---|---|---|---|---|---|---|---|
| 雀形目 | 燕雀科 | 大朱雀 | *Carpodacus rubicilla* | — | √ | — | LC | ++ |
| | | 红眉朱雀 | *Carpodacus pulcherrimus* | — | √ | — | LC | + |
| | | 白眉朱雀 | *Carpodacus thura* | — | √ | — | LC | # |
| | | 普通朱雀 | *Carpodacus erythrinus* | — | √ | — | LC | ++ |
| | 鹀科 | 小鹀 | *Emberiza pusilla* | — | √ | — | LC | # |
| | | 三道眉草鹀 | *Emberiza cioides* | — | √ | — | LC | # |
| | | 白头鹀 | *Emberiza leucocephalos* | — | √ | — | LC | + |
| | | 芦鹀 | *Emberiza schoeniclus* | — | √ | — | LC | + |

注：+ 为有分布，不常见；++ 为较常见；+++ 为数量多；# 为有分布（资料数据）；

IUCN 等级：极危（Critically Endangered，CR）、濒危（Endangered，EN）、易危（Vulnerable，VU）、近危（Near Threatened，NT）、无危（Least Concern，LC）。

### 4.2.5　哺乳类

#### 4.2.5.1　物种多样性

两次科考共记录酒泉片区哺乳类 6 目 15 科 48 种（表 4-9 和附录 2-1），占甘肃省哺乳类 142 种的 33.80%，占中国 499 种哺乳类的 9.62%，占酒泉片区脊椎动物种数的 17.39%。

酒泉片区内的哺乳动物资源是相对较好的，哺乳动物中种类最多的是食肉目，有 4 科 16 种，其次是啮齿目，有 5 科 14 种（表 4-9），兔形目和鲸偶蹄目有 2 科 8 种，种类也较丰富，其余两个目（食虫目、奇蹄目）种类均只有 1 种。

本区哺乳类大都为典型的荒漠、高山物种，跳鼠和沙鼠种类较多；由于酒泉片区高山山地生境典型，哺乳类组成中山地特征明显，包括食肉目的雪豹、棕熊、猞猁、豺，有蹄类的白唇鹿、马鹿、藏原羚、野牦牛、西藏盘羊、岩羊等，还有高山高原上栖息的鼠兔，都是典型的高原、高山山地生境的物种。

表4-9　酒泉片区哺乳类各类群的组成

| 目 | 科数 | 占总科数(%) | 种数 | 占总种数(%) |
|---|---|---|---|---|
| 兔形目 Lagomorpha | 2 | 13.33 | 8 | 16.67 |
| 啮齿目 Rodentia | 5 | 33.33 | 14 | 29.17 |
| 劳亚食虫目 Eulipotyphla | 1 | 6.67 | 1 | 2.08 |
| 鲸偶蹄目 Cetartiodactyla | 2 | 13.33 | 8 | 16.67 |
| 奇蹄目 Perissodactyla | 1 | 6.67 | 1 | 2.08 |
| 食肉目 Carnivora | 4 | 26.67 | 16 | 33.33 |

### 4.2.5.2　区系分析

酒泉片区哺乳动物区系组成中（表4-10），种类最多的分布型是高地型（I 或 P），有16个种类，占33.3%；其次是中亚型（D），有14个种类，占29.2%；古北型（U）、全北型（C）也比较多，有7种（占14.6%）和5种（10.4%）；其余分布型比例小，相差都不大。汇总后古北界共43种（89.6%），东洋界共2种（4.2%），广布种有3种〔6.3%）。总体而言，酒泉片区哺乳类动物区系体现出明显的古北界特征，高地型和中亚型占比很高，具有典型的山地和荒漠动物群特征。

表4-10　酒泉片区哺乳类区系成分统计

| 目 | C | U | D | P或I | H | W | O | G | 合计 |
|---|---|---|---|---|---|---|---|---|---|
| 兔形目 Lagomorpha | — | — | 1 | 4 | 1 | — | 1 | 1 | 8 |
| 啮齿目 Rodentia | — | 3 | 7 | 4 | — | — | — | — | 14 |
| 劳亚食虫目 Eulipotyphla | — | — | 1 | — | — | — | — | — | 1 |

| 目 | C | U | D | P或I | H | W | O | G | 合计 |
|---|---|---|---|---|---|---|---|---|---|
| 鲸偶蹄目<br>Cetartiodactyla | 1 | — | 1 | 6 | — | — | — | — | 8 |
| 奇蹄目 Perissodactyla | — | — | 1 | — | — | — | — | — | 1 |
| 食肉目 Carnivora | 4 | 4 | 3 | 2 | — | 1 | 2 | — | 16 |
| 比例(%) | 10.4 | 14.6 | 29.2 | 33.3 | 2.1 | 2.1 | 6.3 | 2.1 | 100.0 |

注：C为全北型，U为古北型，B为华北型，X为东北—华北型，D为中亚型，G为蒙古高原型，E为季风型，P或I为高地型，H为喜马拉雅—横断山区型，W为东洋型，S为南中国型，O为不易归类型。

#### 4.2.5.3 哺乳类多样性变化

2000年科考记录了盐池湾保护区哺乳类动物5目14科32种。其中，有5种本次科考没有观测到：巨泡五趾跳鼠（Orientallactaga bullata）、藏仓鼠（Cricetulus kamensis）、斯氏高山䶄（Alticola stoliczkanus）、马麝（Moschus chrysogaster）、荒漠猫（Felis bieti）。本次科考共记录酒泉片区哺乳类动物6目15科43种，与2000年盐池湾科考数据相比较，本次调查新增哺乳类16种（表4-11）。其中，有1种国家一级保护物种——豺（Cuon alpinus），3种国家二级保护物种——草原斑猫（野猫）（Felis silvestris）、赤狐（Vulpes vulpes）、藏狐（Vulpes ferrilata）。

表4-11　酒泉片区2023年调查新增哺乳类种类

| 目 | 科 | 物种 | 学名 | 国家重点保护级别 | 三有动物 | CITES附录 | INCN等级 | 数量 |
|---|---|---|---|---|---|---|---|---|
| 兔形目 | 兔科 | 中亚兔<br>（西藏兔） | *Lepus tibetanus* | — | √ | — | LC | + |
| | 鼠兔科 | 高原鼠兔 | *Ochotona curzoniae* | — | — | — | LC | ++ |
| | | 藏鼠兔 | *Ochotona thibetana* | — | — | — | LC | # |

**续表**4-11

| 目 | 科 | 物种 | 学名 | 国家重点保护级别 | 三有动物 | CITES附录 | INCN等级 | 数量 |
|---|---|---|---|---|---|---|---|---|
| 啮齿目 | 跳鼠科 | 五趾跳鼠 | *Orientallactaga sibirica* | — | — | — | LC | ++ |
| | | 长耳跳鼠 | *Euchoreutes naso* | — | — | — | LC | # |
| | 仓鼠科 | 根田鼠 | *Alexandromys oeconomus* | — | — | — | LC | + |
| | | 灰仓鼠 | *Cricetulus migratorius* | — | — | — | LC | + |
| | 鼠科 | 褐家鼠 | *Rattus norvegicus* | — | — | — | LC | # |
| 劳亚食虫目 | 刺猬科 | 大耳猬 | *Hemiechinus auritus* | — | √ | — | LC | # |
| 食肉目 | 猫科 | 草原斑猫（野猫） | *Felis silvestris* | Ⅱ | — | Ⅱ | LC | # |
| | 犬科 | 赤狐 | *Vulpes vulpes* | Ⅱ | — | Ⅲ | LC | ++ |
| | | 豺 | *Cuon alpinus* | Ⅰ | — | Ⅱ | EN | ++ |
| | | 藏狐 | *Vulpes ferrilata* | Ⅱ | — | — | LC | + |
| | 鼬科 | 黄鼬 | *Mustela sibirica* | — | √ | — | LC | + |
| | | 香鼬 | *Mustela altaica* | — | √ | — | NT | ++ |
| | | 亚洲狗獾 | *Meles leucurus* | — | √ | — | LC | + |

## 4.3　保护动物资源

### 4.3.1　国家重点保护动物

依据《国家重点保护野生动物名录》（2021年），酒泉片区记录有国家重点保护野生动物共62种（表4-12），保护动物种类丰富（占脊椎动物种类的22.5%）。其中，一级保护物种19种，包括8种哺乳类和11种鸟类；二级保护动物43种，包括哺乳类13种，鸟类30种。

　　2000 年记录酒泉片区分布有国家重点保护物种 39 种，本次调查观测到国家重点保护物种 60 种，包括 17 种国家一级保护物种（6 种哺乳类、11 种鸟类）和 43 种国家二级保护物种（13 种哺乳类、30 种鸟类）。2000 年记录的 2 种国家一级保护物种马麝和荒漠猫在本次科考中没有观测到，这两个物种在保护区内的分布有待进一步的观测。

表 4-12　酒泉片区国家重点保护动物和 CITES 保护物种

| 纲 | 目 | 科 | 中文名 | 学名 | 2000 | 2023 | 国家重点保护级别 | CITES附录 | 数量 |
|---|---|---|---|---|---|---|---|---|---|
| 鸟纲 | 鸡形目 | 雉科 | 暗腹雪鸡 | *Tetraogallus himalayensis* | √ | √ | Ⅱ | — | ++ |
| | 雁形目 | 鸭科 | 藏雪鸡 | *Tetraogallus tibetanus* | √ | √ | Ⅱ | Ⅰ | ++ |
| | | | 白额雁 | *Anser albifrons* | — | — | Ⅱ | — | # |
| | | | 疣鼻天鹅 | *Cygnus olor* | — | — | Ⅱ | — | # |
| | | | 大天鹅 | *Cygnus cygnus* | √ | √ | Ⅱ | — | + |
| | 䴙䴘目 | 䴙䴘科 | 黑颈䴙䴘 | *Podiceps nigricollis* | — | — | Ⅱ | — | # |
| | 鹤形目 | 鹤科 | 灰鹤 | *Grus grus* | √ | √ | Ⅱ | Ⅱ | + |
| | | | 黑颈鹤 | *Grus nigricollis* | √ | √ | Ⅰ | Ⅰ | ++ |
| | | | 蓑羽鹤 | *Grus virgo* | — | √ | Ⅱ | Ⅱ | ++ |
| | 鸨形目 | 鸨科 | 波斑鸨 | *Chlamydotis macqueenii* | — | — | Ⅰ | Ⅰ | # |
| | 鹳行目 | 鹳科 | 黑鹳 | *Ciconia nigra* | — | √ | Ⅰ | Ⅱ | + |
| | 鸻形目 | 鹬科 | 白腰杓鹬 | *Numenius arquata* | — | — | Ⅱ | — | # |
| | | | 翻石鹬 | *Arenaria interpres* | — | — | Ⅱ | — | # |
| | 鸮形目 | 鸱鸮科 | 雕鸮 | *Bubo bubo hemachalana* | √ | √ | Ⅱ | Ⅱ | + |
| | | | 纵纹腹小鸮 | *Athene noctua* | √ | √ | Ⅱ | Ⅱ | + |

续表 4-12

| 纲 | 目 | 科 | 中文名 | 学名 | 2000 | 2023 | 国家重点保护级别 | CITES附录 | 数量 |
|---|---|---|---|---|---|---|---|---|---|
| 鸟纲 | 鸮形目 | 鸱鸮科 | 长耳鸮 | *Asio otus* | — | √ | II | II | + |
| | | | 短耳鸮 | *Asio flammeus* | — | — | II | II | # |
| | 鹰形目 | 鹗科 | 鹗 | *Pandion haliaetus* | — | — | II | II | # |
| | | 鹰科 | 胡兀鹫 | *Gypaetus barbatus* | √ | √ | I | II | + |
| | | | 高山兀鹫 | *Gyps himalayensis* | √ | √ | II | II | + |
| | | | 秃鹫 | *Aegypius monachus* | √ | √ | I | II | + |
| | | | 金雕 | *Aquila chrysaetos* | √ | √ | I | II | ++ |
| | | | 草原雕 | *Aquila nipalensis* | √ | √ | I | II | ++ |
| | | | 白肩雕 | *Aquila heliaca* | √ | √ | I | I | + |
| | | | 雀鹰 | *Accipiter nisus* | — | — | II | II | # |
| | | | 苍鹰 | *Accipiter gentilis* | — | √ | II | II | + |
| | | | 白尾鹞 | *Circus cyaneus* | | √ | II | II | + |
| | | | 黑鸢 | *Milvus migrans* | √ | | II | II | + |
| | | | 玉带海雕 | *Haliaeetus leucoryphus* | √ | √ | I | II | + |
| | | | 白尾海雕 | *Haliaeetus albicilla* | √ | √ | I | I | + |
| | | | 普通鵟 | *Buteo japonicus* | | √ | II | II | +++ |
| | | | 大鵟 | *Buteo hemilasius* | √ | √ | II | II | ++ |
| | | | 棕尾鵟 | *Buteo rufinus* | — | — | II | II | # |
| | 隼形目 | 隼科 | 红隼 | *Falco tinnunculus* | √ | √ | II | II | ++ |
| | | | 燕隼 | *Falco subbuteo* | √ | √ | II | II | + |
| | | | 猎隼 | *Falco cherrug* | √ | √ | I | II | ++ |
| | | | 游隼 | *Falco peregrinus* | — | √ | II | I | + |

| 纲 | 目 | 科 | 中文名 | 学名 | 2000 | 2023 | 国家重点保护级别 | CITES附录 | 数量 |
|---|---|---|---|---|---|---|---|---|---|
| 鸟纲 | 雀形目 | 鸦科 | 黑尾地鸦 | *Podoces hendersoni* | √ | √ | II | — | ++ |
| | | 山雀科 | 白眉山雀 | *Poecile superciliosus* | — | — | II | — | # |
| | | 鹟科 | 贺兰山红尾鸲 | *Phoenicurus alaschanicus* | — | √ | II | — | + |
| | | 朱鹀科 | 朱鹀 | *Urocynchramus pylzowi* | — | √ | II | — | ++ |
| 哺乳纲 | 鲸偶蹄目 | 鹿科 | 白唇鹿 | *Przewalskium albirostris* | √ | √ | I | — | +++ |
| | | | 马麝 | *Moschus chrysogaster* | √ | — | I | II | # |
| | | | 马鹿 | *Cervus canadensis* | √ | √ | II | — | ++ |
| | | 牛科 | 鹅喉羚 | *Gazella subgutturosa* | √ | √ | II | — | ++ |
| | | | 藏原羚 | *Procapra picticaudata* | √ | √ | II | — | +++ |
| | | | 野牦牛 | *Bos mutus* | √ | √ | I | I | ++ |
| | | | 岩羊 | *Pseudois nayaur* | √ | √ | II | — | +++ |
| | | | 西藏盘羊 | *Ovis hodgsoni* | √ | √ | I | I | ++ |
| | 奇蹄目 | 马科 | 藏野驴 | *Equus kiang* | √ | √ | I | II | ++ |
| | 食肉目 | 猫科 | 草原斑猫（野猫） | *Felis silvestris* | — | — | II | II | # |
| | | | 荒漠猫 | *Felis bieti* | √ | — | I | II | + |
| | | | 兔狲 | *Otocolobus manul* | √ | √ | II | II | + |
| | | | 猞猁 | *Lynx lynx* | √ | √ | II | II | +++ |
| | | | 雪豹 | *Panthera uncia* | √ | √ | I | I | +++ |
| | | 熊科 | 棕熊 | *Ursus arctos* | √ | √ | II | I | ++ |

225

**续表4-12**

| 纲 | 目 | 科 | 中文名 | 学名 | 2000 | 2023 | 国家重点保护级别 | CITES附录 | 数量 |
|---|---|---|---|---|---|---|---|---|---|
| 哺乳纲 | 食肉目 | 犬科 | 赤狐 | *Vulpes vulpes* | — | √ | II | III | ++ |
| | | | 沙狐 | *Vulpes corsac* | √ | √ | II | — | + |
| | | | 藏狐 | *Vulpes ferrilata* | — | √ | II | — | + |
| | | | 狼 | *Canis lupus* | √ | √ | II | II | +++ |
| | | | 豺 | *Cuon alpinus* | — | √ | I | II | ++ |
| | | 鼬科 | 石貂 | *Martes foina* | √ | √ | II | — | + |

注：+有分布，不常见　++较常见　+++数量多　#有分布（资料数据）

### 4.3.2 《濒危野生动植物种国际贸易公约》保护物种

根据《濒危野生动植物种国际贸易公约》（CITES）2019年附录，酒泉片区分布有附录物种43种（表4-12），其中附录Ⅰ有10种，包括哺乳动物野牦牛、西藏盘羊、雪豹、棕熊4种和藏雪鸡、黑颈鹤、波斑鸨、白肩雕、白尾海雕、游隼6种鸟类，附录Ⅱ物种32种，包括8种哺乳类和24种鸟类，附录Ⅲ物种为1种哺乳类——赤狐。

### 4.3.3 世界自然保护联盟（IUCN）红色名录等级

依据IUCN红色名录等级（The IUCN Red List of Threatened Species，Version 2023），如表4-13，酒泉片区分布有IUCN濒危等级（EN）有5种，包括2种哺乳类（马麝、豺）和3种鸟类（草原雕、玉带海雕、猎隼）；易危等级（VU）的物种有9种（1种鱼类、3种鸟类和5种哺乳类）；近危等级（NT）物种有16种，包括11种鸟类和5种哺乳类。

表 4-13　酒泉片区分布的IUCN红色名录等级物种

| 类群 | 物种 | 学名 | INCN等级 | 数量 |
|------|------|------|----------|------|
| 鱼纲 | 花斑裸鲤 | *Gymnocypris eckloni* | VU | ++ |
| 鸟纲 | 白眼潜鸭 | *Aythya nyroca* | NT | + |
| | 鸥斑鸠 | *Streptopelia turtur* | VU | # |
| | 黑颈鹤 | *Grus nigricollis* | NT | ++ |
| | 波斑鸨 | *Chlamydotis macqueenii* | VU | # |
| | 凤头麦鸡 | *Vanellus vanellus* | NT | + |
| | 黑尾塍鹬 | *Limosa limosa* | NT | # |
| | 白腰杓鹬 | *Numenius arquata* | NT | # |
| | 弯嘴滨鹬 | *Calidris ferruginea* | NT | # |
| | 胡兀鹫 | *Gypaetus barbatus* | NT | + |
| | 高山兀鹫 | *Gyps himalayensis* | NT | + |
| | 秃鹫 | *Aegypius monachus* | NT | + |
| | 草原雕 | *Aquila nipalensis* | EN | ++ |
| | 白肩雕 | *Aquila heliaca* | VU | + |
| | 玉带海雕 | *Haliaeetus leucoryphus* | EN | + |
| | 猎隼 | *Falco cherrug* | EN | ++ |
| | 白眉歌鸫 | *Turdus iliacus* | NT | # |
| | 贺兰山红尾鸲 | *Phoenicurus alaschanicus* | NT | + |
| 哺乳纲 | 藏仓鼠 | *Cricetulus kamensis* | NT | # |
| | 斯氏高山䶄 | *Alticola stoliczkanus* | NT | # |
| | 白唇鹿 | *Przewalskium albirostris* | VU | +++ |
| | 马麝 | *Moschus chrysogaster* | EN | # |

续表4-13

| 类群 | 物种 | 学名 | INCN等级 | 数量 |
|---|---|---|---|---|
| 哺乳纲 | 鹅喉羚 | *Gazella subgutturosa* | VU | ++ |
| | 藏原羚 | *Procapra picticaudata* | NT | +++ |
| | 野牦牛 | *Bos mutus* | VU | ++ |
| | 西藏盘羊 | *Ovis hodgsoni* | NT | ++ |
| | 荒漠猫 | *Felis bieti* | VU | + |
| | 雪豹 | *Panthera uncia* | VU | +++ |
| | 豺 | *Cuon alpinus* | EN | ++ |
| | 香鼬 | *Mustela altaica* | NT | ++ |

注：+ 有分布，不常见　++ 较常见　+++ 数量多　# 有分布（资料数据）

### 4.3.4 "三有"动物

依据《国家保护的有重要生态、科学、社会价值的陆生野生动物名录》（2023年），酒泉片区分布的"三有"动物有187种。其中，哺乳类有7种，鸟类有169种，两栖类有2种，爬行动物有9种（见附录2）。

### 4.3.5 中国特有种

在酒泉片区记录的中国特有物种共19种，其中，鱼类5种，两栖类1种，爬行类2种，鸟类4种，哺乳类有7种（见表4-14）。

表4-14　酒泉片区分布的中国特有物种

| 类群 | 物种 | 学名 | 数量 |
|---|---|---|---|
| 鱼纲 | 短尾高原鳅 | *Trilophysa brevviuda* | + |
| | 梭形高原鳅 | *Triplophysa leptosoma* | # |
| | 重穗唇高原鳅 | *Triplophysa papillosolabiata* | # |
| | 酒泉高原鳅 | *Triplophysa hsutschouensis* | # |
| | 花斑裸鲤 | *Gymnocypris eckloni* | ++ |
| 两栖纲 | 高原林蛙 | *Rana kukunoris* | + |

| 类群 | 物种 | 学名 | 数量 |
|------|------|------|------|
| 爬行纲 | 青海沙蜥 | *Phrynocephalus vlangallii* | +++ |
| | 高原蝮 | *Gloydius strauchi* | + |
| 鸟纲 | 白眉山雀 | *Poecile superciliosus* | # |
| | 地山雀 | *Pseudopodoces humilis* | +++ |
| | 贺兰山红尾鸲 | *Phoenicurus alaschanicus* | + |
| | 朱鹀 | *Urocynchramus pylzowi* | ++ |
| 哺乳纲 | 红耳鼠兔 | *Ochotona erythrotis* | + |
| | 藏仓鼠 | *Cricetulus kamensis* | # |
| | 白唇鹿 | *Przewalskium albirostris* | +++ |
| | 藏原羚 | *Procapra picticaudata* | +++ |
| | 野牦牛 | *Bos mutus* | ++ |
| | 西藏盘羊 | *Ovis hodgsoni* | ++ |
| | 荒漠猫 | *Felis bieti* | + |

注：+ 有分布，不常见　++ 较常见　+++ 数量多　# 有分布（资料数据）

## 4.4　祁连山酒泉片区旗舰物种专题

### 4.4.1　雪豹

雪豹，亦称"艾叶豹"，哺乳纲，猫科，学名 *Pantherauncia*。雪豹主要产于河西走廊祁连山地区和甘南藏族自治州的部分地区。

成年雪豹一般体长可达 1.3 米，尾长 0.9 米，体重可达 50 公斤。雪豹的外形与金钱豹相像，不同之处是其头小且圆，尾巴长，毛长，体毛花纹不同。雪豹毛色淡青而灰，略带奶油色，通常布满黑色斑点，头部斑点小而密。它是生活在高山寒漠或半荒漠裸岩地带的食肉动物，栖息于海拔 3 000～6 000 米的高山峻岭中，经统计，盐池湾保护区雪豹适宜栖息地面积总计为 5 575 km²，占保护区总面积的 32.78%，其中，包括 1 188 km² 适宜性高的区域和4 387 km²较适宜性的区域。疏勒南山雪豹的适宜栖息地面积最大，栖息地质量最好，保护区内48.57%的适宜性高的雪豹栖息地分布在疏勒南山。位于疏勒南山的碱泉子、鱼儿红和野马河保护辖区交界区的雪豹栖息地质量最好，该区域分布有连片的大面积适宜性高的栖息地，且与甘肃玉门和青海天峻境内的雪豹栖息地联通。雪豹多雌雄同栖，一般是夜出活动，白天也有外出捕食者，但比较少见，捕获食物以岩羊、鹿、野兔、旱獭、麝、雪兔、鸟类等为主，一般有比较固定的巢穴，巢穴主要利用大石洞而成，洞口布满猎物的骨、毛、羽、角等，只有洞内经常躺卧的地方比较光滑平坦。趾爪非常锋利，性凶猛，敏锐机警，善于跳跃。

### 4.4.2　黑颈鹤

黑颈鹤是我国的特有种，属鹤形目、鹤科。繁殖地为青海甘肃、四川及西藏，越冬时主要分布在雅鲁藏布江流域和云南北部及贵州的西部。

黑颈鹤体长约130厘米，在鹤类中体型居中雌雄同形。体羽灰色，颈、三级飞羽黑色，站立时，三级飞羽收拢覆于尾上，酷似黑色的尾。头顶前部及额有肉质裸出，呈暗红色。腿黑色，嘴暗绿褐色。

黑颈鹤是现今世界上15种鹤中唯一的高原栖息种类，繁殖在青藏高原海拔4 000米以上的草甸沼泽之中，迁徙距离不远，越冬在青藏高原南部和云南高原中部，最远也不过印度北部。越冬以家族群为单位形成较大群体，小群在20～30只不定，大群可达百余只。即使有单只或家族活动的也离大群不远，并且很快归群。越冬时主要是觅食和休息。觅食地和夜栖地分开，夜间栖息地一般选在避风的地方。一般以植物性食物为主，繁殖期也吃一些昆虫。

黑颈鹤5月份开始营巢产，在繁殖地居留约6个月。巢筑于沼泽的草丛中，集以附近的枯草堆积而成，比较简单，有时有少量铺垫物。每窝产卵2枚，也有1者。卵呈淡青色，布有土黄色斑点。雌、雄鹤轮流孵卵，孵化期31～33天。雏鸟为早成鸟，出壳48小时后开始寻找食物。若两雏相遇，常会叨斗。

#### 4.4.2.1　黑颈鹤受威胁因素

在黑颈鹤繁殖地，牧民养的家犬对黑颈鹤卵及幼鸟的攻击、捕食行为，都在严重威胁黑颈鹤的生存和繁殖。

在黑颈鹤繁殖期，人为观看候鸟及摄影等活动导致黑颈鹤卵不能正常孵化破壳，也对黑颈鹤产生了较大影响。

在盐池湾也存在黑颈鹤撞击电线的问媒。在换羽阶段，黑颈鹤会找隐蔽的地方藏身，当遇到天敌物种袭击时，黑颈鹤只能跑而不会飞翔，在跑的过程中遇到铁丝网很容易被天敌物种袭击。

### 4.4.3　野牦牛

野牦牛是我国的特产动物，分布于西藏、青海、四川、新疆、甘肃等地。野牦牛身躯高大粗壮，雄性肩高可达 2 m，体重达 500～600 kg，但雄性家牦牛体重很少超过 300 kg。野牦牛的角远比家牦牛发达。野牦牛通体为黑褐色，体毛浓密而粗糙，其胸腹部的长毛几乎垂到地面，而家牦牛有棕、黄等杂色。

野牦牛是当今世界上分布在最高地带的大型有蹄类动物。它们栖息在高山峻岭和非常荒凉的地方。栖地环境恶劣，它们生性耐寒，不怕风雪。夏季一般活动在海拔 5 000～6 000 m 处，冬季活动地区不低于海拔 3 000 m。野牦牛喜欢群居，夏季常七八只，乃至数十只在一起活动，冬季结成百只以上的野牦牛群在清晨或傍晚觅食，以粗劣的野草充饥，以雪水解渴，白天常到陡峭险阻处休息反刍。

### 4.4.4　白唇鹿

白唇鹿，偶蹄目，鹿科。白唇鹿是我国高原的特有珍兽。它的四肢粗壮，蹄子宽大，耳朵长而尖。鼻端裸露部分占整个鼻孔间宽，并延伸到上唇，眶下腺显著。臀部有一些明显的淡黄色块斑。雄兽有角，角扁平。眉叉短小离角基一小段距离向前伸出；第二叉与眉叉的距离大，以此区别于马鹿。第三支叉最长，角干在第三支后分成二小支。通体暗褐色，有淡色的小斑点。头颈部毛色深。耳内侧毛白色，鼻端两侧、下唇及下颌为纯白色，故称为白唇鹿。腹部毛色较淡，臀斑有黑色边缘，尾中部近于黑色。毛粗硬而有韧性，利于保暖。栖息于海拔 3 500～5 000 m 的高山森林带及灌木甸地区。适应高寒气候，喜欢到河沟里洗澡。通常两三头、甚至数十头成群活动。活动时，前面由健壮的雄兽率领，中间是幼兽和雌兽，最后再由强壮的雄兽或雌兽压阵。秋季交配时，雄兽有争雌现象。白唇鹿为我国的珍贵动物之一，广泛分布于玉树、果洛、海西等州和祁连山区。由于分布地区限于西北高原，已被国家列为一类保护动物，严禁猎捕。

## 4.5 野生动物及其栖息地保护现状

### 4.5.1 野生动物及栖息地保护管理现状

由于历史原因，祁连山野生动物及其栖息环境在20世纪60年代至80年代初遭受严重的人为破坏，雪豹、普氏原羚、藏原羚等珍贵野生动物濒临灭绝，藏雪鸡、血雉、兰马鸡等种群数量减少，马麝、甘肃马鹿、鹅喉羚、岩羊等经济价值较高的野生动物被大量捕杀，1974—1984年，马麝数量下降了68.4%；垦荒、采伐、狩猎等不合理的经济活动也对野生动物及其栖息环境造成严重的破坏。

20世纪60年代和80年代先后开展的"青海甘肃兽类调查""河西地区野生动物资源调查""祁连山地北麓鸟类资源调查""河西地区鸟类资源调查""张掖地区珍贵动物调查""河西地区马麝资源调查"，基本查清了祁连山北坡兽类和鸟类的种类、分布范围、栖息环境等，但对鱼类、两栖类、爬行类动物的基本资料掌握很少。1989年成立祁连山国家级自然保护区以来，通过造林、封山育林、实施保护区一期、二期工程、天然林资源保护工程等保护生态环境的措施，祁连山森林生态系统得到了有效保护，野生动物栖息环境明显改善，野生动物资源得到有效保护，鸟类、兽类野生种群数量不断增长，栖息范围逐渐扩大；同时，保护区少数民族群众的爱鸟习俗和社会对野生动物的关注也促进了野生动物资源的保护，保护区内的野生动物案件逐年下降，群众性救助野生动物的活动不断增多，全社会保护野生动物的氛围正在形成。

### 4.5.2 动物种群及栖息地影响因素

#### 4.5.2.1 网围栏

保护区成立之前，肃北县政府就为保护区内牧民颁发了第二轮《草场使用证》，使用期为30年，并将草场承包到一家一户，牧民建起了围栏，大范围、网格化的围栏，阻断了野生动物迁徙通道，造成野生动物栖息地岛屿化、栖息范围萎缩，严重压缩了野生动物生存空间。

#### 4.5.2.2　人类活动

人作为生物学中的一个物种，在某种意义上，也可以算作野生动物的天敌物种。虽然我国建设了野生动物自然保护区，对野生动物保护工作加以高度重视，但人类活动对野生动物的繁殖、迁徙、越冬等都造成了严重干扰和威胁。

### 4.5.3　动物保护管理建议

#### 4.5.3.1　宣传教育

继续深入开展"甘肃省保护野生动物宣传月"和"甘肃省爱鸟周"活动，普及野生动物保护的法律知识；面向社会举办生物多样性保护知识培训班，普及生物多样性保护与人类生存和发展关系的知识；积极动员全社会力量，营造保护野生动物及其栖息环境的社会氛围。

#### 4.5.3.2　依法保护

认真贯彻执行《森林法》以及相应的实施条例，贯彻推行《国家重点保护野生动物驯养繁殖许可证管理办法》和《甘肃省实施野生动物保护法办法》等全国性和地方性法律、法规、条例、制度，不断健全和完善地方性法规，加大执法力度，努力保护野生动物及其生态环境，强化资源保护。

#### 4.5.3.3　就地保护和迁地保护

就地保护是保护生物多样性的最根本的途径。只有在野外，物种才能在自然群落中继续适应变化的环境进化过程。对于一些濒危物种来说，如果其野生种群数量太少，或适合其生存的自然栖息地已被破坏殆尽，迁地保护显示出其重要性，将成为保存这些物种的唯一手段。在有条件的野生动物集中分布区建立养殖场或动物园，对物种的基础生物学进行观察研究，为就地保护的种群提供新的保护策略，对迁地保护的种群有计划地释放回野外，加强就地保护工作；并开展以珍稀、濒危野生动物为重点的驯养繁殖和科学研究，扩大种群数量。

#### 4.5.3.4　多渠道筹措资金，加大对野生动物保护的投入

野生动物保护是一项科技含量高、技术要求高、工作涉及社会各个方面的系统工程，需要有效的投资机制和投资渠道保证保护工作资金需求。根据实际情况，现阶段祁连山区野生动物保护争取以国家投资为主，地方投资为

辅，多渠道积极吸收其他资金，主要以大工程、大项目带动野生动物保护工作的大发展。通过建立祁连山濒危野生动物保护基金，合理、有效使用资金，使祁连山濒危动物得到及时、有效的保护。

### 4.5.3.5 积极开展本底资源调查和科学研究工作

全面开展祁连山野生动物资源调查，掌握其分布范围、种群数量、栖息环境、生态习性等基础性资料，为科学保护管理提供依据；探索有效的保护与管理机制，解决影响野生动物保护的技术问题；加大科技投入，积极开展科学研究，使资源保护和利用有机地结合。

### 4.5.3.6 建立祁连山野生动物资源监测预报系统

以保护站为基础，配备必要的设施设备，建立保护站—管理局二级监测预报系统；对保护人员进行野生动物监测培训，使其掌握基本的观测技能；在保护站配备和引进专业人员，对本辖区野生动物进行初步统计分析；以管理局为中心，建立保护区野生动物监测体系，对全区进行全面监测，准确掌握全区野生动物的种类、分布、数量动态、保护效果等，并根据观测结果，开展有针对性的保护工作。

### 4.5.3.7 积极开展祁连山濒危野生动物的拯救

藏野驴、雪豹、棕熊、马麝、血雉等由于人为破坏，已濒临灭绝，在自然条件下已难以恢复其种群数量，形势十分严峻，采取有效的保护拯救措施迫在眉睫。根据酒泉片区实际情况，应采取就地保护与迁地保护的综合措施拯救濒危野生动物。对野驴、雪豹、棕熊等标记其活动区域，并跟踪监测，严禁不利于动物生长繁殖的一切人为活动，在动物繁殖及食物缺乏季节，进行人工辅助投喂，以恢复其种群数量。通过人为措施，改善野生动物的水、食物和隐蔽条件，为野生动物的栖息、繁殖创造良好的生态环境。在森林病虫鼠害防治中，选用高效、低毒、低残留的生物类农药，减轻对野生动物的直接和间接危害；尽量避免在多数鸟繁殖期施用药，保证鸟成功繁殖；避开益鸟取食时间施药，在农药有效期进行哄赶，采用低容量或超低容量喷雾的办法施药；对毒死的各种动物进行处理，减少对食鼠、食尸性动物的间接危害，维持食物链的各个环节不致中断；通过招引益鸟，增加鸟的种类、数量，控制森林、草原、农田病虫害的发生和蔓延，维持生态平衡，使人与鸟和谐共处。

# 第5章 昆虫

2023年8月至2023年9月间，调研组对祁连山国家公园酒泉片区进行了昆虫考察，参加本次考察的主要队员以甘肃省林业科技推广站的王洪建研究员为主，河北大学生科院任国栋教授、魏中华博士、白兴龙博士等帮助鉴定标本。本次调查共采集昆虫标本2 400余号，经鉴定，计有13目65科212属292种，包括甘肃省新纪录6种。其中，衣鱼目和革翅目各1科1属1种；螳螂目和缨翅目各1科2属2种；脉翅目3种（均不计算所占比例）；蜻蜓目12种，占总数的4.30%；同翅目9种，占总数的3.08%；直翅目37种，占总数的12.67%；半翅目25种，占总数的8.56%；鞘翅目87种，占总数的29.79%；鳞翅目51种，占总数的17.46%；双翅目43种，占总数的14.73%；膜翅目19种，占总数的6.51%。

区系主要属古北界中亚亚界、内蒙古河西干旱草原区、河西走廊，其区系成分以中亚耐干旱种类为主，其区系分布中，东北区占56.85%，华北区占75.0%，蒙新区占94.86%，青藏区占72.26%；东洋区的西南区占42.81%，华中区占39.73%，华南区占25.34%；中国—日本—朝鲜占30.48%；中国特有种占12.67%。

## 5.1 调查方法

昆虫资源调查是通过系统化的方法和技术，对特定地区的昆虫多样性和密度进行评估和记录的过程。调研组采用样带法、随机抽样法以及红外相机定点观察法，深入祁连山国家公园酒泉片区，选择代表性区域进行观察分析；同时，与管护中心调查人员共同采集和制作片区内生物标本，并开展相关昆虫科属鉴定和分类工作。

### 5.1.1　研究设计

#### 5.1.1.1　访问调查

针对某个地区某种虫害，有目的地对当地群众、技术人员、保护区管护人员、有关专家等进行访问咨询，了解当地昆虫种类、分布、发生等情况。

#### 5.1.1.2　确定研究区域和样本设计

选择祁连山国家公园酒泉片区范围内特定的生态系统作为代表性调查区域，如各个保护站辖区范围内的草原、湿地、河谷、山丘等。同时，根据调查目的，选择与各区域相适配的样本设计，联合采用随机抽样、定点观察或样带法进行研究。

#### 5.1.1.3　野外踏查

按照设计的调查路线，在保护区范围内开展野外踏查。当发现有某种昆虫时，即开展详查。以各个保护站（管护站）为单位，在各个管护站的管护范围内确定踏查线路。重点区域及经过踏查发现有昆虫分布的区域，设立具有代表性的调查点或样方进行详查。

#### 5.1.1.4　线路设计

首先，在有昆虫分布的管护站范围确定踏查线路，边走边采集，翻动石块、网捕。其次，踏查路线应穿过当地主要管护站的管护地，尽量能够代表整个管护站的环境。再次，踏查路线时，根据昆虫种类、习性和栖息环境确定踏查线路间距。可根据具体情况，设定间距从 300 m 至 1 000 m 不等，或更大一些，我们确定的是，每间隔 500 m 设一踏查采集线路。最后，开展野外调查时，在时间选择上可以根据管护站当地气候、环境、植被和昆虫种类的习性，选择在发生期进行。为此，我们选择了每年的 6～8 月间进行采集。

### 5.1.2　样本收集

在采集过程中，综合运用网捕法、受网法、筛网法、震落法等活动性采集方法，以及陷阱法、食饵诱虫法、糖醋诱虫法、灯光诱虫法等定点式采集方法。同时，配备采集管、标本瓶、乳胶吸管、采集袋、捕虫网、倒置杯、镊子、耙、铲、镐等标准的昆虫采集工具及糖醋水、啤酒等采集试剂，对区域昆虫进行定向或系统性的采集。以下是具体实施情况：

（1）采用直接观察法采集，在保护区范围内根据不同昆虫种类的生态位，发生场所和生活习性采集；

（2）跟踪搜索法采集，干旱荒漠区的昆虫活动都很隐蔽，且个体较小，需要寻找朽木和在石块下搜索采集鞘翅目昆虫；

（3）用网捕法采集，采集空中飞行的鳞翅目、膜翅目、蜻蜓目等昆虫，同时还可以采集半翅目异翅亚目、同翅亚目及双翅目等昆虫；

（4）灯诱采集法，主要用于采集具有趋光性的昆虫种类；

（5）陷阱采集法，也是我们这次的主要采集方法之一，在300 mL的塑料杯内放入诱集液1/4，每隔24、48小时检查所采集的昆虫种类，带回室内进行分拣、加签；

（6）贝—杜氏漏斗采集法，主要采集土壤和枯枝落叶中的昆虫。

### 5.1.3 识别和分类

#### 5.1.3.1 样本分类保存

对于采集到的昆虫要进行分类保存，一般情况下，大型的昆虫类群会在处死后置入浓度为70%～80%的乙醇中浸泡，并用滴管加入少许甘油（一般每100 mL乙醇加入5滴左右，甘油在乙醇中的浓度以0.5%～1%为宜）以防止标本变脆；小型的昆虫类群处死后直接放入离心管中保存，最后加入棉花和少量酒精防止腐烂；鳞翅目类由于鳞粉比较多，处死后会放入由硫酸纸做成的三角袋中保存；双翅目、膜翅目类由于肢体结构太过脆弱，在处死后会干放于多层纸巾保护的便携盒中保存。妥善的处理和保存方法尤为重要，能够最大限度地保证标本的完整性，以便于后续室内观察、鉴定和分类工作。

#### 5.1.3.2 标本制作

对于不同种类的昆虫需要使用不同方式来制作标本，这样才能确保标本在后期鉴定时的完整性和可辨识性，标本制作流程主要有以下几步：

（1）干燥的标本首先要进行回软处理；

（2）部分标本要进行整姿处理；

（3）大型昆虫直接用昆虫针插标本，小型昆虫利用水溶性乳胶粘在三角纸上固定于昆虫针上，另外，鳞翅目、蜻蜓目等昆虫需要进行展翅处理；

（4）利用三级台给每只标本插上标签；

（5）将制作好的标本放入昆虫标本盒，标本盒里要放驱避剂（樟脑块或其他驱虫剂）。

#### 5.1.3.3　鉴定昆虫

通过查阅《中国蝶类志》《中国蟪类昆虫鉴定手册》《中国经济昆虫志》、《中国动物志》《中国昆虫生态大图鉴》《昆虫分类》等文献，在实验室的解剖镜下观察昆虫的形态特征进行鉴定。对于部分鉴定存在困难的，或者类群陌生的昆虫标本，通过河北大学生科院任国栋教授、魏中华博士、白兴龙博士等专家的帮助鉴定标本。

### 5.1.4　数据解释和报告

（1）整理和整合数据，对采集和分析得到的昆虫资源数据进行整理和整合，确保数据的准确性和一致性。

（2）数据解释，基于数据分析的结果，解释祁连山国家公园酒泉片区昆虫资源种类、区系特征、各区系成分、生态类群的现状、变化趋势、生态关系以及有害昆虫防治等方面的问题。

（3）编写调查报告，将调查结果和分析结论编写成报告，以供科学研究、管理决策或保护行动使用。

## 5.2　昆虫名录

祁连山国家公园酒泉片区内昆虫总共有13目65科212属292种。

### 5.2.1　衣鱼目 ZYGENTOMA

#### 5.2.1.1　衣鱼科 Lepismatidae

（1）多毛栉衣鱼 Ctenolepsima villosa（Fabricius）

分布：盐池湾。全国各地；日本。

### 5.2.2　蜻蜓目 ODONATA

#### 5.2.2.1　蜓科 Aeschnidae

（2）黑纹伟蜓 Anas nigrofasciotus Oquma

分布：盐池湾。甘肃酒泉、金塔、高台、瓜州。

（3）碧伟蜓 Anas parthenope Julius Brauer

分布：盐池湾。甘肃酒泉、瓜州、敦煌、金塔、高台。

#### 5.2.2.2　蜻科 Libellulidae

（4）红蜻 *Crocothemis seretllia* Drury

分布：盐池湾。甘肃嘉峪关、酒泉、敦煌、瓜州、玉门、肃北、阿克塞、高台。

（5）白尾灰蜻 *Orthetrum albistylum* Selys

分布：盐池湾。甘肃嘉峪关、酒泉、敦煌、瓜州、肃北、金塔。

（6）黄蜻 *Pantola floeeseens* Fabricius

分布：盐池湾。甘肃嘉峪关、酒泉、敦煌、瓜州、肃北、阿克塞、金塔、高台。

（7）夏赤蜻 *Sympetrum daruinianum* Selys

分布：盐池湾。甘肃瓜州、阿克塞、金塔。

（8）秋赤蜻 *Sympetrwm frequens* Selys

分布：盐池湾。甘肃瓜州、阿克塞、金塔。

（9）赤蜻 *Sympetrum speciosumn* Oguma

分布：盐池湾。甘肃酒泉、敦煌、金塔。

#### 5.2.2.3　螅科 Agrionidae

（10）心斑绿螅 *Enallagma cyathiferus*（Charpentier）

分布：盐池湾。甘肃、黑龙江、吉林、河北、内蒙古、新疆、西藏、宁夏；俄罗斯（远东）；亚洲、欧洲。

（11）长叶异痣螅 *Ischnura elegans*（Vander Linden）

分布：盐池湾。甘肃及华北、东北地区；欧洲西部至朝鲜半岛，日本广布。

（12）蓝壮异痣螅 *Ischnura pumilio*（Charpentier）

分布：盐池湾。甘肃、内蒙古、新疆；中国西部；蒙古国及欧洲西部。

（13）黑背尾螅 *Paracercion melanotum*（Selys）

分布：盐池湾。全国广布；朝鲜半岛，日本、越南。

（14）豆娘 *Enollagma deserti eirculatum* Selys

分布：盐池湾。甘肃嘉峪关、酒泉、敦煌、瓜州、肃北。

### 5.2.3 螳螂目 *MANTODEA*

#### 5.2.3.1 螳螂科 Mantidae

（15）薄翅螳 *Mantis religiosa*（Linnaeus）

分布：盐池湾。全国广布；世界广布。

（16）宽腹螳螂 *Hiereodula patellifera* Servitle

分布：盐池湾。甘肃、北京、河北、山西、辽宁、吉林、黑龙江、江苏、浙江、安徽、福建、江西、山东、河南、湖南、广东、广西、四川、贵州、云南、西藏、陕西、台湾。

### 5.2.4 直翅目 *ORTHOPTERA*

#### 5.2.4.1 蝼蛄科 Gryllotalpidac

（17）东方蝼蛄 *Gryllotalpa orientalis* Burmeistet

分布：盐池湾。甘肃嘉峪关、敦煌。

（18）华北蝼蛄 *Gryllotalpa unispina* Sousuro

分布：盐池湾。甘肃嘉峪关、敦煌、瓜州、玉门、酒泉、金塔。

#### 5.2.4.2 癞蝗科 Pamphagidae

（19）准噶尔贝蝗 *Beybienkia songorica* Tzyplenkov

分布：盐池湾。甘肃、新疆巴里坤；蒙古国。甘肃省新纪录。

（20）青海短鼻蝗 *Filchnerella kukunoris* B. Bienko

分布：盐池湾。甘肃肃北、敦煌、武威、张掖、山丹、民乐、肃南、民勤、永昌、金昌。

（21）祁连山短鼻蝗 *Filchnerella qilianshana* Xi et Zbeng

分布：盐池湾。甘肃肃北、酒泉、阿克塞。

（22）裴氏垣鼻蝗 *Filchnerella beicki* Rarnme

分布：盐池湾。甘肃酒泉、阿克塞、华池、兰州、肃南、肃北、静宁、环县、会宁、通渭、临洮、定西、靖远、秦安、天祝。全国陕西、宁夏。

（23）笨蝗 *Hfaplotropis brunneriana* Saus

分布：盐池湾。甘肃敦煌、玉门、瓜州、金塔。陕西。甘肃省新纪录。

#### 5.2.4.3 锥头蝗科 Pyrgomorphinae

（24）锥头蝗 *Pyrgomorpha conica deserti* B.Bionko

分布：盐池湾。甘肃敦煌、阿克塞。

### 5.2.4.4　剑角蝗科 Acrididae

（25）中华蚱蜢 *Acrida cinerea* Thunberg

分布：盐池湾。甘肃酒泉、玉门、瓜州、敦煌、金塔、甘谷、天水、秦安、徽县、庆阳、正宁、环县、合水、华池、镇原、临洮、文县、成县、康县、临夏、武都、永昌、景泰、东乡、舟曲、泾川、平凉、兰州、崇信、灵台。陕西、贵州、四川。

（26）荒地蚱蜢 *Acrida oxycephala*（PalL）

分布：盐池湾。甘肃敦煌、阿克塞、张掖、武威、古浪、肃南、兰州。

### 5.2.4.5　槌角蝗科 Gomphoeeridae

（27）宽须蚁蝗 *Myrmeleotettix palpalis*（Zub.）

分布：盐池湾。甘肃酒泉、肃北、阿克塞、肃南、永昌、乌鞘岭、榆中、古浪、永登、夏河、卓尼、迭部、玛曲。青海、内蒙古。

### 5.2.4.6　丝角蝗科 Oedipodidae

（28）红翅瘤蝗 *Dericorys annulata roseipennis*（Redt.）

分布：盐池湾。甘肃敦煌、瓜州。

（29）短星翅蝗 *Calliptamus abbreoiotus* Ikonn

分布：盐池湾。甘肃敦煌、漳县、张掖、武山、甘谷、天水、肃南、正宁、华池、山丹、兰州、古浪、永昌、民乐、武威、金塔。陕西、四川、贵州。

（30）大垫尖翅蝗 *Epocromius coernlipes*（Lvanj）

分布：盐池湾。甘肃敦煌、民勤、临洮、庆阳、正宁、庄浪、天水、永登、永昌、平凉、静宁、灵台、崇信、泾川、环县、华池、张川、张掖、高台、临泽、景泰、山丹、民乐、金塔、肃南、酒泉。全国陕西、宁夏、青海。

（31）大胫刺蝗 *Compsorhipis dawidiana*（Saussuro）

分布：盐池湾。甘肃酒泉、瓜州、嘉峪关、阿克塞、张掖、肃南、肃北。陕西、宁夏。

（32）盐池束颈蝗 *Sphingonotus yenchinensis* Cheng et Chiu

分布：盐池湾。甘肃肃北、阿克塞、武威、肃南、肃北、永登。宁夏、陕西、内蒙古。

（33）宁夏束颈蝗 *Sphingonotus ningsianus* Zheng et Gow

分布：盐池湾。甘肃肃北、民勤、张掖、正宁、华池、武威、酒泉、金塔、玉门、瓜州、敦煌、阿克塞、嘉峪关。宁夏、内蒙古。

（34）岩石束颈蝗 *Sphingonotus nebulosus*（F-V）

分布：盐池湾。甘肃瓜州、肃南。

（35）黑翅束颈蝗 *Sphingonotus obscuratus latissimus* Uvarov

分布：盐池湾。甘肃民勤、金塔、瓜州、玉门、酒泉、敦煌。

（36）黄胫束颈蝗 *Sphingonotus sawignyi* Saussure

分布：盐池湾。甘肃敦煌、阿克塞。

（37）祁连山痂蝗 *Bryodcma qiliauhanensis* Lian et Zheng

分布：盐池湾。甘肃肃南、肃北、阿克塞、民乐、天祝。

（38）青海痂蝗 *Bryodema miramae* B.Bienko

分布：盐池湾。甘肃肃南、肃北、阿克塞、民乐、天祝。

（39）尤氏瘰蝗 *Bryodemella uvarooi* B.Bionko

分布：盐池湾。甘肃酒泉、瓜州、阿克塞、肃北、玉门、敦煌。

（40）白边痂蝗 *Bryodema luctuosum*（Stoll）

分布：盐池湾。甘肃肃北。

（41）黄胫异痂蝗 *Bryodemella holdereri*（Kraussj）

分布：盐池湾。甘肃肃北、阿克塞。

（42）轮纹痂蝗 *Bryodemella tuberculatum dilutum*（Stoll）

分布：盐池湾。甘肃酒泉、瓜州、阿克塞、肃北、玉门、敦煌。

（43）祁连山蚍蝗 *Eremippus qiliaruharensis* Liaa et Zheng

分布：盐池湾。甘肃瓜州、玉门。

（44）亚洲飞蝗 *Locusta migratoria* L.

分布：盐池湾。甘肃酒泉、玉门、敦煌、金塔。

（45）红腹牧草蝗 *Omoeestus haemorrhoidalis*（Charp）

分布：盐池湾。甘肃酒泉、敦煌。

（46）中华雏蝗 *Chorppus ehinensis* Tarbinsky

分布：盐池湾。甘肃肃北。

（47）白纹雏蝗 *Chorthippus albonemus* Cheng et Tu

分布：盐池湾。甘肃酒泉、金塔、肃北、阿克塞。

（48）楼观雏蝗 *Chorthippus louguorensis* Cheng et Tu

分布：盐池湾。甘肃酒泉、瓜州、阿克塞、肃北、玉门、敦煌。

（49）赤翅蝗 *Celes skalozuboui* Adel

分布：盐池湾。甘肃酒泉、瓜州、阿克塞、肃北、玉门、敦煌。

（50）亚洲小车蝗 *Oedaleus decorus astatieus* B.Bienko

分布：盐池湾。甘肃肃北、酒泉、阿克塞。

（51）黑条小车蝗 *Oedaleus decorus* Germar

分布：盐池湾。甘肃肃北、酒泉、阿克塞。

（52）黄胫小车蝗 *Oedaleus infernalis* Sau

分布：盐池湾。甘肃肃北、酒泉、阿克塞。

（53）宽翅曲背蝗 *Parareyptera microptera meridionalis* Ikonn

分布：盐池湾。甘肃肃北、酒泉、阿克塞。

### 5.2.5　革翅目 *DERMAPTERA*

#### 5.2.5.1　球蝼科 Forficulidae

（54）蠼螋 *Labidura riparia* Pallas

分布：盐池湾。甘肃、河北、东北、山西、陕西、山东、河南、江苏、湖北、湖南、江西、四川、宁夏；世界广布。

### 5.2.6　缨翅目 *THYSANOPTERA*

#### 5.2.6.1　蓟马科 Thripidae

（55）花蓟马 *Frankliniella intonsa*（Trybom）

寄主：苜蓿、紫云英、苕子、野豌豆、刀豆、蚕豆、绣线菊、刺儿菜、白菜、油菜、萝卜、甘蓝、玉米、小麦、葱、南瓜、西瓜、刺梅、苹果、梨、杜梨、忍冬、胡麻、茜草、漏斗菜、委陵菜、九里香、灰菜、茄、西红柿、牵牛花、土豆、辣椒、菠菜、香菜。

分布：盐池湾。西北、东北、华北、华中、华东、华南、西南；朝鲜、日本、蒙古国、俄罗斯（西伯利亚）、印度，欧洲。

（56）烟蓟马 *Thrips tabaci* Lindema

寄主：水稻、小麦、玉米、毛竹、大豆、豆角、苜蓿、草木樨、苦豆子、豌豆、蚕豆、黄刺梅、月季、苹果、李、梅、甘蓝、白菜、油菜、萝卜、甘蓝、葱、蒜、洋葱、韭菜、土豆、茄、西红柿、苦荬菜、向日葵、苦蒿、田蓟、小蓟、蒲公英、小旋花、南瓜、西瓜、西葫芦、芹菜、香菜、菠菜、蓖麻、亚麻、核桃、黄瓜、柴胡、茴香、灰菜、车前、蓬草、曼陀罗、蓼科、苍耳、夏枯草、荠、甜甘草、独行菜。

分布：盐池湾。甘肃、辽宁、吉林、黑龙江、内蒙古、河北、山西、山东、河南、陕西、宁夏、新疆、江苏、台湾、湖北、湖南、广东、海南、广西、重庆、四川、贵州、云南、西藏；朝鲜、日本、蒙古国、印度、菲律宾，世界广布。

### 5.2.7　同翅目 *HOMOPTERA*

#### 5.2.7.1　蝉科 Cicadidae

（57）草蝉 *Mogannia conica* Germer

分布：盐池湾。甘肃文县、宕昌。

（58）褐山蝉 *Leptopsalta fuscoclavalis*（Chen）

分布：盐池湾。甘肃敦煌。内蒙古、新疆；俄罗斯。

#### 5.2.7.2　蚜科 Aphidoidea

（59）冰草麦蚜 *Diuraphis*（*Hocaphis*）*agropyronophaga* Zhang

寄主：麦类、赖草。

分布：盐池湾。甘肃、宁夏。

#### 5.2.7.3　叶蝉科 Cicadellidae

（60）大青叶蝉 *Cicadella viridis*（Linnaeus）

寄主：多种农作物和果树。

分布：盐池湾。全国广布；世界广布。

（61）六点叶蝉 *Macrosteles sexnotatus*（Fallén）

寄生：多种草本植物。

分布：盐池湾。

（62）条纹二室叶蝉 *Balclutha tiaowenae* Kuoh

分布：盐池湾。

5.2.7.4 飞虱科 Delphacidae

（63）灰飞虱 *Laodelphax striatellus*（Fallén）

寄主：水稻、小麦、谷子、高粱、稗、早熟禾、马唐、鹅冠草、看麦娘、狼尾草、千金子等。

分布：盐池湾。全国广布；欧洲、中亚、西亚、北非、东亚至菲律宾北部和印度尼西亚（苏门答腊）。

（64）芦苇长突飞虱 *Stenocraus matsumurai* Metcalf

寄生：芦苇、麦类作物。

分布：盐池湾。甘肃、吉林、北京、河北、河南、山西、四川、台湾、福建；日本、朝鲜、俄罗斯。

5.2.7.5 角蝉科 Membracidae

（65）黑圆角蝉 *Gargara genistae*（Fabricius）

寄生：苜蓿、大豆、枸杞、桑、三叶锦鸡儿、沙达旺、枣、杨、柳、槐。

分布：盐池湾。除青海，全国各省区市广布。

### 5.2.8 半翅目 *HEIMAPTERA*

5.2.8.1 异蝽科 Urostylidae

（66）短壮异蝽 *Urochela falloui* Reuter

分布：盐池湾。甘肃、河北、北京、天津、山西、山东、青海。

（67）淡娇异蝽 *Urostylis yangi* Maa

分布：盐池湾。甘肃文县、康县、宕昌。

5.2.8.2 缘蝽科 Coreidae

（68）点伊缘蝽 *Rhopalus latus*（Jakovlev）

分布：盐池湾。甘肃、山西、浙江、江西、四川、云南、西藏。

（69）闭环缘蝽 *Stictopleurus viridicatus*（Uhler）

分布：盐池湾。甘肃、辽宁、吉林、内蒙古、北京、河北、山西、陕西、新疆。

5.2.8.3 盲蝽科 Miridae

（70）苜蓿盲蝽 *Adelphocois lineolatus*（Goeze）

分布：盐池湾。甘肃、黑龙江、吉林、辽宁、内蒙古、河北、山西、山东、河南、陕西、宁夏、青海、新疆、安徽、江苏、湖北、四川、江西、贵州、云南、西藏；美国；古北界广布。

（71）榆毛翅盲蝽 *Blepharidopterus ulmicola* Kerzhner

分布：盐池湾。甘肃、内蒙古、宁夏；蒙古国、俄罗斯。

（72）杂毛合垫盲蝽 *Orthotylus*（*Melanotrichus*）*flavosparsus*（Sahlberg，1842）

分布：盐池湾。甘肃、陕西、北京、天津、河北、内蒙古、黑龙江、浙江、江西、山东、河南、湖北、四川、新疆；俄罗斯及欧洲。

（73）绿狭盲蝽 *Stenodema virens*（Linnaeus）

分布：盐池湾。甘肃、内蒙古；蒙古国；中亚、西亚、西伯利亚、北美洲、欧洲。

5.2.8.4 蝽科 Pentatomidae

（74）东亚果蝽 *Carpocoris seidenstueckeri*（Tamanini，1959）

分布：盐池湾。甘肃、吉林、辽宁、内蒙古、北京、河北、山东、陕西；俄罗斯、蒙古国、日本及欧洲。

（75）西北麦蝽 *Aelia sibirica* Reuter

寄主：麦类、水稻等禾本科植物。

分布：盐池湾。甘肃、辽宁、黑龙江、吉林、内蒙古、河北、山西、陕西、山东、江苏、浙江、湖北、江西；俄罗斯、蒙古国；古北界、东洋界。

（76）斑须蝽（细毛蝽）*Dolycoris baccarum*（Linnaeus）

寄主：多种禾谷类、豆类、蔬菜、亚麻、桃、梨、柳等。

分布：盐池湾。甘肃、东北、河北、内蒙古、山东、河南、江苏、浙江、福建、江西、湖北、广东、广西、云南、四川、西藏、陕西、新疆；日本、印度北部；古北界。

（77）巴楚菜蝽 *Eurydema wilkinsi* Distant

寄主：油菜花等十字花科植物、宽叶独行菜、胡麻、小麦。

分布：盐池湾。甘肃、内蒙古、宁夏、新疆；俄罗斯。

（78）菜蝽 *Eurydema dominulus*（Scopoli）

分布：盐池湾。甘肃文县、康县。

（79）紫翅果蝽 *Carpocoris purpureipennis*（De Geer）

寄主：梨、马铃薯、萝卜、胡萝卜、小麦、沙枣。

分布：盐池湾。甘肃、河北、北京、黑龙江、吉林、辽宁、陕西、山西、内蒙古、山东、青海、宁夏、新疆；蒙古国、俄罗斯、朝鲜、日本、印度、土耳其、伊朗。

（80）茶翅蝽 *Halyomorpha picus*（Fabricius）

分布：盐池湾。甘肃文县、武都、康县、成县、两当、徽县、宕昌、舟曲。

（81）凹肩辉蝽 *Carbula sinica* Hsiao et Cheng

分布：盐池湾。甘肃文县、武都、康县、徽县、成县、宕昌、舟曲。

5.2.8.5　同蝽科 Acanthosomatidae

（82）短直同蝽 *Elasmostethus brevis* Lindberg

分布：盐池湾。甘肃文县、武都、康县、成县、徽县、西和、两当、礼县、宕昌、舟曲。

（83）背匙同蝽 *Elasmucha dorsalis* Jakovlev

分布：盐池湾。甘肃宕昌、舟曲、文县。

（84）匙同蝽 *Elasmucha ferrugata*（Fieber）

分布：盐池湾。甘肃文县、宕昌、舟曲。

（85）灰匙同蝽 *Elasmucha grisea*（Linnaeus）

分布：盐池湾。甘肃文县、武都、宕昌、成县。

（86）板同蝽 *Platacantha armifer* Lindberg

分布：盐池湾。甘肃文县、武都、康县、成县、徽县、宕昌、舟曲。

5.2.8.6　长蝽科 Lygaeidae

（87）拟方红长蝽 *Lygaeus oreophilus*（Korotschenko）

分布：盐池湾。甘肃文县、武都、宕昌、舟曲。

（88）红脊长蝽 *Tropidothorax elegans*（Distant）

分布：盐池湾。甘肃文县、武都、康县、成县。

（89）小长蝽 *Nysius ericae*（Schilling）

分布：盐池湾。甘肃文县、宕昌、舟曲。

5.2.8.7　花蝽科 Anthocoridae

（90）邻小花蝽 *Orius*（*Heterorius*）*vicinus*（Ribaut）

寄主：合头草。

分布：盐池湾。甘肃、内蒙古、新疆、宁夏；蒙古国；中亚、西亚。

### 5.2.9　脉翅目 *NEUROPTERA*

5.2.9.1　粉蛉科 Coniopterygidae

（91）直胫啮粉蛉 *Conwentzia orthotibia* Yang

分布：盐池湾。甘肃、吉林、黑龙江、河北、山西、河南、陕西、青海、宁夏、新疆、湖北、四川、重庆、云南、西藏。

（92）广重粉蛉 *Semidalis aleyrodiformis*（Stephens）

分布：盐池湾。甘肃、辽宁、吉林；华北、华东、华中、华南、西南、西北；日本、印度、泰国、尼泊尔、哈萨克斯坦；欧洲。

5.2.9.2　草蛉科 Chrysopidae

（93）丽草蛉 *Chrysopa formosa* Brauer

分布：盐池湾。甘肃、广东；华北、东北、华东、华中、西南、西北；蒙古国、俄罗斯、朝鲜、日本；欧洲。

### 5.2.10　鞘翅目 *COLEOPTERA*

5.2.10.1　**瓢甲科** Coccinellidae

（94）二星瓢虫 *Adalia bipunctata*（Linaeus）

分布：盐池湾。甘肃、河南、陕西、宁夏、新疆、四川、云南、西藏；东北、华北、华东；亚洲、非洲、北美洲。

（95）红点唇瓢虫 *Chilocorus kuwanae* Silvestri

捕食对象：杨牡蛎蚧、杏球蚧、桑白蚧。

分布：盐池湾。甘肃、四川、贵州、云南；东北、华北、华中、华东、华南；朝鲜、日本、印度；欧洲、北美洲。

（96）七星瓢虫 *Coccinella septempunctata* Linnaeus

捕食对象：枸杞蚜、枸杞木虱、槐蚜、松蚜、麦蚜、豆蚜。

分布：盐池湾。东北、华北、华中、西北、华东、华南、西南；俄罗斯（远东）、蒙古国、朝鲜、日本、印度、尼泊尔、不丹、巴基斯坦、阿富汗、伊朗；中亚、西亚、欧洲、非洲。

（97）华日瓢虫 *Coccinella ainu* Lewis

分布：盐池湾。甘肃、河北、陕西、新疆；日本、越南。

（98）横斑瓢虫 *Coccinella transversoguttata* Faldermann

捕食对象：柳蚜、艾蒿蚜、麦蚜、棉蚜。

分布：盐池湾。甘肃、陕西、青海、新疆、四川、云南、西藏。

（99）双七瓢虫 *Coccinula quatuordecimpustulata*（Linnaeus）

捕食对象：麦蚜、棉蚜、艾蒿蚜等。

分布：盐池湾。甘肃、山东、河南、江西、四川、宁夏、新疆；东北、华北；日本、欧洲、俄罗斯（西伯利亚）、伊朗、乌兹别克斯坦、吉尔吉斯斯坦、土耳其、叙利亚；非洲界。

（100）四斑毛瓢虫 *Scymnus frontalis*（Fabricius）

捕食对象：棉蚜、槐蚜。

分布：盐池湾。甘肃、河北、山东、新疆。

（101）十四星裸瓢虫 *Calvia quatuordecimguttata*（Linnaeus）

捕食对象：蚜虫。

分布：盐池湾。甘肃、吉林、黑龙江、河北、陕西、宁夏、新疆、贵州、四川、西藏；俄罗斯、日本、印度、斯里兰卡；北美洲。

（102）菱斑巧瓢虫 *Oenopia conglobata conglobata*（Linnaeus）

捕食对象：麦蚜、棉蚜、玉米蚜、棉铃虫、叶螨。

分布：盐池湾。甘肃、黑龙江、内蒙古、北京、河北、山西、山东、河南、陕西、甘肃、青海、宁夏、新疆、江苏、浙江、安徽、福建、四川、西藏；古北界。

（103）十二斑巧瓢虫 *Oenopia bissexnotata*（Mulsan）

捕食对象：榆四麦棉蚜、苹果蚜、杨缘纹蚜。

分布：盐池湾。甘肃、浙江、四川、贵州、云南、西北；东北、河北、华中；蒙古国、俄罗斯（远东、西伯利亚）、朝鲜、韩国。

（104）多异瓢虫 *Hippodamia variegata*（Goeze）

捕食对象：棉蚜、豆蚜、玉米蚜、槐蚜。

分布：盐池湾。甘肃、福建、四川、云南、西藏；东北、华北、华中、西北；蒙古国、俄罗斯（远东、西伯利亚）、朝鲜、日本、印度、尼泊尔、不丹、巴基斯坦、阿富汗、伊朗、伊拉克、吉尔吉斯斯坦、哈萨克斯坦、黎巴嫩、以色列、约旦；欧洲；非洲界、新北界。

（105）异色瓢虫 *Harmonia axyridis*（Pallas）

捕食对象：紫榆叶甲卵、粉蚧、木虱、豆蚜、棉蚜。

分布：盐池湾。甘肃、黑龙江、吉林、内蒙古、河北、河南、宁夏、浙江、湖北、江西、湖南、福建、台湾、广东、海南、广西、四川、云南、西藏；蒙古国、俄罗斯、朝鲜、日本、美国。

### 5.2.10.2　叶甲科 Chrysomelidae

（106）杨蓝叶甲 *Agelastica alni orientalis* Baly

寄主：榆树、杨树、柳树、苹果。

分布：盐池湾。甘肃、北京、陕西、青海、新疆；蒙古国、克什米尔、哈萨克斯坦、土库曼斯坦。

（107）蒿金叶甲 *Chrysolina*（*Anopachys*）*aurichalcea*（Mannerheim）

寄主：蒿属。

分布：盐池湾。甘肃、辽宁、黑龙江、吉林、内蒙古、新疆、北京、河北、山东、陕西、河南、安徽、浙江、湖北、湖南、福建、台湾、四川、贵州、云南；俄罗斯（西伯利亚）、朝鲜、日本、越南、缅甸。

（108）柳圆叶甲 *Plagiodera versicolora*（Laicharting）

寄主：柳。

分布：盐池湾。甘肃、台湾、贵州、四川、云南、陕西、宁夏；东北、华北、华东、华中；日本、俄罗斯（西伯利亚）；印度、欧洲、非洲。

（109）杨叶甲 *Chrysomela populi* Linnaeus

寄主：杨、柳。

分布：盐池湾。甘肃、内蒙古、广西；东北、西北、华北、华东、华中、西南、西北；俄罗斯（西伯利亚）、朝鲜、日本、印度；亚洲（西部、北部）、欧洲、非洲北部。

（110）红柳粗角萤叶甲 *Diorhabda elongata deserticola* Chen

寄主：柽柳。

分布：盐池湾。甘肃、内蒙古、宁夏、新疆。

（111）跗粗角萤叶甲 *Diorhabda tarsalis* Weise

寄主：甘草。

分布：盐池湾。甘肃、辽宁、宁夏、青海、新疆、河北、山西、云南；蒙古国、俄罗斯（西伯利亚）。

（112）褐背小萤叶甲 *Galerucella grisescens*（Joannis）

寄主：草莓属、蓼属、酸模属、珍珠梅属等植物。

分布：盐池湾。甘肃、内蒙古、新疆、河北、陕西；东北、华东、华中、华南、西南；俄罗斯（西伯利亚）、日本、朝鲜、越南、老挝、印度、尼泊尔、印度尼西亚、阿富汗。

（113）榆绿毛萤叶甲 *Pyrhalta aenescens*（Fairmaire）

寄主：榆树、杨树。

分布：盐池湾。甘肃、吉林、内蒙古、河北、山东、山西、陕西、河南、江苏、台湾。

（114）榆黄毛萤叶甲 *Pyrrhalta maculcollis*（Motschulsky，1 853）

寄主：榆树。

分布：盐池湾。甘肃、辽宁、黑龙江、吉林、内蒙古、陕西、河北、山西、山东、河南、江苏、浙江、江西、湖南、福建、台湾、广东、广西；俄罗斯（远东）、朝鲜、日本。

（115）细毛萤叶甲 *Galerucella*（*Neogalerucella*）*tenella*（Linnaeus）

寄主：绣线菊。

分布：盐池湾。甘肃、内蒙古、青海、河北；蒙古国、中亚、欧洲。

（116）多脊萤叶甲 *Galeruca vicina*（Solsky）

寄主：车前草科。

分布：盐池湾。甘肃、黑龙江、吉林、内蒙古、新疆、河北、山西、湖南、贵州；蒙古国、俄罗斯（西伯利亚、远东）、朝鲜、日本。

（117）阔胫萤叶甲 *Pallasiola absinthii*（Pallas）

寄主：榆树、蒿。

分布：盐池湾。甘肃、辽宁、吉林、黑龙江、内蒙古、青海、新疆、河北、山西、陕西、四川、云南、西藏；俄罗斯（西伯利亚）、蒙古国、吉尔吉斯斯坦。

（118）八斑隶萤叶甲 *Liroetis octopunctata*（Weise）

寄主：大叶龙胆、刺毛忍冬。

分布：盐池湾。甘肃、青海、四川、西藏。

（119）胡枝子克萤叶甲 *Cneorane violaceipennis* Allard

分布：盐池湾。甘肃、辽宁、吉林、黑龙江、内蒙古、宁夏、新疆、河北、山西、陕西、河北、山东、河南、江苏、安徽、浙江、湖北、江西、湖南、福建、台湾、广东、广西、四川、贵州；俄罗斯（西伯利亚）、朝鲜。

（120）隐头蚤跳甲 *Pyliodes eullala*（liger）

分布：盐池湾。甘肃、内蒙古、新疆；蒙古国、俄罗斯（西伯利亚）、中亚、欧洲。

（121）枸杞毛跳甲 *Epitix abeillei*（Bauduer）

寄主：枸杞。

分布：盐池湾。甘肃、新疆、河北、山西；中亚、西亚、欧洲、非洲北部。

（122）柳沟胸跳甲 *Crepidodera pluta*（Latreille）

寄主：柳属、杨属。

分布：盐池湾。甘肃、黑龙江、吉林、河北、山西、湖北、云南、西藏；俄罗斯（西伯利亚）、朝鲜、日本；中亚、欧洲。

（123）黄宽条菜跳甲 *Phyllotreta humilis* Weise

寄主：十字花科蔬菜、禾本科、葫芦科植物。

分布：盐池湾。甘肃、黑龙江、吉林、内蒙古、新疆、河北、山西、陕西、山东、江苏；蒙古国、俄罗斯（西伯利亚）。

（124）蓟跳甲 *Altica cirsicola* Ohno

寄主：蓟属。

分布：盐池湾。甘肃、辽宁、吉林、黑龙江、内蒙古、青海、新疆、河北、山西、山东、安徽、湖北、湖南、福建、四川、贵州、云南；日本。

（125）月见草跳甲 *Altica oleracea*（Linnaeus）

寄主：月见草、败酱属、柳叶菜。

分布：盐池湾。甘肃、新疆、广西、四川、云南；日本；亚洲中部、欧洲。

（126）柳苗跳甲 *Altica tweisei*（Jacobson）

寄主：柳苗。

分布：盐池湾。甘肃、黑龙江、吉林、新疆、河北、山西、四川；蒙古国、朝鲜。

### 5.2.10.3　**步甲科** Carabidae

（127）粘虫步甲 *Carabus granulatus telluris* Bates

捕食对象：粘虫、银纹夜蛾等幼虫和蛹。

分布：盐池湾。甘肃、河北、辽宁、吉林、黑龙江、宁夏、新疆；蒙古国、俄罗斯（西伯利亚）、朝鲜、日本。

（128）大塔步甲 *Taphoxenus gigas*（Fischer von Waldheim）

分布：盐池湾。甘肃；蒙古国、乌兹别克斯坦、吉尔吉斯斯坦、哈萨克斯坦、乌克兰、俄罗斯。

（129）花猛步甲 *Cymindis lineata*（Quensel）

分布：盐池湾。甘肃、新疆；哈萨克斯坦、土库曼斯坦、以色列、土耳其、阿尔巴尼亚、阿塞拜疆、保加利亚、亚美尼亚、格鲁吉亚、希腊、匈牙利、马其顿、摩尔达维亚、俄罗斯、南斯拉夫。

（130）谷婪步甲 *Harpalus*（*Pseudoophonus*）*calceatus*（Duftschmid）

分布：盐池湾。甘肃、黑龙江、辽宁、北京、河北、山西、内蒙古、四川、云南、陕西、青海、陕西、宁夏、新疆；俄罗斯（远东、西伯利亚）、蒙古国、朝鲜、韩国、日本、印度、阿富汗、塔吉克斯坦、乌兹别克斯坦、土库曼斯坦、吉尔吉斯斯坦、哈萨克斯坦、土耳其、欧洲。

（131）红缘婪步甲 *Harpalus froelichii* Sturm

捕食对象：鳞翅目幼虫及蛴螬。

分布：盐池湾。甘肃、黑龙江、辽宁、内蒙古、北京、河北、山西、四川、云南、陕西、青海、陕西、宁夏、新疆；俄罗斯（远东、西伯利亚）、蒙古国、朝鲜、韩国、日本、印度、阿富汗、塔吉克斯坦、乌兹别克斯坦、土库曼斯坦、吉尔吉斯斯坦、哈萨克斯坦、土耳其、欧洲。

（132）点翅暗步甲 *Amara*（*Bradytus*）*majuscula*（Chaudoir）

捕食对象：地表或地下活动的鳞翅目幼虫和蛴螬。

分布：盐池湾。甘肃、宁夏、北京、河北、内蒙古、辽宁、黑龙江、四川、青海、新疆；蒙古国、俄罗斯（西伯利亚、远东）、朝鲜、日本、伊朗、乌兹别克斯坦、吉尔吉斯斯坦、哈萨克斯坦、土耳其、欧洲。

（133）麦穗斑步甲 *Anisodactylus*（*Pseudanisodactylus*）*signatus*（Panzer）

捕食对象：粘虫。

分布：盐池湾。全国广布；蒙古国、俄罗斯、朝鲜、韩国、日本、巴基斯坦、塔吉克斯坦、乌兹别克斯坦、哈萨克斯坦、伊朗、欧洲。

（134）月斑虎甲 *Calomera lunulata*（Fabricius）

捕食对象：小型昆虫。

分布：盐池湾。甘肃、辽宁、内蒙古、河北、北京、山西、宁夏、新疆、河南、贵州；俄罗斯、伊朗、叙利亚、埃及、欧洲、非洲。

### 5.2.10.4　隐翅甲科 Staphylinidae

（135）西里塔隐翅甲 *Tasgius praetorius*（Bemhauer）

分布：盐池湾。甘肃、宁夏、北京、河北、内蒙古、青海；蒙古国、韩国。

### 5.2.10.5　葬甲科 Silphinae

（136）皱亡葬甲 *Thanatophilus rugosus*（Linnaeus）

取食对象：动物尸体。

分布：盐池湾。甘肃、河北、北京、黑龙江、辽宁、陕西、宁夏、青海、新疆、四川、云南、西藏；蒙古国、俄罗斯（远东）、朝鲜、韩国、日本、塔吉克斯坦、土库曼斯坦、乌兹别克斯坦、吉尔吉斯斯坦、哈萨克斯坦、阿富汗、伊朗、伊拉克、欧洲。

（137）滨尸葬甲 *Necrodes littoralis*（Linnaeus）

取食对象：动物尸体。

分布：盐池湾。甘肃、辽宁、吉林、黑龙江、内蒙古、北京、天津、河北、陕西、青海、宁夏、新疆、安徽、福建、江西、湖北、湖南、广东、广西、四川、云南、西藏；蒙古国、俄罗斯（远东、西伯利亚）、朝鲜、韩国、日本、印度、阿富汗、伊朗、塔吉克斯坦、乌兹别克斯坦、土库曼斯坦、吉尔吉斯斯坦、哈萨克斯坦、土耳其、巴基斯坦；欧洲。

（138）墨黑覆葬甲 *Necroborus morio*（Gebler）

分布：盐池湾。甘肃、河北、内蒙古、江西、广西、青海、宁夏、新疆；蒙古国、俄罗斯（西伯利亚）、阿富汗、伊朗、乌兹别克斯坦、吉尔吉斯斯坦、土库曼斯坦、哈萨克斯坦。

（139）黑缶葬甲 *Phosphuga atrata*（Linnaeus）

分布：盐池湾。甘肃、宁夏、河北、北京、内蒙古、黑龙江、河南、四川、陕西、青海、新疆；蒙古国、俄罗斯、朝鲜、日本、印度、阿富汗、吉尔吉斯斯坦、哈萨克斯坦、塔吉克斯坦、土库曼斯坦、乌兹别克斯坦、伊朗、土耳其、欧洲、东洋界。

### 5.2.10.6　阎甲科 Histeridae

（140）宽卵阎甲 *Dendrophilus xavieri* Marseul

分布：盐池湾。甘肃、河北、内蒙古、山东、上海、浙江、江西、湖北、广东、广西、海南、贵州、云南、陕西、宁夏、新疆、台湾；俄罗斯、韩国、日本。

（141）谢氏阎甲 *Saprinus sedakovii* Motschulsky

分布：盐池湾。甘肃、黑龙江、内蒙古、河北、山西、西藏；俄罗斯（西伯利亚）、韩国。

### 5.2.10.7　拟步甲科 Tenebrionidae

（142）光滑卵漠甲 *Ocnera sublaevigata* Bates

分布：盐池湾。甘肃、新疆；哈萨克斯坦。

（143）何氏胖漠甲 *Trigonoscelis*（*Chinotrigon*）*holdereri* Reitter

分布：盐池湾。甘肃、宁夏、新疆。

（144）莱氏脊漠甲 *Pterocoma*（*Mongolopterocoma*）*reittert* Frivaldszky

取食对象：幼虫取食白刺等沙生植物根部。

分布：盐池湾。甘肃、内蒙古、宁夏；蒙古国。

（145）半脊漠甲 *Pterocoma*（*Mesopterocoma*）*semicarinata* Bates

分布：盐池湾。甘肃、新疆（喀什）；克什米尔。

（146）细长琵甲 *Blaps oblonga* Kraatz

分布：盐池湾。甘肃、新疆；乌兹别克斯坦。

（147）戈壁琵甲 *Blaps gobiensis* Frivaldszky

分布：盐池湾。除新疆外的其他西北地区；蒙古国。

（148）狭窄琵甲 *Blaps virgo* Seidlitz

分布：盐池湾。

（149）黑足双刺甲 *Bioramix picipes*（Gebler）甘肃省新纪录

分布：盐池湾。甘肃、内蒙古（百灵庙）、新疆（乌鲁木齐、若羌、木垒、奎屯）。

（150）尖尾琵甲 *Blaps acuminate* Fischer-Waldheim

分布：盐池湾。甘肃、青海西部、新疆、内蒙古西部；蒙古国。

（151）福氏胸鳖甲 *Colposcelis*（*Scelocolpis*）*forsteri*

分布：盐池湾。甘肃、新疆。

（152）磨光东鳖甲 *Anatolica polita* Frivaldszky

分布：盐池湾。甘肃、内蒙古。

（153）宽颈小鳖甲 *Microdera laticollis* Bates

分布：盐池湾。甘肃、新疆；哈萨克斯坦。

（154）无齿隐甲 *Crypticus nondentatus* Ren et Zheng

分布：盐池湾。甘肃、新疆。甘肃省新纪录。

（155）黑足双刺甲 *Bioramix picipes*（Gebler）

分布：盐池湾。甘肃、新疆；俄罗斯、哈萨克斯坦、吉尔吉斯斯坦、蒙古国。甘肃省新纪录。

（156）烁光双刺甲 *Bioramix micans*（Roitter）

取食对象：沙生植物根部或腐物。

分布：盐池湾。甘肃、青海、内蒙古。甘肃省新纪录。

（157）蒙古伪坚土甲 *Scleropatrum mongolicum*（Kaszab）

分布：盐池湾。甘肃、宁夏；蒙古国。

（158）吉氏笨土甲 *Penthicus*（*Myladion*）*kiritshenkoi*（Reichardt）

分布：盐池湾。甘肃、宁夏、内蒙古；蒙古国。甘肃省新纪录。

（159）中华砚甲 *Cyphogenia chinensis*（Faldermann）

取食对象：沙生植物种子、嫩皮、干叶及麸皮、玉米、黄米、饲料等。

分布：盐池湾。甘肃、宁夏、北京、内蒙古、辽宁、陕西、新疆；蒙古国、哈萨克斯坦。

### 5.2.10.8　叩甲科 Elateridae

（160）细胸叩头甲 *Agriotes subvittatus fuscicollis* Miwa

取食对象：玉米、小麦、白菜、萝卜、马铃薯、甜菜等根部及杨树等多种树木。

分布：盐池湾。甘肃、黑龙江、辽宁、吉林、内蒙古、河北、山西、山东、河南、陕西、宁夏、青海、新疆、江苏、浙江、安徽、福建、湖北、广西、四川；俄罗斯（西伯利亚）、日本。

### 5.2.10.9　粪金龟科 Geotrupidae

（161）粪堆粪金龟 *Geotrupes stercorarius*（Linnaeus）

取食对象：牛粪、马粪。

分布：盐池湾。甘肃、宁夏、北京、河北、山西、内蒙古、辽宁、吉林、黑龙江、山东、河南；蒙古国、伊朗、塔吉克斯坦、土库曼斯坦、欧洲、新北界。

### 5.2.10.10　皮金龟科 Trogidae

（162）尸体皮金龟 *Trox cadaverinus* Illiger

取食对象：动物尸体。

分布：盐池湾。甘肃、宁夏、内蒙古、青海；蒙古国、俄罗斯（远东、西伯利亚）、土库曼斯坦、吉尔吉斯斯坦、欧洲。

### 5.2.10.11　金龟科 Scarabaeidae

（163）迟钝蜉金龟 *Aphodius*（*Accmthobodilus*）*languidulus* Schmidt

取食对象：牛粪。

分布：盐池湾。甘肃、宁夏、北京、上海、四川、云南、西藏、青海、新疆、台湾；俄罗斯（远东、西伯利亚）、朝鲜、韩国、日本。

（164）血斑蜉金龟 *Aphodius*（*Otophorus*）*haemorrhoidalis*（Linnaeus）

取食对象：成虫、幼虫均食牲畜粪便。

分布：盐池湾。甘肃、宁夏、河北、山西、内蒙古、江苏、四川、西藏、新疆；蒙古国、俄罗斯（远东、西伯利亚）、朝鲜、日本、塔吉克斯坦、吉尔吉斯斯坦、哈萨克斯坦、土耳其、高加索山脉、喜马拉雅山脉、欧洲。

（165）后蜉金龟 *Aphodius*（*Teuchestes*）*analis*（Fabricius）

取食对象：牲畜粪便。

分布：盐池湾。甘肃、江苏、上海、浙江、福建、广东、广西、海南、台湾、安徽、江西、湖北、贵州、云南、四川；朝鲜、韩国、日本、尼泊尔、澳大利亚；东洋界。

（166）福婆鳃金龟 *Brahmina*（*Brahminella*）*faldermanni* Kraatz

取食对象：幼虫取食禾草、灌木地下部分；成虫取食山枣、苹果、刺槐、杏树等叶片。

分布：盐池湾。甘肃、河北、北京、山西、内蒙古、辽宁、宁夏、山东、河南、陕西；俄罗斯（远东）。

（167）黑绒金龟 *Maladera*（*Omaladera*）*orientalis*（Motschulsky）

取食对象：农作物、多种果树、林木、蔬菜、杂草。

分布：盐池湾。甘肃、东北、内蒙古、北京、河北、山西、山东、河南、陕西、青海、宁夏、新疆、江苏、安徽、浙江、湖北、江西、福建、台湾、广东、海南、贵州；蒙古国、俄罗斯（远东）、朝鲜、韩国、日本。

### 5.2.10.12　小蠹科　Scolytus

（168）脐腹小蠹 *Scolytus schevyrewi* Semenov

取食对象：榆、柳、杏、李、桃、樱桃、柠条、锦鸡儿。

分布：盐池湾。甘肃、东北、内蒙古、北京、河北、山西、山东、河南、陕西、青海、宁夏、新疆、江苏、四川、贵州；蒙古国、俄罗斯（西伯利亚）、朝鲜、韩国、印度、塔吉克斯坦、吉尔吉斯斯坦、哈萨克斯坦、土耳其、欧洲。

### 5.2.10.13　象甲科 Curculionidae

（169）甘肃齿足象 *Deracanthus potanini* Faust

取食对象：沙蒿、骆驼蓬。

分布：盐池湾。甘肃、宁夏、青海、新疆。

### 5.2.10.14　卷象科 Attelabidae

（170）杨卷叶象 *Byctiscus populi*（Linnaeus）

取食对象：山杨。

分布：盐池湾。甘肃、河北、北京、内蒙古、黑龙江、山西、青海、宁夏、四川；俄罗斯、蒙古国至欧洲。

（171）金绿树叶象 *Phyllobius virideaeris*（Laicharting）

取食对象：李树、杨树。

分布：盐池湾。甘肃、黑龙江、吉林、内蒙古、北京、河北、山西、陕西、宁夏、新疆、湖北、四川；蒙古国、俄罗斯（远东、西伯利亚）、塔吉克斯坦、乌兹别克斯坦、吉尔吉斯斯坦、哈萨克斯坦、土耳其、欧洲、非洲。

（172）西伯利亚绿象 *Chlorophanus sibiricus* Gyllenhal

取食对象：杨、柳。

分布：盐池湾。甘肃、宁夏、东北、内蒙古、北京、河北、山西、陕西、青海、新疆、浙江、湖北、湖南、四川；朝鲜、蒙古国、俄罗斯（远东、西伯利亚）、塔吉克斯坦、哈萨克斯坦。

（173）红背绿象 *Chlorophanus solaria* Zumpt

取食对象：杨、柳、云杉、枸杞。

分布：盐池湾。甘肃、吉林、辽宁、内蒙古、河北、山西、陕西、宁夏、青海、新疆；蒙古国、俄罗斯。

（174）黑斜纹象 *Bothynoderes declivis*（Olivier）

取食对象：刺蓬、骆驼蓬、蜀葵、甜菜。

分布：盐池湾。甘肃、黑龙江、辽宁、内蒙古、北京、河北、宁夏、青海、新疆；蒙古国、俄罗斯（远东、西伯利亚）、朝鲜、韩国、日本、阿富汗、土库曼斯坦、吉尔吉斯斯坦、哈萨克斯坦；欧洲。

（175）二斑尖眼象 *Chromonotus*（*Chevrolatius*）*bipunctatus*（Zoubkoff）

分布：盐池湾。甘肃、东北、内蒙古、北京、河北、山西、宁夏、青海、新疆；蒙古国、俄罗斯（西伯利亚）、乌兹别克斯坦、吉尔吉斯斯坦、哈萨克斯坦；欧洲。

（176）欧洲方喙象 *Cleonus pigra*（Scopoli）

取食对象：蓟属植物。

分布：盐池湾。甘肃、黑龙江、辽宁、内蒙古、北京、河北、山西、河南、陕西、宁夏、青海、新疆、四川；蒙古国、俄罗斯（远东、西伯利亚）、韩国、孟加拉国、巴基斯坦、阿富汗、塔吉克斯坦、乌兹别克斯坦、土库曼斯坦、吉尔吉斯斯坦、哈萨克斯坦、土耳其、阿尔及利亚、伊拉克、以色列；欧洲、非洲；东洋界。

（177）黑长体锥喙象 *Temnorhinus verecundus*（Faust）

分布：盐池湾。

（178）粉红锥喙象 *Conorhynchus pulverulentus*（Zoubkoff9）

寄主：白刺、沙蒿、甘草。

分布：盐池湾。甘肃、宁夏、内蒙古、陕西、青海、新疆；蒙古国、俄罗斯（西伯利亚）、阿富汗、伊朗、乌兹别克斯坦、土库曼斯坦、吉尔吉斯斯坦、哈萨克斯坦、土耳其；欧洲。

（179）英德齿足象 *Deracanthus inderiensis*（Pallas）

分布：盐池湾。甘肃、内蒙；俄罗斯（阿尔泰地区）、哈萨克斯坦。

（180）甜菜象 *Asproparthenis punctiventris*（Germar）

寄主：甜菜、菠菜、灰条等藜科植物。

分布：盐池湾。甘肃、宁夏、北京、河北、山西、内蒙古、黑龙江、山东、陕西、新疆；俄罗斯、土耳其；欧洲（中部、东部）。

### 5.2.11　鳞翅目 *LEPIDOPTERA*

#### 5.2.11.1　粉蝶科 Pieridae

（181）绢粉蝶 *Aporia crataegi* Linnaeus

寄主：山杏、梨、苹果、桃等蔷薇科经济作物。

分布：盐池湾。甘肃、东北、内蒙古、北京、河北、山西、河南、陕西、宁夏、新疆、云南、四川、湖北、江苏、西藏；朝鲜、日本；欧洲。

（182）箭纹绢粉蝶 *Aporia procris* Leech

分布：盐池湾。甘肃、河南、陕西、新疆、云南、四川、西藏。

（183）红襟粉蝶 *Anthocharis Cardamines*（Linnaeus）

分布：盐池湾。甘肃、黑龙江、吉林、山西、河南、陕西、青海、宁夏、新疆、江苏、浙江、湖北、福建、四川、西藏；日本、朝鲜、俄罗斯、叙利亚、伊朗；西欧。

（184）皮氏尖襟粉蝶 *Anthocharis bieti*（Oberthür）

分布：盐池湾。甘肃、青海、新疆、四川、云南、贵州、西藏。

（185）曙红豆粉蝶 *Colias eogene* Felder

分布：盐池湾。甘肃、青海、新疆、西藏；阿富汗、巴基斯坦、蒙古国、克什米尔、吉尔吉斯斯坦、塔吉克斯坦。

（186）斑缘豆粉蝶 *Colias erate* Esper

分布：盐池湾。主要分布于甘肃、西藏、新疆，全国其余各省都有分布；日本；东欧等。

（187）橙黄豆粉蝶 *Colias fieldi* Ménétriès

分布：盐池湾。甘肃、山西、山东、青海、陕西、湖北、广西、四川、云南；印度、尼泊尔、缅甸、泰国。

（188）迷黄粉蝶 *Colias hyale*（Linnaeus）

寄主：车轴草、野豌豆、小冠花、苜蓿等。

分布：盐池湾。甘肃、青海、新疆；俄罗斯；欧洲中部及南部。

（189）豆黄纹粉蝶 *Colias erate poliographus* Motschulsky

寄主：大豆、苜蓿、紫花苜蓿、紫云英、野豌豆等豆科植物及红车轴草、列当等。

分布：盐池湾。甘肃、北京、山西、内蒙古；东北、华东、华中、华南、西南、西北。

（190）妹粉蝶 *Mesapia peloria*（Hewitson）

分布：盐池湾。甘肃、四川、青海、新疆。

（191）菜粉蝶 *Pieris rapae* Linnaeus

寄主：芥蓝、甘蓝、花椰菜等十字花科植物，以及菊科、旋花科等植物。

分布：盐池湾。全国各省均有分布；世界广布。

（192）东方菜粉蝶 *Pieris canidia* Sparrman

寄主：十字花科植物。

分布：盐池湾。全国各省均有分布；朝鲜、日本、菲律宾、越南、老挝、柬埔寨、泰国、缅甸、印度、孟加拉国、新加坡、巴基斯坦、阿富汗。

（193）欧洲粉蝶 *Pieris brassicae* Linnaeus

分布：盐池湾。甘肃、吉林、新疆、四川、云南、西藏；印度、俄罗斯、尼泊尔、哈萨克斯坦；中亚、欧洲。

（194）云斑粉蝶 *Pontia daplidce* Linnaeus

寄主：甘蓝、花椰菜、白菜、甜菜等。

分布：盐池湾。中国北北部。

（195）云粉蝶 *Pontia edusa* Fabricius

分布：盐池湾。甘肃、辽宁、吉林、黑龙江、内蒙古、北京、河北、山东、河南、陕西、宁夏、新疆、江苏、上海、广西、四川、云南、西藏；欧洲、非洲北部、西伯利亚、中亚、西亚等地。

### 5.2.11.2 眼蝶科 Safyridae

（196）光珍眼蝶 *Coenoaympha amaryilis*（Stoll）

分布：盐池湾。中国北部；俄罗斯（乌拉尔—西伯利亚）、蒙古国、韩国。

### 5.2.11.3 蛱蝶科 Nymohlidae

（197）柳紫闪蛱蝶 *Apatura ilia*（Denis et Schiffermuller）

分布：盐池湾。东北、华北、西南；朝鲜、欧洲。

（198）荨麻蛱蝶 *Vanessa urficae*（Linnaeus）

分布：盐池湾。甘肃、辽宁、吉林、黑龙江、北京、青海、新疆等。

（199）小红蛱蝶 *Pyrameis cardui*（Linnaeus）

寄主：堇菜科、忍冬科、杨柳科、桑科、榆科、麻类、大戟科、茜草科等。

分布：盐池湾。温带、热带地区广布。

（200）老豹蛱蝶 *Argynnis laodlce*（Pallas）

分布：盐池湾。全国广布；印度、马来西亚半岛。

（201）灿豹蝶 *Argynnis adippe*（Denis et Schiffermuller）

分布：盐池湾。

### 5.2.11.4 灰蝶科 Lycacnidae

（202）蓝灰蝶 *Everes argiades*（Pallas）

取食对象：大豆、豌豆、豇豆、苜蓿、紫云英等豆科植物。

分布：盐池湾。甘肃、台湾；日本、印度、巴基斯坦、菲律宾。

（203）豆灰蝶 *Plebejus argus*（Linnaeus）

分布：盐池湾。我国北方大部分地区；朝鲜半岛、日本、蒙古国、俄罗斯等地。

（204）甘肃豆灰蝶 *Plebejus ganaauensis*（Grum-Grshimailo）

分布：盐池湾。甘肃、青海等地。

（205）傲灿灰蝶 *Agriadea orbona*（Grum-Grshimailo）

分布：盐池湾。甘肃、青海等地。

（206）灿灰蝶 *Agriades pheretiades*（Eversmann）

分布：盐池湾。甘肃、青海等地。

### 5.2.11.5　天蛾科 Sphingidae

（207）白薯天蛾 *Herse convolvuli*（Linnaeus）

寄主：甘薯、荣菜等。

分布：盐池湾。甘肃、北京、天津、山东、江苏、安徽、浙江、湖北、福建、台湾、广东、海南、四川等。

（208）蓝目天蛾 *Smerithus planus* Walker

寄主：杨、柳、梅花、桃花、樱花等多种绿地植物。

分布：盐池湾。甘肃、辽宁、吉林、黑龙江、内蒙古、河北、河南、山东、陕西、宁夏、江苏、上海、浙江、安徽、江西等地。

### 5.2.11.6　尺蛾科 Geometridae

（209）沙枣尺蠖 *Apochemia cinerarius* Ershoff

寄主：杨树、柳树、榆树、桑树、沙枣及多种果树。

分布：盐池湾。甘肃、华北、西北、河南。

（210）细线青尺蛾 *Geometra neovalida* Han

分布：盐池湾。甘肃、内蒙古、北京、陕西。

（211）华丽毛角尺蛾 *Myrioblephara decoraria*（Leech）

分布：盐池湾。甘肃永登、四川。

### 5.2.11.7　毒蛾科 Lymantriidae

（212）沙枣台毒蛾 *Teia prisca*（Staudinger）

寄主：沙枣。

分布：盐池湾。甘肃、新疆；蒙古国、俄罗斯、塔吉克斯坦、土库曼斯坦、土耳其。

（213）棉田柳毒蛾 *Stilpnotia salicis*（Linnaeus）

寄主：棉花、茶树、杨、柳、栎树、栗、樱桃、梨、梅、杏、桃等。

分布：盐池湾。甘肃、山东、河南、陕西、宁夏、新疆、江苏、上海、安徽、浙江、江西、湖北、湖南、贵州、云南等；东北、华北。

### 5.2.11.8　木蠹蛾科 Cossidae

（214）白斑木蠹蛾 *Catopta albonubilus*〔Graeser〕

分布：盐池湾。甘肃、黑龙江、内蒙古、北京、山西、陕西、青海、新疆；俄罗斯（远东）、朝鲜、蒙古国、缅甸。

（215）杨木蠹蛾 *Cossus orientalis* Gade

分布：盐池湾。甘肃、辽宁、内蒙古、河北、河南、山东、陕西、青海、宁夏；西伯利亚、朝鲜、日本。

（216）胡杨木蠹蛾 *Holeocerus consobrinus* Püngeler

寄主：胡杨。

分布：盐池湾。甘肃、青海、新疆。

（217）榆木蠹蛾 *Holcocerus vicarius*（Walker）

寄主：白榆、刺槐、杨、麻栎、栎、柳、丁香、银杏、稠李、苹果、花椒、金银花等。

分布：盐池湾。甘肃、辽宁、吉林、黑龙江、内蒙古、河北、北京、天津、山西、山东、河南、陕西、宁夏、安徽、江苏、上海、四川、云南、广西、台湾等。

### 5.2.11.9　草蛾科 Ethmiidae

（218）青海草蛾 *Ethmia nigripedella*（Erschoff）

分布：盐池湾。甘肃、北京、黑龙江、吉林、宁夏、青海、新疆、西藏；蒙古国、俄罗斯（西伯利亚）、日本、中亚、土耳其。

### 5.2.11.10　菜蛾科 Plutellidae

（219）小菜蛾 *Plutella xylostella*（Linnaeus）

寄主：十字花科植物。

分布：盐池湾。甘肃及世界广布。

### 5.2.11.11　卷蛾科 Tortricidae

（220）亚洲窄纹卷蛾 *Stenodes asiana*（Kennel）

分布：盐池湾。甘肃、吉林、山东、山西、陕西、青海；俄罗斯；欧洲。

（221）尖瓣灰纹卷蛾 *Cochylidia richteriana*（Fischer von Röslerstamm）

分布：盐池湾。东北、华北、华东、华中、西北；俄罗斯；欧洲。

（222）菊云卷蛾 *Cnephasia chrysantheana*（Duponchel）

寄主：小蓟、矢车菊、山柳菊、薄荷、大戟。

分布：盐池湾。中国西部及东北；欧洲。

（223）雅山卷蛾 *Eana osseana*（Scopoli）

分布：盐池湾。甘肃、青海、新疆、西藏。

（224）香草小卷蛾 *Celypha cespitana*（Hübner）

寄主：百里香、野蔷薇。

分布：盐池湾。我国西部、东北、华东；俄罗斯、日本；北美洲、欧洲。

（225）杨叶小卷蛾 *Epinotia nisella*（Clerck）

寄主：杨树、柳树、桦树等。

分布：盐池湾。甘肃、青海、黑龙江；俄罗斯、日本；北美洲、欧洲。

（226）杨柳小卷蛾 *Gypsonoma minutana*（Hübner）

寄主：杨、柳。

分布：盐池湾。甘肃、青海、北京、河北、河南、山东、山西、陕西；俄罗斯、日本；北非、欧洲。

（227）伪柳小卷蛾 *Gypsonoma oppressana*（Treitschke）

寄主：杨、柳。

分布：盐池湾。甘肃、青海、新疆；俄罗斯、欧洲。

（228）米缟螟 *Aglossa dimidiata* Haworth

分布：盐池湾。甘肃、青海、黑龙江、河北、山东、山西、江苏、浙江、福建、湖南、湖北、安徽、贵州、四川、广东、云南、新疆、内蒙古；日本、印度、缅甸。

### 5.2.11.12　夜蛾科 Noctuidae

（229）麦穗夜蛾 *Apamea sordens*（Hufnagel）

寄主：小麦、青稞、大麦、燕麦、黑麦、冰草、芨芨草等禾本科杂草。

分布：盐池湾。甘肃、黑龙江、内蒙古、河北、陕西、青海、新疆、海南、四川、西藏等；日本、俄罗斯（西伯利亚）、加拿大；欧洲。

（230）粘虫 *Pseudaletia separata*（Walker）

寄主：麦、稻、粟、玉米、豆类、蔬菜等。

分布：盐池湾。甘肃、河北、山西、内蒙古、黑龙江、河南、湖北、湖南、云南、青海、宁夏、新疆；日本。

（231）草地螟 *Loxostege sticticalis*（Linnaeus）

寄主：甜菜、大豆、向日葵、马铃薯、麻类、蔬菜、药材等多种作物。

分布：盐池湾。东北、华北、西北地区；朝鲜、日本、俄罗斯；东欧、北美洲。

### 5.2.12　膜翅目 *HYMENOPTERA*

#### 5.2.12.1　蜜蜂科 Apidae

（232）黑尾熊蜂 *Bombus*（*Subterraneobombus*）*melanurus* Lepeletier

分布：盐池湾。甘肃、北京、河北、山西、内蒙古、陕西、青海、宁夏、新疆；东洋界、古北界共有种。

（233）昆仑熊蜂 *Bombus*（*Melanobombus*）*keriensis* Morawitz

分布：盐池湾。甘肃、四川、西藏、青海、新疆；东洋界、古北界。

（234）亚西伯熊蜂 *Bombus*（*Sibiricobombus*）*asiaticus* Morawitz

分布：盐池湾。甘肃、青海、新疆；东洋界、古北界。

#### 5.2.12.2　姬蜂科 Ichneumonidae

（235）双点曲脊姬蜂 *Apophua bipunctoria*（Thunberg）

分布：盐池湾。甘肃、青海、陕西、新疆、辽宁、吉林、黑龙江、河南；蒙古国、朝鲜、日本、俄罗斯、乌克兰；欧洲。

（236）喀美姬蜂 *Meringopus calescens*（Gravenhors）

分布：盐池湾。甘肃、山西、青海；印度、蒙古国、俄罗斯；欧洲、北美洲。

（237）坡美姬蜂 *Meringopus calescens persicus* Heinrich

分布：盐池湾。甘肃；蒙古国、吉尔吉斯斯坦、伊朗、阿塞拜疆。

（238）杨蛀姬蜂 *Schreineria populnea*（Giraud）

分布：盐池湾。甘肃、辽宁、吉林、黑龙江、内蒙古、河北、陕西、宁夏、新疆；俄罗斯、欧洲。

（239）矛木卫姬蜂 *Xylophrurus lancifer*（Gravenhorst）

分布：盐池湾。甘肃、辽宁、吉林、内蒙古、河北、山西、宁夏、新疆；俄罗斯、塔吉克斯坦；欧洲。

（240）杨兜姬蜂 *Dolichomitus populneus*（Ratzeburg）

分布：盐池湾。甘肃、辽宁、吉林、黑龙江、新疆、河北、山西、河南、宁夏、青海；俄罗斯、拉脱维亚；北美洲、欧洲。

（241）具瘤爱姬蜂 *Exeristes roborator*（Fabricius）

分布：盐池湾。甘肃、辽宁、吉林、黑龙江、内蒙古、宁夏、天津、山西、河南、新疆、台湾；朝鲜、日本、蒙古国、俄罗斯、印度、巴基斯坦、欧洲等。

（242）舞毒蛾瘤姬蜂 *Pimpla disparis* Viereck

分布：盐池湾。东北、华北、西北、长江流域及云南、西藏等；蒙古国、朝鲜、日本、俄罗斯、印度等。

（243）红足瘤姬蜂 *Pimpla rufipes*（Miller）

分布：盐池湾。甘肃、黑龙江、辽宁、内蒙古、北京、河北、河南、宁夏、青海、新疆、湖南、台湾；朝鲜、日本、蒙古国、俄罗斯、印度；欧洲。

### 5.2.12.3　茧蜂科 Braconidae

（244）赤腹深沟茧蜂 *Iphiaulax impostor*（Scopoli）

分布：盐池湾。甘肃、黑龙江、辽宁、吉林、内蒙古、山西、山东、河南、陕西、宁夏、新疆、江苏、湖北、浙江、江西、云南；俄罗斯、蒙古国、朝鲜、日本、伊朗、以色列；欧洲。

（245）长尾深沟茧蜂 *Iphiaulax mactator*（Klug）

分布：盐池湾。甘肃、辽宁、吉林、内蒙古、山西、山东、河南、宁夏、陕西、新疆、江苏、湖北、浙江、江西、云南；蒙古国、朝鲜、日本、伊朗、以色列；欧洲。

（246）长尾皱腰茧蜂 *Rhysipolis longicaudatus* Belokobylskij

分布：盐池湾。甘肃、内蒙古、青海；蒙古国、俄罗斯。

（247）双色刺足茧蜂 *Zombrus bicolor*（Enderlein）

分布：盐池湾。甘肃、山东、河南、江苏、湖北、浙江、安徽、湖南、福建、广东、广西、贵州、海南、四川、台湾、云南；东北、西北、华北；俄罗斯、朝鲜、蒙古国、日本、哈萨克斯坦。

### 5.2.12.4　小蜂科 Chalcididea

（248）古毒蛾长尾啮小蜂 *Aprostocetus orgyiae* Yang & Yao

寄主：古毒蛾等。

分布：盐池湾。甘肃、内蒙古、宁夏。

### 5.2.12.5　叶蜂科 Tenthredinidae

（249）东方壮并叶蜂 *Jermakia sibirica*（Kriechb）

分布：盐池湾。甘肃、黑龙江、吉林、辽宁、内蒙古、新疆、河北、北京、山东、河南、陕西、上海、浙江、湖北、四川；东南亚。

（250）方项白端叶蜂 *Tenthredo ferruginea* Schrank

分布：盐池湾。甘肃、吉林、河南、陕西、辽宁、内蒙古、新疆、青海、河北、广东、湖北、四川、云南、西藏；俄罗斯（西伯利亚）、西亚、欧洲。

## 5.2.13　双翅目 *DIPTERA*

### 5.2.13.1　蚊科 Culicidae

（251）淡色库蚊 *Culex pipiens pallens* Coquillett

分布：盐池湾。全国广布。

（252）迷走库蚊 *Culex vagans* Wiedemann

分布：盐池湾。全国广布。

（253）三带喙库蚊 *Culex tritaeniorhynchus* Giles

宿主：人、猪、牛等哺乳动物血液。

分布：盐池湾。除新疆、西藏外，全国广布。

（254）凶小库蚊 *Culex modestus* Ficalbi

分布：盐池湾。甘肃、河北、辽宁、吉林、黑龙江、内蒙古、宁夏、青海、新疆、山东、山西、浙江、江苏、安徽、河南、湖南、四川；俄罗斯（西伯利亚）、日本、巴基斯坦、伊朗；西亚、欧洲南部。

（255）背点伊蚊 *Aedes dorsalis*（Meigen）

分布：盐池湾。甘肃、江苏、安徽、浙江、台湾；东北、华北、西北；俄罗斯、蒙古国、日本；北美洲、中欧、北欧、北非。

（256）刺扰伊蚊 *Aedes vexans*（Meigen）

分布：盐池湾。全国广布。

（257）里海伊蚊 *Aedes caspius*（Pallas）

分布：盐池湾。甘肃、内蒙古、宁夏、青海、新疆。

（258）黄背伊蚊 *Aedes flavidorsalis* Luh & Lee

分布：盐池湾。甘肃、内蒙古、宁夏、青海、新疆。

（259）刺螯伊蚊 *Aedes punctor*（Kirby）

分布：盐池湾。甘肃、黑龙江、辽宁、吉林、内蒙古；俄罗斯、日本、美国、加拿大；西欧、北欧。

（260）屑皮伊蚊 *Aedes detritus*（Haliday）

分布：盐池湾。甘肃、青海、新疆、内蒙古；俄罗斯、蒙古国、英国等。

（261）丛林伊蚊 *Aedes cataphylla* Dyar

分布：盐池湾。甘肃、黑龙江、吉林、内蒙古；俄罗斯、蒙古国；中欧、北欧、北美洲。

（262）阿拉斯加脉毛蚊 *Culiseta alaskaensis*（Ludlow）

分布：盐池湾。甘肃、辽宁、黑龙江、吉林、青海、宁夏、新疆、内蒙古；古北界、新北界。

（263）银带脉毛蚊 *Culiseta niveitaeniata*（Theobald）

分布：盐池湾。甘肃、河北、四川、云南、陕西、山东、台湾、贵州、西藏；印度、巴基斯坦。

### 5.2.13.2　花蝇科　Anthomyiidae

（264）骚花蝇 *Anthomyia procellaris*（Rondani）

分布：盐池湾。甘肃、黑龙江、辽宁、山西；朝鲜、日本、意大利、英国；北美洲及非洲。

（265）葱地种蝇 *Delia antiqua*（Meigen）

寄主：大葱、小葱、洋葱、大蒜、青蒜、韭菜等百合科蔬菜。

分布：盐池湾。全国广布。

（266）灰地种蝇 *Delia platura*（Meigen）

寄主：十字花科、禾本科、葫芦科植物。

分布：盐池湾。甘肃及全国广布。

（267）灰宽颊叉泉蝇*Eutrichota*（*Arctopegomyia*）*pallidoldtigena* Fan & Wu

分布：盐池湾。

（268）粉腹阴蝇*Hydrophoria divisa*（Meigen）

分布：盐池湾。

（269）白头阴蝇*Hydrophoria albiceps*（Meigen）

分布：盐池湾。

（270）阿克赛泉蝇*Pegomya aksayensis* Fan & Wu

分布：盐池湾。

（271）双色泉蝇*Pegomya bicolor*（Wiedemann）

分布：盐池湾。

（272）社栖植蝇*Leucophora sociata*（Meigen）

分布：盐池湾。

（273）绿麦秆蝇*Meromyza saltatrix*（Linneus）

分布：盐池湾。

（274）细茎潜叶蝇*Agromyza cinerascens* Mecquart

分布：盐池湾。

### 5.2.13.3　蝇科 Muscidae

（275）家蝇*Musca domestica* Linnaeus

取食食物：人粪、猪粪、鸡粪等腐败食物。

分布：盐池湾。全国广布；世界广布。

### 5.2.13.4　丽蝇科 Calliphoridae

（276）大头金蝇*Chrysomya megacephala*（Fabricius）

食物：动物粪便、腐烂尸体。

分布：盐池湾。全国广布；俄罗斯、朝鲜、日本、越南、马来西亚、印度尼西亚、阿富汗、伊朗；欧洲、非洲、澳大利亚；东洋界。

（277）丝光绿蝇*Lucilia sericata*（Meigen）

分布：盐池湾。全国广布；世界广布。

### 5.2.13.5　**麻蝇科** Sarcophagidae

（278）肥须亚麻蝇 *Parasarcophaga crassipalpis*（Macquart）

分布：盐池湾。甘肃、河北、内蒙古、东北、江苏、山东、河南、湖北、四川、西藏、陕西、青海、宁夏、新疆；蒙古国、俄罗斯、朝鲜、日本；中亚、欧洲、非洲、北美洲、南美洲。

（279）红尾拉麻蝇 *Ravinia striata*（Fabricius）

分布：盐池湾。甘肃、江苏、山东、河南、湖北、湖南、四川、云南、贵州、西藏、陕西、青海、宁夏、新疆；华北、东北；俄罗斯、蒙古国、朝鲜、日本、印度、尼泊尔；中亚、西亚、欧洲、非洲。

### 5.2.13.6　**寄蝇科**　Tachinidae

（280）迷追寄蝇 *Exorista mimula*（Meigen）

分布：盐池湾。甘肃、北京、山西、内蒙古、辽宁、吉林、黑龙江、福建、河南、四川、云南、西藏、陕西、青海、宁夏、新疆；蒙古国、俄罗斯、日本；中亚、中东、外高加索、欧洲。

### 5.2.13.7　**虻科** Tabanidae

（281）广斑虻 *Chrysops vanderwulpi* Krober

分布：盐池湾。甘肃、黑龙江以南的全国各省区市均有分布；俄罗斯、朝鲜、日本、越南。

（282）玛斑虻 *Chrysops makerovi* Pleske

分布：盐池湾。甘肃、黑龙江；日本、俄罗斯。

（283）娌斑虻 *Chrysops ricardoae* Pleske

分布：盐池湾。甘肃、内蒙古、黑龙江、新疆；蒙古国、俄罗斯。

（284）土麻虻 *Haematopota turkestanica*（Krober）

分布：盐池湾。甘肃、北京、东北、河北、山西、宁夏、青海、新疆；朝鲜、俄罗斯、蒙古国、欧洲。

（285）苍白麻虻 *Haematopota pallens* Loew

分布：盐池湾。甘肃、新疆。

（286）斜纹黄虻 *Atylotus karybenthinus* Szilady

分布：盐池湾。甘肃、北京、辽宁、吉林、黑龙江、内蒙古、新疆；欧洲、俄罗斯（西伯利亚、萨哈林岛）。

（287）黑带瘤虻 *Hybomitra expollicata*（Pandalle）

分布：盐池湾。甘肃、内蒙古、湖北、四川、陕西、黑龙江、青海、宁夏、新疆；土耳其、蒙古国、俄罗斯、哈萨克斯坦；欧洲。

（288）灰股瘤虻 *Hybomitra zaitzevi* Olsufjev

分布：盐池湾。甘肃、内蒙古、新疆；蒙古国。

（289）哈什瘤虻 *Hybomitra kashgarica* Olsufjev

分布：盐池湾。甘肃、新疆；俄罗斯。

（290）副菌虻 *Tabanus parabactrianus* Liu

分布：甘肃（盐池湾）、北京、辽宁、内蒙古、河南、四川、陕西。

（291）里虻 *Tabanus leleani* Austen

分布：盐池湾。甘肃、新疆、内蒙古；蒙古国、俄罗斯、哈萨克斯坦、阿富汗、土耳其、伊朗；北非、欧洲。

（292）基虻 *Tabanus zimini* Olsufjev

分布：盐池湾。甘肃、青海、新疆；俄罗斯、伊拉克、伊朗、阿富汗；中亚。

## 5.3 昆虫区系

### 5.3.1 昆虫种类组成

本次考察共记录祁连山国家公园酒泉片区境内昆虫292种，隶属于13目65科212属292种，其中，衣鱼目和革翅目各1科1属1种；螳螂目和缨翅目各1科2属2种；脉翅目3种（均不计算所占比例）；蜻蜓目12种，占总数的4.30%；同翅目9种，占总数的3.08%；直翅目37种，占总数的12.67%；半翅目25种，占总数的8.56%；鞘翅目87种，占总数的29.79%；鳞翅目51种，占总数的17.46%；双翅目43种，占总数的14.73%；膜翅目19种，占总数的6.51%。（表5-1）

表5-1　祁连山国家公园酒泉片区昆虫种类组成

| 目 | 科数 | 属数 | 种数 | 占总种数(%) |
|---|---|---|---|---|
| 衣鱼目 Zygentoma | 1 | 1 | 1 | — |
| 蜻蜓目 Odonata | 3 | 8 | 12 | 4.30 |

| 目 | 科数 | 属数 | 种数 | 占总种数（%） |
|---|---|---|---|---|
| 螳螂目 Mantodea | 1 | 2 | 2 | — |
| 直翅目 Orthopetera | 6 | 21 | 37 | 12.67 |
| 革翅目 Dermaptera | 1 | 1 | 1 | — |
| 半翅目 Hemiptera | 7 | 20 | 25 | 8.56 |
| 同翅目 Homoptera | 5 | 9 | 9 | 3.08 |
| 脉翅目 Neuroptera | 2 | 3 | 3 | — |
| 鳞翅目 Lepidoptera | 12 | 38 | 51 | 17.46 |
| 鞘翅目 Coleoptera | 14 | 69 | 87 | 29.79 |
| 膜翅目 Hemenoptera | 5 | 15 | 19 | 6.51 |
| 双翅目 Diptera | 7 | 23 | 43 | 14.73 |
| 缨翅目 Thysanoptera | 1 | 2 | 2 | — |

### 5.3.2　昆虫区系概况

甘肃祁连山国家公园酒泉片区地处中亚内陆，应属古北界中亚亚界、内蒙古河西干旱草原区、河西走廊，其区系成分以中亚耐干旱种类为主。现依据292种昆虫的分布情况分析其区系分布概况，见表5-2。

表5-2　种级区系成分组成表

| 种类 | 古北区分布（中亚分布） | | | | 东洋区分布 | | | 东亚分布 | |
|---|---|---|---|---|---|---|---|---|---|
| | 东北区 | 华北区 | 蒙新区 | 青藏区 | 西南区 | 华中区 | 华南区 | 中—日—朝鲜 | 中国特有 |
| 多毛栉衣鱼 *Ctenolepsima villosa* | + | + | + | + | + | + | + | + | — |
| 黑纹伟蜓 *Anas nigrofasciotus* | — | + | + | + | + | — | — | — | — |

续表 5-2

| 种类 | 古北区分布<br>（中亚分布） | | | | 东洋区分布 | | | 东亚分布 | |
| :---: | :---: | :---: | :---: | :---: | :---: | :---: | :---: | :---: | :---: |
| | 东北区 | 华北区 | 蒙新区 | 青藏区 | 西南区 | 华中区 | 华南区 | 中一日一朝鲜 | 中国特有 |
| 碧伟蜓<br>*Anas parthenope* | — | + | + | + | + | + | — | + | — |
| 红蜻<br>*Crocothemis seretllia* | + | + | + | + | + | + | — | + | — |
| 白尾灰蜻<br>*Orthetrum albistylum* | + | + | + | + | + | + | + | + | — |
| 黄蜻<br>*Pantola floeeseens* | + | + | + | + | + | + | + | + | — |
| 夏赤蜻<br>*Sympetrum daruinianum* | + | + | + | + | + | + | + | + | — |
| 秋赤蜻<br>*Sympetrwm frequens* | + | + | + | + | + | — | — | + | — |
| 赤蜻<br>*Sympetrum speciosumn* | + | + | + | + | + | — | — | + | — |
| 心斑绿蟌<br>*Enallagma cyathiferus* | + | + | + | — | — | — | — | + | — |
| 长叶异痣蟌<br>*Ischnura elegans* | + | + | + | — | — | — | — | + | — |
| 蓝壮异痣蟌<br>*Ischnura pumilio* | — | + | + | + | + | — | — | — | — |
| 黑背尾蟌<br>*Paracercion melanotum* | + | + | + | — | + | + | + | + | — |
| 豆娘<br>*Enollagma deserti eirculatum* | + | + | + | + | + | + | — | + | — |
| 薄翅螳螂<br>*Mantis religiosa* | + | + | + | + | + | + | + | + | — |

| 种类 | 古北区分布<br>（中亚分布） | | | | 东洋区分布 | | | 东亚分布 | |
|---|---|---|---|---|---|---|---|---|---|
| | 东北区 | 华北区 | 蒙新区 | 青藏区 | 西南区 | 华中区 | 华南区 | 中—日—朝鲜 | 中国特有 |
| 宽腹螳螂<br>*Hiereodula patellifera* | + | + | + | + | + | + | + | + | — |
| 东方蝼蛄<br>*Gryllotalpa orientalis* | + | + | + | — | + | + | — | + | — |
| 华北蝼蛄<br>*Gryllotalpa unispina* | + | + | + | + | + | + | — | + | — |
| 准噶尔贝蝗<br>*Beybienkia songorica* | — | — | + | — | — | — | — | — | + |
| 青海短鼻蝗<br>*Filchnerella kukunoris* | — | — | + | + | — | — | — | — | — |
| 祁连山短鼻蝗<br>*Filchnerella qilianshana* | — | — | + | + | — | — | — | — | — |
| 裴氏垣鼻蝗<br>*Filchnerella beicki* | — | — | + | + | + | — | — | — | — |
| 笨蝗<br>*Hfaplotropis brunneriana* | — | + | + | + | + | — | — | — | — |
| 中华蚱蜢<br>*Acrida cinerea* | + | + | + | + | + | + | + | + | — |
| 荒地蚱蜢<br>*Acrida oxycephala* | — | + | + | — | + | — | — | — | — |
| 锥头蝗<br>*Pyergomorpha conica deserti* | — | — | + | — | — | — | — | — | — |
| 宽须蚁蝗<br>*Myrmeleotettix palpalis* | — | + | + | + | + | — | — | — | — |
| 红翅瘤蝗<br>*Dericorys annulata roseipennis* | + | + | + | — | — | + | — | — | — |

续表5-2

| 种类 | 古北区分布（中亚分布） | | | | 东洋区分布 | | | 东亚分布 | |
|---|---|---|---|---|---|---|---|---|---|
| | 东北区 | 华北区 | 蒙新区 | 青藏区 | 西南区 | 华中区 | 华南区 | 中—日—朝鲜 | 中国特有 |
| 短星翅蝗<br>*Calliptamus abbreoiotus* | — | — | + | + | + | — | — | — | — |
| 大垫尖翅蝗<br>*Epocromius coernlipes* | — | — | + | + | — | — | — | — | — |
| 大胫剌蝗<br>*Compsorhipis dawidiana* | — | + | + | + | — | — | — | — | — |
| 盐池束颈蝗<br>*Sphingonotus yenchinensis* | + | — | + | + | — | — | — | — | — |
| 宇夏束颈蝗<br>*Sphingonotus ningsianus* | — | — | + | + | — | — | — | — | — |
| 岩石束颈蝗<br>*Sphingonotus nebulosus* | — | — | + | + | — | — | — | — | — |
| 黑翅束颈蝗<br>*Sphingonotus obscuratus latissimus* | — | — | + | + | — | — | — | — | — |
| 黄胫束颈蝗<br>*Sphingonotus sawignyi* | — | — | + | + | — | — | — | — | — |
| 祁连山痂蝗<br>*Bryodcma qiliauhanensis* | — | — | + | + | — | — | — | — | — |
| 青海痂蝗<br>*Bryodema miramae* | — | — | + | + | — | — | — | — | — |
| 尤氏瘌<br>*Bryodemella uvarooi* | — | — | + | + | — | — | — | — | — |
| 白边痂蝗<br>*Bryodema luctuosum* | — | — | + | + | — | — | — | — | — |
| 黄胫异痂蝗<br>*Bryodemella holdereri* | — | — | + | + | — | — | — | — | — |

| 种类 | 古北区分布<br>（中亚分布） | | | | 东洋区分布 | | | 东亚分布 | |
| --- | --- | --- | --- | --- | --- | --- | --- | --- | --- |
| | 东北区 | 华北区 | 蒙新区 | 青藏区 | 西南区 | 华中区 | 华南区 | 中—日—朝鲜 | 中国特有 |
| 轮纹痴蝗<br>*Bryodemella tuberculatum dilutum* | — | — | + | + | — | — | — | — | — |
| 祁连山蚍蝗<br>*Eremippus qiliaruharensis* | — | — | + | + | — | — | — | — | — |
| 亚洲飞蝗<br>*Locusta migratoria* | + | + | + | + | + | + | — | + | — |
| 红腹牧草蝗<br>*Omoeestus haemorrhoidalis* | — | — | + | + | — | — | — | — | — |
| 中华雏蝗<br>*Chorppus ehinensis* | — | + | + | + | + | — | — | — | — |
| 白纹雏蝗<br>*Chorthippus albonemus* | — | — | + | + | — | — | — | — | — |
| 楼观雏蝗<br>*Chorthippus Louguorensis* | — | + | + | + | + | — | — | — | — |
| 赤翅蝗<br>*Celes skalozuboui* | — | + | + | + | + | — | — | — | — |
| 亚洲小车蝗<br>*Oedaleus decorus astatieus* | — | + | + | + | + | — | — | + | — |
| 黑条小车蝗<br>*Oedaleus decorus* | — | — | + | + | — | — | — | — | — |
| 黄胫小车蝗<br>*Oedaleus infernalis* | — | — | + | + | — | — | — | — | — |
| 宽翅曲背蝗<br>*Parareyptera microptera* | — | — | + | + | — | — | — | — | — |
| 蠼螋<br>*Labidura riparia* | + | + | + | + | + | — | — | + | — |

**续表 5-2**

| 种类 | 古北区分布（中亚分布） | | | | 东洋区分布 | | | 东亚分布 | |
|---|---|---|---|---|---|---|---|---|---|
| | 东北区 | 华北区 | 蒙新区 | 青藏区 | 西南区 | 华中区 | 华南区 | 中—日—朝鲜 | 中国特有 |
| 花蓟马<br>*Frankliniella intonsa* | — | — | — | — | + | + | + | + | — |
| 烟蓟马<br>*Thrips tabaci* | + | + | + | — | + | + | + | + | — |
| 草蝉<br>*Mogannia conica* | + | — | + | + | + | — | — | — | — |
| 褐山蝉<br>*Leptopsalta fuscoclavalis* | — | — | + | + | + | — | — | — | — |
| 冰草麦蚜<br>*Diuraphis*（*Hocaphis*）<br>*agropyronophaga* | — | — | + | — | — | — | — | — | + |
| 大青叶蝉<br>*Cicadella viridis* | + | + | + | + | + | + | + | + | — |
| 六点叶蝉<br>*Macrosteles sexnotatus* | — | — | — | — | — | + | — | — | + |
| 条纹二室叶蝉<br>*Balclutha tiaowenae* | — | — | — | — | — | + | — | — | + |
| 灰飞虱<br>*Laodelphax striatellus* | + | + | + | + | + | + | + | — | — |
| 芦苇长突飞虱<br>*Stenocraus matsumurai* | + | + | + | — | — | + | + | + | — |
| 黑圆角蝉<br>*Gargara genistae* | + | + | + | + | — | — | — | — | + |
| 短壮异蝽<br>*Urochela falloui* | — | + | + | — | — | — | — | — | + |

| 种类 | 古北区分布（中亚分布） | | | | 东洋区分布 | | | 东亚分布 | |
|---|---|---|---|---|---|---|---|---|---|
| | 东北区 | 华北区 | 蒙新区 | 青藏区 | 西南区 | 华中区 | 华南区 | 中—日—朝鲜 | 中国特有 |
| 淡娇异蝽 *Urostylis yangi* | — | + | — | — | + | — | — | — | — |
| 点伊缘蝽 *Rhopalus latus* | + | + | + | + | — | — | — | — | — |
| 闭环缘蝽 *Stictopleurus viridicatus* | + | + | + | — | — | — | — | — | — |
| 首蓿盲蝽 *Adelphocois lineolatus* | + | + | + | — | + | + | + | — | — |
| 榆毛翅盲蝽 *Blepharidopterus ulmicola* | — | — | + | — | — | — | — | — | — |
| 杂毛合垫盲蝽 *Orthotylus（Melanotrichus） flavosparsus* | — | + | + | — | + | + | + | — | — |
| 绿狭盲蝽 *Stenodema virens* | — | + | + | — | — | — | — | + | — |
| 东亚果蝽 *Carpocoris seidenstueckeri* | + | + | + | — | — | — | — | + | — |
| 西北麦蝽 *Aelia sibirica* | + | + | + | — | — | + | — | + | — |
| 斑须蝽（细毛蝽） *Dolycoris baccarum* | + | + | + | — | — | + | + | + | — |
| 巴楚菜蝽 *Eurydema wilkinsi* | — | + | + | — | — | — | — | — | — |
| 菜蝽 *Eurydema dominulus* | — | + | + | — | — | — | — | — | — |

续表5-2

| 种类 | 古北区分布（中亚分布） | | | | 东洋区分布 | | | 东亚分布 | |
|---|---|---|---|---|---|---|---|---|---|
| | 东北区 | 华北区 | 蒙新区 | 青藏区 | 西南区 | 华中区 | 华南区 | 中一日一朝鲜 | 中国特有 |
| 茶翅蝽<br>*Halyomorpha picus* | + | + | + | + | + | + | — | + | — |
| 凹肩辉蝽<br>*Carbula sinica* | + | + | + | + | + | + | + | — | — |
| 紫翅果蝽<br>*Carpocoris purpureipennis* | + | + | + | + | — | — | — | — | — |
| 短直同蝽<br>*Elasmostethus brevis* | + | + | + | — | — | — | — | — | — |
| 背匙同蝽<br>*Elasmucha dorsalis* | + | + | + | — | — | — | — | — | — |
| 匙同蝽<br>*Elasmucha ferrugata* | + | + | + | — | — | + | — | + | — |
| 灰匙同蝽<br>*Elasmucha grisea* | + | + | + | — | — | + | — | + | — |
| 板同蝽<br>*Platacantha armifer* | — | + | — | — | — | + | — | + | — |
| 拟方红长蝽<br>*Lygaeus oreophilus* | + | + | + | + | + | — | — | — | — |
| 红脊长蝽<br>*Tropidothorax elegans* | + | + | + | — | — | — | — | — | — |
| 小长蝽<br>*Nysius ericae* | + | + | + | + | — | — | — | — | — |
| 邻小花蝽<br>*Orius（Heterorius）vicinus* | — | — | + | — | — | — | — | — | — |
| 直胫啮粉蛉<br>*Conwentzia orthotibia* | + | + | + | + | + | + | + | — | + |

| 种类 | 古北区分布（中亚分布） | | | | 东洋区分布 | | | 东亚分布 | |
|---|---|---|---|---|---|---|---|---|---|
| | 东北区 | 华北区 | 蒙新区 | 青藏区 | 西南区 | 华中区 | 华南区 | 中—日—朝鲜 | 中国特有 |
| 广重粉蛉 *Semidalis aleyrodiformis* | + | + | + | + | + | + | + | + | — |
| 丽草蛉 *Chrysopa formosa* | + | + | + | + | + | + | + | + | — |
| 二星瓢虫 *Adalia bipunctata* | + | + | + | + | + | + | + | + | — |
| 红点唇瓢虫 *Chilocorus kuwanae* | + | + | + | + | + | + | + | + | — |
| 七星瓢虫 *Coccinella septempunctata* | + | + | + | + | + | + | + | + | — |
| 华日瓢虫 *Coccinella ainu* | — | + | + | + | + | + | — | + | — |
| 横斑瓢虫 *Coccinella transversoguttata* | — | + | + | + | + | + | + | — | — |
| 双七瓢虫 *Coccinula quatuordecimpustulata* | + | + | + | + | + | + | — | + | — |
| 四斑毛瓢虫 *Scymnus frontalis* | — | + | + | + | + | + | — | — | + |
| 十四星裸瓢虫 *Calvia quatuordecimguttata* | + | + | + | + | + | + | — | + | — |
| 菱斑巧瓢虫 *Oenopia conglobata* | + | + | + | + | + | + | + | + | — |
| 十二斑巧瓢虫 *Oenopia bissexnotata* | + | + | + | + | + | + | — | + | — |
| 多异瓢虫 *Hippodamia variegate* | + | + | + | + | + | + | — | — | — |

续表 5-2

| 种类 | 古北区分布<br>（中亚分布） | | | | 东洋区分布 | | | 东亚分布 | |
|---|---|---|---|---|---|---|---|---|---|
| | 东北区 | 华北区 | 蒙新区 | 青藏区 | 西南区 | 华中区 | 华南区 | 中一日一朝鲜 | 中国特有 |
| 异色瓢虫<br>*Harmonia axyridis* | + | + | + | + | + | + | + | + | — |
| 杨蓝叶甲<br>*Agelastica alni* | — | + | + | + | — | — | — | — | — |
| 蒿金叶甲<br>*Chrysolina（Anopachys）*<br>*aurichalcea* | + | + | + | — | + | + | + | + | — |
| 柳圆叶甲<br>*Plagiodera versicolora* | + | + | + | — | — | — | — | — | — |
| 杨叶甲<br>*Chrysomela populi* | + | + | + | + | — | — | — | — | — |
| 红柳粗角萤叶甲<br>*Diorhabda elongata deserticola* | — | — | + | + | — | — | — | — | + |
| 踋粗角萤叶甲<br>*Diorhabda tarsalis* | + | + | + | — | + | + | + | — | — |
| 褐背小萤叶甲<br>*Galerucella grisescens* | + | + | + | — | + | + | + | + | — |
| 榆绿毛萤叶甲<br>*Pyrhalta aenescens* | + | + | + | + | — | — | — | — | — |
| 榆黄毛萤叶甲<br>*Pyrrhalta maculcollis* | + | + | + | + | — | — | — | — | — |
| 细毛萤叶甲<br>*Pyrrhalta tenella* | — | + | + | + | — | + | — | — | — |
| 多脊萤叶甲<br>*Galeruca vicina* | + | + | + | + | — | — | — | + | — |

| 种类 | 古北区分布（中亚分布） | | | | 东洋区分布 | | | 东亚分布 | |
|---|---|---|---|---|---|---|---|---|---|
| | 东北区 | 华北区 | 蒙新区 | 青藏区 | 西南区 | 华中区 | 华南区 | 中—日—朝鲜 | 中国特有 |
| 阔胫萤叶甲<br>*Pallasiola absinthii* | + | + | + | + | + | + | + | + | — |
| 八斑隶萤叶甲<br>*Liroetis octopunctata* | — | + | + | + | + | + | — | — | — |
| 胡枝子克萤叶甲<br>*Cneorane violaceipennis* | + | + | + | — | — | — | — | + | — |
| 隐头蚤跳甲<br>*Pyliodes eullala* | — | + | + | + | — | + | — | — | — |
| 油菜蚤跳甲<br>*Psylliodes punctifrons* | + | + | + | + | + | + | + | + | — |
| 筒凹胫跳甲<br>*Chaetocnema cylindrica* | — | + | + | + | + | + | + | + | — |
| 蚤凹胫跳甲<br>*Chaetocnema（Tlanoma）tibialis* | — | + | + | + | + | + | — | + | — |
| 枸杞毛跳甲<br>*Epitix abeillei* | — | + | + | + | — | — | — | + | — |
| 柳沟胸跳甲<br>*Crepidodera pluta* | + | + | + | + | — | — | — | + | — |
| 蓟跳甲<br>*Altica cirsicola* | + | + | + | + | + | + | + | + | — |
| 月见草跳甲<br>*Altica oleracea* | — | + | + | + | + | + | + | + | — |
| 柳苗跳甲<br>*Altica tweisei* | + | + | + | + | — | — | — | + | — |
| 粘虫步甲<br>*Carabus granulates telluris* | + | + | + | + | — | — | — | + | — |

续表 5-2

| 种类 | 古北区分布（中亚分布） | | | | 东洋区分布 | | | 东亚分布 | |
|---|---|---|---|---|---|---|---|---|---|
| | 东北区 | 华北区 | 蒙新区 | 青藏区 | 西南区 | 华中区 | 华南区 | 中—日—朝鲜 | 中国特有 |
| 大塔步甲<br>*Taphoxenus gigas* | — | + | + | + | — | — | — | — | — |
| 花猛步甲<br>*Cymindis picta* | — | + | + | + | — | — | — | — | — |
| 谷婪步甲<br>*Harpalus calceatus* | + | + | + | + | + | + | + | — | — |
| 红缘婪步甲<br>*Harpalus froelichii* | + | + | + | + | + | + | + | — | — |
| 点翅暗步甲<br>*Amara majuscula* | + | + | + | + | — | — | — | — | — |
| 麦穗斑步甲<br>*Anisodactylus signatus* | + | + | + | + | + | + | + | — | — |
| 月斑虎甲<br>*Cicindela lunulata* | + | + | + | + | + | + | — | — | — |
| 西里塔隐翅甲<br>*tasgius praetorius* | — | + | + | + | — | — | — | — | — |
| 皱亡葬甲<br>*Thanatophilus rugosus* | + | + | + | + | + | + | + | — | — |
| 滨尸葬甲<br>*Necrodes littoralis* | + | + | + | + | — | — | — | — | — |
| 墨黑覆葬甲<br>*Nicrophorus morio* | — | + | + | + | — | — | — | — | — |
| 黑缶葬甲<br>*Phosphuga atrata* | + | + | + | + | + | — | — | — | — |
| 宽卵阎甲<br>*Dendrophilus xavieri* | + | + | + | + | + | + | + | + | — |

| 种类 | 古北区分布<br>（中亚分布） | | | | 东洋区分布 | | | 东亚分布 | |
|---|---|---|---|---|---|---|---|---|---|
| | 东北区 | 华北区 | 蒙新区 | 青藏区 | 西南区 | 华中区 | 华南区 | 中—日—朝鲜 | 中国特有 |
| 谢氏阎甲<br>*Hister sedakovi* | + | + | + | + | + | + | — | — | — |
| 光滑卵漠甲<br>*Ocnera sublaevigata* | — | + | + | + | — | — | — | — | — |
| 何氏胖漠甲<br>*Trigonoscelis holdereri* | — | + | + | + | — | — | — | — | + |
| 莱氏脊漠甲<br>*Pterocoma*（*Mongolopterocoma*）<br>*reittert* | + | + | + | + | — | — | — | — | — |
| 半脊漠甲 *Pterocoma*<br>（*Mesopterocoma*）*semicarinata* | — | + | + | + | — | — | — | — | — |
| 细长琵甲<br>*Blaps oblonga* | — | + | + | + | — | — | — | — | — |
| 戈壁琵甲<br>*Blaps gobiensis* | — | + | + | + | — | — | — | — | — |
| 狭窄琵甲<br>*Blaps virgo* | — | + | + | + | — | — | — | — | + |
| 黑足双刺甲<br>*Bioramix picipes* | — | + | + | + | — | — | — | — | — |
| 尖尾琵甲<br>*Blaps acuminate* | + | + | + | + | — | — | — | — | — |
| 福氏胸鳖甲<br>*Colposcelis*（*Scelocolpis*）*forsteri* | — | + | + | + | — | — | — | — | + |
| 磨光东鳖甲<br>*Anatolica polita* | + | + | + | + | — | — | — | — | + |

续表 5-2

| 种类 | 古北区分布（中亚分布） | | | | 东洋区分布 | | | 东亚分布 | |
|---|---|---|---|---|---|---|---|---|---|
| | 东北区 | 华北区 | 蒙新区 | 青藏区 | 西南区 | 华中区 | 华南区 | 中—日—朝鲜 | 中国特有 |
| 宽颈小鳖甲<br>*Microdera laticollis* | — | + | + | + | — | — | — | — | + |
| 无齿隐甲<br>*Crypticus nondentatus* | + | + | + | + | — | — | — | — | + |
| 黑足双刺甲<br>*Bioramix picipes* | + | + | + | + | — | — | — | — | — |
| 烁光双刺甲<br>*Bioramix micans* | + | + | + | + | — | — | — | — | + |
| 蒙古伪坚土甲<br>*Scleropatrum mongolicum* | + | + | + | + | — | — | — | — | + |
| 吉氏笨土甲<br>*Penthicus*（*Myladion*）*kiritshenkoi* | + | + | + | + | — | — | — | — | + |
| 中华砚甲<br>*Cyphogenia chinensis* | + | + | + | + | — | — | — | — | + |
| 细胸叩头甲<br>*Agriotes subvittatus fuscicollis* | + | + | + | + | + | + | + | — | — |
| 粪堆粪金龟<br>*Geotrupes stercorarius* | + | + | + | + | — | — | — | — | + |
| 尸体皮金龟<br>*Trox cadaverinus* | + | + | + | + | + | + | — | — | — |
| 迟钝蜉金龟<br>*Aphodius*（*Accmthobodilus*）*languidulus* | — | + | + | + | + | + | + | + | — |
| 血斑蜉金龟<br>*Aphodius*（*Otophorus*）*haemorrhoidalis* | — | + | + | + | + | + | — | + | — |

| 种类 | 古北区分布（中亚分布） | | | | 东洋区分布 | | | 东亚分布 | |
|---|---|---|---|---|---|---|---|---|---|
| | 东北区 | 华北区 | 蒙新区 | 青藏区 | 西南区 | 华中区 | 华南区 | 中—日—朝鲜 | 中国特有 |
| 后蜉金龟<br>*Aphodius*（*Teuchestes*）*analis* | — | + | + | + | — | + | + | + | — |
| 福婆鳃金龟<br>*Brahmina*（*Brahminella*）<br>*faldermanni* | + | + | + | + | — | — | — | — | — |
| 黑绒金龟<br>*Maladera*（*Omaladera*）*orientalis* | + | + | + | + | + | + | + | + | — |
| 甘肃齿足象<br>*Deracanthus potanini* | — | + | + | + | — | — | — | — | — |
| 杨卷叶象<br>*Byctiscus populi* | + | + | + | + | — | — | — | — | — |
| 金绿树叶象<br>*Phyllobius virideaeris* | + | + | + | — | — | — | — | — | — |
| 西伯利亚绿象<br>*Chlorophanus sibiricus* | + | + | + | + | — | — | — | — | — |
| 红背绿象<br>*Chlorophanus solaria* | + | + | + | + | — | — | — | — | — |
| 黑斜纹象<br>*Bothynoderes declivis* | + | + | + | + | — | — | — | — | — |
| 二斑尖眼象<br>*Chromonotus*（*Chevrolatius*）<br>*bipunctatus* | + | + | + | + | — | — | — | — | — |
| 欧洲方喙象<br>*Cleonus pigra* | + | + | + | + | + | — | — | — | — |
| 黑长体锥喙象<br>*Temnorhinus verecundus* | — | + | + | — | — | — | — | — | + |

续表 5-2

| 种类 | 古北区分布（中亚分布） | | | | 东洋区分布 | | | 东亚分布 | |
|---|---|---|---|---|---|---|---|---|---|
| | 东北区 | 华北区 | 蒙新区 | 青藏区 | 西南区 | 华中区 | 华南区 | 中一日一朝鲜 | 中国特有 |
| 粉红锥喙象<br>*Conorhynchus pulverulentus* | — | + | + | + | — | — | — | — | — |
| 英德齿足象<br>*Deracanthus inderiensis* | — | — | + | — | — | — | — | — | — |
| 甜菜象<br>*Asproparthenis punctiventris* | + | + | + | — | — | — | — | — | — |
| 绢粉蝶<br>*Aporia crataegi* | + | + | + | + | + | + | — | — | — |
| 箭纹绢粉蝶<br>*Aporia procris* | — | — | + | + | + | + | — | — | — |
| 红襟粉蝶<br>*Anthocharis Cardamines* | + | + | + | + | + | + | — | — | — |
| 皮氏尖襟粉蝶<br>*Anthocharis bieti* | — | — | + | + | + | + | — | — | + |
| 曙红豆粉蝶<br>*Colias eogene* | — | — | + | + | — | — | — | — | — |
| 斑缘豆粉蝶<br>*Colias erate* | + | + | + | + | + | + | + | — | — |
| 橙黄豆粉蝶<br>*Colias fieldi* | — | + | + | + | + | + | + | — | — |
| 迷黄粉蝶<br>*Golias hyale* | — | — | + | + | — | — | — | — | — |
| 豆黄纹粉蝶<br>*Colias erate poliographus* | + | + | + | + | — | — | — | — | + |
| 妹粉蝶<br>*Mesapia peloria* | — | — | + | + | — | — | — | — | + |

| 种类 | 古北区分布（中亚分布） | | | | 东洋区分布 | | | 东亚分布 | |
|---|---|---|---|---|---|---|---|---|---|
| | 东北区 | 华北区 | 蒙新区 | 青藏区 | 西南区 | 华中区 | 华南区 | 中—日—朝鲜 | 中国特有 |
| 菜粉蝶<br>*Pieris rapae* | + | + | + | + | + | + | + | — | — |
| 东方菜粉蝶<br>*Pieris canidia* | + | + | + | + | + | + | + | — | — |
| 欧洲粉蝶<br>*Pieris brassicae* | + | + | + | + | + | + | + | — | — |
| 云斑粉蝶<br>*Pontia daplidce* | + | + | + | + | — | — | — | — | — |
| 云粉蝶<br>*Pontia edusa* | + | + | + | + | + | + | + | — | — |
| 光珍眼蝶<br>*Coenoaympha amaryilis* | + | + | + | + | — | — | — | — | — |
| 柳紫闪蛱蝶<br>*Apatura ilia* | + | + | + | + | — | — | — | — | — |
| 荨麻蛱蝶<br>*Vanessa urficae* | + | + | + | + | — | — | — | — | — |
| 小红蛱蝶<br>*Pyrameis cardui* | — | + | + | + | + | + | + | — | — |
| 老豹蛱蝶<br>*Argynnis laodlce* | — | + | + | + | — | — | + | — | — |
| 灿豹蝶<br>*Argynnis adippe* | — | + | + | + | — | — | — | — | — |
| 蓝灰蝶<br>*Everes argiades* | — | + | + | + | + | + | + | + | — |
| 豆灰蝶<br>*Plebejus argus* | + | + | + | + | — | — | — | + | — |

**续表 5-2**

| 种类 | 古北区分布（中亚分布） | | | | 东洋区分布 | | | 东亚分布 | |
| --- | --- | --- | --- | --- | --- | --- | --- | --- | --- |
| | 东北区 | 华北区 | 蒙新区 | 青藏区 | 西南区 | 华中区 | 华南区 | 中—日—朝鲜 | 中国特有 |
| 甘肃豆灰蝶<br>*Plebejus ganaauensis* | — | + | + | + | + | + | — | — | + |
| 傲灿灰蝶<br>*Agriadea orbona* | — | + | + | + | + | + | — | — | + |
| 灿灰蝶<br>*Agriades pheretiades* | — | + | + | + | + | + | — | — | + |
| 白薯天蛾<br>*Herse convolvuli* | — | + | + | + | + | + | + | — | — |
| 蓝目天蛾<br>*Smerithus planus* | + | + | + | + | — | — | — | — | — |
| 沙枣尺蠖<br>*Apochemia cinerarius* | — | + | + | — | — | — | — | — | + |
| 细线青尺蛾<br>*Geometra neovalida* | — | — | + | — | — | — | — | — | — |
| 华丽毛角尺蛾<br>*Myrioblephara decoraria* | — | + | — | — | + | — | — | — | — |
| 沙枣台毒蛾<br>*Teia prisca* | — | — | + | — | — | — | — | — | — |
| 棉田柳毒娥<br>*Stilpnotia salicis* | + | + | + | — | + | + | — | — | — |
| 白斑木蠹蛾<br>*Catopta albonubilus* | + | + | + | + | — | — | — | — | — |
| 杨木蠹蛾<br>*Cossus orientalis* | + | — | + | + | — | — | — | — | — |
| 胡杨木蠹蛾<br>*Holeocerus consobrinus* | — | — | + | + | — | — | — | + | — |

| 种类 | 古北区分布<br>（中亚分布） | | | | 东洋区分布 | | | 东亚分布 | |
|---|---|---|---|---|---|---|---|---|---|
| | 东北区 | 华北区 | 蒙新区 | 青藏区 | 西南区 | 华中区 | 华南区 | 中一日一朝鲜 | 中国特有 |
| 榆木蠹蛾<br>*Holcocerus vicarius* | + | + | + | — | — | — | — | — | + |
| 青海草蛾<br>*Ethmia nigripedella* | + | + | + | + | — | — | — | — | — |
| 小菜蛾<br>*Plutella xylostella* | + | + | + | + | + | + | + | + | — |
| 亚洲窄纹卷蛾<br>*Stenodes asiana* | + | + | + | + | — | — | — | — | — |
| 尖瓣灰纹卷蛾<br>*Cochylidia richteriana* | + | + | + | — | — | — | — | — | — |
| 菊云卷蛾<br>*Cnephasia chrysantheana* | + | — | + | + | — | — | — | + | — |
| 雅山卷蛾<br>*Eana osseana* | — | — | + | + | — | — | — | — | — |
| 香草小卷蛾<br>*Celypha cespitana* | + | + | + | + | + | — | — | — | — |
| 杨叶小卷蛾<br>*Epinotia nisella* | + | — | + | + | — | — | — | + | — |
| 杨柳小卷蛾<br>*Gypsonoma minutana* | — | + | + | — | — | — | — | — | — |
| 伪柳小卷蛾<br>*Gypsonoma oppressana* | — | — | + | — | — | — | — | + | — |
| 米缟螟<br>*Aglossa dimidiata* | + | + | + | + | + | + | + | — | — |
| 麦穗夜蛾<br>*Apamea sordens* | + | + | + | + | + | — | — | — | — |

续表 5-2

| 种类 | 古北区分布<br>（中亚分布） | | | | 东洋区分布 | | | 东亚分布 | |
| --- | --- | --- | --- | --- | --- | --- | --- | --- | --- |
| | 东北区 | 华北区 | 蒙新区 | 青藏区 | 西南区 | 华中区 | 华南区 | 中—日—朝鲜 | 中国特有 |
| 粘虫<br>*Pseudaletia separata* | ＋ | ＋ | ＋ | ＋ | ＋ | ＋ | — | — | — |
| 草地螟<br>*Loxostege sticticalis* | ＋ | ＋ | ＋ | — | — | — | — | ＋ | — |
| 黑尾熊蜂<br>*Bombus*（*Subterraneobombus*）<br>*melanurus* | — | ＋ | ＋ | ＋ | — | ＋ | — | — | — |
| 昆仑熊蜂<br>*Bombus*（*Melanobombus*）*keriensis* | — | — | ＋ | ＋ | — | — | — | — | — |
| 亚西伯熊蜂<br>*Bombus*（*Sibiricobombus*）*asiaticus* | — | — | ＋ | ＋ | — | — | — | ＋ | — |
| 双点曲脊姬蜂<br>*Apophua bipunctoria* | — | — | ＋ | ＋ | — | — | — | ＋ | — |
| 喀美姬蜂<br>*Meringopus calescens* | — | ＋ | ＋ | ＋ | — | ＋ | — | — | — |
| 坡美姬蜂<br>*Meringopus calescens persicus* | — | — | ＋ | — | — | — | — | — | — |
| 杨蛀姬蜂<br>*Schreineria populnea* | ＋ | ＋ | ＋ | — | — | — | — | — | — |
| 矛木卫姬蜂<br>*Xylophrurus lancifer* | ＋ | ＋ | ＋ | — | — | — | — | — | — |
| 杨兜姬蜂<br>*Dolichomitus populneus* | ＋ | ＋ | ＋ | ＋ | — | — | — | — | — |
| 具瘤爱姬蜂<br>*Exeristes roborator* | ＋ | ＋ | ＋ | — | — | — | — | ＋ | — |

| 种类 | 古北区分布（中亚分布） | | | | 东洋区分布 | | | 东亚分布 | |
|---|---|---|---|---|---|---|---|---|---|
| | 东北区 | 华北区 | 蒙新区 | 青藏区 | 西南区 | 华中区 | 华南区 | 中—日—朝鲜 | 中国特有 |
| 舞毒蛾瘤姬蜂<br>*Pimpla disparis* | + | + | + | + | + | — | — | + | — |
| 红足瘤姬蜂<br>*Pimpla rufipes* | + | + | + | + | — | — | — | + | — |
| 赤腹深沟茧蜂<br>*Iphiaulax impostor* | + | + | + | — | — | — | — | + | — |
| 长尾深沟茧蜂<br>*Iphiaulax mactator* | + | + | + | — | + | + | — | — | — |
| 长尾皱腰茧蜂<br>*Rhysipolis longicaudatus* | — | — | — | — | + | — | — | — | — |
| 双色刺足茧蜂<br>*Zombrus bicolor* | + | + | + | — | + | + | + | — | — |
| 古毒蛾长尾啮小蜂<br>*Aprostocetus orgyiae* | — | — | — | — | — | + | — | — | — |
| 东方壮并叶蜂<br>*Jermakia sibirica* | + | + | + | — | — | + | + | — | — |
| 方项白端叶蜂<br>*Tenthredo ferruginea* | + | + | + | + | + | + | + | — | — |
| 淡色库蚊<br>*Culex pipiens pallens* | + | + | + | + | + | + | + | + | — |
| 迷走库蚊<br>*Culex vagans* | + | + | + | + | + | + | + | — | — |
| 三带喙库蚊<br>*Culex tritaeniorhynchus* | + | + | + | + | + | + | + | — | + |
| 凶小库蚊<br>*Culex modestus* | + | + | + | + | + | + | — | — | — |

续表5-2

| 种类 | 古北区分布（中亚分布） | | | | 东洋区分布 | | | 东亚分布 | |
|---|---|---|---|---|---|---|---|---|---|
| | 东北区 | 华北区 | 蒙新区 | 青藏区 | 西南区 | 华中区 | 华南区 | 中—日—朝鲜 | 中国特有 |
| 背点伊蚊<br>*Aedes dorsalis* | ＋ | ＋ | ＋ | — | — | ＋ | ＋ | — | — |
| 刺扰伊蚊<br>*Aedes vexans* | ＋ | ＋ | ＋ | ＋ | ＋ | ＋ | ＋ | — | — |
| 里海伊蚊<br>*Aedes caspius* | — | — | ＋ | ＋ | — | — | — | — | — |
| 黄背伊蚊<br>*Aedes flavidorsalis* | — | — | ＋ | ＋ | — | — | — | — | — |
| 刺螫伊蚊<br>*Aedes punctor* | ＋ | — | ＋ | — | — | — | — | — | — |
| 屑皮伊蚊<br>*Aedes detritus* | — | — | ＋ | ＋ | — | — | — | — | — |
| 丛林伊蚊<br>*Aedes cataphylla* | ＋ | — | ＋ | — | — | — | — | — | — |
| 阿拉斯加脉毛坟<br>*Culiseta alaskaensis* | ＋ | — | ＋ | ＋ | — | — | — | ＋ | — |
| 银带脉毛蚊<br>*Culiseta niveitaeniata* | ＋ | ＋ | ＋ | ＋ | — | — | — | — | — |
| 骚花蝇<br>*Anthomyia procellaris* | ＋ | ＋ | ＋ | — | — | — | — | ＋ | — |
| 葱地种蝇<br>*Delia antiqua* | ＋ | ＋ | ＋ | ＋ | ＋ | ＋ | ＋ | — | ＋ |
| 灰地种蝇<br>*Delia platura*（Meigen） | ＋ | ＋ | ＋ | ＋ | ＋ | ＋ | ＋ | — | ＋ |

| 种类 | 古北区分布（中亚分布） | | | | 东洋区分布 | | | 东亚分布 | |
|---|---|---|---|---|---|---|---|---|---|
| | 东北区 | 华北区 | 蒙新区 | 青藏区 | 西南区 | 华中区 | 华南区 | 中—日—朝鲜 | 中国特有 |
| 灰宽颊叉泉蝇<br>*Eutrichota（Arctopegomyia）*<br>*pallidoldtigena* | — | — | + | — | — | — | — | — | + |
| 粉腹阴蝇<br>*Hydro phoria divisa* | — | — | — | — | + | + | — | — | — |
| 白头阴蝇<br>*Hydro phoria albiceps* | — | — | — | — | + | + | — | — | — |
| 阿克赛泉蝇<br>*Pegomya aksayensis* | — | — | — | — | — | — | + | — | + |
| 双色泉蝇<br>*Pegomya bicolor* | — | — | — | — | — | — | + | — | — |
| 社栖植蝇<br>*Leuco phora sociata* | — | — | — | — | — | — | + | — | + |
| 绿麦秆蝇<br>*Meromyza saltatrix* | — | — | — | — | — | — | + | — | + |
| 细茎潜叶蝇<br>*Agromyza cinerascens* | — | — | — | — | — | — | + | — | — |
| 家蝇<br>*Musca domestica* | + | + | + | + | + | + | + | + | — |
| 丝光绿蝇<br>*Lucilia sericata* | + | + | + | + | + | + | + | + | — |
| 大头金蝇<br>*Chrysomya megacephala* | + | + | + | + | + | + | + | + | — |
| 红尾拉麻蝇<br>*Ravinia striata* | + | + | + | + | + | + | — | — | — |

续表 5-2

| 种类 | 古北区分布（中亚分布） | | | | 东洋区分布 | | | 东亚分布 | |
|---|---|---|---|---|---|---|---|---|---|
| | 东北区 | 华北区 | 蒙新区 | 青藏区 | 西南区 | 华中区 | 华南区 | 中—日—朝鲜 | 中国特有 |
| 迷追寄蝇<br>*Exorista mimula* | + | + | + | + | + | + | — | — | — |
| 广斑虻<br>*Chrysops vanderwulpi* | + | + | + | + | + | + | — | — | — |
| 玛斑虻<br>*Chrysops makerovi* | + | + | + | + | + | + | + | + | — |
| 土麻虻<br>*Haematopota turkestanica* | + | — | + | — | — | — | — | — | — |
| 苍白麻虻<br>*Haematopota pallens* | + | + | + | + | — | — | — | — | — |
| 斜纹黄虻<br>*Atylotus karybenthinus* | — | — | + | — | — | — | — | — | + |
| 黑带瘤虻<br>*Hybomitra expollicata* | + | + | + | — | — | — | — | — | — |
| 灰股瘤虻<br>*Hybomitra zaitzevi* | — | + | + | + | + | + | — | — | — |
| 哈什瘤虻<br>*Hybomitra kashgarica* | — | — | + | — | — | — | — | — | — |
| 副菌虻<br>*Tabanus parabactrianus* | — | — | + | — | — | — | — | — | — |
| 里虻<br>*Tabanus leleani* | + | + | + | — | + | — | — | — | — |
| 基虻<br>*Tabanus zimini* | — | — | + | — | — | — | — | — | — |
| 共计292种 | 166 | 219 | 277 | 211 | 125 | 116 | 74 | 89 | 37 |

### 5.3.3 昆虫区系特征

从表5-2中可以看出种级的分布范围，可依据分布范围分析该保护区的昆虫区系情况。祁连山国家公园酒泉片区昆虫区系主要以荒漠、戈壁及部分湿地昆虫区系为主，古北区种类占有绝对优势，东洋区种类被大部分农田种类所占据。这一点基本与荒漠植被区系分析大体类似。

关于古北界和东洋界在我国东部的分界线问题，根据我省现有标本的分析和认识，本书倾向于界线偏南的主张，即主张二界之间的界线与中国动物地理区划中的华中、西南二区与华南之间的界线，即与北纬25度秦岭北坡的界线，以及中国植物地理区划中的泛北极植物区与古热带植物区的界线大体相当。按照这一观点，将该保护区的昆虫区系划分如下：

#### 5.3.3.1 古北区种

系指典型古北区范围内或全北区范围内分布的属，即除中国分布外，并向国外分布于古北区的西伯利亚、中亚、西亚、北亚、欧洲、北非及新北区的北美洲等地区或其中某些地区。甘肃的古北区范围主要包括秦岭以北的宕昌、西河及礼县以北的地区，祁连山国家公园酒泉片区亦属于古北区范围，该保护区的古北区共包括4个亚区：东北区166种，占总数292种的56.85%；华北区219种，占总数的75.0%；蒙新区277种，占总数的94.86%；青藏区211种，占总数的72.26%。其中，蒙新区、华北区和东北区是祁连山国家公园酒泉片区昆虫区系分布的优势成分。

#### 5.3.3.2 东洋区种

系指典型东洋区范围内分布的种类，即除中国分布外，并向南分布于越南、老挝、缅甸、菲律宾、印尼等东南亚国家，以及锡金、尼泊尔、印度、斯里兰卡等热带地区或其中某些地区。本保护区的东洋区包括3个亚区：西南区125种，占总数（292种）的42.81%，华中区116种，占总数的39.73%，华南区74种，占总数的25.34%。东洋区在祁连山国家公园酒泉片区分布的种类应该是通过境内外地区间的贸易进出携带传播过来的，再者就是气候的变化使得部分南方的种类逐渐向北迁移，致使东洋区的种类逐年增加。

#### 5.3.3.3 中国—日本—朝鲜分布种

系指除中国分布外，并向东扩及朝鲜、日本的种类，该保护区共有89种，占总种数的30.48%。

#### 5.3.3.4 中国特有种

系指仅限中国国内分布，尚无国外分布报道的种类，是某种意义上的中国特有种。该保护区共包括37种，占总数的12.67%。

### 5.3.4 昆虫区系分析

#### 5.3.4.1 古北区（中亚）区系

酒泉片区地处青藏高原北缘、祁连山脉西端，地形地貌多样，地势由西南向东北倾斜。酒泉片区横跨河西、柴达木两大内流水系，是甘肃河西走廊第二大内陆河疏勒河及其主要支流党河、野马河、榆林河、石油河的发源地，也是苏干湖流域主要河流大、小哈尔腾河的发源地。河水出山后湮没在山前倾斜戈壁，在河流沿岸形成河流湿地。该片区是古北界与东北亚界昆虫种群相互渗透的过渡地带。主要昆虫代表种有准噶尔贝蝗（*Beybienkia songorica*）、日本蚱（*Tetrix japomca*）、长翅长背蚱（*Paratettix uvarovi*）、八纹束颈蝗（*Sphingonotus octofasciatus*）、蒙古痂蝗（*Bryode mamongolicum*）、锥头蝗（*Pyergomorpha conica deserti*）、冰草麦蚜（*Diuraphis*〔*Hocaphis*〕*agropyronophaga*）、黑头麦腊蝉（*Oliarus apicalis*）、短壮异蝽（*Urochela falloui*）、闭环缘蝽（*Stictopleurus viridicatus*）、榆毛翅盲蝽（*Blepharidopterus ulmicola*）、绿狭盲蝽（*Stenodema virens*）、东亚果蝽（*Carpocoris seidenstueckeri*）、紫翅果蝽（*Carpocoris purpureipenni*）、邻小花蝽、李斑唇瓢虫（*Chilocorus geminus*）、红柳粗角萤叶甲（*Diorhabda elongata deserticola*）、跗粗角萤叶甲（*Diorhabda tarsalis*）、细毛萤叶甲（*Galerucella*〔*Neogalerucella*〕*tenella*）、阔胫萤叶甲（*Pallasiola absinthii*）、八斑隶萤叶甲（*Liroetis octopunctata*）、隐头蚤跳甲（*Pyliodes eullala*）、枸杞毛跳甲（*Epitix abeillei*）、柳苗跳甲（*Altica tweisei*）、粘虫步甲（*Carabus granulatus telluris*）、大塔步甲（*Taphoxenus gigas*）、花猛步甲（*Cymindis lineata*）、点翅暗步甲（*Amara*〔*Bradytus*〕*majuscul*）、麦穗斑步甲（*Anisodactylus*〔*Pseudanisodactylus*〕*signatus*）、西里塔隐翅甲（*Tasgius praetorius*）、墨黑覆葬甲（*Necroborus morio*）、黑缶葬甲（*Phosphuga atrata*）、谢氏阎甲（*Saprinus sedakovii*）、光滑卵漠甲（*Ocnera sublaevigata sublaevigat*）、何氏胖漠甲（*Trigonoscelis*〔*Chinotrigon*〕*holdereri*）、莱氏脊漠甲（*Pterocoma*〔*Mongolopterocoma*〕*reittert*）、半脊漠甲（*Pterocoma*〔*Mesopterocoma*〕*semicarinata*）、细长琵甲（*Blaps oblonga*）、戈壁琵甲（*Blaps gobiensis*）、狭窄琵甲

（*Blaps virgo*）、大型琵甲（*Blaps lethifera*）等、粪堆粪金龟（*Geotrupes stercorarius*）、尸体皮金龟（*Trox cadaverinus*）、甘肃齿足象（*Deracanthus potanini*）、迷黄粉蝶（*Colias hyale*）、云斑粉蝶（*Pontia daplidc*）、光珍眼蝶（*Coenoaympha amaryilis*）、荨麻蛱蝶（*Vanessa urficae*）、豆灰蝶（*Plebejus argus*）、麦穗夜蛾（*Apamea sordens*）、黑尾熊蜂（*Bombus* 〔*Subterraneobombus*〕 *melanurus*）、昆仑熊蜂（*Bombus* 〔*Melanobombus*〕 *keriensis*）、亚西伯熊蜂（*Bombus* 〔*Sibiricobombus*〕 *asiaticus*）、双点曲脊姬蜂（*Apophua bipunctoria*）、喀美姬蜂（*Meringopus calescens*）、坡美姬蜂（*Meringopus calescens persicus*）、里海伊蚊（*Aedes caspius*）、黄背伊蚊（*Aedes flavidorsalis*）、骚花蝇（*Anthomyia procellaris*）、灰宽颊叉泉蝇（*Eutrichota* 〔*Arctopegomyia*〕 *pallidoldtigena*）、粉腹阴蝇（*Hydrophoria divisa*）、白头阴蝇（*Hydrophoria albiceps*）、玛斑虻（*Chrysops makerovi*）、玛斑虻（*Chrysops makerovi*）、土麻虻（*Haematopota turkestanica*）等。

### 5.3.4.2　东洋界（东洋区）

（1）西南区

本区包括四川西部、昌都东部，北起青海、甘肃东南缘，南抵云南中北部（大抵以北纬26°为南界），向西直达东喜马拉雅山南坡针叶林带山地，基本上是南北平行走向的高山与峡谷。本区气候比较复杂，冬季晴朗多风，干湿季明显，月平均温6~22 ℃，年雨量1 000~1 500 mm。

本区的昆虫组成非常复杂，但又最丰富，半数以上是东洋区系的印度马来亚种类，亦有一定数量为古北区系的中国喜马拉雅种。该片区的昆虫主要代表种有壮异痣螅（*Ischnura pumilio*）、黑背尾螅（*Paracercion melanotum*）、锥头蝗（*Pyergomorpha conica deserti*）、花蓟马（*Frankliniella intonsa*）、后蜉金龟（*Aphodius* 〔*Teuchestes*〕 *analis*）、箭纹绢粉蝶（*Aporia procris*）、小红蛱蝶（*Pyrameis cardui*）等。

（2）华中区

本区主要分布在四川盆地及长江流域各省，西部北起秦岭，东半部为长江中、下游，包括东南沿海丘陵的半部，南与华南区相邻，即大致为南亚热带的北界。气候属亚热带暖湿类型，年降雨量1 000~1 750 mm，是我国主要稻茶产区。本区农业害虫种类繁多，多数与华南区和西南区相同。在本保护区的主要种类有多异瓢虫（*Hippodamia variegata*）、异色瓢虫（*Harmonia axy-*

*ridis*）、粘虫步甲（*Carabus granulatus telluris*）、谷婪步甲（*Harpalus*〔*Pseud-oophonus*〕*calceatus*）、点翅暗步甲（*Amara*〔*Bradytus*〕*majuscula*）、大青叶蝉（*Cicadella viridis*）、银带脉毛蚊（*Culiseta niveitaeniata*）和华中区的主要代表种三化螟、二化螟、黑尾叶蝉、棉红铃虫等农业害虫。

（3）华南区

本区包括广东、广西、海南和云南南部、福建东南沿海地区、台湾及海南各岛，属南亚热带及热带，植被为热带雨林和季雨林，全年无冬，夏季长达6～9个月，7～10月多台风，雨量1 500～2 000 mm。本区昆虫以印度马来亚种占明显优势，其次为古北区系东方种类中的广布种，本保护区主要代表种有多毛栉衣鱼（*Ctenolepsima villosa*）、长叶异痣蟌（*Ischnura elegans*）、烟蓟马（*Thrips tabaci*）、大青叶蝉（*Cicadella viridis*）、灰飞虱（*Laodelphax striatellus*）、黑圆角蝉（*Gargara genistae*）、七星瓢虫（*Coccinella septempunctata*）、红点唇瓢虫（*Chilocorus kuwanae*）、多异瓢虫（*Hippodamia variegata*）、异色瓢虫（*Harmonia axyridis*）、褐背小萤叶甲（*Galerucella grisescens*）、胡枝子克萤叶甲（*Cneorane violaceipennis*）、滨尸葬甲（*Necrodes littoralis*）、后蜉金龟（*Aphodius*〔*Teuchestes*〕*analis*）、黑绒金龟（*Maladera*〔*Omaladera*〕*orientalis*）、红襟粉蝶（*Anthocharis Cardamines*）、豆黄纹粉蝶（*Colias erate poliographus*）、菜粉蝶（*Pieris rapae*）、东方菜粉蝶（*Pieris canidia*）、老豹蛱蝶（*Argynnis laodlce*）、蓝灰蝶（*Everes argiades*）、三带喙库蚊（*Culex tritaeniorhynchus*）、大头金蝇（*Chrysomya megacephala*）、丝光绿蝇（*Lucilia sericata*），以及华南区的代表种印度黄脊蝗、荔蝽、台湾稻蝗、原花蝽等。

5.3.4.3 中—日—朝区系

系指中国、日本、韩国、朝鲜分布的或更大范围内分布的种类。中国分部和地区特有分布合称为东亚分部。祁连山国家公园酒泉片区东亚分部种有89种，占本次调查已知总种数的30.48%。如多毛栉衣鱼、长叶异痣蟌（*Ischnura elegans*）、黑背尾蟌（*Paracercion melanotum*）、碧伟蜓（*Anax parthenope*）、薄翅螳螂（*Mantis religiosa*）、日本蚱（*Tetrix japonica*）、烟蓟马（*Thrips tabaci*）、花蓟马（*Frankliniella intonsa*）、大青叶蝉（*Cicadella viridis*）、芦苇长突飞虱（*Stenocraus matsumurai*）、绿狭盲蝽（*Stenodema virens*）、东亚果蝽（*Carpocoris seidenstueckeri*）、西北麦蝽（*Aelia sibirica*）、斑须蝽（细毛

蝽）（*Dolycoris baccarum*）、紫翅果蝽（*Carpocoris purpureipennis*）、广重粉蛉（*Semidalis aleyrodiformis*）、丽草蛉（*Chrysopa formosa*）、二星瓢虫（*Adalia bipunctata*）、红点唇瓢虫（*Chilocorus kuwanae*）、七星瓢虫（*Coccinella septempunctata*）、华日瓢虫（*Coccinella ainu*）、蒿金叶甲（*Chrysolina* 〔*Anopachys*〕 *aurichalcea*）、褐背小萤叶甲（*Galerucella grisescens*）、多脊萤叶甲（*Galeruca vicina*）、油菜蚤跳甲（*Psylliodes punctifrons*）、蚤凹胫跳甲（*Chaetocnema* 〔*Tlanoma*〕 *tibialis*）、枸杞毛跳甲（*Epitix abeillei*）、柳沟胸跳甲（*Crepidodera pluta*）、柳沟胸跳甲（*Crepidodera pluta*）、蓟跳甲（*Altica cirsicola*）、粘虫步甲（*Carabus granulates telluris*）、宽卵阎甲（*Dendrophilus xavieri*）、细胸叩头甲（*Agriotes subvittatus fuscicollis*）、迟钝蜉金龟（*Aphodius Accmthobodilus languidulus*）、后蜉金龟（*Aphodius* 〔*Teuchestes*〕 *analis*）、血斑蜉金龟（*Aphodius* 〔*Otophorus*〕 *haemorrhoidalis*）、黑绒金龟（*Maladera* 〔*Omaladera*〕 *orientalis*）、蓝灰蝶（*Everes argiades*）、胡杨木蠹蛾（*Holeocerus consobrinus*）、小菜蛾（*Plutella xylostella*）、菊云卷蛾（*Cnephasia chrysantheana*）、香草小卷蛾（*Celypha cespitana*）、杨叶小卷蛾（*Epinotia nisella*）、草地螟（*Loxostege sticticalis*）、双点曲脊姬蜂（*Apophua bipunctoria*）、具瘤爱姬蜂（*Exeristes roborator*）、舞毒蛾瘤姬蜂（*Pimpla disparis*）、红足瘤姬蜂（*Pimpla rufipes*）、赤腹深沟茧蜂（*Lphiaulax impostor*）、淡色库蚊（*Culex pipiens pallens*）、阿拉斯加脉毛坟（*Culiseta alaskaensis*）、骚花蝇（*Anthomyia procellaris*）、牧场腐蝇（*Muscin pascuorum*）、丝光绿蝇（*Lucilia sericata*）、大头金蝇（*Chrysomya megacephala*）、玛斑虻（*Chrysops makerovi*）等。

#### 5.3.4.4　中国特有种

系指仅限中国国内分布，尚无国外分布报道的种类，是某种意义上的中国特有种。主要代表种有准噶尔贝蝗（*Beybienkia songorica*）、黑圆角蝉（*Gargara genistae*）、点伊缘蝽（*Rhopalus latus*）、榆绿毛萤叶甲（*Pyrhalta aenescens*）、八斑隶萤叶甲（*Liroetis octopunctata*）、何氏胖漠甲（*Trigonoscelis holdereri*）、狭窄琵甲（*Blaps virgo*）、隆胸鳖甲（*Colposcelis* 〔*Scelocolpis*〕 *montivaga*）、磨光东鳖甲（*Anatolica polita polita*）、宽颈小鳖甲（*Microdera laticollis laticollis*）、姬小鳖甲（*Microdera* 〔*Dordanea*〕 *elegans*）、沙土甲（*Opatrum sabulosum sabulosum*）、蒙古伪坚土甲（*Scleropatrum mongolicum*）、阿笨土甲

（*Penthicus*〔*Myladion*〕*alashanic*）、中华砚甲（*Cyphogenia chinensis*）、粪堆粪金龟（*Geotrupes stercorarius*）、灿豹蝶（*Argynnis adippe*）、斜纹黄虻（*Atylotus karybenthinus*）等。

## 5.4 昆虫生态类群

祁连山国家公园酒泉片区的动物群属温带荒漠、半荒漠动物群，昆虫也不例外。与干旱环境相适应，大多数昆虫都有耐干旱的生理特点，在代谢过程中，他们依赖特殊的代谢方式直接从食物中获取水分，或直接吸食植物的汁液。为适应环境，荒漠昆虫的体色变得灰暗，与小环境十分协调，如戈壁上的蝗虫、拟步甲等。

裸露的沙地和砾石戈壁，在夏时地面极端最高气温可达50～70℃，动物受环境温度的严重威胁，一些昆虫的生活方式为穴居，或在夜间活动，如夜蛾科、天蛾科、毒蛾科、尺蛾科、螟蛾科、金龟总科等种类。

不同的环境中栖息着不同的昆虫类群，那些生态要求相似的昆虫所组成的群成为昆虫生态类群。保护区的植物生长、分布极不均匀，依赖植物的昆虫也具有同样的分布格局，形成了不同的昆虫生态类群。

### 5.4.1 山地草原昆虫生态群

祁连山国家公园酒泉片区的昆虫主要分布于鱼儿红、盐池湾乡、吾力沟和东石沟地区，这里海拔高，降水量相对较多，冬季有积雪覆盖，气温低，风力强劲，土壤若不裸出，植物生长良好。植物群落主要有针茅（*Stipa spp*）、萎陵菜（*Potentilla spp*）、芨芨草（*Achnatherum splendens*）、羊茅草（*Festuca ovira*）、苔草（*Carex spp*）、披碱草（*Elymus dahuricus*）、赖草（*Leymus secalinus*）、早熟禾（*Poa annua*）、驼绒藜（*Krascheninnikovia ceratoides*）、盐爪爪（*Kalidium foliatum*）等。在这一环境中生活着心斑绿螅（*Enallagma cyathiferus*）、黑背尾螅（*Paracercion melanotum*）、薄翅螳（*Mantis religiosa*）、准噶尔贝蝗（*Beybienkia songorica*）、八纹束颈蝗（*Sphingonotus octofasciatus*）、蒙古痂蝗（*Bryode mamongolicum*）、锥头蝗（*Pyergomorpha conica desert*）、苜蓿盲蝽（*Adelphocois lineolatus*）、绿狭盲蝽（*Stenodema virens*）、斑须蝽细毛蝽（*Dolycoris baccarum*）、巴楚菜蝽（*Eurydema wilkinsi*）、邻小花蝽（*Orius*〔*Heterorius*〕*vicinus*）、七星瓢虫（*Coccinella septempunctata*）、异色瓢虫（*Harmo*-

*nia axyridis*）、褐背小萤叶甲（*Galerucella grisescens*）、多脊萤叶甲（*Galeruca dahlii vicina*）、隐头蚤跳甲（*Pyliodes eullala*）、枸杞毛跳甲（*Epitix abeillei*）、大塔步甲（*Taphoxenus gigas*）、谷婪步甲（*Harpalus*〔*Pseudoophonus*〕*calceatus*）、月斑虎甲（*Calomera lunulata*）、皱亡葬甲（*Thanatophilus rugosus*）、滨尸葬甲（*Necrodes littoralis*）、光滑卵漠甲（*Ocnera sublaevigata*）、半脊漠甲（*Pterocoma*〔*Mesopterocoma*〕*semicarinata*）、戈壁琵甲（*Blaps gobiensis*）、大型琵甲（*Blaps lethifera*）、磨光东鳖甲（*Anatolica polita*）、宽颈小鳖甲（*Microdera laticollis*）、尸体皮金龟（*Trox cadaverinus*）、迟钝蜉金龟（*Aphodius*〔*Accmthobodilus*〕*languidulus*）、绢粉蝶（*Aporia crataegi*）、橙黄豆粉蝶（*Colias fieldi*）、光珍眼蝶（*Coenoaympha amaryilis*）、小红蛱蝶（*Pyrameis cardui*）、蓝灰蝶（*Everes argiades*）、粘虫（*Pseudaletia separata*）、黑尾熊蜂（*Bombus*〔*Subterraneobombus*〕*melanurus*）、昆仑熊蜂（*Bombus*〔*Melanobombus*〕*keriensis*）、淡色库蚊（*Culex pipiens pallens*）、背点伊蚊（*Aedes dorsali*）、骚花蝇（*Anthomyia procellaris*）、家蝇（*Musca domestica*）、大头金蝇（*Chrysomya megacephala*）、肥须亚麻蝇（*Parasarcophaga crassipalpis*）、斜纹黄虻（*Atylotus karybenthinus*）、哈什瘤虻（*Hybomitra kashgarica*）等。

### 5.4.2 砾石戈壁昆虫生态群

砾石戈壁在祁连山国家公园酒泉片区分布面积较大，主要分布于盆地倾斜的山前冲积扇，也包括风蚀而成的砾石残丘。由于气候干燥，风力剥蚀严重，山地岩与山麓砾石裸露，形成部分"岩漠"与"砾漠"景观。植物稀少，多为多年生灌木、半灌木，主要有植物膜果麻黄（*Ephedra przewalskii*）、裸果木（*Gymnocarpos przewalskii*）、戈壁沙拐枣（*Calligonum gobicum*）、泡泡刺（*Nitraria sphaerocarpa*）等。这一生态环境下的昆虫多体色灰暗，主要昆虫代表种类有准噶尔贝蝗（*Beybienkia songorica*）、八纹束颈蝗（*Sphingonotus octofasciatus*）、蒙古痂蝗（*Bryode mamongolicum*）、日本蚱（*Tetrix japonica*）、月斑虎甲（*Calomera lunulata*）、半脊漠甲（*Pterocoma*〔*Mesopterocoma*〕*semicarinata*）、细长琵甲（*Blaps oblonga*）、尖尾琵甲（*Blaps acuminate*）、网目土甲（*Gonocephalum reticulatum*）、蒙古伪坚土甲（*Scleropatrum mongolicum*）、阿笨土甲（*Penthicus*〔*Myladion*〕*alashanicus*）、黑尾熊蜂（*Bombus*〔*Subterraneobombus*〕*melanurus*）、昆仑熊蜂（*Bombus*〔*Melanobombus*〕*keriensis*）、亚西

伯熊蜂（*Bombus*〔*Sibiricobombus*〕*asiaticus*）等。这些昆虫大多行动迟缓，体色较暗淡，于早、晚或夜间活动。

### 5.4.3 湿地昆虫生态群

酒泉片区内由野马南山与党河南山两山之间形成的河流盆地与峡谷地带形成了盐池湾湿地，是区内最主要的湿地组成部分，2018年被列入国际重要湿地名录，此外还有以疏勒河、党河、榆林河为主体形成的河流湿地、融雪和河流下渗等形成的湖泊湿地、沼泽湿地等。主要植被有芦苇（*Phragmites australis*）、碱毛茛（*Halerpestes sarmentosa*）、红穗柽柳（*Tamarix leptostachya*、白麻（*Apocynum pictum*）、盐生车前（*Plantago maritima*）、白花蒲公英（*Taraxacum leucanthum*）、白刺（*Nitraria tangutorum*）等。主要代表性昆虫有心斑绿蟌（*Enallagma cyathiferus*）、长叶异痣蟌（*Ischnura elegans*）、黑背尾蟌（*Paracercion melanotum*）、锥头蝗（*Pyergomorpha conica deserti*）、华简管蓟马（*Haplothrips*）、冰草麦蚜（*Diuraphis*〔*Hocaphis*〕*agropyronophaga*）、大青叶蝉（*Cicadella viridis*）、点伊缘蝽（*Rhopalus latus*）、苜蓿盲蝽（*Adelphocois lineolatus*）、杂毛合垫盲蝽（*Orthotylus*〔*Melanotrichus*〕*flavosparsus*）、绿狭盲蝽（*Stenodema virens*）、二星瓢虫（*Adalia bipunctata*）、七星瓢虫（*Coccinella septempunctata*）、异色瓢虫（*Harmonia axyridis*）、红缘婪步甲（*Harpalus froelichii*）、皱亡葬甲（*Thanatophilus rugosus*）、甘肃齿足象（*Deracanthus potanini*）、红背绿象（*Chlorophanus solaria*）、黑斜纹象（*Bothynoderes declivis*）、箭纹绢粉蝶（*Aporia procris*）、红襟粉蝶（*Anthocharis Cardamines*）、菜粉蝶（*Pieris rapae*）、蓝灰蝶（*Everes argiades*）、青海草蛾（*Ethmia nigripedella*）、草地螟（*Loxostege sticticalis*）、亚西伯熊蜂（*Bombus*〔*Sibiricobombus*〕*asiaticus*）、长尾深沟茧蜂（*Iphiaulax mactator*）、东方壮并叶蜂（*Jermakia sibirica*）、三带喙库蚊（*Culex tritaeniorhynchus*）、凶小库蚊（*Culex modestus*）、背点伊蚊（*Aedes dorsalis*）、刺扰伊蚊（*Aedes vexans*）、丛林伊蚊（*Aedes cataphylla*）、骚花蝇（*Anthomyia procellaris*）、双色泉蝇（*Pegomya bicolor*）、迷追寄蝇（*Exorista mimula*）、玛斑虻（*Chrysops makerovi*）、灰股瘤虻（*Hybomitra zaitzevi*）、里虻（*Tabanus leleani*）等，这一带的昆虫大多都体色较深。

### 5.4.4 天敌昆虫

在祁连山国家公园酒泉片区内，主要的天敌昆虫有薄翅螳（*Mantis religi-*

osa)、邻小花蝽（Orius〔Heterorius〕vicinus）、直胫啮粉蛉（Conwentzia ortho-tibia）、丽草蛉（Chrysopa formosa）、二星瓢虫（Adalia bipunctata）、红点唇瓢虫（Chilocorus kuwana）、七星瓢虫（Coccinella septempunctat）、双七瓢虫（Coccinula quatuordecimpustulata）、菱斑巧瓢虫（Oenopia conglobata congloba-ta）、十二斑巧瓢虫（Oenopia bissexnotata）、多异瓢虫（Hippodamia variegat）、异色瓢虫（Harmonia axyridis）、粘虫步甲（Carabus granulatus telluris）、大塔步甲（Taphoxenus gigas）、花猛步甲（Cymindis lineata）、谷婪步甲（Harpalus〔Pseudoophonus〕calceatus）、红缘婪步甲（Harpalus froelich）、点翅暗步甲（Amara〔Bradytus〕majuscula）、月斑虎甲（Calomera lunulata）、黑尾熊蜂（Bombus〔Subterraneobombus〕melanurus）、昆仑熊蜂（Bombus〔Melanobom-bus〕keriensi）、亚西伯熊蜂（Bombus〔Sibiricobombus〕asiaticus）、双点曲脊姬蜂（Apophua bipunctoria）、喀美姬蜂（Meringopus calescens）、坡美姬蜂（Meringopus calescens persicus）、杨蛀姬蜂（Schreineria populnea）、矛木卫姬蜂（Xylophrurus lancifer）、杨兜姬蜂（Dolichomitus populneus）、具瘤爱姬蜂（Ex-eristes roborator）、舞毒蛾瘤姬蜂（Pimpla disparis）、红足瘤姬蜂（Pimpla ru-fipes）、赤腹深沟茧蜂（Iphiaulax impostor）、长尾深沟茧蜂（Iphiaulax macta-tor）、长尾皱腰茧蜂（Rhysipolis longicaudatu）、双色刺足茧蜂（Zombrus bicol-or）、古毒蛾长尾啮小蜂（Aprostocetus orgyiae）、迷追寄蝇（Exorista mimu-la）等。

　　在祁连山国家公园酒泉片区，这些天敌昆虫在不受人类干扰的自然环境下，种类虽然不多，但种群数量大，他们每时每刻都在控制着害虫的大发生，在生态系统中，它们控制着一些害虫的发生。另外，在祁连山国家公园酒泉片区，还有一些致病微生物和各种鸟类，它们都在整个生态系统中起着巨大的影响作用。

## 5.5　有害昆虫防治手段及对策

### 5.5.1　害虫防治手段

#### 5.5.1.1　预测预报

　　害虫预测预报是一种根据害虫发生、发展规律，以及作物的物候、气象因子等资料，进行全面分析后，对害虫未来发生期、发生量、危害程度以及扩散分布趋势等作出预测，进而提供虫情信息和咨询服务的应用技术。其目的在于，提前掌握害虫发生情况，指导农林草业做好害虫防治准备工作，及时采取措施，防止害虫对作物或草原造成损失，保护农作物，使其增产丰收，以达到经济、简便、安全、有效地控制害虫种群在经济方面的危害在控制范围之内的目的。

害虫预测预报是在对害虫形态学、生物学、生态学和生理学等深入研究的基础上建立起来的，害虫种群数量变动，一方面取决于害虫本身的生物学特征，另一方面取决于害虫生存环境条件，而天敌则是有效控制害虫种群的自然因素。因此，只有以生物学、生态学、害虫防治的方针及策略为理论基础，利用生物学、生态学、生物数学等方法，抓住虫源、气候、天敌、草原和作物等在预测预报中调查分析的要素，研究害虫种群数量变动规律，才能准确地预测害虫发生的时期、范围、程度和造成的经济损失，以便确定防治时机、防治规模、投入的防治力量，以及不同地区、不同地块所采取的对策，为及时、主动、准确、有效地防治害虫服务。

对草原蝗灾的准确预报是减少蝗灾造成重大损失的重要对策。草原蝗虫的预测预报是通过对草原蝗虫的种类及生物学和生态学特征的长期观察、资料积累，在掌握其发生规律的基础上，根据植物气候学、气象预报的资料，科学地预测草原蝗虫在特定生态条件下发生期的迟早、发生量的大小、危害的轻重、会造成的经济损失，以及空间分布格局和扩散范围。

### 5.5.1.2 选择合适的防治方法

（1）植物检疫

植物检疫是一项依据国家法规，对调出和调入的植物及其产品等进行检验和处理，以防止病、虫、杂草等有害生物人为传播的带有强制性的预防措施。

（2）农业防治法

农业防治法根据农业生态系统中害虫（益虫）、作物、环境条件三者之间的关系，结合农作物整个生产过程中一系列耕作栽培管理技术措施，有目的地改变害虫生活条件和环境条件，使之不利于害虫的发生发展，而有利于农作物的生长发育；或直接对害虫虫源和种群数量起到一定的抑制作用。

（3）化学防治法

化学防治法利用化学药剂来防治害虫，也称为药剂防治，用于害虫防治的药剂叫作杀虫剂。这是草原保护的一项重要手段，作用快、效果好，使用方便，适于大面积灭蝗，受地区与季节的限制较小。化学防治是一种蝗虫灾害已经发生的应急对策，不能根本创造阻碍蝗虫大量繁殖的条件，而且会使蝗虫产生抗药性，引起蝗虫的再猖獗和次要害虫成灾，造成残毒危害。

（4）生物防治法

传统的生物防治指利用害虫的天敌防治害虫，随着科学技术的不断进步，生物防治的内容一直在扩充。从广义来说，生物防治法就是利用生物或其产物控制有害生物的方法，包括传统的天敌利用和后来出现的昆虫不育、昆虫激素及信息素的利用等。

生物防治是控制蝗虫的方法之一，主要利用某些生物与蝗虫间的捕食、寄生的关系防治蝗虫，其特点是对人畜安全、不污染环境、便于实施。但是必须看到，在虫灾大暴发时，生物防治显得十分无力，必须辅以化学方法。

（5）物理机械防治法

物理机械防治法利用各种物理因子、人工或器械防治有害生物，包括最简单的人工捕杀，还包括近代新技术直接或间接捕灭害虫，或破坏害虫的正常生理活动，或使环境条件变成不能为害虫接受和容忍的程度。

（6）综合治理

虫害综合治理这一概念是从"综合防治"发展起来的。综合治理是有害生物的一种管理系统，它考察有害昆虫的种群动态及其有关环境，尽可能利用所有适当的技术和方法，把有害生物的种群控制在经济损失的水平以下。这是一项相当复杂的生物工程，其应用依赖对蝗虫生活史、环境、科学技术的掌握程度。

### 5.5.2　害虫防治思路及对策建议

#### 5.5.2.1　害虫综合治理方案设计原则和思路

害虫综合治理包括的内容很多，涉及的因素也很多。但是，害虫防治措施总结起来可分为三大类，即植物检疫、生态控制和应急措施。开展检疫就是防止害虫传入、传出，甚至消灭害虫。生态控制措施中可利用的自然因素包括多个方面，如气候、生境、寄主食料、天敌、种植制度、栽培技术、品种等，对害虫的发生消长起着综合作用。这些因素可长期和相对稳定控制害虫。因此，在综合防治中，通过分析这些因素在农田和草原生态系统中对害虫的影响程度，可以更好地利用自然因素。一般将改造农田环境、改进耕作栽培技术、利用抗虫品种、保护利用自然天敌、引入天敌等作为充分发挥自然因素控制作用的具体措施，能够持久地控制害虫种群数量处于较低密度水平，可预防虫害的发生。当然，在必要时，适当使用应急措施，如化学防治、微生物防治、人工饲养天敌释放、性诱剂的应用、物理防治等。这些属于急救性的遏制害虫的防治措施。综合防治就是协调运用好各类具体防治措施，组建一个体现防治策略的技术体系。

制订害虫综合治理方案是一个非常复杂的问题，涉及农田和草原生态系统的各个组分，以及经济价值和社会效益等。因此，要设计出一个具有长期控制害虫效应的综合防治方案。根据综合防治的策略，首先要发挥自然控制力；其次，当害虫种群数量超过经济损失允许水平时，才考虑采用人工防治；再次，这些措施必须对人类和有益生物安全，保护生物多样性，不污染环境；最后，要以建立一个最优的农田和草原生态系统为目标。农田和草原生态系统始终处于动态变化中，基于其所制定的害虫综合防治方案不可能一成不变，必须不断地进行动态调整。害虫综合防治方案具有决策上的灵活性，依据田间实际情况决定行动的内容。同时，不同作物、不同害虫群落，以及不同地域的生产水平、生态条件、社会情况各异，综合防治更不可能有一个一成不变的模式。

害虫综合防治是以生态学为基础的害虫治理，这是有害生物综合治理的主要内容之一。因此，实践中必须强调从农业和草原生态系统的总体观点出发，着眼于其生态体系进行综合管理的系统工程，把预防为主的思想贯彻于始末，要从生态系统的层次进行害虫治理的实践、理论研究和决策。要考虑农业生产和草原保护的全局需要，通过综合系统的科学管理，大力改善生态环境，提高生物多样性指数，充分发挥生物潜能的作用，创造一个不利于害虫发生发展、有利于天敌发挥作用的生态系统。

搞好害虫综合治理，必须掌握区域性害虫发生发展规律，做好发生趋势预测预报，明确主要靶标害虫及其动态，掌握防治的主动权；加大生物防治工作力度，科学合理的地使用化学农药，发挥农药的应急灭杀作用，防止和减少有害副作用；发展生态农业、高效农业；还要提高防治技术的科技含量，因地制宜协调应用必要的防治措施，坚持安全、有效、经济、简便的原则，建立农田和草原有害生物综合防治体系和样板，发展高新技术，提高综合防治水平。当前高新技术，尤其是分子生物学技术和信息技术的迅速发展和应用，为害虫综合治理的发展提供了许多前所未有的机遇，也展示了广阔的发展前景。但新的高效治虫技术，只有在综合治理战略思想指导下综合协调应用，才可能取得较好的经济、生态和社会效益。有害生物综合治理是一项复杂的系统工程，并且具有很强的区域性，需要加强研究的课题繁多。因此，对于害虫综合防治迫切需要进行跨学科综合研究，特别是重要害虫灾变规律研究。成灾机理和综合控制的基础研究是以便进一步发展与环境相容的并符合可持续发展战略的害虫控制的新战略和方法。

害虫综合防治方案在试验过程中，仍须不断补充、修改，使之更加符合实际情况，特别是一个地区的综合防治方案，在实施过程中，更要不断进行总结、提高，使之逐步完善。制订害虫综合防治方案最有效的手段是建立治理系统的模型，可使防治决策最优化，获得最佳效益。

### 5.5.2.2　害虫防治对策建议

（1）生态监测与调查

生态监测与调查是害虫防治的第一步，祁连山国家公园甘肃省管理局酒泉分局应开展定期的生态监测和害虫调查，通过建立监测网络、确定监测参数、采集数据、数据分析、多样性研究、环境因素考量等，了解辖区内害虫的种类、数量、分布和生态特征，从而制订出有效的、正确的防治方案和策略，并采取相应措施。

（2）政策支持

当地政府应制定和实施相关政策，以鼓励可持续土地管理和生态保护，同时非政府组织应提供支持和资源，帮助解决害虫问题，宣传相关知识，引导教育当地农牧民，提高他们对害虫防治的认识，鼓励可持续农业实践和生态友好的生活方式。

（3）生物多样性保护

应保护和恢复当地生态系统的生物多样性，因为较高的生物多样性可以提供天敌和竞争者，有助于维护害虫的天敌和天敌平衡。同时，采取生态友好的农业和土地管理实践，以减少农业活动对害虫的刺激。通过鼓励有机农业实践，减少化学农药的使用，可以减轻对环境的污染，保护野生动植物和水源。

（4）灾害管理与研究创新

首先，应建立灾害管理计划，做好事前准备，以快速应对害虫暴发并减少损失。其次，应投资于研究和创新，以开发更有效的害虫管理方法，比如新的生物农药、遗传改良作物和害虫监测技术。最后，应与当地社区和相关部门展开密切合作，共同努力解决害虫问题，确保祁连山国家公园酒泉片区的生态系统得以保护和维护。

# 第6章　大型真菌

## 6.1　调查方法

全国大型真菌多样性调查以县域为调查单元，调查区域面积大，踏查与样线法结合使用可相对高效地在有限时间内完成区域大型真菌本底调查。基于生态系统类型、生物多样性分布、大型真菌资源普遍分布规律、地形地貌情况和交通可达性等，确定调查区域。调查区域覆盖县域全部自然生态系统类型，每类自然生态系统至少调查3个区域。各级自然保护区、森林公园、风景名胜区、自然遗产地、其他原始植被分布区等生物多样性丰富的区域，采用踏查法全面、系统地调查大型直菌种类、分布、生境、威胁因子等，采集子实体标本时尽量避免遗漏。非重点调查区域采用样线法进行调查，在低海拔地区，至少布设4条样线，至少覆盖4个海拔梯度，每条样线长度至少500 m，每100 m的高差带内做1次样线调查，如果高差不足100 m可平移。在海拔高于500 m的地区，至少布设2条样线，至少覆盖2个海拔梯度，每条样线长度至少1 km。每300～500 m的高差带内做1次样线调查，如果高差不足300～500 m可平移。对于具有重要经济价值的大型真菌，还须进行实地访谈和市场调查，即对采集、利用大型真菌资源有经验的农户、当地有关技术人员和专家进行访问，走访当地市场，了解该地出产和集贸市场出售的各种野生食用菌和药用菌情况。

在大型真菌子实体发生时期进行野外调查，拍摄物种及生境的照片，采集大型真菌凭证标本，获取相关数据信息，并进行详细记录。踏查和样线调查尽量贾贯穿区域整个大型真菌子实体生长季节。对于冬虫夏草、块菌属和羊肚菌属等特殊大型真菌，须依据其生物生态学特点选择相应的调查时间。依据物种生物学特性和工作强度确定调查频次。每年至少进行3次踏查和样线调查、2次访谈和市场调查。在野外发现大型真菌后，拍摄其小生境和子实体特征照片。子实体特征照片须包含子实体着生基物，并尽可能在1张照片上凸显所有或主要形态特征，并包括菌肉特征及显现是否受伤变色等。标本采集以"完整性"为基本原则，并尽量收集不同发育阶段的个体。

## 6.2 大型真菌研究简述

真菌是自然界一类重要的生物资源，蕴藏着巨大的经济潜力，长期以来，受到人们的关注和利用。真菌作为食用和药用菌，在我国已有悠久的历史，因为它不但是我国天然药物资源和中草药的重要组成部分，而且已成为当今探索和发掘抗癌新药物的重要领域。真菌作为食品和药膳，史籍中早有记载。

大型真菌（Macrofungi）是真核菌物的一类真菌，泛指高等真菌的产孢构造，即果实体（fruiting body），"肉眼可见，伸手可采"，我们又称其为蘑菇或蕈菌（Mushroo）（广义上来讲）。大型真菌以其繁多的种类、庞大的数量、强大的繁殖速度与适应能力，广泛分布于自然界，并与人类的生活、生产密切相关，是一类非常丰富的生物资源。大型真菌是自然生态系统中的重组成部分，扮演着共生、寄生和腐生等重要角色。大型真菌在生态系统中占据着一个很重要的位置，作为分解者来说，它发挥着极其重要的作用，是生态系统中生物地球化学循环不可或缺的部分。大型真菌隶属于担子菌门和子囊菌门，在担子菌中，子实体又叫担子果，在子囊菌中，子实体又叫子囊果。

大型真菌是指真菌中形态结构比较复杂、子实体大，容易被人用眼睛直接看清楚的种类。如平常说的蘑菇、灵芝、多孔菌、猴头菌、马勃、银耳、羊肚菌等，目前，这类大型真菌国内亦称蕈菌。大型真菌除在森林生态系统的物质循环中起重要作用外，在经济上也极为重要，是构成森林资源的重要组成部分。

大型真菌繁殖生长环境大致可分为森林生境和空旷山地与草原生境。森林是自然界最大的生态系统，是大型真菌重要的繁殖场所。大型真菌的分布与气温、降水量所控制的植被关系密切。

鉴此，大型真菌的调查研究历来受到重视，为合理开发利用大型真菌资源提供了重要保障。在祁连山国家公园酒泉片区的大型真菌野外科学考察研究之前，没有系统的、专业的调查。1983年中国科学院青藏高原综合科学考察队编著的《青藏真菌》是对青藏高原大型真菌调查的系统总结。1989年，中国科学院昆明植物研究所的臧穆等对西昆仑山和喀喇昆仑山地区大型真菌进行调查，获得39种大型真菌。1999年，杜品发表了甘南林区药用真菌165种。2001年，吉林农业大学李玉和图力古尔对西藏真菌进行补充调查。2002年，莫延德和张继清对祁连山青海区段的大型真菌进行了初探。2003年，刘贤德等研究了祁连山甘肃段的经济真菌。2010年，桂建华调查了祁连山自然保护区大型真菌进行调查研究，鉴定到141个物种。2011年，席亚丽等报道了祁连山国家级自然保护区连146种大型真菌。2013年马存世等报到了民勤连古城国家级自然保护区大型野生真菌18种，而最新研究表明涉及民勤全县的物种有60种。2014年，王术荣发现了西藏高寒森林地区大型真菌239种。2020年，郭相等采集到250种白马雪山曲宗贡地区的大型真菌。近年来，青海大学白露超课题组调查了三江源和祁连山国家公园青海片区的大型真菌，吉林农业大学李玉院士团队系统研究了青藏高原高寒草甸、甘肃祁连山国家级自然保护区的大型真菌。上述研究和野外采集，为本地区大型真菌的研究提供了示范并奠定了基础。

综合而言，祁连山国家公园的大型真菌调查主要在祁连山中东端，那里的物种和森林资源丰富，植被类型多样，降雨量较为充沛，为大型真菌的生长繁衍创造了条件，因而也受到了重视，研究较为透彻，而祁连山西端，海拔逐渐升高，降雨量减少，气温降低，物种多样性减少，植被类型单一，生物的有效生长时间缩短，导致栖息在这种环境中的大型真菌较少，加上交通不便，路途遥远，致使该区域的大型真菌研究极为薄弱。经过本次野外调查和相关资料查阅整理，逐步发现，祁连山国家公园酒泉片区有大型真菌1门7科15属20种。

## 6.3 大型真菌物种及分布

调查表明，该区大型真菌属于担子菌门（Basidiomycota）一个门，缺少子囊菌门，23个大型真菌中，隶属于7个科15属。现对其生境和经济价值分述，见表6-1。

表6-1　酒泉片区大型真菌种类及分布

| 科 | 属 | 中文名 | 学名 | 生境 | 经济用途 |
|---|---|---|---|---|---|
| 多孔菌科 Polyporaceae | 栓菌属 Trametes | 毛栓菌 | *Trametes trogii Berkeley* | 生长在小叶杨基部主干上 | 不详 |
| | 针孔菌属 Inocutis | 柽柳栎针孔菌 | *Inocutis tamaricis* (Pat.)Fiasson & Niemea | 生长在绿洲边缘处沙地濒死的柽柳基部主干上 | 药用 |
| 白蘑科 Tricholomataceae | 侧耳属 Pleurotus | 木碱蓬侧耳 | *Pleurotus algidus* (Fr.)Quel. | 生长在蒿叶猪毛菜枯死干枝上 | 不详 |
| 鬼伞科 Coprinaceae | 鬼伞属 Coprinus | 毛头鬼伞 | *Coprinus comatus* (Fr.)Fr. | 生在田野、林缘、道旁、草地上 | 药用 |
| | | 光头鬼伞 | *Coprinus fuscescens* (Schaeff.)Fr. | 生长在腐木桩上 | 幼嫩时可食 |
| | | 墨汁鬼伞 | *Coprinus atramentarius*（Bull.）Fr. | 生草地 | 可食，药用 |
| 粪锈伞科 Boibitiaceae | 锥盖伞属 Conocybe | 乳白锥盖伞 | *Conocybe lactea*(J. E. Lange)Métrod | 担子果单生或丛生,常见于绿洲内草地或人工草坪中 | 有毒 |
| 蘑菇科 Agaricaceae | 蒴氏包属 Queletia | 奇异蒴氏包 | *Queletia mirabilis* Fr. | 担子果单生,生长于荒漠植物群落的流动沙地和流动丘中 | 不详 |
| | 蒙氏假菇属 Montagnea | 沙生蒙氏假菇 | *Montagnea arenaria* (DC.)Zeller | 生在膜果麻黄灌木林地的石质沙地中 | 药用 |

| 科 | 属 | 中文名 | 学名 | 生境 | 经济用途 |
|---|---|---|---|---|---|
| 蘑菇科<br>Agaricaceae | 蒙氏假菇属<br>*Montagnea* | 细弱蒙塔假菇 | *Montagnea haussknechtii* Rab. | 生长于驼绒藜灌丛中 | 不详 |
| | 管腔菇包属<br>*Gyrophrag-mium* | 管腔菇包 | *Gyrophragmium delilei* Mont. | 生长于白刺群落的半固定沙地 | 不详 |
| | 钉灰包属<br>*Battarrea* | 鬼笔状钉灰包 | *Battarrea phalloides* （Disks.）Pers. | 生长白刺群落的丘间低地 | 药用 |
| | | 毛柄钉灰包 | *Battarrea stevenii* （Libosch.）Fr. | 生长在白刺群落中的流动沙地和流动沙丘 | 药用 |
| | 柄灰包属<br>*Schizostoma* | 裂顶柄灰包 | *Schizostoma laceratum*（Ehrenb. Ex Fr.）Lév. | 生长在白刺、沙拐枣、骆驼藜等灌丛中的沙地上 | 药用 |
| | | 柄灰锤 | *Tulostoma brumale* Pers. | 生长于白刺群落的流动沙地上 | 药用 |
| | | 石灰色柄灰包 | *Tulostoma cretaceum* Long | 生长于荒漠流动沙地附近 | 药用 |
| | | 隐柄灰包 | *Tulostoma evanescens* Long | 生长于沙拐枣、骆驼藜灌丛中 | 药用 |
| | 粗柄包属<br>*Chlamydopus* | 粗柄包 | *Chlamydopus meyenianus*（Klotz.）Lloyd | 生于白刺群落中 | 不详 |
| | 歧裂灰包属<br>*Phellorinia* | 歧裂灰包 | *Phellorinia herculeana*（Pers.）Kreisel | 生沙地上 | 药用 |

**续表6-1**

| 科 | 属 | 中文名 | 学名 | 生境 | 经济用途 |
|---|---|---|---|---|---|
| 蘑菇科 Agaricaceae | 马勃属 *Lycoperdon* | 多形灰包 | *Lycoperdon poly-morphum* Scop. | 生于草坡地上、灌丛或疏林中 | 药用 |
| | 蘑菇属 *Agaricus* | 银色蘑菇 | *Agaricus argenteus* With. | 单生或散生于灌木、草地 | 药用 |
| 鸟巢菌科 Nidulariaceae | 黑蛋巢菌属 *Cyathus* | 柯氏黑蛋巢 | *Cyathus colensoi* Berk. | 生红砂灌丛分布区中的沙质低洼聚集枯枝落叶并有积水的地方 | 不详 |
| 球盖菇科 Strophariaceae | 田头菇属 *Agrocybe* | 平田头菇 | *Agrocybe pediades* (Fr.)Fayod | 生沙地 | 药用，食用 |

## 6.4 珍稀濒危大型真菌物种

2018年生态环境部和中国科学院发布的《中国生物多样性红色名录—大型真菌卷》名录中，本地区的8种大型真菌位列其中。其中，柽柳核纤孔菌（*Inocutis tamaricis*）、沙生蒙塔假菇（*Montagnea arenaria*）、歧裂灰包（*Phellorinia herculeana*）和毛头鬼伞（*Coprinus comatus*）被列入无危（LC）级，石灰色柄灰包（*Tulostoma cretaceum*）、褐盖鬼伞（*Coprinus fuscescens*）、隐柄灰包（*Tulostoma evanescens*）和奇异蒯氏包（*Queletia mirabili*）列为数据缺乏（DD）级。

## 6.5 大型真菌保护现状及威胁因子

### 6.5.1 大型真菌保护现状

通过对大型野生真菌资源进行调查分析，结果表明，该区域分布大型真菌7科15属23种，以蘑菇（伞菌）科（14种）和鬼伞科（3种）种类分布最多，其余种类有多孔菌科、白蘑科、粪锈伞科、球盖菇科、鸟巢菌科等。23种大型真菌中，有12种为药用真菌，2种真菌即可食用也可药用，1种食用菌，1 种真菌有毒，7 种真菌的经济价值不清楚。这些种类为该区系统研究、有效保护野生真菌资源提供了科学依据。

### 6.5.2　大型真菌威胁因子

#### 6.5.2.1　低温少雨的自然环境

从自然因素角度分析，降雨量稀少、植被类型单一和有效积温低等因素对大型真菌的分布有着显著影响，该地区大型真菌多样性在不同生态类型中存在显著差异，靠近水源的草地、草甸和湿地等，大型真菌物种数量最多，尤其以蘑菇科和鬼伞科分布最为广泛，而盐渍化土壤（盐生草甸）、高山流石滩和高寒荒漠中大型真菌分布较少。因此，较低的降雨量和低温导致短暂的湿润和无霜期无法满足大型真菌子实体的生长条件，是影响大型真菌在该地区分布的主要原因。

#### 6.5.2.2　大型真菌保护意识薄弱

相关政府工作人员、科研人员和普通大众对大型真菌多样性及其保护还比较陌生。由于保护意识薄弱，过度采挖和不当的采挖方式仍是食药用大型真菌受威胁的主要原因。我国与大型真菌资源相关的对外合作交流日趋活跃，但由于保护意识不强，对外合作与交流中出现了大型真菌流失问题，致使利益遭受损害。

#### 6.5.2.3　人为干扰的影响

从人类活动角度看，本区域人烟稀少，属于牧区，人为的采集等主动破坏很少，人工扰动来自放牧，家养动物对植物的大量啃食和踩踏在一定程度上影响了大型真菌的子实体形成。

#### 6.5.2.4　法律法规和政策体系不健全

我国已颁布实施《中华人民共和国野生动物保护法》《中华人民共和国陆生野生动物保护实施条例》《中华人民共和国野生植物保护条例》等，而野生大型菌保护方面的法律法规还是空白。目前，只有 2 个易危物种——冬虫夏草和松口蘑被列入国家重点保护野生植物名录，还未颁布"国家重点保护野生大型真菌名录"，疑似灭绝物种和其余受威胁物种的保护与管理尚无依据。

#### 6.5.2.5　调查与监测相对滞后

野外大型真菌种群多样性调查方面，与动物和植物多样性研究相比，大型真菌的调查与评估相对滞后，缺乏系统性，导致68.2%的大型真菌数据不足，无法进行生存与受威胁状况评估。大型真菌监测样地稀少，监测能力严重不足导致大型真菌多样性动态变化趋势不明。野外调查和长期监测数据的缺乏，难为管理部门决策提供有效支撑。

#### 6.5.2.6　资金投入与科技支撑能力不足

用于大型真菌多样性保护的资金不足，导致一些珍稀濒危、关键的物种未能得到有效保护。与动物和植物多样性科研财政投入相比，大型真菌科研资金少，相关学科发展相对较慢，大型真菌分类学研究基础还较弱，生态学研究也相对滞后，不利于大型真菌多样性调查与监测能力的提升。

#### 6.5.2.7　大型真菌就地保护体系尚未建成

生态环境部与中国科学院联合发布的大型菌受威胁评估结果显示，现有自然保护区对大型真菌受威胁物种分布区的覆盖程度很低，绝大多数保护区未将大型真菌纳入保护范畴，导致一些重要的食药用菌和中国特有种的生存受到威胁。目前，已经有29种食药用菌受到威胁，中国特有大型真菌受威胁率为4.3%。如不采取有效保护措施，这些特有物种可能面临灭绝。

### 6.6　经济真菌资源评价

#### 6.6.1　食用菌资源

据调查，该片区食用菌资源缺乏，需要进一步调查研究，目前发现有3种，分别是光头鬼伞（*Coprinus fuscescens*）、墨汁鬼伞（*Coprinus atramentarius*）和平田头菇（*Agrocybe pediades*）。

#### 6.6.2　药用菌资源

本地区的药用真菌有14种，分别为柽柳核针孔菌（*Inocutis tamaricis*）、毛头鬼伞（*Coprinus comatus*）、墨汁鬼伞（*Coprinus atramentarius*）、沙生蒙氏假菇（*Montagnea arenaria*）、鬼笔状钉灰包（*Battarrea phalloides*）、毛柄钉灰包（*Battarrea stevenii*）、裂顶柄灰包（*Schizostoma laceratum*）、柄灰锤（*Tulostoma brumale*）、石灰色柄灰包（*Tulostoma cretaceum*）、隐柄灰包（*Tulostoma evanescens*）、歧裂灰包（*Phellorinia herculeana*）、多形灰包（*Lycoperdon polymorphum*）、银色蘑菇（*Agaricus argenteus*）和平田头菇（*Agrocybe pediades*）。

# 第7章 湿地资源

湿地是陆生生态系统和水生生态系统之间具有独特水文、土壤、植被与生物特征的多功能过渡性生态系统，在涵养水源、调节洪水径流及生物多样性形成等方面具有十分重要的作用。作为地球表层系统的重要组成部分，湿地是自然界最具生产力的生态系统和人类文明的发祥地之一。在联合国环境规划署（UNEP）委托世界自然保护联盟（IUCN）编制的《世界自然资源保护大纲》中，湿地与森林和海洋一起并称为全球三大生态系统。湿地具有多种供给、调节、支持与文化服务功能，是人类重要的生存环境和资源资本，其与人类生产生活和社会经济发展息息相关。1971年，国际社会建立全球第一个政府间多边环境公约——《湿地公约》，1992年，中国加入《湿地公约》，自此，我国湿地保护事业进入了新的发展时期。开展湿地资源调查，摸清湿地资源家底，把握湿地资源动态，是履行《湿地公约》各项工作的根基。

本次将对祁连山国家公园酒泉片区内的湿地资源进行了调查，在了解该研究片区内湿地类型及其形成、湿地基本特征、湿地生物多样性以及湿地生态价值的基础上，对祁连山国家公园酒泉片区湿地保护与管理提出相关建议。

## 7.1 调查方法

采用以遥感（RS）为主、地理信息系统（GIS）和全球定位系统（GPS）为辅的"3S"技术，即通过遥感解译获取湿地的面积、分布（行政区、中心点坐标）、平均海拔、所属三级流域等信息。在多云多雾的山区，如无法获取清晰的遥感影像数据，或遥感无法解译湿地，则通过实地调查补充完成。

通过野外调查、现地访问和收集最新资料获取水源补给状况、湿地生物类型等数据，重点查清酒泉片区内的湿地分布、面积及种类，湿地内土壤、水质、动物和植被状况，以重点调查湿地为调查单元，根据调查对象的不同，分别选取适合的时间和季节，采取相应的野外调查方法开展外业调查，同时，收集相关的资料作为实地调研的补充材料。

## 7.2 湿地类型及其形成

祁连山国家公园酒泉片区有大量的湿地资源，是干旱高寒地区的宝贵绿洲，是野生动物的水源地，也是重点保护动物，如黑颈鹤的栖息地。该片区的湿地主要是天然湿地，可分为两类，即河流湿地和沼泽湿地。其中，河流湿地主要包括内陆滩涂，沼泽湿地主要包括灌丛沼泽、沼泽草地和沼泽地等。

### 7.2.1 河流湿地

河流湿地是由溪流、河流及其两岸的河漫滩构成，河漫滩在洪水季节接受泛滥河水补给，但其他植物生长季节仍然维持落干状态。河流湿地具有丰富的植物多样性，植物的种类依据河岸梯度和河水泛滥频度而异。湿地水的温度、水的流速和水质等都影响着动植物的种类、数量、结构和分布情况。这类湿地多呈带状分布，是许多鱼及其鱼苗索饵、成长的场所。河流湿地通常也是高产的生态系统，每年的泛滥季节，湿地都会接受丰富的营养输入。

祁连山国家公园酒泉片区内的河流有党河、榆林河、疏勒河、石油河、白杨河和哈尔腾河等，各河流的主要特征见表7-1。

表7-1 祁连山国家公园酒泉片区内的核心河流的主要特征

| 河流名称 | 发源地 | 河长（km） | 年径流量（×10⁸ m³） |
|---|---|---|---|
| 党河 | 疏勒南山的崩坤大坂、宰里木克和党河南山的巴音泽尔肯乌勒、诺干诺尔的冰川群 | 390 | 3.5 |
| 榆林河 | 祁连山脉西段的大雪山北坡和野马山北坡的冰川群 | 118 | 0.65 |
| 疏勒河 | 祁连山脉的疏勒南山东段纳嘎尔当 | 945 | 8.7 |

| 河流名称 | 发源地 | 河长（km） | 年径流量（×10⁸ m³） |
|---|---|---|---|
| 石油河 | 肃北县鱼儿红的石油河脑 | 130 | 0.43 |
| 白杨河 | 祁连山区吊大板 | 90 | 0.48 |
| 大哈尔腾河 | 党河南山和土尔根达坂山之间 | 320 | 3.2 |
| 小哈尔腾河 | 党河南山和土尔根达坂山之间 | 200 | 0.66 |

党河发源于疏勒南山的崩坤大坂、宰里木克、党河南山的巴音泽尔肯乌勒、诺干诺尔的冰川群，流经肃北县及敦煌市，注入党河水库。党河全长390 km，年径流量 $3.5×10^8$ m³，其中，祁连山国家公园酒泉片区内流程为144 km。

榆林河发源于祁连山脉西段的大雪山北坡和野马山北坡的冰川群，冰川融水渗入洪积层，在石包城附近溢出，向北流经万佛峡后注入瓜州县榆林河水库，全流程118 km，年径流量 $0.65×10^8$ m³。

疏勒河发源于祁连山脉的疏勒南山东段纳嘎尔当，河流出山后流经肃北县鱼儿红的高山草地，经过敦煌绿洲与党河汇合，然后注入罗布泊，全长945 km，年径流量 $8.7×10^8$ m³。

石油河发源于肃北县鱼儿红的石油河脑，流经肃北县及玉门市，注入赤金峡水库，全长130 km，年径流量 $0.43×10^8$ m³。

白杨河发源于祁连山区吊大板，流经肃南县及玉门市，注入白杨河水库，全长90 km，年均径流量 $0.48×10^8$ m³。

大、小哈尔腾河发源于党河南山和土尔根达坂山之间，向西北流经阿克寒县哈尔腾，最终注入大、小苏干湖。大哈尔腾河全长320 km，年均径流量 $3.2×10^8$ m³。小哈尔腾河全长200 km，年均径流量 $0.66×10^8$ m³。

### 7.2.2 沼泽湿地

沼泽湿地指地表常年积水，其上生长有沼生、湿生植物，土壤有泥炭或潜育的地方。沼泽湿地的形成受地质地貌、气候、水文、植被和土壤等综合因素的影响。对沼泽形成发育而言，最有利于沼泽形成发育的是新构造运动配合上升或下降运动过程的持续进行，而下降速度与泥炭堆积速度基本相同对泥炭沼泽发育最为有利，往往堆积较厚的泥炭层。

祁连山国家公园酒泉片区具有特殊的地质结构，其片区内沼泽湿地的主要成因有以下几个方面：

一是大面积区域性长期下降活动。自第三纪以来，尤其是第四纪普遍大规模下沉，堆积了较厚的第四纪沉积物，在下降的相对稳定阶段，广泛发育了沼泽。

二是区域性的山地不太强烈的上升运动。在上升运动不太强烈的微弱的间歇性阶段或上升运动形成的构造盆地，如在沟谷、河谷、台地上发育沼泽。

三是大面积区域性强烈、较强烈的上升运动。在上升过程的间歇阶段或缓慢上升阶段，发育大面积沼泽。

四是山地剥蚀形成的夷平面地表平坦，排水不好，深厚的风化壳阻碍水分下渗，使地表水分堆积或有积水，形成有利于沼泽发育的环境。山地、高原中多发育封闭或半封闭的山间盆地，盆地内地势平坦，排水不畅，且多有地下水出露补给盆地，使盆地汇集地表与地下水，发生沼泽化过程。

五是蒸发量受温度、风、空气湿度、蒸发面等多种因子的影响，其中，温度因子起决定性的作用。大部分山间盆地沼泽蒸发量相对较小，区域维持较好，人为干预较少也使得这一类型湿地原始性状得以完整保存。

六是祁连山国家公园酒泉片区内的河流水源主要靠冰雪融水补给。由于气温年际变化很小，故由冰雪补给的河流水量要比以雨水补给为主的河流水量稳定，沼泽发育的环境也较稳定，沼泽发育广泛。

七是沼泽多以大气降水、地表水和地下水共同补给。此类沼泽受气候和地质地貌综合因素的作用，一般水量丰富，水质好，沼泽长期处于富营养阶段。这类湿地由河流下游形成的无尾河发育而成，或由于处在汇水区域由降水及地下水补给而形成，或以上几种情况混合而成。

## 7.3　湿地的基本特征

### 7.3.1　季节性变化

祁连山国家公园酒泉片区位于青藏高原亚寒带地区，气候寒冷干燥，其湿地类型属于寒区湿地，即长期处在极端寒冷的环境，其土壤受低温因素影响常年或季节性以冻土形态存在。寒区湿地极易受到气候和环境变化的影响，在结构和功能上具有其特有的性质，是极为重要的湿地类型，对于中国湿地的环境监测、管理与保护具有重要的意义，在生态保护和利用上具有非常高的价值。

　　祁连山国家公园酒泉片区具有明显的季节性变化特征。夏季绿草茵茵，一派生机，而冬季百草凋零，一派萧条。春、夏、秋绿水倒映雪山，冬季一片冰封。水的理化性质pH值随季节的变化而变化。

### 7.3.2　水质

　　祁连山国家公园酒泉片区内的湿地水资源主要为河流水、湖泊水、沼泽积水和泉水，这些水体的补给为自然降水和冰川积雪融水。

　　在祁连山国家公园酒泉片区内选取了部分河流进行水质研究，并将指标研究结果与《地表水环境质量标准（GB 3838—2002）》进行比较，确定各指标的水质类别，并以最差水质类别作为该水样的评价结果。表7-2显示了水样采集地点，结果显示，党河上中游水质为软水，铜锌铁的含量符合一类水质的标准。疏勒河上中游水质为极软水，铜锌铁的含量介于二类和一类水质的标准之间。野马河中游水质偏硬，铜锌铁的含量符合二类水质标准。榆林河水质为软水，铜锌铁的含量介于二类和一类水质的标准之间。大泉水质为中硬度水，铜锌铁的含量符合一类水标准。小泉为极软水，铜锌铁的含量为一类水标准。祁连山国家公园酒泉片区内湿地水资源水质普遍符合国家标准，但作为重要的水源涵养地，仍旧需要不断重视酒泉片区湿地水资源的保护与管理工作，严格执行国家水资源治理法律法规，确保湿地内水资源的质量。

表7-2　研究区水样采集基本情况

| 水样编号 | 采集地点 | 湿地类型 |
|:---:|:---:|:---:|
| $A_1$ | 党河上游 | 河流湿地 |
| $A_2$ | 党河中游 | 河流湿地 |
| $A_3$ | 疏勒河上游 | 河流湿地 |

**续表7-2**

| 水样编号 | 采集地点 | 湿地类型 |
|---|---|---|
| $A_4$ | 疏勒河中游 | 河流湿地 |
| $A_5$ | 野马河源头 | 河流湿地 |
| $A_6$ | 野马河中游 | 河流湿地 |
| $A_7$ | 野马河下游 | 河流湿地 |
| $A_8$ | 榆林河 | 河流湿地 |
| $A_9$ | 大 泉 | 沼泽湿地 |
| $A_{10}$ | 小 泉 | 沼泽湿地 |

### 7.3.3 土壤理化性质

湿地土壤指长期积水或在生长季积水、周期性淹水的环境条件下，生长有水生植物或湿生植物的土壤。湿地土壤是湿地生态系统的一个重要组成部分，具有维持生物多样性，分配和调节地表水分，过滤、缓冲、分解固定和降解有机物和无机物等功能，这些功能是湿地生态系统得以平衡和发展的基石。

经过科考分析以及整理相关数据资料，得出以下祁连山国家公园酒泉片区湿地土壤理化性质，见表7-3。

**表7-3 湿地土壤理化性质**

| 评价指标 | 具体指标 | 理化性质 |
|---|---|---|
| 土壤孔型 | 土壤容重 | 在0～60 cm的土层中，随着土层深度的增加，土壤容重逐渐增大。 |
| | 土壤孔隙 | 土壤非毛管孔隙度在各调查样地各土层中未表现出明显的变化趋势。土壤毛管孔隙度和土壤总孔隙度均表现为随着土层加深而逐渐减小。 |
| | 土壤通气度 | 随着土层加深逐渐减小。 |
| 土壤水分特性 | 土壤含水量 | 土壤含水量均随着土层加深而逐渐降低。 |

| 评价指标 | 具体指标 | 理化性质 |
|---|---|---|
| | 土壤持水量 | 各沼泽湿地土壤的最大持水量、毛管持水量和最小持水量均随着土层加深而逐渐降低,表明随着土层加深,土壤的保水能力也随之降低。 |
| | 土壤蓄水量 | 未发现明显变化趋势。 |
| | 土壤排水能力 | 未发现明显变化趋势。 |
| 土壤养分特征 | 有机质 | 各沼泽湿地土壤有机质含量均在 0～10 cm 土层最高,随着土层加深,有机质含量逐渐降低。 |
| | 水解性氮和全氮 | 表层土壤水解性氮含量最高,并随着土层加深而逐渐降低。 |
| | 速效磷和全磷 | 所调查的湿地土壤速效磷和全磷含量均随土层加深而逐渐降低,在土壤表层含量最大。 |
| | 速效钾和全钾 | 未发现明显变化趋势。 |
| | pH | 各沼泽湿地土壤pH值均大于 7 ,呈碱性。 |

## 7.4　湿地生物

### 7.4.1　湿地植物

祁连山国家公园酒泉片区拥有大面积的湿地,为植物的生长发育提供了良好的场所。据野外调查,该片区有湿地高等植物三个门类,共36科94属168种(表7-4),主要分布在菊科、禾本科、莎草科、苋科、毛茛科、十字花科、柽柳科和车前科等。湿地植物占该区高等植物总科数的65.4%,总属数的40.8%,总种数的34.1%,这充分说明,湿地高等植物是该地区植物多样性的主要组成成分。

### 表7-4 祁连山国家公园酒泉片区内湿地高等植物基本信息

| 科 | 科拉丁名 | 种名称 | 种拉丁名 |
|---|---|---|---|
| 丛藓科 | Pottiaceae | 短叶扭口藓 | *Barbula tectorum* C. Muell |
| 真藓科 | Bryaceae | 卵叶真藓 | *Bryum calophyllum* R. Brown |
| | | 湿地真藓 | *Bryum schleicheri* Schwaegr |
| 提灯藓科 | Mniaceae | 北灯藓 | *Cinclidium stygeum* SW. |
| 柳叶藓科 | Amblystegiaceae | 牛角藓 | *Cratoneuron filicinum*(Hedw.)Spruc. |
| | | 水灰藓 | *Hygrohypnum luridum*(Hedw.)Jem. |
| 青藓科 | Brachytheciaceae | 长肋青藓 | *Brachythecium populeum*(Hedw.) B.S.G. |
| 青藓绢藓科 | Entodontaceae | 绢藓 | *Entodon cladorrhizns*(Hedw.) C. Muell. |
| 木贼科 | Equisetaceae | 问荆 | *Equisetum arvense* L. |
| | | 节节草 | *Equisetum ramosissimum* Desf. |
| 水麦冬科 | Juncaginaceae | 海韭菜 | *Triglochin maritima* L. |
| | | 水麦冬 | *Triglochin palustris* L. |
| 眼子菜科 | Potamogetonaceae | 穿叶眼子菜 | *Potamogeton perfoliatus* L. |
| | | 小眼子菜 | *Potamogeton pusillus* L. |
| | | 蓖齿眼子菜 | *Stuckenia pectinata*(L.)Börner |
| 兰科 | Orchidaceae | 掌裂兰 | *Dactylorhiza hatagirea*(D. Don)Soó |
| 百合科 | Liliaceae | 少花顶冰花 | *Gagea pauciflora* Turcz. |
| 香蒲科 | Typhaceae | 小香蒲 | *Typha minima* Funk Hoppe |
| 灯芯草科 | Juncaceae | 小花灯芯草 | *Juncus articulatus* L. |
| | | 小灯芯草 | *Juncus bufonius* L. |
| | | 扁茎灯芯草 | *Juncus gracillimus*(Buchenau)V. I. Krecz. & Gontsch. |
| | | 展苞灯芯草 | *Juncus thomsonii* Buchenau |

| 科 | 科拉丁名 | 种名称 | 种拉丁名 |
|---|---|---|---|
| 莎草科 | Cyperaceae | 扁穗草 | *Blysmus compressus*(L.) Panz. ex Link |
| | | 内蒙古扁穗草 | *Blysmus rufus*(Hudson)Link |
| | | 华扁穗草 | *Blysmus sinocompressus* Tang & F. T. Wang |
| | | 黑褐穗苔草 | *Carex atrofusca subsp. minor*(Boott)T. Koyama |
| | | 丛生苔草 | *Carex caespititia* Nees |
| | | 白颖苔草 | *Carex duriuscula subsp. rigescens*(Franch.)S. Y. Liang & Y. C. Tang |
| | | 细叶苔草 | *Carex duriuscula subsp. stenophylloides*(V. I. Krecz.)S. Yun Liang & Y. C. Tang |
| | | 无脉苔草 | *Carex enervis* C. A. Mey. |
| | | 无穗柄苔草 | *Carex ivanoviae* T. V. Egorova |
| | | 康藏嵩草 | *Carex littledalei*(C. B. Clarke)S. R. Zhang |
| | | 尖苞苔草 | *Carex microglochin* Wahlenb. |
| | | 青藏苔草 | *Carex moorcroftii* Falc. ex Boott |
| | | 大花嵩草 | *Carex nudicarpa*(Y. C. Yang)S. R. Zhang |
| | | 红棕苔草 | *Carex przewalskii* T. V. Egorova |
| | | 粗壮嵩草 | *Carex sargentiana*(Hemsl.)S. R. Zhang |
| | | 西藏嵩草 | *Carex tibetikobresia* S. R. Zhang |
| | | 沼泽荸荠 | *Eleocharis palustris*(L.)Roem. & Schult. |
| | | 少花荸荠 | *Eleocharis quinqueflora*(Hartm.)O. Schwarz |

**续表7-4**

| 科 | 科拉丁名 | 种名称 | 种拉丁名 |
|---|---|---|---|
| 禾本科 | Poaceae | 拂子茅 | *Calamagrostis epigeios*(L.)Roth |
| | | 假苇拂子茅 | *Calamagrostis pseudophragmites*(A. Haller)Koeler |
| | | 沿沟草 | *Catabrosa aquatica*(L.)P. Beauvois |
| | | 穗发草 | *Deschampsia koelerioides* Regel |
| | | 青海野青茅 | *Deyeuxia kokonorica*(Keng ex Tzvelev)S. L. Lu |
| | | 披碱草 | *Elymus dahuricus* Turcz. |
| | | 圆柱披碱草 | *Elymus dahuricus var. cylindricus* Franch. |
| | | 垂穗披碱草 | *Elymus nutans* Griseb. |
| | | 小画眉草 | *Eragrostis minor* Host |
| | | 布顿大麦草 | *Hordeum bogdanii* Wilensky |
| | | 紫大麦草 | *Hordeum roshevitzii* Bowden |
| | | 梭罗草 | *Kengyilia thoroldiana*(Oliv.)J. L. Yang, C. Yen & B. R. Baum |
| | | 银洽草 | *Koeleria litvinowii subsp. argentea*(Grisebach)S. M. Phillips & Z. L. Wu |
| | | 窄颖赖草 | *Leymus angustus*(Trinius)Pilg. |
| | | 宽穗赖草 | *Leymus ovatus*(Trinius)Tzvelev |
| | | 毛穗赖草 | *Leymus paboanus*(Claus)Pilger |
| | | 赖草 | *Leymus secalinus*(Georgi)Tzvelev |
| | | 虉草 | *Phalaris arundinacea* L. |
| | | 芦苇 | *Phragmites australis*(Cavanilles)Trinius ex Steud. |
| | | 早熟禾 | *Poa annua* L. |
| | | 堇色早熟禾 | *Poa araratica subsp. ianthina*(Keng ex Shan Chen)Olonova & G. Zhu |

| 科 | 科拉丁名 | 种名称 | 种拉丁名 |
|---|---|---|---|
| 禾本科 | Poaceae | 光稃早熟禾 | *Poa araratica subsp. psilolepis*(Keng) Olonova & G. Zhu |
| | | 渐尖早熟禾 | *Poa attenuata* Trinius |
| | | 灰早熟禾 | *Poa glauca* Vahl |
| | | 碱茅 | *Puccinellia distans*(Jacq.)Parl. |
| | | 鹤甫碱茅 | *Puccinellia hauptiana*(Trin. ex V. I. Krecz.)Kitag. |
| | | 光稃碱茅 | *Puccinellia leiolepis* L. Liou |
| | | 微药碱茅 | *Puccinellia micrandra*(Keng)Keng |
| | | 疏穗碱茅 | *Puccinellia roborovskyi* Tzvelev. |
| 罂粟科 | Papaveraceae | 糙果紫堇 | *Corydalis trachycarpa* Maxim. |
| 毛茛科 | Ranunculaceae | 碱毛茛 | *Halerpestes sarmentosa*(Adams)Kom. |
| | | 三裂碱毛茛 | *Halerpestes tricuspis*(Maxim.)Hand.-Mazz. |
| | | 鸟足毛茛 | *Ranunculus brotherusii* Freyn |
| | | 川青毛茛 | *Ranunculus chuanchingensis* L. Liou |
| | | 圆裂毛茛 | *Ranunculus dongrergensis* Hand.-Mazz. |
| | | 裂叶毛茛 | *Ranunculus pedatifidus* Sm. |
| | | 深齿毛茛 | *Ranunculus popovii var. stracheyanus*(Maxim.)W. T. Wang |
| | | 苞毛茛 | *Ranunculus similis* Hemsl. |
| | | 高原毛茛 | *Ranunculus tanguticus*(Maxim.)Ovcz. |
| 豆科 | Fabaceae | 甘草 | *Glycyrrhiza uralensis* Fisch. |
| | | 草木樨 | *Melilotus suaveolens* Ledeb. |
| | | 小花棘豆 | *Oxytropis glabra*(Lam.)DC. |
| | | 披针叶野决明 | *Thermopsis lanceolata* R. Br. |

**续表 7-4**

| 科 | 科拉丁名 | 种名称 | 种拉丁名 |
|---|---|---|---|
| 蔷薇科 | Rosaceae | 蕨麻 | *Argentina anserina*(L.)Rydb. |
| | | 西北沼委陵菜 | *Comarum salesovianum*(Steph.)Asch. et Gr. |
| | | 密枝委陵菜 | *Potentilla virgata* Lehm. |
| | | 羽裂密枝委陵菜 | *Potentilla virgata var. pinnatifida*(Lehm.) T. T. Yu & C. L. Li |
| | | 钉柱委陵菜 | *Potentilla saundersiana* Royle. |
| | | 鸡冠茶 | *Sibbaldianthe bifurca*(L.)Kurtto & T. Eriks. |
| 卫矛科 | Celastraceae | 三脉梅花草 | *Parnassia trinervis* Drude. |
| 胡颓子科 | Elaeagnaceae | 肋果沙棘 | *Hippophae neurocarpa* S. W. Liu & T. N. Ho |
| | | 中国沙棘 | *Hippophae rhamnoides subsp. sinensis* Rousi |
| 杨柳科 | Salicaceae | 线叶柳 | *Salix wilhelmsiana* M. B. |
| 白刺科 | Nitrariaceae | 小果白刺 | *Nitraria sibirica* Pall. |
| | | 多裂骆驼蓬 | *Peganum harmala* L. |
| 十字花科 | Brassicaceae | 荠 | *Capsella bursa-pastoris*(L.)Medik. |
| | | 单花荠 | *Eutrema scapiflorum*(Hook. f. & Thomson) Al-Shehbaz |
| | | 独行菜 | *Lepidium apetalum* Willd. |
| | | 毛果群心菜 | *Lepidium appelianum* Al-Shehbaz Novon. |
| | | 球果群心菜 | *Lepidium chalepense* L. |
| | | 宽叶独行菜 | *Lepidium latifolium* L. |
| | | 涩芥 | *Strigosella africana*(L.)Botsch. |

| 科 | 科拉丁名 | 种名称 | 种拉丁名 |
|---|---|---|---|
| 柽柳科 | Tamaricaceae | 宽苞水柏枝 | *Myricaria bracteata* Royle |
| | | 匍匐水柏枝 | *Myricaria prostrata* Hook. f. & Thomson ex Benth. |
| | | 具鳞水柏枝 | *Myricaria squamosa* Desv. |
| | | 多花柽柳 | *Tamarix hohenackeri* Bunge |
| | | 盐地柽柳 | *Tamarix karelinii* Bunge |
| | | 细穗柽柳 | *Tamarix leptostachya* Bunge |
| | | 多枝柽柳 | *Tamarix ramosissima* Ledeb. |
| 蓼科 | Polygonaceae | 西伯利亚蓼 | *Knorringia sibirica*(Laxm.)Tzvelev |
| | | 细叶西伯利亚蓼 | *Knorringia sibirica subsp. thomsonii* (Meisn. ex Steward)S. P. Hong Nord. |
| | | 萹蓄 | *Polygonum aviculare* L. |
| | | 巴天酸模 | *Rumex patientia* L. |
| 石竹科 | Caryophyllaceae | 繁缕 | *Stellaria media*(L.)Vill. |
| 苋科 | Amaranthaceae | 藜 | *Chenopodium album* L. |
| | | 尖叶盐爪爪 | *Kalidium cuspidatum*(Ung.-Sternb.)Grub. |
| | | 黄毛头 | *Kalidium cuspidatum var. sinicum* A. J. Li |
| | | 盐爪爪 | *Kalidium foliatum*(Pall.)Moq. |
| | | 细枝盐爪爪 | *Kalidium gracile* Fenzl |
| | | 灰绿藜 | *Oxybasis glauca*(L.)S. Fuentes |
| | | 盐角草 | *Salicornia europaea* L. |
| | | 碱蓬 | *Suaeda glauca* Bunge |
| 报春花科 | Primulaceae | 海乳草 | *Lysimachia maritima*(L.)Galasso |
| | | 天山报春 | *Primula nutans* Georg |
| | | 甘青报春 | *Primula tangutica* Duthie |

续表7-4

| 科 | 科拉丁名 | 种名称 | 种拉丁名 |
|---|---|---|---|
| 龙胆科 | Gentianaceae | 刺芒龙胆 | *Gentiana aristata* Maximowicz |
| | | 圆齿褶龙胆 | *Gentiana crenulatotruncata*(C. Marquand) T. N. Ho |
| | | 假鳞叶龙胆 | *Gentiana pseudosquarrosa* Harry Sm. |
| | | 矮假龙胆 | *Gentianella pygmaea*(Regel & Schmalhausen)Harry Smith |
| | | 扁蕾 | *Gentianopsis barbata*(Froelich)Ma |
| | | 湿生扁蕾 | *Gentianopsis paludosa*(Munro ex J. D. Hooker)Ma |
| | | 肋柱花 | *Lomatogonium carinthiacum*(Wulfen) Reichenbach |
| | | 合萼肋柱花 | *Lomatogonium gamosepalum*(Burkill) Harry Smith |
| | | 辐状肋柱花 | *Lomatogonium rotatum*(L.)Fries ex Nyman |
| 夹竹桃科 | Apocynaceae | 鹅绒藤 | *Cynanchum chinense* R. Br. |
| 紫草科 | Boraginaceae | 狭果鹤虱 | *Lappula semiglabra*(Ledeb.)Gürke |
| | | 长柱琉璃草 | *Lindelofia stylosa*(Kar. et Kir.)Brand |
| 茄科 | Solanaceae | 北方枸杞 | *Lycium chinense var. potaninii*(Pojark.) A. M. Lu |
| 车前科 | Plantaginaceae | 杉叶藻 | *Hippuris vulgaris* L. |
| | | 平车前 | *Plantago depressa* Willdenow |
| | | 大车前 | *Plantago major* L. |
| | | 北水苦荬 | *Veronica anagallis-aquatica* L. |
| | | 长果婆婆纳 | *Veronica ciliata* Fischer |
| | | 毛果婆婆纳 | *Veronica eriogyne* H. Winkler |

| 科 | 科拉丁名 | 种名称 | 种拉丁名 |
|---|---|---|---|
| 列当科 | Orobanchaceae | 疗齿草 | *Odontites vulgaris* Moench |
| | | 大唇拟鼻花马先蒿 | *Pedicularis rhinanthoides* subsp. *labellata* (Jacq.)Tsoong |
| 菊科 | Asteraceae | 铺散亚菊 | *Ajania khartensis*(Dunn)Shih |
| | | 臭蒿 | *Artemisia hedinii* Ostenfeld. |
| | | 毛莲蒿 | *Artemisia vestita* Wall. ex Bess. |
| | | 刺儿菜 | *Cirsium arvense var. integrifolium* Wimmer & Grab. |
| | | 盘花垂头菊 | *Cremanthodium discoideum* Maxim. |
| | | 车前状垂头菊 | *Cremanthodium ellisii*(Hook. f.)Kitam. |
| | | 矮垂头菊 | *Cremanthodium humile* Maxim. |
| | | 蓼子朴 | *Inula salsoloides*(Turczaninow)Ostenfeld |
| | | 花花柴 | *Karelinia caspia*(Pall.)Less. |
| | | 中华苦荬菜 | *Ixeris chinensis*(Thunb.)Nakai |
| | | 乳苣 | *Lactuca tatarica*(L.)C. A. Mey. |
| | | 沙生风毛菊 | *Saussurea arenaria* Maxim. |
| | | 盐地风毛菊 | *Saussurea salsa*(Pall.)Spreng. |
| | | 碱苣 | *Sonchella stenoma*(Turczaninow ex Candolle)Sennikov |
| | | 蒙古鸦葱 | *Takhtajaniantha mongolica*(Maxim.)Zaika |
| | | 白花蒲公英 | *Taraxacum albiflos* Kirschner & Štepanek |
| | | 蒲公英 | *Taraxacum mongolicum* Hand.-Mazz. |
| | | 白缘蒲公英 | *Taraxacum platypecidum* Diels |
| | | 华蒲公英 | *Taraxacum sinicum* Kitag. |

**续表7-4**

| 科 | 科拉丁名 | 种名称 | 种拉丁名 |
|---|---|---|---|
| 伞形科 | Apiaceae | 葛缕子 | *Carum carvi* L. |
| | | 裂叶独活 | *Heracleum millefolium* Diels |
| | | 长茎藁本 | *Ligusticum thomsonii* C. B. Clarke |

### 7.4.2 湿地脊椎动物

此次科考共调查到祁连山国家公园酒泉片区内湿地脊椎动物共计31种，隶属14科22属，包括1个一级国家重点保护野生动物——黑颈鹤，2个二级国家重点保护野生动物——大天鹅、灰鹤，5个三级国家重点保护野生动物——大白鹭、斑头雁、赤麻鸭、绿头鸭、白骨顶，具体见表7-5。

**表7-5 祁连山国家公园酒泉片区内湿地脊椎动物基本信息**

| 动物名称 | 拉丁学名 | 科 | 属 | 保护级别 |
|---|---|---|---|---|
| 重穗唇高原鳅 | *Triplophysa papillosolabiata* | 条鳅科 | 高原鳅属 | — |
| 梭形高原鳅 | *Triplophysa leptosoma* | 鳅科 | 高原鳅属 | — |
| 酒泉高原鳅 | *Triplophysa hsutschouensis* | 条鳅科 | 高原鳅属 | — |
| 短尾高原鳅 | *Trilophysa brevviuda* | 鳅科 | 高原鳅属 | — |
| 花斑裸鲤 | *Gymnocypris eckloni* Herzensten | 鲤科 | 裸鲤属 | — |
| 花背蟾蜍 | *Bufo raddei* Strauch | 蟾蜍科 | 蟾蜍属 | — |
| 小䴙䴘 | *Tachybaptus ruficollis* | 䴙䴘科 | 小䴙䴘属 | — |
| 苍鹭 | *Ardea cinerea* | 鹭科 | 鹭属 | — |
| 大白鹭 | *Ardea alba* | 鹭科 | 白鹭属 | Ⅲ |
| 灰雁 | *Anser anser* | 鸭科 | 雁属 | — |
| 斑头雁 | *Anser indicus* | 鸭科 | 雁属 | Ⅲ |
| 大天鹅 | *Cygnus cygnus* | 鸭科 | 天鹅属 | Ⅱ |
| 赤麻鸭 | *Tadorna ferruginea* | 鸭科 | 麻鸭属 | Ⅲ |

| 动物名称 | 拉丁学名 | 科 | 属 | 保护级别 |
|---|---|---|---|---|
| 绿头鸭 | *Anas platyrhynchos* | 鸭科 | 鸭属 | Ⅲ |
| 斑嘴鸭 | *Anas zonorhyncha* | 鸭科 | 鸭属 | — |
| 红头潜鸭 | *Aythya ferina* | 鸭科 | 潜鸭属 | — |
| 白眼潜鸭 | *Aythya nyroca* | 鸭科 | 潜鸭属 | — |
| 青头潜鸭 | *Aythya baeri* | 鸭科 | 潜鸭属 | — |
| 凤头潜鸭 | *Aythya fuligula* | 鸭科 | 潜鸭属 | — |
| 灰鹤 | *Grus grus* | 鹤科 | 鹤属 | Ⅱ |
| 黑颈鹤 | *Grus nigricollis* | 鹤科 | 鹤属 | Ⅰ |
| 白骨顶 | *Fulica atra* | 秧鸡科 | 骨顶属 | Ⅲ |
| 普通秧鸡 | *Rallus indicus* | 秧鸡科 | 秧鸡属 | — |
| 凤头麦鸡 | *Vanellus vanellus* | 鸻科 | 麦鸡属 | — |
| 金眶鸻 | *Charadrius dubius* | 鸻科 | 鸻属 | — |
| 红脚鹬 | *Tringa totanus* | 鹬科 | 鹬属 | — |
| 矶鹬 | *Common Sandpiper* | 鹬科 | 鹬属 | — |
| 孤沙锥 | *Gallinago solitaria* | 鹬科 | 沙锥属 | — |
| 青脚滨鹬 | *Calidris temminckii* | 丘鹬科 | 滨鹬属 | — |
| 黑翅长脚鹬 | *Himantopus himantopus* | 反嘴鹬科 | 长脚鹬属 | — |
| 普通燕鸥 | *Sterna hirundo* | 鸥科 | 燕鸥属 | — |

### 7.4.3　浮游和底栖生物

祁连山国家公园酒泉片区分布有大面积的湿地，主要有季节性湖泊和池塘，为浮游植物的生长创造了条件，除水生植物高等植物，如杉叶藻、眼子菜外，水体中生长有多种多样的藻类植物。祁连山国家公园酒泉片区内的浮游藻类主要是硅藻、蓝藻、绿藻，而其他门藻类较少。硅藻在水体中始终占据着绝对优势，优势属分别为桥弯藻属、小环藻属、粘杆藻属、针杆藻属、菱形藻

属、脆杆藻属，这种优势物种与水体的盐度和季节性气温变化有关。（表7-6）

表7-6  祁连山国家公园酒泉片区为湿地浮游藻类基本信息

| 门类 | 门拉丁名 | 藻类名称 | 拉丁学名 |
|------|----------|----------|----------|
| 蓝藻门 | Cyanophyta | 寄生微囊藻 | *Microcystis parasitica* Kutz. |
| | | 粘黑粘球藻 | *Gloeocap sabutuminosa*(*Bory*)Kutz. |
| | | 黑紫粘球藻 | *Gloeocap sanigrecens* Nag. |
| | | 针晶蓝纤维藻 | *Dacty lococcop sisacicularis* Lemm |
| | | 穴居色球藻 | *Chroococcus spelaeus* Erceg. |
| | | 湖沼色球藻 | *Chroococcus limneticus* Lemm |
| | | 易变色球藻 | *Chroococcus varius* |
| | | 束缚色球藻 | *Chroococcus tenax*(Kirch.)Hier |
| | | 美丽颤藻 | *Oscillatoria f ormosa* Bory |
| | | 泥污颤藻 | *Oscillatoria limosa* Kutz. |
| | | 尖头颤藻 | *Oscillatoria acutissima* Kuffrath. |
| | | 微孢绿胶藻 | *Chlorogloea microcystoides* |
| | | 色球粘囊藻 | *Myxosarcina chroococoides* Geitler |
| | | 萨摩亚石囊藻 | *Entophysalis samoensis* Wille |
| | | 鲍氏席藻 | *Phormidium bohneri* Schm. |
| | | 微小平裂藻 | *Merismopedia tenuissima* Lemm |
| | | 水华鱼腥藻 | *Anabaena f losaqua* |
| 裸藻门 | Euglenophyta | 变异裸藻 | *Euglena variabilis* Klebs |
| 甲藻门 | Pyrrophyta | 不显著多甲藻 | *Peridinium inconspicum* Lemm |
| 绿藻门 | Chlorophyta | 微细转板藻 | *Mougeotia parvala* Hass. |
| | | 水绵属 | *Spirogyra spp.* |
| | | 月状蹄形藻 | *Kirchneriella lunaris*(Kirch.)Moebus |
| | | 弯蹄形藻 | *Kirchneriella contorta*(Schmidle)Bohlin |

续表7-6

| 门类 | 门拉丁名 | 藻类名称 | 拉丁学名 |
|------|---------|---------|---------|
| 绿藻门 | Chlorophyta | 短棘盘星藻 | *Pediastrum boryanum*(Turp.)Meneghini |
| | | 整齐盘星藻 | *Pediastrum integrum* Naeg. |
| | | 肾形异形藻 | *Dysmorhococcus reniformis* Wei et Hu |
| | | 具孔模糊鼓藻 | *Cosmarium obsoletum var. sitvense* |
| | | 光滑鼓藻 | *Cosmarium leave* Rab. |
| | | 三叶鼓藻 | *Cosmarium trulobulatum* Reinsch. |
| | | 埃仑宽带鼓藻 | *Pleurotaenium ehrenbergii*(Breb.)De Bray |
| | | 美国环棘角星藻 | *Staurastrum cyclacanthum var. americanum* Gronbl |
| | | 中型李氏新月藻 | *Closterium libellula var. intermedium* G.S.West |
| | | 舟形新月藻 | *Closterium navicula*(Breb.)Lutk |
| | | 串珠丝藻 | *Ulothrix moniliformis* |
| | | 具箭变胞藻 | *Astasia sagittifera* Skuja |
| 硅藻门 | Bacillariophyta | 草履波纹藻 | *Cymatop leurasolea* Breb. |
| | | 整齐草履波纹藻 | *Cymatop leurasolea var. regula* Her. |
| | | 大羽纹藻 | *Pinnularia major*(Kutz.)Cleve |
| | | 北方羽纹藻 | *Pinnularia borealis* Ehrenb. |
| | | 绿羽纹藻 | *Pinnularia viridis*(Nitzsch)Her. |
| | | 卡式双菱藻 | *Surirella capronii* Breb. |
| | | 卵形双菱藻 | *Surirella ovata* Kutz. |
| | | 偏肿桥穹藻 | *Cymbella ventrilosa* Kutz. |
| | | 胡斯特桥穹藻 | *Cymbella hustedtii* Kutz. |
| | | 埃氏桥穹藻 | *Cymbella ehrenbergii* Kutz. |
| | | 小桥穹藻 | *Cymbella parava*(W. Smith) |

**续表7-6**

| 门类 | 门拉丁名 | 藻类名称 | 拉丁学名 |
|------|----------|----------|----------|
| 硅藻门 | Bacillariophyta | 披针形桥穹藻 | *Cymbella lanceolate* Her. |
| | | 尖针杆藻 | *Synedra acus* Kutz. |
| | | 尾针杆藻 | *Synedra rumpens* Kutz. |
| | | 原肘状针杆藻 | *Synedra ulnav arulna*（Nitz.）Her. |
| | | 细微平片针杆藻 | *Synedra tabulata var. parvia* |
| | | 菱形藻 | *Nitzachia gracilis* Hantzsch |
| | | 铲状菱形藻 | *Nitzachia paleacea* Grun |
| | | 弯菱形藻 | *Nitzachia sigma* Ehrenb |
| | | 拟螺旋菱形藻 | *Nitzachia sigmoidea* Kutz. |
| | | 透明菱形藻 | *Nitzachia vitrea* Norman |
| | | 帽形菱形藻 | *Nitzachia p alea*（Kutz.）Smith |
| | | 牙状菱形藻 | *Nitzachia denticula* Grun. |
| | | 纤细舟形藻 | *Navicula gracilis* Ehrenb. |
| | | 肠舟形藻 | *Navicula gastrum* Ehrenb. |
| | | 长圆舟形藻 | *Navicula oblonga* Kutz. |
| | | 隐头舟形藻 | *Navicula cryptocephala* Kutz. |
| | | 绿舟形藻 | Navicula viridula Kutz. |
| | | 喙舟形藻 | *Navicula rhynchocephala* Kutz. |
| | | 半咸水舟形藻 | *Navicula pygmaga* Kutz. |
| | | 喙花舟形藻 | *Navicula radiosa* Kutz. |
| | | 双头侧节藻 | Stauroneis ancepis Ehrenb. |
| | | 紫中心侧节藻 | *Stauroneis phoenicenteron* Her. |
| | | 假异端藻 | *Gomphonema parvulum* Kutz. |
| | | 收缢异端藻 | *Gomphonema constrictum* Ehr. |

| 门类 | 门拉丁名 | 藻类名称 | 拉丁学名 |
|---|---|---|---|
| 硅藻门 | Bacillariophyta | 梅尼小环藻 | Cyclotella meneghiniana Kutz. |
| | | 柄卵形藻 | *Cocconeis pediculus* Her. |
| | | 圆环卵形藻 | *Cocconeis placentala* Ehr. |
| | | 原普通等片藻 | *Diatoma vulgare var. vulgare* |
| | | 短普通等片藻 | *Diatoma vulgare var. breve*（Brevis）Grunow |
| | | 念珠状等片藻 | *Diatoma moniliforme* Kuetz |
| | | 中型等片藻 | *Diatoma mesodon* |
| | | 蛇形美壁藻 | *Caloneis amphisbaena*（Bory）Cleve |
| | | 扭曲小环藻 | *Cyclotella comta var. paucipunctata* |
| | | 卵形双壁藻 | *Diploneis ovalis*（Hilse）Cleve |
| | | 拉普兰脆杆藻 | *Fragilaria lapponica var. lanceolata* |
| | | 装饰茧形藻 | *Amphiprora ornate* Bailey. |
| | | 披针弯杆藻 | *Achnanthes lanceolata* |

## 7.5　湿地生态价值

湿地的生态价值是湿地可持续利用的最大价值，从国外和国内对湿地的认识和重视程度看，湿地的重要性以及保护湿地的必要性毋庸置疑。千百年来的人类发展、文明史证明，湿地资源是历史最悠久、最可持续利用的自然资源之一，并且也是人类未来须臾不可或缺的、保证生存延续、必须长期依靠的最基本资源之一。因其所具有的保持水源、净化水质、蓄水调洪、调节气候、保护生物多样性等多种不可替代的综合功能而被称为"地球之肾""淡水之源""物种基因库"。

### 7.5.1　农业

湿地为农业提供了水资源调节、水质净化、土壤保持和改善等多种重要服务。保护和合理管理湿地对于提高农业生产的可持续性、保护农田生态环境和增加农民收入都具有重要意义。

一是调节水资源。湿地具有良好的水资源调节能力，能够吸收和存储大量的水分，并在干旱季节释放水分。这有助于满足农田的湿润和灌溉需求，提供农作物生长所需的适宜的水分条件。

二是净化水质。湿地通过过滤和吸附，能够去除水中的污染物和营养物质，净化水体。这对于防止农业废水对环境造成污染、改善农田排水质量至关重要。

三是保持和改善土壤。湿地植被的根系可以稳固土壤，防止水土流失，减少农田侵蚀。湿地中的沉积物和有机物质也可以富集土壤养分，改善农田的肥力和土壤质量。

四是维持生物多样性。湿地是丰富的生物多样性热点区域，为许多植物和动物提供了栖息地和繁殖场所。保护湿地有助于维护农田周围的生物多样性，其中，包括许多重要的花粉传播者和天敌，对农作物的传粉和害虫控制具有正面影响。

五是调节温度。湿地中的水体可以起到调节温度的作用，使周边地区的气温相对较低。这对于农作物生长过程中的热量应激有着积极的影响。

六是旅游和农业相结合。一些湿地地区也是旅游景点，湿地景观和生态旅游可以为农业带来额外的收入和发展机会。

### 7.5.2 畜牧业

湿地对畜牧业具有至关重要的作用，它们提供了丰富的饲料资源、水源和良好的生态环境，帮助畜牧业可持续发展。同时，湿地保护和管理对于维护生态平衡、增强生态系统稳定性都极其关键。

一是提供丰富的饲料资源。湿地通常具有丰富的湿地植物和水生植物，这些植物提供了丰富多样的饲料资源。湿地中的浅水区域常常滋生着各种水生植物，如苔草、莎草等，它们是畜牧业中重要的饲料来源。

二是提供饮水等水资源。湿地通常拥有丰富的水资源，包括湖泊、河流和湿地沼泽等。这为畜牧业提供了持续的饮水来源。

三是适宜的生态环境：湿地环境通常湿润且富含养分，这为畜牧业提供了良好的生态环境。湿地的气候和植被组成有利于家畜的饲养和繁殖。

四是提供生态系统服务。湿地作为自然生态系统的一部分，提供了多项生态系统服务，包括水调节、水质净化、土壤保持等。这些服务为畜牧业提供了生产所需的支持，如提供水源、改善土壤质量等。

### 7.5.3 生物多样性

湿地是多种生物门类栖息、生长、发育的良好生境，是生物的起源地，尤其在干旱区，湿地是生物多样性最高的生态系统，在维持本地区的生态系统稳定性和保护生物多样性方面意义重大。

酒泉片区共有高等植物492种，以湿地为生境或生于湿地的物种达168种，占34.1%，50种以上的浮游藻类生长于湿地河流和季节性湖泊之中。片区内共有31种湿地脊椎动物，约占片区内总脊椎动物种数的23%，包括1个一级、2个二级、5个三级国家重点保护野生动物。

同时，祁连山国家公园酒泉片区内还有很多湿地依赖种，如白鹡鸰、山鹡鸰、水鹨、草地鹨、角百灵、褐背拟地鸦、白尾海雕、玉带海雕、草原雕、岩羊、盘羊、藏原羚、鹅喉羚、藏野驴等，它们或是依赖湿地觅食，或是在沼泽湿地营巢，或是依靠湿地泉水生存。

## 7.6 湿地保护及管理

湿地是自然界中重要的生态系统，不仅是生物多样性的宝库，还在水循环、土壤保持、气候调节等方面起着重要的作用。然而，由于人类活动的干扰和破坏，全球湿地面积急剧缩减，生态环境日益恶化。

近年来，祁连山国家公园酒泉片区不断加大湿地保护力度，采取了一系列措施。2018年，甘肃盐池湾湿地被国际湿地公约组织批准为国际重要湿地。为加强国际重要湿地的生态保护，酒泉分局开展了湿地生态效益补偿补助项目，该项目的实施，极大减少了人为干扰，增强了湿地水源涵养、空气净化、降解有害物质的能力，湿地生态系统得到有效修复。为了加强祁连山国家公园酒泉片区的湿地保护和管理，以下几点值得关注：

### 7.6.1 建立和完善湿地保护政策

《甘肃省湿地保护条例》的出台，在甘肃省湿地保护工作中发挥了积极作用，目前乃至今后一段时间内，还须继续加强湿地保护法律法规建设，逐步建立和完善湿地保护政策，加强执法力度，建立联合执法和执法监督的体制。

### 7.6.2 建立湿地保护管理协调机制

湿地保护是一项复杂的系统工程，涉及社会的各个方面，只有从加强土地资源、生物资源、水资源等多资源的保护和管理，加强湿地自然保护区建设，同时，从控制湿地污染等多方面入手，在省政府统一规划指导下，林业、农业、水利、环保、旅游、建设等各部门协调配合，才能遏制天然湿地资源退化的趋势，使湿地生态系统功能效益得到正常发挥，从而实现湿地资源的可持续利用。因此，湿地资源保护和合理利用管理涉及多个政府部门和行业，关系多方的利益，单纯地依赖于林业部门将无法圆满达到预期，政府部门之间目前亟须在管理方面加强协调与合作。

### 7.6.3 加强水资源管理和合理调配

根据水资源承载能力和水资源状况确定经济布局、产业结构和发展规模，做到因水制宜、量水而行。

### 7.6.4 加强湿地资源调查评价和监测体系建设

湿地保护需要依靠科学技术，建立湿地资源信息数据管理系统和湿地资源监测体系，了解湿地生态系统的结构和功能，掌握其整体性、动态性和演变规律，为湿地保护和管理提供科学依据。

### 7.6.5 加强湿地生态恢复、修复和重建

湿地面积萎缩与水资源的缺乏和不合理利用有着直接的关系。因此，湿地生态恢复的前提是水资源的恢复，可通过加强水资源的调配和管理、积极实施退耕（牧）还林（湖、泽、滩、草）工程、大力营造水源涵养林等措施对已遭受不同程度破坏的湿地生态系统进行恢复、修复和重建。

### 7.6.6 加大湿地保护管理资金投入

湿地保护是跨部门、多学科、综合性的系统工程，其投入也具有多渠道、多元化、多层次的特点。具体包括多个方面，一是将各级湿地保护纳入国民经济与社会发展规划之中，加强政府投入湿地保护资金的主渠道作用。二是各级财政应把湿地保护管理经费列入年度财政预算，建立长期稳定且随当地财政收入增长而增长的投入机制，不断加大对湿地保护管理工作的投入力度，确保全省湿地保护管理工作的正常开展。三是省政府牵头，积极向国家有关部委申报争取实施国家级重点的生态项目建设，通过长期稳定的投资

建设，从根本上解决湿地保护问题。四是对国家级和省级湿地自然保护区、湿地公园予以重点投资和实施重点建设，建立健全吸引全社会力量保护建设的新机制，更多地吸纳社会力量用于湿地自然保护区建设、保护管理、科研监测等。五是广泛争取国际社会、国际组织、国际金融等机构对湿地保护工作的资金和技术援助，鼓励社会各类投资主体向湿地保护投资，规范地利用社会集资、个人捐助等方式广泛吸引社会资金，建立全社会参与湿地保护的投入机制。

　　总之，加强湿地保护和管理是保障祁连山国家公园酒泉片区生态安全和可持续发展的重要环节，需要全社会的共同努力。只有在不断探求和实践中，才能实现湿地保护与生态建设的双赢。

# 第8章 旅游资源

## 8.1 旅游资源统计与分类

祁连山国家公园酒泉片区有着独特的地貌类型、复杂多样的生境、典型的寒温带森林植被、丰富的动植物资源、奇特的自然景观资源、保护良好的自然生态系统，以及绚丽多彩的古墓葬、古遗迹，独特的民俗文化和红军文物，它是生态旅游、科学考察、教育实习、普及生态保护知识、进行爱国主义教育的理想场所。

按传统旅游资源观分类，我国旅游资源包括自然景观资源、人文景观资源、民俗风情资源、传统饮食资源、文化资源和工艺品资源，以及都市和田园风光资源等；按现代旅游产业资源观分类，我国旅游资源包括观光型旅游资源，度假型旅游资源，生态旅游资源，滑雪、登山、探险、狩猎等特种旅游资源，美食、修学、医疗保健等专项旅游资源；按旅游资源的成因或其属性分类，学术界将旅游资源分为自然旅游资源和人文旅游资源两大类型。

祁连山国家公园酒泉片区及周边的旅游资源可以分为两大类，即自然资源和人文资源。由于祁连山国家公园酒泉片区目前的生态旅游和自然教育还处于起步阶段，因此，本章节对祁连山国家公园酒泉片区的旅游资源统计，除了酒泉片区内未规划利用的一些自然景观资源、动植物资源外，还包括酒泉片区及周边的一些著名的历史遗迹等旅游资源。随着生态旅游和自然教育的循序渐进，旅游资源的统计有利于未来酒泉片区针对周边的旅游景点，逐步开发针对性的旅游路线，最终起到带动酒泉片区内生态旅游和自然教育的作用。

## 8.2　自然景观资源

### 8.2.1　祁连山雪山

祁连山国家公园酒泉片区地处青藏高原北缘，祁连山脉西端，海拔最低 2 600 m，最高 5 650 m，地形地貌多样，排列着大雪山、疏勒雪山、讨赖雪山等众多雪山。

群山相望，上接云天，白雪映日，巍峨壮丽。

### 8.2.2　冰川景观

酒泉片区是祁连山地区冰川数量最多的区域，约有 675 条大小冰川，面积 4.68 万公顷。其中，透明梦柯冰川最为著名，位于甘肃省肃北县祁连山区大雪山北坡，长 10.1 km，面积 21.9 km²，是祁连山区最大的山谷冰川。老虎沟地区共有冰川 44 条，透明梦柯冰川是其 12 号冰川，相当于新疆一号冰川的十倍大。

冰川在河西走廊水源涵养、水土保持方面有着无可替代的重要作用，是敦煌市、玉门市、瓜州县、肃北县、阿克塞县重要的水源地，保障着五县市众多人口的生产生活用水，支撑着"一带一路"生态安全重任，哺育了蒙古族、哈萨克族等少数民族特色文化和久负盛名的敦煌文化。

### 8.2.3　特殊地形地貌

祁连山国家公园酒泉片区地处青藏高原北缘，祁连山脉西端，地形地貌多样。酒泉片区内的岩主要为中深度变质岩，主要有硅质板岩、碳酸盐岩、变质砂岩、片麻岩、碎屑岩、片岩和混合岩，中低山的风沙地则由第四纪全新貌的细砂粒组成。此外，在党河南山和祁连山北侧均有第三纪的紫红色砂岩和泥质砂岩，以上均为海相沉积。南山全境整个处于祁连山褶皱地带，从而具有山川重叠、峡谷与盆地相间的复杂地形。地势由西南向东北倾斜，自西向东纵向排列着土尔根达坂山、党河南山、野马南山、大雪山、疏勒南山、讨赖南山。

祁连山国家公园酒泉片区的地貌类型，依照地貌单元可分为以下几种类型：

（1）山间盆地：谷地一般地势开阔、平坦，谷宽 10～20 km。所处地形、部位为山间低洼平坦处，位于海拔 3 000～4 000 m 的山间。酒泉片区主要有野马滩盆地、石包城南滩盆地、大井泉盆地、鱼儿红盆地、盐池湾盆地五大盆地，其面积均约800 km²，盆地坡度一般3%～6%，为河谷冲蚀、切割在前山丘陵间形成的小型盆地，相对高度200～300 m，水草丰美。

（2）谷地：主要有疏勒河、野马河、党河三大谷地。坡度为1%～3%。就其面积来说，盐池湾谷地最大，约为6 000 km²。

（3）峡谷：发源地是肃北县，有四条流出祁连山的出山口，由于坡降大，而形成峡谷地形。有疏勒河峡谷、石包城水峡口、石油河峡谷、党河峡谷等。两岸狭窄，河床下切，地势险峻。

（4）戈壁平原：戈壁地区西起别盖乡的西水，东至石包城乡的水峡口，东西长200 km，南北宽10～55 km，面积近2 000 km²。地势南高北低，地面坡降2%～6%，海拔1 800～2 750 m，依其成因和形态可划分为山前洪积和冲积2个亚区。

（5）山前洪积：冲积倾斜戈壁平原由山区河沟洪水搬运堆积造成的巨大洪积扇联合组成的山麓倾斜平原，洪积扇之间的洼地连接，加上历史演变、河道变迁，在扇面上遗留下许多干沟谷，在平面上呈现波状起伏的平缓扇面，洪积面由第四系巨厚松散的砂砾卵石组成。扇缘向北延伸出县界，扇顶海拔2 250～2 750 m，地面坡降较陡，一般为3%～4%，上部为4%～6%。这种地带干旱缺水、植被稀少。

（6）冲积：洪积细土平原分布于洪积扇前沿泉水出露地带，位于党河出山口的党城湾。长10 km，宽2～3 km，面积25 km²，地势平坦，适于耕作。

### 8.2.4　草原景观

祁连山国家公园酒泉片区草原景观分布面积大，一望无际，基本保持原始状态。仲夏时节，绿草茵茵，山花烂漫，彩蝶争妍。万里草疆养育了众多野生动物，野驴、羚羊等驰骋于草原，黑尾地鸦、白腰雪雀进出鼠洞之间，鼠兔相互追逐嬉闹，形成一派生机盎然的动人画卷。

### 8.2.5　湿地景观

祁连山国家公园酒泉片区孕育了各类湿地资源，根据酒泉片区的自然属性和地貌特征，将湿地划分为沼泽草地、沼泽地、内陆滩涂和其他四大类，总面积达1 357 km²，其中，内陆滩涂372 km²，沼泽草地面456 km²，沼泽地462 km²，其他湿地67 km²。根据成因的自然属性，祁连山国家公园酒泉片区内的湿地资源均为天然湿地，根据其地貌特征划分为河流、湖泊、沼泽三大类型，总面积达 1 357 km²。

祁连山国家公园酒泉片区地处祁连山西端，青藏高原北缘，平均海拔 3 000 m。这里的万载冰川和雪山融水形成了河西走廊内流水系的第二大河——疏勒河，其主要支流党河、野马河、榆林河、石油河又发育形成了大面积的湿地——盐池湾湿地。2018 年盐池湾湿地被列入《国际重要湿地名录》，成为我国第 57 处国际重要湿地。盐池湾湿地生物多样性极为丰富，拥有维管植物 37 科 159 属 368 种，其中，蕨类植物 1 科 1 属 2 种，种子植物 36 科 158 属 366 种。在全球 8 条主要候鸟迁徙路线中，东亚—西非、东亚—澳大利亚 2 条候鸟迁徙路线在盐池湾交汇，这使得盐池湾湿地成为各种鸟类重要的繁殖地和迁徙途中的停歇地。在盐池湾湿地境内，有湿地鸟类 64 种，优势种主要有黑颈鹤、斑头雁、赤麻鸭、红脚鹬等。

俯瞰湿地全貌，青山夹绿水，百转千回，恰似伊人在水中央。凭高眺远，又见长空万里，云无留痕。

## 8.3　动植物资源

### 8.3.1　野生植物资源

祁连山国家公园酒泉片区，地处青藏高原、东阿尔金山山地与河西走廊干旱平原的交错地带，分布有高等植物 56 科 228 属 492 种高等植物，有国家二级重点保护植物 7 种，列入 IUCN 威胁名录的有 3 种。这些植物组成了各种类型的植被景观。森林和灌丛占地面积不大，类型众多，主要分布于党河南山、野马山、大雪山、香毛山的洪积扇扇缘地带。高寒草甸广泛分布，它宛如绿色的地毯连片展布在中东部的缓切割洪积扇高原上。多种苔草（*Carex spp.*）组成的高寒草甸以及由甘肃蚤缀（*Eremogone kansuensis*）、垫状点地梅（*Androsace tapete*）、唐古红景天（*Rhodiola tangutica*）和囊种草（*Thylacospermum caespitosum*）等高山垫状植被组成的杂类草草甸分布最广，在夏季盛开粉红、黄、蓝、紫等各色花朵，五彩缤纷，尤其是垫状点地梅，散布在浅绿而华丽的地毯上，像一座座亮黄色的蒙古包，别有一番情趣。在高原腹地靠近雪线的高山上，高等植物很是稀少，具有景观意义的是由各种地衣组成的群落。地衣类植物不仅能抵抗极其恶劣的生态条件，而且能分泌出特有的地衣酸溶解和腐蚀岩石表面，以取得必要的养料。所以，它们能大量地生长在岩块上，以红、黄、绿、灰等各种颜色构成不同的图案。地衣在岩石上生长，加速了岩石表面的风化，促使它形成最原始的土壤，为其他植物提供生长的条件。因此，它被称为"先锋植物"。高山寒漠草原、高山荒漠草原和高山寒漠草甸草原共同构成本地区的茫茫大草原，不仅所占面积最大，而且也是植物种类分布最多的一块。高山寒漠草原是高海拔地区适应寒冷干旱、半干旱气候的植被类型，它在盐池湾腹地占据优势。它以耐寒旱生的多年生丛生禾草、根茎苔草和小半灌木为建群种，具有草丛低矮、层次简单、草群稀疏、覆盖度小、伴生有适应高寒生境的垫状植物层片、生长季节短、生物产量较低等特点。

另外，在祁连山国家公园酒泉片区，园区有大量的观赏植物资源，在盛夏形成大面积色彩斑斓的世界，如管花龙胆（*Gentiana siphonantha*）、蒙古莸（*Caryopteris mongholica*）、长柱沙参（*Adenophora stenanthina*）、白蓝翠雀（*Delphinium albocoeruleum*）、乳突拟楼斗菜（*Paraquilegia anemonoides*）、红花岩黄芪（*Corethrodendron multijugum*）、猫头刺（*Oxytropis aciphylla*）、天山报春（*Primula nutans*）、大唇拟鼻花马先蒿（*Pedicularis rhinanthoides subsp. labellata*）、假弯管马先蒿（*Pedicularis pseudocurvituba*）、阿拉善马先蒿（*Pedicularis alaschanica*）、青甘韭（*Allium przewalskianum*）、蒙古韭（*Allium mongolicum*）、碱韭（*Allium polyrhizum*）、条裂黄堇（*Corydalis linarioides*）、红花紫堇（*Corydalis livida*）、直茎黄堇（*Corydalis stricta*）、小叶金露梅（*Dasiphora parvifolia*）、西北沼委陵菜（*Comarum salesovianum*）、星毛短舌菊（*Brachanthemum pulvinatum*）、小甘菊（*Cancrinia discoidea*）和黄花补血草（*Limonium aureum*）等等，这些植物具有很高的观赏价值，通常形成大片，在花季呈现出花色上的单一优势，场面非常壮观。

### 8.3.2　野生动物资源

祁连山国家公园酒泉片区动物资源丰富，分布有脊椎动物276种。其中，列入国家Ⅰ级重点保护动物名录的有19种，国家Ⅱ级重点保护动物名录的有43种；列入濒危野生动物国际贸易公约附录Ⅰ、Ⅱ、Ⅲ的有43种，是雪豹、白唇鹿、野牦牛、藏野驴、盘羊、岩羊等高原野生动物的集中分布区和主要栖息地，也是黑颈鹤、斑头雁、大天鹅、蓑衣鹤等鸟类的繁殖地和迁徙通道。被誉为雪山之王的国家一级重点保护野生动物——雪豹，全世界仅有12个国家分布，初步估算，酒泉片区雪豹数量有113～157只，祁连山国家公园酒泉片被国际雪豹基金会确定为全球23片安全雪豹景观之一。

## 8.4  历史遗迹

### 8.4.1  石窟

#### 8.4.1.1  五个庙石窟

五个庙石窟是敦煌石窟群的一部分，位于甘肃省肃北蒙古族自治县县城西北20 km的党河西岸峭壁上，崖高约30 m，洞窟开凿于半崖，距地12～15 m。在由南向北长约300 m的悬崖峭壁上，现存的洞窟共有19个，唯有中间5窟可以登临（其中一个窟近年毁坏），俗称为"五个庙"。

窟内原造像皆无，目前仅保留三十余幅壁画。这些壁画内容丰富多彩，有说法图、水月观音图、维摩诘经变相、劳度叉斗圣相、密宗曼荼罗（坛城）壁画等。

（1）一号窟

一号窟为中心塔柱式洞窟，与莫高窟北朝时期的窟型形制相同，为北朝始凿，西夏和元代重修，壁画为西夏和元代风格。一号窟壁画保存相对较好，石窟装饰华丽，壁画内容丰富，颜色鲜艳，设色以青绿为主色调，技法以勾线平涂为主，局部敷以颜色渲染，人物服饰部分多以墨线勾勒，皮肤则以朱红色线条描绘，彰显皮肤细腻感。有些局部虽然明显有后代重描痕迹，但仍然能看出画工技法娴熟，用线果断又不失自然。壁画背景的水面及云气用笔流畅，行云流水。山石部分皴擦点染，有传统文人画的风格。

一号窟壁画有经变画及藏密的内容，如炽盛光佛、二十八星宿、黄道十二宫、水月观音、文殊、普贤变、坛城图等佛教内容的壁画作品。

（2）二号窟

二号窟前室已崩毁，后室呈正方形，无佛像，壁画被严重烟熏，无法辨认。

（3）三号窟

三号窟可能开凿于五代、宋（即曹氏归义军时期），壁画为西夏、元等时期绘制。窟内墙壁大部分被烟熏严重，但仔细观察仍然可辨，壁画水平高于前者，人物描绘细腻繁缛，设色厚重，形象比例准确，造型以铁线描画轮廓，再以颜色渲染。菩萨衣饰及璎珞大胆采用白色点染，显得厚重华丽而有质感，层次丰富。壁画内容有维摩诘变、劳度叉斗圣变、弥勒、药师变等。

（4）四号窟

四号窟仅存后室，同三号窟一样，被烟熏破坏，有些地方甚至被刻划，显露出草泥地帐。从仅存的局部画面来看，画工用笔准确，人物形象生动，充分体现出画工对于生活中真实人物的观察，壁画中还有少数民族的僧人形象以及身穿超短裙手舞足蹈的美女形象。

（5）五号窟

五号窟为中心柱式，内壁画多被烟熏、划写、铲挖而残破，保存不完整。在五号窟表层的下面有飞天，其画法是早期的晕染法，身成三角形，笔触粗犷，为十六国晚期至北魏时期的作品。

### 8.4.1.2　一个庙石窟

一个庙石窟是敦煌石窟群中的一个，是我国和世界闻名的珍贵历史文化遗产之一。一个庙石窟位于甘肃省肃北蒙古族自治县城北约 20 km 党河东岸吊吊水沟中北面的断崖上。

现存有两个洞窟，作东西排列，原有通道相连。西侧洞窟由前室、甬道和主室（后室）三部分组成。前室人字坡顶，主室覆斗顶，甬道盝顶，有明显的改造痕迹。原设有马蹄形佛床，现仅残存后壁的须弥座。早期壁画、塑像已毁，表层为近代的壁画和题记。窟顶的莲花、团花图案当为宋代瓜沙曹氏归义军时期所绘，而前室东、西、北三壁下端男供养人像和榜题与永昌县西北二十余里后大寺天王阁的唐末五代所画供养人极为相似，应属同一时期作品。所以，一个庙石窟上限当为五代，下限为近代。距此窟西北不远处的二层台地上有很多小泥塔。据推断，该地原来是寺院或舍利塔。

### 8.4.2　岩画

岩画，是早在文字产生之前，古代先民在漫长岁月里凿刻和彩绘在岩石上的图画，是留在岩石上的生动语言，是远古人类生活的缩影和智慧结晶，印证着人类社会文明的演进历程，也是人类社会的早期文化现象，是人类先民们留给后人的珍贵文化遗产。

祁连山国家公园酒泉片区分布有大量的古代岩刻画遗迹，比较著名的有大黑沟刻画、野牛沟岩刻画、灰湾子岩刻画、七个驴岩刻画等。

### 8.4.2.1　大黑沟刻画

该刻画位于肃北蒙古族自治县城东约 40 km 处的大黑沟，绵延 3.5 km，分布零乱，位置高低不一，最高处距地面超 100 m，最低处只有两三米。岩画共有 34 组，图案 190 多幅。画面多采用凹刻和凸刻形式，大部分刻画在避风向阳的山坳陡峭的花岗岩和石灰岩上，大部分内容为射猎、放牧、练武、乘马作战等场面，图中动物有梅花鹿、大角羊、野牛、野骆驼、象、虎等动物，形象生动，时代为战国至汉代。

### 8.4.2.2　野牛沟岩刻画

该刻画位于盐池湾乡东南的小阿尔格勒太，分布于沟口两边的南崖，共有画面 9 组，图像 20 余幅。多用工具开凿，画面中有放牧人、骆驼、大角羊、野牛等形象，主要反映了古代游牧民族的游牧生活。

### 8.4.2.3　灰湾子岩刻画

该刻画位于石包城乡东北的灰湾子。岩刻画面分布于沟口南，虽只有两组画面，但画面较大，如第一组画面高 1.6 m、宽 3 m。两组画面共有图像 22 幅，画面也是打出的，方法是四周打，画面不打。有骑马人、骆驼、羊只等形象，主要刻画了古代游牧民族的游牧生活。

### 8.4.2.4　七个驴岩刻画

该刻画位于石包城乡东北 18.5 km 的七个驴沟。岩画主要分布在沟中段的北壁，东西共有 15 组画面，图像 74 幅。有的画面高 4 m、宽 3 m，最大的骆驼图像达 94 cm。其中，以骑马人和骆驼形象最多，还有鹿、羊、牛等，主要反映了游牧生活。

上述已发现的各类画面多以凹刻或凸刻凿刻，地点大都在避风向阳的坡面陡峭的花岗岩和石灰壁上。这些地方多为古代的冬春牧场或畜圈所在地。多处画面上有人物、动物和植物等，但至今没有发现飞禽类，可能与古代作画民族的宗教信仰及风俗习惯有关。除以上四处岩画外，别盖的月牙湖、查干格奴、大泉、红柳峡，鱼儿红的红坑子、碱泉子，盐池湾的小阿尔格勒太等处也有岩刻画。

这些岩刻画，年代虽有早晚之分，但人物的装饰和反映的狩猎与游牧生活基本相同。经考证，这些画面是春秋、战国至西汉期间生活于这一地区古代游牧民族的文化遗产。它对研究这期间居于河西走廊的乌孙、大小月氏等古代西域民族提供了重要的形象资料。

### 8.4.3　古遗址

#### 8.4.3.1　党城遗址

党城遗址位于肃北县党城湾镇东南 1 km 处，为甘肃省文物保护单位。城平面略呈长方形，面积约 $3×10^4$ m³，墙已坍塌，现存东墙 231 m、西墙 218 m、北墙 144.5 m。四角有角墩，北墙中间偏东开一门，门西侧有夯筑正四棱台形、底边长 21 m 的土墩遗迹。城内有大量红、灰陶片。西墙下曾发现灰陶片、黑釉瓷及豆绿釉瓷片。采集有玉璧一枚、"太平通宝"一枚，以及残石碾、花纹砖等。城址保存较好，对研究河西古城建筑史具有重要价值。

#### 8.4.3.2　石包城遗址

石包城遗址位于肃北县石包城乡公岔村村西 1.5 km 处，建在山岗上，为甘肃省文物保护单位。城平面呈长方形，东西长 250 m，南北宽 200 m。面积 50 000 m²。城墙用片麻岩和花岗岩块砌成，基宽 4.5 m，残高 4.5～6.5 m。四角有角墩，北墙有马面 1 座，南墙开门。南墙外有围墙，向西延伸 160 米形成瓮城。城内有房址。采集有网格纹灰陶片、丝织品残片和残木器等。城址保存较好，对研究城建史、城建技术和晋唐史有重要价值。

#### 8.4.3.3　石板墩遗址

石坂墩清代称"伯颜墩"，位于石包城西南 40 km 处，坐落在野马山支脉德诺尔乌拉山（海拔 4 758 m）东缘，北有泉水溪流。现今该地带为石包城乡石坂墩大队放牧场地之一。该墩系片麻岩、花岗岩、灰柴草垒成，底边宽 10 m，残高约 12 m，墩体尚完整。墩周围有筑墙痕迹，北墙有房屋遗址，地表暴露有质地粗糙的灰沙红陶片、灰绿片及黑红陶片，陶纹多为波纹、垂帐纹和弦纹。经有关部门断定，此墩为东汉至魏晋时期所建。魏晋时期，这一带属敦煌郡辖治。此塞障或即属宜禾，广至都尉治。石坂墩地势险要，东北望石包城，南扼通青海的公岔大道，东连哈什哈与公岔口，西通土达坂。

### 8.4.3.4　白墩子遗址

白墩子遗址位于县城正北约 4 km 处的荒滩上，始建于东汉，是古代通往西域的重要驿站之一。墩体为夯土所筑，略呈方形，底部每边长约 8 m，残高约 10 m。墩体残缺处另用石块和土坯修补过，似为后人所为。墩体周围有围墙残迹，长约 100 m，宽约 60 m，围墙内南北端有建房痕迹。该墩位于地势较高处，与党城相望，立于墩顶可俯视整个党城湾。附近留有古代垦地的遗迹，东山山脚留有古代渠道痕迹。

# 第9章 祁连山国家公园酒泉片区建设与经营管理

祁连山国家公园地跨甘肃、青海两省，是我国西部重要的生态安全屏障和重要水源产流地，也是我国重点生态功能区和生物多样性保护优先区域。党中央、国务院高度重视祁连山的生态保护，并于2017年3月13日以雪豹保护为切入点，并结合祁连山生态环境问题整改工作，在祁连山开展国家公园体制试点。依据《建立国家公园体制总体方案》《祁连山国家公园体制试点方案》《祁连山国家公园总体规划》各方案和规划，围绕祁连山国家公园的体制机制和管理建设各项工作也逐步开展。调查中所聚焦的祁连山国家公园酒泉片区是祁连山国家公园的一部分，研究区在大熊猫祁连山国家公园甘肃省管理局酒泉分局管辖范围内，因此，研究区相关建设管理经营工作也由大熊猫祁连山国家公园甘肃省管理局酒泉分局行使监督管理权。在祁连山国家公园酒泉片区内开展自然资源调查，有助于充分了解祁连山国家公园酒泉片区的经营建设管理情况，分析威胁因素，把脉建设经营管理中存在的问题，从而加快祁连山国家公园酒泉片区的建设和提升经营管理效能。

## 9.1 社会经济状况

本调查的研究范围覆盖祁连山国家公园酒泉片区，总调查面积169.97万公顷，其中，肃北县片区130.34万公顷（包括盐池湾国家级自然保护区划入的127万公顷和肃北县新区划的3.34万公顷），阿克塞县片区在大、小哈尔腾河源头划入29.85万公顷，国营鱼儿红牧场划入9.78万公顷。研究区内主要的行政区划包括肃北蒙古族自治县、阿克塞哈萨克族自治县，极小一部分位于张掖市肃南裕固族自治县，有且仅有4.71万公顷。

位于祁连山国家公园酒泉片区核心保护区和一般控制区内的居民数量相

较于城镇居民数量少，且祁连山国家公园酒泉片区管理机构驻地位于党城湾镇，祁连山国家公园酒泉片区内大部分为生态自然景观，因此，本调查涉及社会经济状况等人文要素的统计与分析主要围绕肃北蒙古族自治县（以下简称肃北县）和阿克塞哈萨克族自治县（以下简称阿克塞县）两县，肃南裕固族自治县内祁丰藏族乡野马大泉附近人类活动较少，因此，关于肃南裕固族自治县的社会经济状况相关统计不计入本调查。

祁连山国家公园酒泉片区所在县近二十年的经济状况，如图9-1所示，反映了肃北县和阿克塞县两个县的经济增长状况，两县的经济增长状况保持同步，在2010—2015年，达到顶峰后短暂回落，近期又呈现出上升的态势。

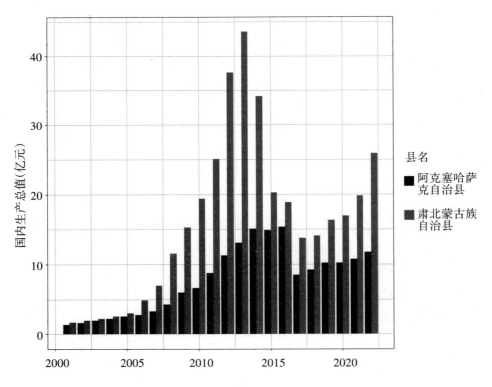

图9-1　祁连山国家公园酒泉片区所在县近二十年的经济状况

（数据来源：《甘肃发展年鉴》）

2022年，肃北县生产总值为25.9亿元，按可比价格计算，比上年增长17%。其中，第一产业增加值为1.5亿元，增长6.3%；第二产业增加值为13.9亿元，增长25%；第三产业增加值为10.5亿元，增长11.4%；三次产业结构比5.8∶53.7∶40.5。在第三产业中，交通运输仓储和邮政业、批发和零售业、住宿和餐饮业、金融业、房地产业、其他服务业增加值分别增长28.1%、4.5%、1.2%、3.8%、4.6%、10.1%。人均地区生产总值为142 198元，按可比价格计算，比上年增长17%[①]。

2022年，阿克塞县完成国内生产总值11.74亿元，比上年增长5.6%。其中，第一产业增加值为1.29亿元，增长5.5%；第二产业增加值为3.06亿元，增长0.7%；第三产业增加值为7.38亿元，增长7.4%；三次产业结构比为11∶26.1∶62.9。人均地区生产总值107 169元，可比价增长5.6%[②]。

两个县的产业结构略有不同，肃北县第二产业占比较高，具有规模的工业总产值达21.3亿元。肃北县由于具有较丰富的资源，电力、燃气及水的生产和供应业生产总值约为12.78亿元，但相比较制造业和电力、燃气及水的生产和供应业企业数量，采掘业中小型企业数量是最多的。阿克塞县第三产业占比较高，具有规模的工业企业数量不及肃北县，且工业总产值相较肃北县较低，工业产值为5.9亿元，其中，制造业生产总值达到4.13亿元，但是电力、燃气及水的生产和供应业企业数量是三种行业中最多的。

肃北县和阿克塞县在产业结构分布中，第一产业生产总值占比都不高，依据《甘肃发展年鉴》，截至2020年，肃北县第一产业生产总值为1.23亿元，阿克塞县第一产业生产总值为1.02亿元。其中，依据《酒泉年鉴2022》，2022年牧业在两个县的第一产业中占比最高，肃北县农业人均总产值为4～5万元，阿克塞县农业人均总产值超过5万元。

截至2020年，肃北县第二产业生产总值约为7.35亿元，阿克塞县第二产业生产总值约为2.99亿元。根据《肃北县2022年国民经济和社会统计公报》，到2022年，肃北县全年全部工业增加值13.9亿元，可比价计算同比增长

---

① 数据来源：《肃北县2022年国民经济和社会发展统计公报》（肃北蒙古族自治县统计局）

② 数据来源：《2022年阿克塞县国民经济和社会发展统计公报》（阿克塞哈萨克族县统计局）

25%，全年具有规模的工业企业利润为3.9亿元，比上年增长68.2%。同期，根据《2022年阿克塞县国民经济和社会发展统计公报》，阿克塞县规模以上工业完成增加值为1.89亿元，阿克塞县全县具有规模的工业企业实现营业收入5.6亿元，比上年增长27.3%，营业收入利润率11.18%。

肃北县具有规模的工业企业发展趋势较好，产品产量较高的为能源企业，其中，全县发电装机容量343 385万千瓦，比上年末增长50.9%，风力发电量相较于水利和太阳能发电量最多。风力发电量为281 620万千瓦时，比上年增长了68%；水力发电量为57 863万千瓦时，增加了3.4%；太阳能发电量为3 902万千瓦时，增加了1%。

相较于肃北县增速较快的能源工业产业，阿克塞县在新型能源方面的发展趋势方面较缓慢，具有规模的工业中，战略性新兴产业工业增加值下降0.3%，占规具有规模的工业增加值的比重为22.56%。风光发电企业工业增加值下降了0.3%，占具有规模的工业增加值的比重为22.56%；水泥产量69.28万吨，下降了29.5%；熟料产量77.84万吨，增长了8.9%；风力发电量26 364.79万千瓦时，下降了4.6%；光伏发电量14 834.07万千瓦时，同比增长17.6%。

到2020年，肃北县和阿克塞县的第三产业生产总值分别达到8.32亿元和6.15亿元；到2022年，阿克塞县第三产业生产总值达到7.26亿元，肃北县第三产业生产总值达到9.97亿元，呈明显上升态势；第三产业中，肃北县和阿克塞县其他服务业增加值最多，其次是交通运输、仓储和邮政业。

### 9.1.1　社区人口

截至2022年10月，肃北县下辖2个镇、2个乡——党城湾镇、马鬃山镇（与祁连山国家公园酒泉片区无接壤）、盐池湾乡、石包城乡。截至2020年，阿克塞县下辖1个镇、3个乡——红柳湾镇，阿克旗乡、阿勒腾乡、阿伊纳乡，另有1个管委会——阿克塞县工业园区管理委员会，共11个村。截至2022年，肃北县常住人口1.51万人。截至2020年11月，阿克塞县常住人口为10 970人。

依据《祁连山国家公园总体规划》中划定的祁连山国家公园边界范围，盐池湾乡下辖的五个牧业村，分别是乌兰布勒格村、雕尔力吉村、南宁郭勒村、阿尔格勒泰村、奎腾郭勒村，全部位于祁连山国家公园酒泉片区边界范围内。截至2023年，祁连山国家公园酒泉片区内共有原住牧民319户996人，核心保护区内有牧民97户328人，一般控制区内153户505人，未提供坐标69户163人。肃北县的党城湾镇和石包城乡两个乡镇部分区域在祁连山国家公园酒泉片区，而肃北县的马鬃山镇飞地距离祁连山国家公园酒泉片区较远，无接壤。阿克塞县只有小范围区域在祁连山国家公园酒泉片区内。

## 9.1.2 交通通信

祁连山国家公园酒泉片区周边道路交通情况显示，截至2020年，大部分乡镇都实现通车，个别乡镇距离省道交通线路较远，需要乡镇街道联通；另外，位于祁连山国家公园保护区范围内的盐池湾乡交通路网建设情况较差，目前，有且仅有一条省道——S303连接盐池湾乡到肃北县党城湾镇，盐池湾乡下辖南宁郭勒、阿尔格勒泰、奎腾郭勒三个村，暂无省道乡道，交通路网情况较差，影响日后祁连山国家公园酒泉片区的建设经营管理工作的开展。（表9-1）

表9-1 祁连山国家公园酒泉片区及周边交通路网情况表（截至2020年）

| 行政区划 | 乡(镇)街道办行政中心 | 道路交通 | 乡(镇)街道办行政中心 | 道路交通 |
|---|---|---|---|---|
| 肃北蒙古族自治县 | 马鬃山镇 | G215国道、G331国道、G7京新高速、京新铁路 | 巴音布勒格村 | G125、G7京新高速、县道 |
| | | | 明水村 | G125、G7京新高速、县道 |
| | | | 云母头村 | 乡道 |
| | | | 马鬃山村 | G125、G7京新高速、县道 |
| | | | 饮马峡村 | G125 |
| | | | 金庙沟村 | 暂无 |
| | 党城湾镇 | G517国道、S12、S302、S303 | 紫亭社区 | S303、S302、G571、S12 |
| | | | 巴音社区 | S303、S302、G571、S12 |
| | | | 城关村 | S303、S302、G571、S12 |
| | | | 东山村 | S303、S302、G571、县道 |

| 行政区划 | 乡(镇)街道办行政中心 | 道路交通 | 乡(镇)街道办行政中心 | 道路交通 |
|---|---|---|---|---|
| 肃北蒙古族自治县 | 党城湾镇 | G517国道、S12、S302、S303 | 党城村 | S303、S302、G571、S12 |
| | | | 城北村 | S303、S302、G571、S12 |
| | | | 青山道村 | S303、S302、G571、县道 |
| | | | 马场村 | S303 |
| | | | 红柳峡村 | S302、村道 |
| | | | 浩布勒格村 | S302 |
| | 盐池湾乡 | S303 | 乌兰布勒格 | S303 |
| | | | 雕尔力吉 | S303 |
| | | | 南宁郭勒 | 暂无 |
| | | | 阿尔格勒泰 | 暂无 |
| | | | 奎腾郭勒 | 暂无 |
| 肃北蒙古族自治县 | 石包城乡 | S302、S239 | 鹰咀山村 | S302、S239 |
| | | | 石包城村 | S302、S239 |
| | | | 石坂墩村 | S302 |
| | | | 哈什哈尔村 | S302 |
| | | | 公岔村 | S302、S239 |
| | | | 鱼儿红村 | 县道、乡道 |
| | | | 金沟村 | 县道 |
| 阿克塞哈萨克族自治县 | 红柳湾镇 | G215、G3011、敦格铁路、G571 | 团结社区 | G215、G3011、敦格铁路、G571 |
| | | | 民主社区 | G215、G3011、敦格铁路、G571 |
| | | | 金山社区 | G215、G3011、敦格铁路、G571 |

续表9-1

| 行政区划 | 乡(镇)街道办行政中心 | 道路交通 | 乡(镇)街道办行政中心 | 道路交通 |
|---|---|---|---|---|
| 阿克塞哈萨克族自治县 | 红柳湾镇 | G215、G3011、敦格铁路、G571 | 民族新村社区 | G215、G3011、敦格铁路、G571 |
| | | | 加尔乌宗村 | 敦格铁路 |
| | | | 大坝图村 | S314 |
| | | | 红柳湾村 | G215 |
| | 阿克旗乡 | S314、县道 | 东格列克村 | G215、G3011 |
| | | | 安南坝村 | G215、敦格铁路 |
| | | | 多坝沟村 | 县道 |
| | 阿勒腾乡 | 县道、村道 | 哈尔腾村 | 县道、村道 |
| | | | 乌呼图村 | 乡道、村道 |
| | 阿伊纳乡 | G3011、敦格铁路、县道、乡道 | 苏干湖村 | G215 |
| | | | 阿克塔木村 | G3011、县道 |
| | | | 塞什腾村 | G3011、县道 |

数据来自《酒泉年鉴2022》

### 9.1.3 土地及资源权属

为贯彻落实中共中央和国务院印发的《生态文明体制改革总体方案》中生态文明体制改革的目标，即"构建归属清晰、权责明确、监管有效的自然资源资产产权制度，着力解决自然资源所有者不到位、所有权边界模糊等问题"，为贯彻落实中共中央办公厅和国务院办公厅印发的《关于统筹推进自然资源资产产权制度改革的指导意见》文件要求，即推动落实自然资源资产产权制度的主要任务，健全自然资源资产产权体系，明确自然资源产权主体，开展自然资源统一调查监测评价，加快自然资源统一登记，强化自然资源整体保护，从而促进自然资源资产集约开发利用，推动开展一系列自然生态空间系统修复和合理补偿的工作，最终实现自然资源资产监管体系的健全，自然资源资产产权法律体系的逐步完善，依据《自然资源部 财政部 生

态环境部 水利部 国家林业和草原局关于印发〈自然资源统一确权登记暂行办法〉的通知》（自然资发〔2019〕116号）、《甘肃省人民政府关于印发〈甘肃省自然资源统一确权登记总体工作方案〉的通知》（甘政发〔2020〕8号）和《酒泉市人民政府关于印发〈酒泉市自然资源统一确权登记工作方案的通知〉》（酒政发〔2020〕55号）文件精神，肃北县开展自然资源统一确权的相关工作，基于国土三调，对全县范围内自然保护区、国家公园等各类自然保护地，以及河流湖泊、生态功能重要的湿地和草原、重点国有林区等具有完整生态功能的自然生态空间和全民所有的单项自然资源开展统一确权登记，逐步实现水流、湿地、森林、草原、荒地以及探明储量的矿产资源等自然资源登记全覆盖。依据目前可查且已公布的结果显示，表9-2中祁连山国家公园酒泉片区肃北县范围内的自然资源属全民所有，中华人民共和国自然资源部为代表行使主体，肃北蒙古族自治县人民政府为代理行使主体。

表9-2　肃北县自然资源保护区及河湖所有权登记公示表

| 登记单元名称 | 登记单元号 | 坐落 | 空间范围 | 资源类型 | 面积（公顷） | 所有权人 | 代表行使主体 | 代理行使主体 |
|---|---|---|---|---|---|---|---|---|
| 东沟 | 620923431000001 | 党城湾镇 | 东:马场村<br>西:马场村<br>南:马场村<br>北:马场村 | 31 | 479.39 | 全民 | 自然资源部 | 肃北县人民政府 |
| 北山羊省级自然保护区 | 620923222000001 | 马鬃山镇 | 东:巴音布勒格村<br>西:云母头村<br>南:饮马峡村<br>北:明水村 | 22 | 479280.63 | 全民 | 自然资源部 | 肃北县人民政府 |
| 哈什哈尔沟 | 620923431000002 | 石包城乡 | 东:公岔村<br>西:石板墩村<br>南:雕尔力吉村<br>北:哈什哈尔村 | 31 | 402.27 | 全民 | 自然资源部 | 肃北县人民政府 |
| 康沟 | 620923434000003 | 党城湾镇 | 东:马场村<br>西:马场村<br>南:马场村<br>北:马场村 | 31 | 304.93 | 全民 | 自然资源部 | 肃北县人民政府 |

**续表9-2**

| 登记单元名称 | 登记单元号 | 坐落 | 空间范围 | 资源类型 | 面积（公顷） | 所有权人 | 代表行使主体 | 代理行使主体 |
|---|---|---|---|---|---|---|---|---|
| 扎子沟 | 620923431000004 | 党城湾镇 | 东:雕尔力吉村<br>西:马场村<br>南:雕尔力吉村<br>北:浩布勒村 | 31 | 348.38 | 全民 | 自然资源部 | 肃北县人民政府 |
| 清水沟 | 620923431000005 | 党城湾镇 | 东:雕尔力吉村<br>西:东山村<br>南:马场村<br>北:马场村 | 31 | 255.18 | 全民 | 自然资源部 | 肃北县人民政府 |
| 石板墩沟 | 620923431000006 | 石包城乡 | 东:哈什哈儿村<br>西:石板墩村<br>南:红柳峡村<br>北:哈什哈儿村 | 31 | 534.43 | 全民 | 自然资源部 | 肃北县人民政府 |
| 石洞沟 | 620923431000007 | 石包城乡 | 东:牧场<br>西:鹰咀山村<br>南:牧场<br>北:鱼儿红村 | 31 | 1 475.1 | 全民 | 自然资源部 | 肃北县人民政府 |
| 西水沟 | 620923431000008 | 党城湾镇 | 东:马场村西:马场村<br>南:马场村<br>北:城北村 | 31 | 326.52 | 全民 | 自然资源部 | 肃北县人民政府 |
| 野马河 | 620923431000009 | 党城湾.盐池湾乡.石包城乡 | 东:阿尔格力太村<br>西:马场村<br>南:雕尔力吉村<br>北:哈什哈儿 | 31 | 5 404.68 | 全民 | 自然资源部 | 肃北县人民政府 |
| 肃北公婆泉省级地质公园 | 620923422000002 | 马鬃山镇 | 东:内蒙古自治区<br>西:巴音布勒格村<br>南:巴音布勒格村<br>北:巴音布勒格村 | 22 | 87 656.972 | 全民 | 自然资源部 | 肃北县人民政府 |

| 登记单元名称 | 登记单元号 | 坐落 | 空间范围 | 资源类型 | 面积（公顷） | 所有权人 | 代表行使主体 | 代理行使主体 |
|---|---|---|---|---|---|---|---|---|
| 紫亭湖 | 620923432000001 | 党城湾镇 | 东：马场村<br>西：马场村<br>南：马场村<br>北：马场村 | 32 | 13.54 | 全民 | 自然资源部 | 肃北县人民政府 |
| 红柳沟水库 | 620923433000001 | 马鬃山镇 | 东：内蒙古自治区<br>西：巴音布勒格村<br>南：巴音布勒格村<br>北：巴音布勒格村 | 33 | 14.00 | 全民 | 自然资源部 | 肃北县人民政府 |
| 西滩调蓄水库 | 620923433000002 | 党城湾镇 | 东：马场村<br>西：马场村<br>南：马场村<br>北：马场村 | 33 | 72.53 | 全民 | 自然资源部 | 肃北县人民政府 |

依据《自然资源部 财政部 生态环境部 水利部 国家林业和草原局关于印发〈自然资源统一确权登记暂行办法〉的通知》（自然资发〔2019〕116号）、《甘肃省人民政府办公厅关于转发〈祁连山国家公园甘肃省片区自然资源统一确权登记实施方案〉的通知》（甘政办发〔2018〕130号）规定，阿克塞县政府将划入酒泉片区的自然资源产权开展了登记工作。阿克塞县于2019年5月公示了以祁连山国家公园甘肃省片区（阿克塞县境内）以酒泉片区内功能区作为登记单元，共划分为4个登记单元，预登记单元面积29.9万公顷，登记范围涉及阿勒腾乡（哈尔腾村和乌呼图两个村），东至青海省德令哈市两省交界处，南至青海省德令哈市和柴旦镇两地的祁连山分水岭与甘肃省阿克塞县祁连山分水岭交界处，西至阿克塞县祁连山山岭与草原分界处，北至阿克塞县祁连山脉山岭与草原分界处。登记单元内森林、草原、水流、滩涂、湿地和山岭资源所有权类型为国有，所有权人为全民，代表行使主体为中华人民共和国自然资源部，阿克塞哈萨克族自治县人民政府为代理行使主体。

祁连山国家公园酒泉片区以肃北县和阿克塞县为主，土地及确权工作主要由自然资源行政单位开展。依据各项文件要求和法律法规，确权工作已逐步开展。依据《自然资源统一确权登记暂行办法》第六条，"国务院自然资源主管部门负责指导、监督全国自然资源统一确权登记工作，会同省级人民政府负责组织开展由中央政府直接行使所有权的国家公园、自然保护区、自然公园等各类自然保护地以及大江大河大湖和跨境河流、生态功能重要的湿地和草原、国务院确定的重点国有林区、中央政府直接行使所有权的海域、无居民海岛、石油天然气、贵重稀有矿产资源等自然资源和生态空间的统一确权登记工作"，祁连山国家公园酒泉片区范围内的确权工作主要由中华人民共和国自然资源部作为承担自然资源统一确权登记工作的机构，并按照分级和属地相结合的方式进行登记管辖。因此，祁连山国家公园酒泉片区范围内的确权，省级确权登记由甘肃省自然资源厅自然资源确权登记局完成，市级确权登记由酒泉市自然资源局完成，县级确权登记由肃北蒙古族自治县自然资源局和阿克塞哈萨克族自治县自然资源局完成。其中，祁连山国家公园酒泉片区范围内自然资源所有权代表行使主体为中华人民共和国自然资源部，地方政府部门作为所有权代理行使主体，大部分自然资源所有权为全民，部分乡镇村庄存在集体土地所有权证，需要保证村界址清楚、面积准确，无权属纠纷，从而更好地支撑建设用地报批、自然资源统一确权登记、生态修复、土地增减挂钩、盘活存量、征地补偿、集体经营性建设用地入市等工作开展。

### 9.1.4 土地利用现状及利用结构

祁连山国家公园酒泉片区现有土地利用现状及利用结构分类数据主要依据《土地利用现状分类》（GB/T 21010—2017）和《中华人民共和国土地管理法》三大类的对照表，适用于土地调查、规划、审批、供应、整治、执法、评价、统计、登记及信息化管理等工作。土地利用现状分类采用一级、二级两个层次的分类体系，共分12个一级类、73个二级类。

依据以上标准，祁连山国家公园酒泉片区在第三次全国土地调查中，天然牧草地（0401）（以天然草本植物为主，用于放牧或割草的草地，包括实施禁牧措施的草地，不包括沼泽草地）面积为48.71万公顷，面积最大，占祁连山国家公园酒泉片区总面积的35.93%；裸岩石砾地（1207）（表层为岩石或石砾，其覆盖面积大于等于70%的土地）面积达27.32万公顷，位居其次，占祁连山国家公园酒泉片区总面积的 20.15%；其他草地（0404）（树木郁闭度小于 0.1，表层为土质，不用于放牧的草地）的面积为 26.33 万公顷，占祁连山国家公园酒泉片区总面积的 19.42%；灌木林地（0305）（灌木覆盖度大于等于 40% 的林地，不包括灌丛沼泽）的面积为 14.15 万公顷，占祁连山国家公园酒泉片区总面积的 10.44%；沼泽地（1108）（经常积水或渍水，一般生长湿生植物的土地，包括草本沼泽、苔藓沼泽、内陆盐沼等，不包括森林沼泽、灌丛沼泽和沼泽草地）面积为 4.62 万公顷，占祁连山国家公园酒泉片区总面积的 3.40%；沼泽草地（0402）（以天然草本植物为主的沼泽化的低地草甸、高寒草甸）面积为 4.56 万公顷，占祁连山国家公园酒泉片区总面积的 3.37%；内陆滩涂（1106）（包括河流、湖泊常水位至洪水位间的滩地，时令湖、河洪水位以下的滩地，水库、坑塘的正常蓄水位与洪水位间的滩地，包括海岛的内陆滩地，不包括已利用的滩地）面积为 3.68 万公顷，占祁连山国家公园酒泉片区总面积的 2.72%。此外，冰川及永久积雪（1110）（祁连山国家公园酒泉片区表层被冰雪常年覆盖的土地，被冰体覆盖和雪线以上被冰雪覆盖的土地）的面积为 2.69 万公顷，占祁连山国家公园酒泉片区总面积的 1.98%；沙地（1205）（表层为沙覆盖、基本无植被的土地，不包括滩涂中的沙地）的面积为 2.01 万公顷，占祁连山国家公园酒泉片区 1.49%；河流水面（1101）、裸土地（1206）、盐碱地（1204）、农村道路（1006）、公路用地（1003）的面积分别为 0.66 万公顷、0.42 万公顷、0.28 万公顷、0.05 万公顷、0.04 万公顷，分别占祁连山国家公园酒泉片区总面积的 0.49%、0.31%、0.21%、0.04%、0.03%。数据表明，人工牧草地、水工建筑用地、沟渠、设施农用地、灌丛沼泽、采矿用地、坑塘水面、工业用地等土地类型的面积均小于 100 公顷，其他用地之和面积约为 275.16 公顷，占祁连山国家公园酒泉片区的总面积为 0.02%。

祁连山国家公园酒泉片区的土地利用现状及利用结构数据表明，天然牧草地和裸岩石砾地面积最大，有相当一部分草地不能用于放牧，灌丛面积位居其次。祁连山国家公园酒泉片区降水较少，植被稀疏，岩石、石砾、高寒苔原及中低覆盖度草地占比较高。土地利用结构和植被情况充分体现了祁连山国家公园酒泉片区的生态环境较为脆弱，土地结构中存在大片裸岩石的土地类型，同时，大量的生物物种聚集，其生物多样性决定了祁连山国家公园的科学性和必要性。

### 9.1.5　机构设置及人员

2019年1月，经中共甘肃省委机构编制委员会《关于组建大熊猫祁连山国家公园甘肃省管理局酒泉张掖白水江分局的批复》（甘编委复字〔2019〕1号）批准，在原有的甘肃盐池湾国家级自然保护区管护中心基础上成立大熊猫祁连山国家公园甘肃省管理局酒泉分局，与甘肃盐池湾国家级自然保护区管理局合署办公。其为甘肃省林草局直属机构，正处级单位，设一室五科，均为正科级建制。主要科室为办公室（主任、副主任各1名）、组织人事科（科长、副科长各1名）、计划财务科（科长〔项目管理办公室主任〕、副科长〔项目管理办公室副主任〕各1名）、保护监测科（科长、副科长各1名）、科研管理科（科长、副科长各1名）、国家公园管理科（科长1名，副科长2名）。除内设机构外，大熊猫祁连山国家公园甘肃省管理局酒泉分局下设有12个基层保护站（含在建和合并的保护站），每个基层保护站分别设有站长1名，副站长1名，形成了管理分局—基层保护站二级管理体系。在2018年之前，核定事业编制35人，县级领导职数4名，其中，局机关19人，保护站15人。2018年，经甘肃省机构编制委员会办公室（甘机编办复字〔2018〕20号）文，同意给甘肃盐池湾国家级自然保护区管理局调剂增加事业编制10名，调整后，甘肃盐池湾国家级自然保护区管理局事业编制由35名核增为45名。2020年9月，经甘肃省机构编制委员会办公室批复（甘编办复字〔2020〕14号）同意，将甘肃祁连山国家级自然保护区管理局（大熊猫祁连山国家公园甘肃省管理局张掖分局）15名全额拨款事业编制划转到甘肃盐池湾国家级自然保护区管理局（大熊猫祁连山国家公园甘肃省管理局酒泉分局），调整后，甘肃盐池湾国家级自然保护区管理局（大熊猫祁连山国家公园甘肃省管理局酒泉分局）全额拨款事业编制60名。目前，实有在编在岗职工55名，聘用护林员123名。根据中共甘肃省机构编制委员会（甘编委发〔2020〕4号）和中共甘肃省林草局党组（甘林党发〔2020〕22号）文件精神，依托省森林公安局盐池湾分局组建大熊猫祁连山国家公园甘肃省管理局酒泉综合执法局，酒泉综合执法局（甘肃省公安厅森林公安局盐池湾分局）现有森林公安政法专项编制15名，实有民警14人。

## 9.2　历史沿革和法律地位

### 9.2.1　历史沿革

1982年，甘肃省人民政府批准建立肃北盐池湾省级自然保护区，面积48万公顷，同年12月，经甘肃省人民政府批准（甘政发〔1982〕385号），成立酒泉地区肃北盐池湾自然保护区管理站。2003年6月，经肃北县机构编制委员会批准（肃机编发〔2003〕04号），成立甘肃肃北盐池湾省级自然保护区管理局，与肃北县林业局合署办公。2006年，经国务院批准（国办发〔2006〕9号），甘肃肃北盐池湾省级自然保护区晋升为甘肃盐池湾国家级自然保护区，面积扩大为136万公顷。2007年8月，经甘肃省机构编制委员会批准（甘机编通字〔2007〕65号）和甘肃省林业厅批准（甘林人字〔2007〕214号），成立甘肃盐池湾国家级自然保护区管理局，属事业性质，县级建制，隶属于甘肃省林业厅管理。2013年11月，党的十八届三中全会决定首次提出建立国家公园体制。2015年1月，国家发展和改革委员会等13部委联合通过《建立国家公园体制试点方案》，确定9个国家公园体制试点省（市）。2017年6月26日，习近平总书记主持中央全面深化改革领导小组第36次会议，会议通过《祁连山国家公园体制试点方案》。2017年9月，中共中央办公厅、国务院办公厅正式印发《祁连山国家公园体制试点方案》，全面启动祁连山国家公园体制试点工作，盐池湾自然保护区大部分区域被纳入祁连山国家公园。2018年，经甘肃省机构编制委员会办公室文（甘机编办复字〔2018〕20号），同意给甘肃盐池湾国家级自然保护区管理局调剂增加事业编制10名。2018年10月29日，祁连山国家公园管理局揭牌成立。2018年11月，甘肃、青海两省林业和草原局分别挂牌成立大熊猫祁连山国家公园甘肃省管理局、祁连山国家公园青海省管理局。2019年1月，经中共甘肃省委机构编制委员会《关于组建大熊猫祁连山国家公园甘肃省管理局酒泉张掖白水江分局的批复》（甘编委复字〔2019〕1号）批准，成立大熊猫祁连山国家公园甘肃省管理局酒泉分局。2019年4月9日，大熊猫祁连山国家公园甘肃省管理局酒泉分局揭牌。2019年10月17日祁连山国家公园标识正式发布并启用。2020年6月，经中共甘肃省林业和草原局党组批准（甘林党发〔2020〕55号），大熊猫祁连山国家公园甘肃省管理局酒泉分局增加国家公园管理科。

2022年1月，经中共甘肃省林业和草原局党组批准（甘林党发〔2022〕15号），大熊猫祁连山国家公园甘肃省管理局酒泉分局增加组织人事科。

### 9.2.2 法律地位

中国国家公园是以保护具有国家代表性的自然生态系统为主要目的，实现自然资源科学保护和合理利用的特定陆域或海域，是国家公园体制的创新生态文明建设的具体体现。2013年11月，《中共中央关于全面深化改革若干重大问题的决定》首次提出了建立国家公园体制。此外，新华社2015年5月5日发布的《中共中央 国务院关于加快推进生态文明建设的意见》提出，建立国家公园体制，实行分级、统一管理，保护自然生态和自然文化遗产的原真性、完整性。2015年5月8日，国务院批转《发展改革委关于2015年深化经济体制改革重点工作的意见》，在9个省份开展"国家公园体制试点"。2015年第28号，中共中央和国务院印发《生态文明体制改革总体方案》，第十二条明确提出了建立国家公园体制、加强对国家公园试点的指导，在试点基础上研究制定建立国家公园体制总体方案，构建保护珍稀野生动植物的长效机制。2021年10月12日，国家主席习近平在以视频方式出席《生物多样性公约》第十五次缔约方大会领导人峰会并发表主旨讲话时指出，中国正式设立三江源、大熊猫、东北虎豹、海南热带雨林、武夷山等第一批国家公园，保护面积达23万平方公里，涵盖近30%的陆域国家重点保护野生动植物种类。2022年6月1日，《国家林业和草原局关于印发〈国家公园管理暂行办法〉的通知》（林保发〔2022〕64号）的发布为进一步加强国家公园建设管理、障国家公园工作平稳有序开展提供了依据。2022年8月19日，国家林业和草原局为健全完善国家公园法律制度体系，起草了《国家公园法（草案）》（征求意见稿），并向社会公开征求意见，标志着我国国家公园法律法规体系的进一步完善，《国家公园法》（草案）的面世，标志着我国第一部以国家公园为主体的法律法规的建立，具有划时代的意义，是生态文明建设的重要彰显。

## 9.3 "十四五"期间主要规划建设内容

大熊猫祁连山国家公园甘肃省管理局酒泉分局具有浓厚的历史底蕴，保护区在自然保护与管理、科研监测、宣传教育、社区发展等方面已具备了一定的条件。2013年，我国在十八届三中全会首次提出建设国家公园体制，到2019年，大熊猫祁连山国家公园甘肃省管理局酒泉分局揭牌，但前期的保护区建设与国家级自然保护区建设的标准和要求仍存在一定的差距。同时，随着全球气候变暖的影响越来越明显，特别是极端气候事件的发生，对保护区的建设提出了新的挑战。因此，为实现保护区管理的规范化、科学化，结合"十四五"突出三方面建设重点。一是进一步完善保护管理工程、科研监测工程、公众教育工程等基础设施建设；二是抓好管理技术和制度建设，突出数字化管理、信息化管理和规范化管理；三是根据祁连山国家公园酒泉片区的特点，努力实现资源保护与社区发展的双赢，实现生物资源的可持续性利用。规划建设主要包括以下方面。

### 9.3.1　保护管理建设规划

#### 9.3.1.1　规划目标

整合建立跨区域统一的自然保护机制，设立祁连山国家公园酒泉片区管理机构及管理体系，初步完成自然资源资产产权统一登记，建立较为健全的管理体制和管理队伍。通过加强生态监测，稳步推进山水林田湖草综合保护和系统修复。建立已有矿业权分类退出机制，逐步退出酒泉片区内商业探矿权和采矿权。积极发展生态产业，妥善处理国家酒泉片区内自然资源保护和居民生产生活的关系，推进国家公园及周边产业转型。提高祁连山国家公园酒泉片区内自然资源和生态系统保护效能，使水源涵养功能和雪豹等野生动物栖息地质量有所提高，并使人与自然的关系明显改善。

通过建立中央直接行使国有自然资源资产所有权的国家公园管理体制，形成归属清晰、权责明确、监管有效的国有自然资源资产管理模式。推动生态环境根本好转，生态系统质量稳步提升，生态功能持续增强。通过监测评估和自然教育体系的稳定运行，使其成为国际知名的科研和教育基地。推动推动法规政策和标准体系趋于完善，使管理运行有序高效。完善矿产等工矿企业退出机制，使绿色发展方式更加多样，形成生态友好型社区生产生活模式，并使国家酒泉片区内人为干扰显著降低。通过对祁连山国家公园酒泉片区生态系统的完整性和原真性保护，形成人与自然和谐共生格局，使其成为保护管理体制健全、生态系统保护与修复、生态文明体制改革与创新发展示范的国家公园。

### 9.3.1.2　规划内容

#### （1）保护站点建设

由于基层保护站普遍位于人烟稀少的地段，交通道路条件有限，因而基层保护站水电建设存在较大的难度，有必要对基层保护站开展管理建设规划，修缮管理站办公场所，如扎子沟保护站、党河保护站、盐池湾保护站。一是升级改造扎子沟保护站，铺设水、电、暖、网等设施设备，建设员工宿舍，保证用电、用水，并配备相关的办公、救护、监测及检验检疫设备。二是铺设国家酒泉片区内路网，建设党河湿地保护站，升级完善必要的生活设施。三是升级建设盐池湾保护站制氧设备及氧气房，为防护员更好地提供工作休息场所。

#### （2）巡护系统升级

针对祁连山国家公园酒泉片区管护面积大、人烟稀少的情况，规划建设林业GPS巡护管理系统。通过GPS全球定位技术和GIS地理信息系统实现对保护区管护员防火、防盗、防虫灾等工作的规范化管理。在预先定义巡检地区、巡检路线、巡检时间、巡检人员、排班计划等信息的前提下，实时监控管护员当前位置及轨迹跟踪；查看巡检现场情况，指挥并对事件进行处理；自动分析、统计巡检数据和考核巡检工作，保证管护员巡逻到岗到位。林业GPS巡护管理系统由服务器、GPS巡检器、GSM网络、GIS地理信息、林业巡检管理系统组成。

#### （3）防火库建设

为保障国家公园的自然资源，履行森林草原防火、防灾减灾的责任，应建立相应的防灾减灾、防火救火应急保障机制，大熊猫祁连山国家公园甘肃省管理局酒泉分局建设了防火物资库，包括扑火机具类装备、安全防护类装备、野外生存类装备、通信指挥类装备等，为森林草原防火提供必要的物资储备。

#### （4）道路设施建设

针对祁连山国家公园酒泉片区范围内个别路段不通车，一些巡护道路年久失修、损毁严重，防护车辆及设备无法进入的现状，根据国家公园管理巡护的实际需要，规划修缮祁连山国家公园巡护道路，新建巡护道路，以满足保护区日常巡护、保护站与保护点来往的需要，提高资源管护效率。

### 9.3.2　生态修复规划

#### 9.3.2.1　规划目标

遵照生态系统的内在规律，统筹管理国家公园自然生态各要素，立足山水林田湖草是一个生命共同体的理念，以水源涵养和生物多样性保护为核心的生态功能定位要求，对冰川雪山、湿地、森林、草原等进行整体保护、系统修复，有效保护祁连山国家公园酒泉片区自然生态系统原真性、完整性。通过适当的生物、生态及工程技术，逐步恢复退化的荒漠草原—湿地生态系统的结构和功能，增加物种种类组成和生物多样性，提高祁连山国家公园酒泉片区植被防风固沙的能力，提高荒漠草原—湿地生态系统的生产和自我维持能力。

#### 9.3.2.2　规划内容

（1）冰川保护

针对祁连山国家公园酒泉片区范围内的冰川，特别是位于老虎沟保护站的梦珂冰川，应开展保护工作，严格落实进出保护区制度。围绕冰川开展科研活动，通过研究监测冰川，揭示不同气候模态下的冰川变化特征及机理，厘清融水径流对出山口径流的补给过程及贡献，更好地、更科学地保护冰雪资源。针对旅游高峰期，通过合理安排值班人员、加强冰川卡口的管护、24小时值班等一系列措施，劝返游客，减少游客数量和减少登山活动来保护冰川。

（2）防沙治沙

针对局部严重退化沙化的草地，一是划定治沙区域，计划在平草湖开展湿地恢复工程，人工促进恢复湿地植被1 200公顷，在党河源头漫土滩区域开展沙化、退化草地恢复工程，沙化土地封滩育林6 000公顷，封滩育草5 000公顷。二是通过开展防沙治沙工程，如补播改良、草灌结合、以灌育草、以灌促草、建立草灌混合型的半人工草地等，采用草方格压沙等技术，固定流沙，增强地表植被防风固沙、保持水土的能力，促进荒漠草原植物群落的恢复，阻止沙化土壤进一步向周边侵蚀蔓延。此外，针对防沙治沙，应大力开展宣传工作，推动周边社区公民了解参与防沙治沙的知识，如法律法规，认识生态环境保护的重要性。

（3）有害生物防治

祁连山国家公园成立后，要进一步开展林业有害生物普查等工作，全面排查摸清有害生物的种类、分布、危害、宿主等多方面的基本情况，更新祁连山有害生物数据库。计划提升专业技术人员的有害生物防治专业技能，定期邀请专家开展培训，使专业技术人员掌握普查的方法、野外采集仪和普查软件的使用方法，并带领专业技术人员在防治现场开展有害生物人工防治技术培训，掌握人工防治的技术流程、注意事项等，规范操作流程及相关有害生物防治施药量，提升国家公园有害生物防治水平。针对有害生物，制订生物防治计划，开展相关防治工作，提升祁连山国家公园酒泉片区的生态系统的稳定性。

（4）生态环境修复

整顿酒泉片区内的矿产开发，保证其核心区无工矿企业，进一步完善保护区及周边社区的特许经营制度，对核心的工矿企业旧址开展生态修复措施，规划在核心区采取退耕还林还草，宣传执行轮牧休牧禁牧政策，并加强监督与监管，保证草地植被、湿地等自然资源的修复，以及生态景观及动植物栖息地的恢复。

### 9.3.3　科研监测规划

#### 9.3.3.1　规划目标

围绕祁连山国家公园酒泉片区主要保护对象和保护目标，结合自身的特点，积极引进专业人才，全方位开展员工培训，加强与科研院所等机构的合作，有计划、有步骤、有重点地开展自然生态系统和野生动物的监测和科学研究，完善国家公园的科研设施和信息综合管理系统，提高保护区的科研监测水平，为实现自然资源的全面保护和持续利用提供科学依据。

#### 9.3.3.2　规划内容

（1）科研监测设施建设

针对国家公园酒泉片区内建立的基础科研设施存在年久失修的问题，规划对其进行系统更新和维护。针对国家公园酒泉片区自然资源及动植物搭建相关监测设备，观察研究祁连山国家公园旗舰物种黑颈鹤集群繁殖迁徙，规划红外相机监测点位和相关监测站，便于及时掌握珍稀鸟类种群情况，为开展珍稀野生动物种群监测和研究奠定坚实基础。计划建设1个生物多样性研究监测中心、26个野外监测点、3个气象观测点、4个水文水质监测站、100块植物多样性监测样地、50条长度为1～3km的野生动物监测样线。升级完善气象、水文、空气、冰川监测站点设备和功能，增加水质监测设施设备，对保护区内湿地水质、河流水质进行常规监测，增加管护点日常生活物资设备和巡护设备，包括GPS定位仪、双筒望远镜、对讲机、巡护野外工装、客货两用皮卡等。针对国家公园酒泉片区植被演替现状，补充建立不同生境类型的固定样地，按操作性强、干扰少、易维护的原则，在每个样地内选择灌木样方、草本样方开展植被监测工作。规划成立科研所（生物多样性研究监测中心），作为二级机构专门负责保护区的科研监测工作，通过建立野外监测点、气象水文监测站、生态系统监测样地、冰川环境监测平台、天地空一体化监测体系，通过提升科研硬实力，为科研监测提供优质的监测环境和平台，为祁连山国家公园酒泉片区管理提供助力。

（2）科研监测队伍建设

科研人员是保护区科研监测队伍建设的基础。规划通过组建科研监测队伍，提高科研人员整体素质，以适应自然保护事业日益发展的需要。一是建设和完善科研设施，提高科研人员待遇，稳定现有科研队伍，吸引更多高等院校毕业生及科研人员投身自然保护事业，壮大和稳定人才队伍，逐步提高保护区整体科研水平；二是建立激励机制，把个人的工作业绩与个人切身利益挂钩，把科研成果与职称、职务的升迁以及专业技术培训挂钩，对作出重大科技成果的科研人员给予奖励；三是鼓励在职人员深造，提高保护区科研监测人员的理论水平和实际工作能力；四是积极参与科研院所的科研合作，拓宽合作渠道，广纳科研院所和高等院校进入保护区，从事科学研究活动，并鼓励他们将祁连山国家公园酒泉片区作为科研、教学实习基地；五是积极与有关科研机构合作申报课题和项目实施；六是成立大熊猫祁连山国家公园甘肃省管理局酒泉分局专家咨询委员会，通过专家咨询委员会指导保护区制订科研监测计划，开展科研监测工作，准确地掌握国内外有关动态，及时调整保护区管理措施和方向，让科研监测工作高水平开展。

（3）科研监测管理

充分利用现有的资源，规划建设大熊猫祁连山国家公园甘肃省管理局酒泉分局数字化监测平台与生物多样性数据库。采用GIS技术分类建立国家公园地理信息系统空间数据库和属性数据库，将国家公园动植物资源、巡护管理、环境因子、自然遗迹、防沙治沙、交通网络、土地资源等相关空间数据进行一体化管理，搭建数字化监测平台，为巡护人员配备移动设备，在巡护过程中实时上报数据、核实核查任务，通过实时监测国家公园酒泉片区内的气象、水文、人为活动状况，收集珍稀濒危物种分布，规范化国家公园科研监测巡护等工作，收集积累科研监测数据。科研是国家公园自然资源保护和发展的重要抓手，要建立健全科研规章制度，包括科研人员的奖励制度、保障制度、服务制度，科研设备管理使用制度，科研项目的资金使用、成果共享、数据安全管理制度等。完善科研档案管理，包括各类研究计划、科研总结、科研成果、野外观测数据记录、论文专著等。

（4）科学研究内容

基于大熊猫祁连山国家公园甘肃省管理局酒泉分局的实际情况，针对科研人员专业配备不齐、科研水平较低的现实，建议扩大科研院校合作范围，一些技术要求不高、难度不大的项目建议保护区尽可能独立操作，提升保护区技术人员的科研水平。开展自然资源调查工作，通过自然资源本底调查，为祁连山国家公园酒泉片区的保护管理工作提供依据。另外，针对生物多样性，对不同生态系统的生物多样性进行常态化监测。对重点保护野生植物开展常态化监测主要是监测野生状态下处于危险境地的植物种类、分布区域、生存状况、资源保护地点、今后发展趋势。通过监测研究野生动物的生存状况、生境条件、分布范围、濒危程度、偷猎者活动情况等，确定保护的对策、保护的重点、保护的范围，为制订科学的保护措施提供依据。针对有害生物病虫害，监测森林草原的环境条件（包括温度、湿度、林分状况、天敌数量等），以及病源、虫源状况（包括枯病木分布范围、记数株数，虫口密度等），预测森林病虫害的易发地、发生期，评估灾害损失，提出防治决策方案。

### 9.3.4 社区协调规划

#### 9.3.4.1 规划目标

通过实施社区共管项目，协调国家公园周边人民群众生产生活与自然保护的关系，扶持社区发展经济和公益事业。推动社区参与自然保护区资源管理，达到人与自然和谐的目的，实现资源保护与利用相结合，生产、环境、就业均衡，最终实现社区经济的可持续发展。

### 9.3.4.2　规划内容

（1）社区共管

联合当地社区与管理分局，共同参与当地社区和国家公园的自然资源管理。将当地居民转化为"生态民"，通过替代性生计，让当地社区提供劳动力，配合并支持酒泉分局的工作，参与国家公园的管理决策、规划、监测等工作，加强沟通与宣传，帮助居民转产转业，并参与国家公园的管理保护。

（2）替代性生计补偿

对国家酒泉片区内和周边社区的村民开展技能培训，引导村民开展绿色产业。针对不利于国家公园自然资源保护的生产经营活动，需要酒泉分局参与引导，结合当地农牧民情况、自身再就业的期望和意愿综合制订培训项目，内容可涉及农作物种植改良技术、蔬菜生产技术、特色经济种植栽培技术、畜病防治、养殖技术、野生动物保护救助技术、动植物疫病防治、防沙治沙技术、巡护监测、传统民族环保文化传承等技术和技能，循序渐进地帮助当地牧民转变生产经营的方式，对因野生动物保护造成损失的牧户进行生态效益补偿补助。

### 9.3.5　自然教育规划

#### 9.3.5.1　规划目标

通过丰富的公众教育活动大力宣传国家公园生物多样性的功能价值，普及自然环境科学知识，弘扬生态文化，培养一支国家公园自己的公众教育宣传队伍，打造一批富有影响力的新媒体宣传平台，增强当地企业、社区居民及游客的环境保护意识。通过当地政府、企业和社区居民的共同参与，使保护区周边社区居民养成热爱自然、珍惜生态环境的良好社会风气，自觉抵制非法猎捕野生动物、破坏保护区生物多样性等违法行为，形成人与自然和谐共存的大环境，最终实现生态文明、物质文明和精神文明共同发展。

#### 9.3.5.2　规划内容

（1）自然教育展馆

规划建设祁连山国家公园酒泉分局自然教育展厅，使其作为祁连山国家公园酒泉片区的科研宣教中心，提升了保护区的知名度和游客的认同感。建设自然资源展厅，可以展示动植物资源情况、祁连山国家公园旗舰物种科普知识、野生动物模型、动植物标本等，提升公众教育宣传力度，增强民众的环保意识，促进保护区生态文明建设；另外，针对中小学生，可以开展游学讲座夏令营等活动，通过自然教育展厅、宣传VR等，图文并茂、深入浅出、通俗易懂地为中小学生讲解自然保护科普知识，真正接触、认识、保护珍稀濒危动物，激发他们的学习兴趣，从小培养他们热爱大自然的感情，树立环保意识，增长环保知识。

（2）户外宣教点

规划结合祁连山国家公园的特点，在党河湿地保护站建立以湿地生境类型为主题的户外宣教点、宣教走廊，通过湿地保护站展厅、鸟类观测展厅及站点，对公众开展日常自然资源教育。

（3）宣传物料更新

针对祁连山国家公园保酒泉片区特点，邀请影视、策划、拍摄和制作的专业队伍，独立或合作摄制保护区的公益宣传片，主要围绕野生动物和湿地、荒漠草原生态系统等资源进行拍摄，以提高国家公园的知名度，增强保护区周边居民的环保意识。结合保护区现状，更新制定1套系统的公众教育宣传材料，包括祁连山国家公园旅游地图、旅游指南、宣传画、宣传册、科普教材等。

### 9.3.6　生态旅游规划

#### 9.3.6.1　规划目标

为公众提供"亲近自然、体验自然、了解自然"的机会，在保护的基础上，为公民提供享受国家公园生态价值和生态服务的感官体验。生态旅游既能发挥生态环境的观赏价值，又能切实转化为经济效益，服务于生态保护和建设，是"绿水青山就是金山银山"的切实体现。

#### 9.3.6.2　规划内容

（1）生态旅游路线

在祁连山国家公园酒泉片区周边和保护区范围内，合理合规规划可供多种类别的游客参观的动植物景观观赏项目、文化体验活动，规划生态旅游路线，本着不破坏原生景观风貌、最小化对环境生态影响的原则，建设"生态徒步道"，让游客依托已有的巡护路，可以开展徒步旅游景观观赏活动，感受真正的国家公园风貌。在不影响动植物活动的基础上，建设"鸟类或野生动物观察点""休憩驿站"，为游客提供娱乐和休息的场所。

（2）配套设施完善

完善祁连山国家公园酒泉片区周边的基础配套设施，如水、电、网、垃圾污水处理、消防安全等基础保障设施，在相关的生态旅游路线中，完善服务补给点，提供防护服、背包、手套、水壶、指南针等野外防护设备，在酒泉分局和保护站升级视频监控，打造天地一体化监测监管技术平台，完善安全防护、医疗防护、防火防灾、救援保障设施和设备，不仅能够提升工作人员的工作效率，还提升游客的安全系数和生态旅游体验。

### 9.3.7　重点建设项目规划

#### 9.3.7.1　规划目标

祁连山国家公园酒泉分局应根据本区实际情况，本着遵循自然规律和科学规律的原则，制订切实可行的科学规划，始终坚持保护、恢复和发展相结合，在严格落实保护自然生态系统和生物多样性的前提下，合理适度地利用自然资源和景观资源，发展生态产品及其服务的认证，发展生态旅游产业，提供优质服务产品，优化社区产业结构，最大限度地发挥生态、社会和经济效益。

#### 9.3.7.2　规划内容

（1）自然保护规划

一是规划更新保护区标识建设。由于国家公园酒泉片区较多的界碑、界桩、指示牌存在破坏、损坏、老旧等情况，在道路建设的基础上，需要新增、更换一些标识。

二是新建野生动物救护点。规划在野马南山、疏勒南山、大雪山高寒荒漠地段搭建野生动物投食点和庇护所。

三是有害植物控制。祁连山国家公园酒泉片区危害严重的有害植物有小花棘豆、甘肃棘豆和镰荚棘豆等。规划治理面积5 000公顷，即在南宁格勒治理黄花棘豆3 000公顷，在小红沟治理镰形棘豆2 000公顷。毒草防治以生物控制为中心，物理防治、科学管理及政策引导为辅助和补充手段，兼顾开发利用。

四是建立酒泉片区植物种质资源库。在酒泉片区建立植物种质资源库5

公顷，对当地乡土灌木和草种实行建园保护。

五是野生动物疫源疫病监测。建立预警站，面积为80 m²，并配备先进的监测和通讯设施设备。

六是生境改善与生态恢复。开展湿地恢复工程、沙化及退化草地恢复工程和鹰架建设工程。湿地恢复工程规划在平草湖人工促进恢复湿地植被1 200公顷；沙化和退化草地恢复工程规划在党河源头漫土滩区域的沙化土地封滩育林6 000公顷，封滩育草5 000公顷。鹰架建设工程在盐池湾谷地和野马滩建设鹰架500个。

七是祁连山国家公园智能监控系统建设。为开展雪豹、豺、黑颈鹤等珍稀濒危野生动物的研究，在现有监控设备的基础上，增加野生动物动态监测设施，共计布置100个动态观测点；在野生动物活动密集区域，根据保护区功能区划图保护站监测样线区域布点50个；在人为活动出入频繁交通路口及保护区边界，影响野生动物活动区域30个，主要分布于核心保护区和一般控制区内。

八是数字化巡护执法系统建设。在酒泉分局建立来源于不同保护管理站的自动监控中心信息，建立野外自动监控系统1套。

（2）科研与监测工程规划

新建科研监测中心：规划建设科研监测中心1 000 m²，包括实验室、专家工作室和其他配套设施。实验室中配备基本的生物、土壤、大气、水等分析和化学测定设备。

一是建立野外监测点及台站。建立野外监测点，在党河南山、野马南山、大雪山建立10个野外研究点，用彩钢板搭建简易住宿设施，50 m²左右；建立5～6个湿地鸟类观察点；建立气象台站，4个山系各一套，包括3～4个海拔高程；建立生态功能监测（水文站），在主要河流建设水文监测站，包括疏勒河、党河、榆林河，在河流上游和出保护区口进行观察；建立小流域生态功能专项研究监测点，选择荒漠灌丛、草原、草甸群落复合系统，对水文、气象、土壤水分、植物生长等进行系统研究；规划完善监测线路、山区野生动物监测线路、湿地鸟类监测线路、鸟类重点观察点；建设典型生态系统监测样方，草原草甸30个左右，为4 m×4 m样方，荒漠生态系统为20 m×20 m样方。

三是建设科研监测数据平台。随着科研监测设施增加，专题监测数据、遥感数据、巡护数据、实时视频数据、生态定位监测数据越来越多，需要建立科研数据管理专门服务器，建立保护区基于GIS的大数据管理系统，进行数据云服务，结合保护区日常工作，提供保护区日常服务支持，为自然保护区科学管理服务。

四是购置科研监测设备。规划采购红外线触动式相机500台，对大型哺乳动物的生境动态进行长期监测；规划采购无人机2架，重点对湿地和高山的猫科动物和有蹄类野生动物区域进行监测。

五是采购升级相关设施及设备。采购生物电子显微镜、双目电子显微镜、解剖镜、便携式双筒望远镜、笔记本电脑、液体比重天平、电子分析天平、微波监控系统避雷设施、罗盘仪、便携式溶解氧测定仪、便携式pH值测量仪、便携式流速测量仪、游标卡尺、数码相机、智能光照培养箱等科研监测设备，供科研监测使用；配备科研监测数据采集车1辆；GPS鸟类标记设备10套。

六是开展生物多样性调查、监测。一是开展本底资源调查，包括森林、草原、湿地等自然资源及动植物资源，开展淡水底栖大型无脊椎动物、内陆水域鱼类、两栖动物、爬行动物、鸟类、陆生哺乳动物、地衣和苔藓、陆生维管植物8项专项研究。二是植物物候监测，选择约30种植物开展物候观察。三是植物样方监测，不同植被类型设置10个面积为$100x\ m^2 \times 100\ m^2$的固定样方，并购置必要的样方调查仪器。四是对国家重点保护物种雪豹、棕熊、白唇鹿、野牦牛等动物生境评价与质量监测。五是对棕熊、雪豹、狼等人兽冲突物种进行实时监测与减缓措施研究。六是湿地鸟类野外实景传输监测。七是鸟类环志研究。八是建设系统化、生态化的观鸟设施，规划在盐池湾建设观鸟室1个、生态监测通道500米，在鸟类活动区域设置全天候监控探头，获取的视频信号通过埋设于地下的传输线路传回监控中心。

（3）宣传与教育规划

一是新建自然教育中心。规划在大熊猫祁连山国家公园甘肃省管理局酒泉分局所在地扩建原来科普馆，扩建为科普教育中心，面积为$1\ 500\ m^2$，其中，访客信息服务区域$600\ m^2$，以宣传、展示、培训为主的自然课堂区域$500\ m^2$，标本馆$400\ m^2$，并配套相关设施。通过标本展示、图文展板、触摸屏、沙盘、互动和动画展板、4D电影等全面介绍保护区生物多样性状况、地形地貌、地质历史、自然风光、资源特色和建设管理情况。自然教育中心包括动物、植物、昆虫标本展览室1个，地质博物馆1个，保护区远程实景观光平台1个。

二是建立体验式虚拟保护区宣教系统和数字盐池湾体验中心。在湿地监测中心和自然教育中心室内制作虚拟场景，开展参与式、体验式科普游览活动，在可以到达的野外宣教点和科普小径利用无线网络，通过二维码扫描、距离触发和红外感应等，让访客和科研学者等体验宣教活动。

三是建设数字盐池湾保护区体验中心。主要由远程观测和盐池湾虚拟游两部分组成。

四是建设祁连山国家公园酒泉片区解说系统。在祁连山国家酒泉片区的湿地和道路等地设计向导式解说系统（自然解说员）和自导式解说系统（标识牌），解说系统标识牌建设。（表9-3）

表9-3　解说系统标识牌设置表

| 类型 | 内容 | 单位 | 数量 | 单价（万元） | 合计（万元） |
|------|------|------|------|------|------|
| 指示牌 | 全景导游牌 | 块 | 20 | 0.2 | 4 |
| | 道路指示牌 | 块 | 40 | 0.05 | 2 |
| | 服务设施指示牌 | 块 | 50 | 0.05 | 2.5 |
| 解说牌 | 自然知识解说牌 | 块 | 150 | 0.1 | 15 |
| | 人文知识解说牌 | 块 | 50 | 0.1 | 5 |
| | 特殊生态环境解说牌 | 块 | 50 | 0.1 | 5 |
| | 珍稀动植物解说牌 | 块 | 200 | 0.1 | 20 |
| 警告牌 | 警告牌 | 块 | 100 | 0.05 | 5 |
| | 明示牌 | 块 | 100 | 0.05 | 5 |

五是新建生态科普小径。规划在盐池湾湿地、大道尔基地建立观鸟室和生态小径，并配备解说系统。

（4）可持续发展规划

一是针对祁连山国家公园酒泉片区建设盐池湾保护区旅游服务系统，提高访客的旅游体验。二是对行车道进行规划，采用裸石铺设，路宽6.5米，两边各留0.5米的路肩，道路两旁的水泥要求高于路面，道路结构呈环状，共三条，连接景观生态保育区、游览区、服务区，全长50 km。三是对游步道进行规划，规划区内部的游步道以石质路为主。四是对停车场进行规划，规划建设24 000 m²停车场，远期建设53 000 m²。五是对垃圾收集与处理进行规划，在旅游路线和相关节点设置90个生态型垃圾箱，规划建设垃圾转运站1处。六是对旅游厕所进行规划，规划建设环保厕所20～300 m²。

（5）基础设施规划

应建设完善管理站基础设施，保障祁连山国家公园酒泉片区管理站点供电、供水，新建保护站4处——野马河、石油河、大哈尔腾、小哈尔腾，每处1 200 m²。

## 9.4　祁连山国家公园酒泉片区经营管理

祁连山国家公园酒泉片区隶属于大熊猫祁连山国家公园甘肃管理局酒泉分局在以国家公园为主体的自然保护地体系下，祁连山国家公园酒泉片区的管理任务由甘肃盐池湾国家级自然保护区管护中心继承，由其来完成祁连山国家公园酒泉片区的经营管理任务。

### 9.4.1　祁连山国家公园酒泉片区类型

祁连山国家公园酒泉片区是在盐池湾国家级自然保护区基础上，基于新的自然保护地分类体系下形成的保护单元，范围更广，对自然资源和动植物资源的护更全面，让生态保护和科学研究工作开展得更加通畅，有助于充分发挥生态价值，体现全民公益性。目前，暂没有对国家公园分类和级别划分的统一标准。盐池湾国家级自然保护区根据中华人民共和国国家标准《自然保护区类型与级别划分原则》（GB/T 14529—93），保护区属于"自然生态系统"中"野生动物类型"的自然保护区。根据国家林业局《自然保护区工程项目建设标准》（试行）（林计发〔2002〕242号），属超大型的"野生动物类型"自然保护区。

### 9.4.2 祁连山国家公园酒泉片区保护对象

祁连山国家公园酒泉片区位于甘肃省西部肃北蒙古族自治县，东南部与祁连山区相连，位于党河、疏勒河、榆林河的上游，地理位置独特，祁连山国家公园酒泉片区继承了盐池湾国家级自然保护区的特征，盐池湾国家级自然保护区属于自然生态系统类自然保护区，祁连山国家公园酒泉片区的保护对象不仅包括自然生态系统，还包括重要的动植物、重要化石点、现代冰川以及四河上游水源地。

#### 9.4.2.1 生态系统

生态系统主要有高山寒漠生态系统、草甸草原生态系统、荒漠生态系统和湿地生态系统，这些生态系统依照不同海拔镶嵌而成，在国内外独一无二，这些生态系统是主要保护对象之一。

#### 9.4.2.2 高山有蹄类及其他珍稀濒危物种

（1）盐池湾自然保护区

2000年盐池湾自然保护区科学考察数据显示，国家保护的珍稀动物35种。其中，国家Ⅰ级保护的10种，雪豹、藏野驴、白唇鹿、野牦牛、黑颈鹤、金雕、白肩雕、玉带海雕、白尾海雕、胡兀鹫，Ⅱ级保护的25种，包括马鹿、岩羊、盘羊、鹅喉羚、藏原羚、棕熊、石貂、荒漠猫、兔狲、马麝、猞猁、草原雕、秃鹫、高山兀鹫、鸢、大鵟、猎隼、红隼、燕隼、大天鹅、灰鹤、喜马拉雅雪鸡、西藏雪鸡、雕鸮、小鸮。有蹄类9种，占我国列入保护名录的有蹄类的25%。其中Ⅰ级保护的3种，Ⅱ级保护的6种。

2000年盐池湾自然保护区科学考察数据显示，列入《濒危野生动植物种国际贸易公约》（CITES）的有25种，附录Ⅰ禁止国际贸易的有7种，包括棕熊、雪豹、野牦牛、白肩雕、白尾海雕、西藏雪鸡、黑颈鹤，附录Ⅱ限制国际贸易的18种，包括狼、藏野驴、草原雕、荒漠猫、猞猁、马麝、盘羊、鸢、胡兀鹫、玉带海雕、高山兀鹫、秃鹫、大鵟、猎隼、红隼、燕隼、雕鸮、小鸮。

中日候鸟保护协定规定的保护候鸟22种，包括大白鹭、大天鹅、赤麻鸭、绿头鸭、红头潜鸭、青头潜鸭、凤头潜鸭、苍鹭、灰鹤、凤头麦鸡、矶鹬、红脚鹬、青脚滨鹬、黑翅长脚鹬、普通燕鸥、大杜鹃、白腰雨燕、角百灵、家燕、山鹡鸰、田鹨、水鹨。

国家保护植物2种，包括裸果木和胡杨。

（2）祁连山国家公园酒泉片区

依据《国家重点保护野生动物名录》（2021年），基于祁连山国家公园酒泉片区的自然科学考察，祁连山国家公园酒泉片区记录有国家重点保护野生动物62种，保护动物种类丰富（占脊椎动物种类的22.5%）。其中，一级保护物种19种，包括8种哺乳类和11种鸟类，有黑颈鹤、波斑鸨、黑鹳、胡兀鹫、秃鹫、金雕、草原雕、白肩雕、玉带海雕、白尾海雕、猎隼、白唇鹿、马麝、野牦牛、西藏盘羊、藏野驴、荒漠猫、雪豹、豺；二级保护动物43种，包括哺乳类13种，鸟类30种，有暗腹雪鸡、藏雪鸡、白额雁、疣鼻天鹅、大天鹅、黑颈䴙䴘、灰鹤、蓑羽鹤、白腰杓鹬、翻石鹬、雕鸮、纵纹腹小鸮、长耳鸮、短耳鸮、鹗、高山兀鹫、雀鹰、苍鹰、白尾鹞、黑鸢、普通鵟、大鵟、棕尾鵟、红隼、燕隼、游隼、黑尾地鸦、白眉山雀、贺兰山红尾鸲、朱鹮、马鹿、鹅喉羚、藏原羚、岩羊、草原斑猫（野猫）、兔狲、猞猁、棕熊、赤狐、沙狐、藏狐、狼、石貂。

基于本次祁连山国家公园酒泉片区的自然科学考察，列入CITES的Ⅰ级动物有10种，有藏雪鸡、黑颈鹤、波斑鸨、白肩雕、白尾海雕、游隼、野牦牛、西藏盘羊、雪豹、棕熊；Ⅱ级动物有32种，有灰鹤、蓑羽鹤、黑鹳、雕鸮、纵纹腹小鸮、长耳鸮、短耳鸮、鹗、胡兀鹫、高山兀鹫、秃鹫、金雕、草原雕、雀鹰、苍鹰、白尾鹞、黑鸢、玉带海雕、普通鵟、大鵟、棕尾鵟、红隼、燕隼、猎隼、马麝、藏野驴、草原斑猫（野猫）、荒漠猫、兔狲、猞猁、狼、豺；Ⅲ级动物1种，为赤狐。

该片区的四百余种高等植物中，共有7种国家重点保护植物，属于6科5属，保护级别为二级，无一级保护植物，分别是黑紫披碱草、唐古红景天、四裂红景天、甘草、羽叶点地梅、黑果枸杞、水母雪兔子。

### 9.4.2.3　现代冰川

祁连山国家公园境内有大雪山冰川、党河南山冰川，土尔根达坂山冰川，总面积达468.11km²，约占保护区面积的4.34%。冰川是保护区地表水和地下水补给源之一，又具有调节气候、滋润草甸草原的作用。无论在畜牧业生产，维持生态系统平衡和野生动物生存等方面，还是旅游观光都具有重大的经济效益和生态效益。

### 9.4.2.4 四河上游水源地

祁连山国家公园酒泉片区是疏勒河、党河、榆林河、哈尔腾河、石油河的发源地，西祁连山位于干旱和半干旱区的交错地带，保护水源地至关重要，尤其是冰川和高山草甸草原生态系统的保护。酒泉片区是整个祁连山地区冰川数量最多的区域，约有675条冰川、13.57万公顷的湿地，在水源涵养、水土保持方面起着至关重要的作用，是河西走廊西段重要的生态安全屏障，保障着敦煌、瓜州、玉门、肃北和阿克塞五县市50多万人口的生产、生活用水，支撑着"一带一路"生态安全重任，哺育了（蒙古族、哈萨克族）少数民族特色文化和久负盛名的敦煌文化。

### 9.4.3 祁连山国家公园酒泉片区功能区划

依据国家林业和草原局印发的《国家公园管理暂行办法》（林保发〔2022〕64号）文件第十六条，"国家公园应当根据功能定位进行合理分区，划为核心保护区和一般控制区，实行分区管控"。虽有其他国家公园针对《国家公园管理暂行办法》进行了进一步功能分区管控，例如东北虎豹国家公园，就划分为四个功能分区——核心保护区，特别保护区，恢复扩散区，镇域安全保障区；但祁连山国家公园划分的区域依旧是核心保护区和一般控制区。由大熊猫祁连山国家公园甘肃省管理局酒泉分局经营管理的祁连山国家公园酒泉片区总面积为169.97万公顷，核心保护区面积111.05万公顷，一般控制区面积58.92万公顷。祁连山国家公园酒泉片区大部分主要位于酒泉市行政区划范围内，有且仅有4.71万公顷位于张掖市的肃南裕固族自治县，总体范围位于东经94°50′11″～东经97°36′50″、北纬38°8′41″～北纬39°29′3″。十二个保护站中，大哈尔腾保护站和小哈尔腾保护站位于阿克塞哈萨克族自治县，石油河保护站位于肃南裕固族自治县，其余全部位于肃北蒙古族自治县。其中，疏勒保护站管理的范围最大达27.97万公顷，盐池湾保护站次之，管理面积达24.38万公顷，党河湿地保护站的管理面积最小，为4.65万公顷。野马河保护站管理的核心保护区面积最大，达到20.66万公顷，疏勒保护站管理的核心区面积仅次于野马河保护站，核心区面积达到16.44万公顷，党河湿地保护站的核心区面积为2.35万公顷，是核心区管护面积最小的保护站。（表9-4、表9-5）

表9-4　祁连山国家公园酒泉片区功能区划分布范围　（单位:万公顷）

| 功能区划 | 肃北蒙古族自治县 | 阿克塞哈萨克族自治县 | 肃南裕固族自治县 |
|---|---|---|---|
| 核心保护区 | 88.47 | 18.02 | 4.56 |
| 一般控制区 | 46.77 | 11.83 | 0.15 |

表9-5　祁连山国家公园保护站管理范围面积　（单位:万公顷）

| 保护站 | 区县 | 核心保护区 | 一般控制区 | 总面积 |
|---|---|---|---|---|
| 疏勒保护站 | 肃北蒙古族自治县 | 16.44 | 11.52 | 27.97 |
| 盐池湾保护站 | 肃北蒙古族自治县 | 13.63 | 10.75 | 24.38 |
| 野马河保护站 | 肃北蒙古族自治县 | 20.66 | 1.73 | 22.39 |
| 小哈尔腾保护站 | 阿克塞哈萨克族自治县 | 10.77 | 6.14 | 16.91 |
| 扎子沟保护站 | 肃北蒙古族自治县 | 9.90 | 4.51 | 14.41 |
| 大哈尔腾保护站 | 阿克塞哈萨克族自治县 | 7.24 | 5.69 | 12.93 |
| 碱泉子保护站 | 肃北蒙古族自治县 | 9.68 | 2.64 | 12.32 |
| 石包城保护站 | 肃北蒙古族自治县 | 5.04 | 5.43 | 10.48 |
| 鱼儿红保护站 | 肃北蒙古族自治县 | 6.26 | 3.43 | 9.68 |
| 老虎沟保护站 | 肃北蒙古族自治县 | 4.50 | 4.63 | 9.13 |
| 石油河保护站 | 肃南裕固族自治县 | 4.56 | 0.15 | 4.71 |
| 党河湿地保护站 | 肃北蒙古族自治县 | 2.35 | 2.30 | 4.65 |

## 9.5　祁连山国家公园酒泉片区经营管理评价

国家公园体制在我国于2013年11月首次提出，由于国家公园体制机制建立的时间较短，基于国家公园体制机制形成的经营管理评价机制等还未形成统一的标准。本调查对于国家公园的经营管理评价机制不展开详细的讨论，沿用国家对于自然保护区管理工作评价的相关方法开展评估，采用《国家级自然保护区管理工作评估赋分表》、《自然保护区管理评估规范》（HJ 913—2017）适度评估祁连山国家公园酒泉片区的经营管理状况。

《国家级自然保护区管理工作评估赋分表》主要从机构设置与人员配置、范围界限与土地权属、基础设施建设、运行经费保障程度、主要保护对象变化动态、违法违规项目情况、日常管护、资源本底调查与监测、规划制定与执行情况和能力建设状况十个方面开展评估；《自然保护区管理评估规范》主要是从管理基础、管理措施、管理保障、管理成效及负面影响五个方面开展，围绕土地权属、范围界限、功能区划、保护对象信息、规划编制与实施、资源调查、动态监测、日常管护、巡护执法、科研能力、宣传教育、管理工作机制、机构设置与人员配置、专业技术能力、专门执法机构、资金、管护设施、保护对象变化、社区参与、开发建设活动影响二十个方向开展评估。通过以上两种方式对祁连山国家公园酒泉片区的经营管理开展评估，对现状及存在的主要问题进行总结归纳，有利于后续提升管理效能，为未来祁连山国家公园酒泉片区的发展指明方向。

### 9.5.1 资源保护管理现状及评价

祁连山国家公园酒泉片区前身是盐池湾省级自然保护区、盐池湾国家级自然保护区，其中，自然生态系统包括高山荒漠生态系统、草甸草原生态系统、荒漠生态系统和湿地生态系统，保护野生动物资源一直是管理分局开展工作的第一要务；此外，祁连山国家公园酒泉片区生物多样性丰富，是白唇鹿、藏原羚、野牦牛、藏野驴、雪豹分布区的北部边缘，是黑颈鹤、藏雪鸡、西藏毛腿沙鸡等分布区的东部边缘。为更有效地开展保护管理工作，管理分局一直积极筹措资金建设基础设施，开展巡护工作和人员培训。

#### 9.5.1.1 资源保护现状

建立资源管护巡护体系，完善资源保护管理巡护装备。建立了由祁连山国家公园甘肃省管理局酒泉分局—保护站—管护点—保护片区四级资源管护网络，形成了1个国家公园管理分局、12个保护站、70个管护点资源保护与管理的基本布局，已建成1个气象观测站、1个冰川环境监测站和2个水文水质监测系统。酒泉分局为祁连山国家公园酒泉片区争取资金达到7 782万元，目前，已完成大部分保护站的改建新建、巡护道路建设、输电线路、引水工程、生态治理修复、沙漠化治理工作；已初步建成空天地一体化监测体系和综合信息智能化管理平台；界碑界桩标识系统建设项目已实施完成，共设置标识牌57个、界碑19个、界桩1 693个。界桩界碑等标识明确了国家公园的范围边界和功能分区，采用中文、英文和蒙文三种语言书写，为管护和服务提供指示。通过标示牌的建设，对祁连山国家公园酒泉片区的管护责任区、管护分区进行了精准准确的划分，杜绝了祁连山国家公园界限不清边界不明导致的资源管护缺失现象，增强了祁连山国家酒泉片区内保护区群众的自然保护、生态建设和社区共管意识，为祁连山国家公园规范化、科学化管理奠定了良好的基础。

自盐池湾国家级自然保护区成立以来，资源保护与管理一直是管护中心的首要工作，自然保护地管理体系升级以来，新成立的祁连山国家公园甘肃省管理局酒泉分局也不断强化力量和队伍，对新划分的祁连山国家公园酒泉片区开展资源管护的各项工作，不断将管护工作日常化、规范化、制度化，各保护站实行分区分片巡护管理和日常值班，在进出保护区主要路段设立检查站，对进出入保护区人员车辆实行通行证登记管理制度。共聘用护林员123人进行日常管护，和护林员签订了劳动用工合同，明确了管护人员的管护区域和责任，为护林员在当地社保部门缴纳了"三金"，购买了意外伤害保险，并对护林员进行了安全教育和业务技能培训，规范了劳动用工。除保护站开展管护管理工作外，还联合社区建立联防体系，与周边市、县林业主管部门开展交流与协作，与辖区内的乡（镇）、村签订联防责任书，聘用社区村干部、牧民为护林员，强化治安信息搜集，提高了对辖区内违法案件的防控水平。在省林业和草原局、省森林公安局等上级主管部门的大力支持下，与青海省德令哈市林业主管部门、肃北县人民政府协商沟通，建立了联合执法机制，签订联合执法协议，对盗采砂金等违纪违法行为开展了2次联合执法。酒泉片区自2017年以来，在历次保护专项行动中，共受理并依法查处林业行政案件88起、行政处罚98人次、侦办刑事案件7起。全面搭建国家公园现代化信息监测网络，建成野外视频监控点位21处、道路卡口5处，实现了重点区域、重要卡口的远程监控和局站点的互联互通，保护管理由粗放型、单一化向有效管理、科学监管的转变。

### 9.5.1.2　资源保护管理面临的主要问题

祁连山国家公园酒泉片区部分地区地处偏僻，人口稀少，因此，部分片区的管护难度较大，且道路崎岖，未修建高速公路，道路建设难度大，物品运输难度大，相应的保护站和管护点的建设难度加大，基础设施建设和配套设备难度较大，祁连山国家公园酒泉片区内仍有部分区域未接通电网和移动网络等基础设施，在一定程度上降低了人员管理保护的效率和能力，使得管护中心的管护效果大打折扣。

由于祁连山国家公园酒泉片区的范围相较于盐池湾国家级自然保护区较大，此外有一些范围和分区上的调整，需要重新更换升级基础设施，对于范围和面积扩大的国家公园范围需要新建保护站和管护点，对于老旧的保护站需要升级改造，并完善基础设施建设和提供巡护装备。

祁连山国家公园酒泉片区内依旧有较多的当地牧民，大部分土地和自然资源属国有资源，部分为集体所有，且已经与当地居民达成协议，与祁连山国家公园甘肃省管理局酒泉分局共同管理，但依旧存在资源开发和保护的矛盾，牧民围栏放牧与资源保护之间的矛盾，存在"一地两证"的问题，即保护区持有《林权证》，保护区牧民持《草原使用证》，协调草原资源的管理和使用是酒泉分局资源保护方面需要解决的问题之一。另外，由于当地居民和管理人员的生态意识不断增强，保护管理水平不断提高，生态环境不断好转，野生动物种群数量增多，棕熊、野牦牛伤害人以及侵扰牧民生产生活的事件频发，人与野生动物争夺生存空间和资源的矛盾依旧突出，这些都是祁连山国家公园酒泉片区资源保护与管理中所面临的问题。

由于管理局经费预算中没有专项管护经费，一定程度上影响了资源管护工作的正常开展。祁连山国家公园酒泉片区管护面积大、经费保障有限，导致野外巡护、资源监测、市场巡查等制度落实不到位，宣传教育、信息化建设、职工培训、日常巡护等各项经费没有稳定的保障，影响了各项工作的开展。

## 9.5.2　科研监测现状及评价

### 9.5.2.1　科研监测现状

为有效加强科研监测能力，祁连山国家公园酒泉片区积极在科研监测和宣教工程上投入资金，建设了自动气象站，积极投入水文水质监测系统建设，提升科研宣教设备，添置显微摄影设备1套、烘箱1台、显微镜1台，建立多媒体系统。装备科研设备，有利于科研工作的开展，在与其他单位合作的同时，科研宣教设备有利于提升祁连山国家公园酒泉片区工作人员的学习效率，使科研相关的培训宣讲工作开展得更加顺利。

科研监测是一项综合性强、学科跨度大的复合型系统工作，仅仅依靠自然保护区的力量和国家专项投入难以持续，需要发挥国内外各方面的积极性，发挥国内外高等院校、研究机构的项目、资金、人才、技术等方面的优势，形成合力推动保护区的研究监测水平的提高。目前，祁连山国家公园甘肃省管理局酒泉分局已经与很多科研教学单位建立了合作关系，并开展了基于国家公园的资源调查和监测。例如，与兰州大学生命科学学院合作，开展了野生动物调查重点物种的补充调查工作；购置红外线自动监测相机，开展了野外样线调查，拍摄收集到了雪豹、棕熊、豺、猞猁等多种动物图片音像资料；开展雪豹研究项目，对保护区内雪豹及其他野生动物进行生态学研究。与兰州大学合作开展盐池湾保护区野生动物多样性调查项目，按照《全国陆生野生动物资源调查与监测技术规程》的要求，对保护区野生动物资源分布区域布设了23条固定样线、总长度达941公里的调查样线，先后开展了野外调查15次。从样线、样点调查结果来看，共记录到兽类5目12科22种，其中，国家一级保护种类有雪豹、白唇鹿、藏野驴、野牦牛等4种。记录到鸟类12目28科103种，其中国家一级保护种类有金雕、白肩雕、草原雕、玉带海雕、白尾海雕、胡兀鹫、黑颈鹤等7种。结合项目拍摄了野生动物多样性调查纪录片《向往鹰的飞翔》。

2023年以来，酒泉分局持续利用红外相机获取大量野生动物图像、视频资料，包括棕熊、狼、豺、猞猁、石貂、赤狐、兔狲、岩羊、藏野驴、白唇鹿等哺乳动物，以及雪鸡、石鸡、高原山鹑、黑鹳及多种猛禽等鸟类物种，为酒泉片区今后研究野生动物保护工作提供了丰富的第一手资料。

酒泉分局与甘肃农业大学先后合作开展盐池湾保护区植物物种及群落多样性调查和湿地生态环境资源调查研究工作，成果已通过省林业厅、科技厅的科技成果鉴定，"甘肃盐池湾国家级自然保护区植物物种、群落多样性调查研究"获2016年甘肃省林业科技进步奖三等奖，"甘肃盐池湾国家级自然保护区湿地生态环境调查研究"获2017年甘肃省林业科技进步奖三等奖。此外，还针对祁连山国家公园酒泉片区开展湿地本底资源调查和昆虫资源调查研究工作，完成了保护区湿地类型、湿地植物多样性、湿地泥炭资源、湿地水资源、昆虫资源等调查工作，目前已转入业内资料分析、编著《盐池湾湿地》《盐池湾昆虫》等科普书籍工作。

与甘肃农业大学合作，开展了湿地调查评价及昆虫资源调查项目，采集昆虫标本 1 400 余份，完成了《甘肃盐池湾国家级自然保护区植物多样性与保护性评价研究》项目鉴定及成果汇编，出版发行《甘肃盐池湾国家级自然保护区植物图鉴》1 000 册，全面掌握了保护区植物分布及其现状。

为进一步摸清酒泉片区本地资源现状，为祁连山国家公园的建设及管理提供的科学依据，先后编制上报了《祁连山国家公园体制试点——盐池湾片区科研管理规划》《祁连山国家公园体制试点——盐池湾保护区总体规划（2019—2028）》，配合完成了祁连山国家公园自然资源本底资源调查和草地资源补充调查工作，完成了祁连山国家公园盐池湾片区植物物种、群落多样性调查研究，出版了《植物图鉴》。

完成了祁连山国家公园盐池湾片区湿地生态环境调查研究，开展了黑颈鹤、雪豹、白唇鹿 3 个重要物种的监测调查研究，积累了丰富的科研资料，已发表相关论文 10 余篇。其中，雪豹调查项目在党河南山、野马南山、疏勒南山、鱼儿红等 4 个调查区域区划 123 个 5 km×5 km 的样方栅格，布控红外触发相机 234 台，调查面积达 30 万公顷。经初步估计，盐池湾保护区雪豹种群在 113 只到 157 只之间；黑颈鹤调查研究项目通过卫星定位监测，在黑颈鹤迁徙路线、延伸保护、种群数量及种群扩散等方面取得国内先进的科研成果，经初步统计，每年到党河湿地繁殖的黑颈鹤有 170 只左右，繁殖幼鸟 20～30 只，越冬迁徙地位于西藏林周县。

#### 9.5.2.2　科研监测面临的主要问题

祁连山国家公园甘肃省管理局酒泉分局现有专业技术人员较少，科研力量较薄弱，截至目前，有助理工程师以上职称的专业技术人员 36 人。专业技术人员整体年龄偏大，中坚力量骨干缺乏，影响了酒泉片区科研工作深入有效地开展。同时，由于经费紧张，酒泉片区缺乏吸引高素质人才的能力，加上缺乏现代管理经验和手段，严重制约了酒泉片区保护管理和恢复工作的开展。

祁连山国家公园甘肃省管理局酒泉分局建立以来，为众多科研院所提供了广阔的科学研究平台。但由于合作模式的不完善，致使科研档案残缺，很多原始数据没有得到共享，保护区没有充分享受到科研产出的成果，合作范围较窄，研究深度与延续性不强。

目前，祁连山国家公园酒泉片区自身开展的科研工作，大都是本底资源调查、林业技术推广等较为简单、浅显的项目，真正需要研究的内容不明确，专项调查开展较少；此外，深入的研究，包括国内外先进的保护方法和技术，对种群数量动态、栖息地质量、生态系统、旅游环境状况和容纳量、社区经济变化状况、野生动植物资源状况、野生动物救护等专题性的监测研究尚未涉足。

### 9.5.3 社区协调现状及评价

#### 9.5.3.1 社区协调现状

祁连山国家公园甘肃省管理局酒泉分局积极与当地居民合作，与酒泉片区范围内的2个乡政府、7个村委会签订了社区共管协议，实行了进出入保护区人员车辆通行证管理制度，在保护区设立保护站点或检查站，共聘用123名社区群众，成为护林员参与生态资源保护工作。

积极构建社区共管体系，通过基层保护站与基层社区共商共建，协调建立了保护区管理局—乡镇共管体系和保护站—村协调共建体系，每年与乡镇、村组签订共管协议，经常性与辖区村两委协调沟通，定期开展走访，听取意见。结合祁连山国家公园酒泉片区的项目，帮助社区群众开展鼠兔害和沙化草场治理等工作。

结合湿地生态效益补偿补助项目（2019—2021年），按每人每年1.6万元的标准进行湿地生态效益补偿，共发放补助资金1 117.05万元，受益牧民达216人，该项目实施以来，通过重点季节轮牧，极大减少了人为干扰，湿地生态系统得到有效修复。

此外，祁连山国家公园甘肃省管理局酒泉分局先后多次投资扶持保护区社区的道路硬化及基础设施建设，对祁连山国家公园酒泉片区内社区开展环境综合整治，完成了村庄道路硬化和绿化工作。

祁连山国家公园酒泉片区先后开展了一些替代生计项目建设，对改善当地社区居民的生产经营结构和经济水平起到了一定的促进作用，降低了农牧民对祁连山国家公园资源的依存度。

### 9.5.3.2 社区协调面临的主要问题

虽然祁连山国家公园甘肃省管理局酒泉分局在社区协调方面开展的一些工作，取得了一些成效，但仍处在起步和发展阶段。目前祁连山国家公园在社区协调方面仍存在许多问题。祁连山国家酒泉片区内社区人口压力大，社区经济水平仍较为落后，其中，盐池湾乡有644位牧民居住在祁连山国家酒泉片区内，所有人口均为牧民，文化水平较低，而有且仅有一百名农牧民被聘为管护员，成为祁连山国家公园的保护者，另外近500名农牧民依旧从事之前的生产活动，以畜牧业为主，当地经济结构较为单一，使得社区经济水平较低。由于祁连山国家公园的成立，进一步限制了社区居民对于国家酒泉片区内资源的开发和利用，限制了当地人的发展生产，虽然已经开展了一些补偿和扶持替代项目，但是长远来看，社区的发展仍旧面临着人地矛盾、资源与环境的矛盾问题。

目前，祁连山国家公园通过聘用社区护林员等方式，加大了当地社区居民在祁连山国家公园管理中的参与度。然而这种形式的社区共管仍是传统的"自上而下"的管理模式，当地社区及居民未充分参与到保护区管理决策中，一系列禁止性规定与责任的施加未征得周边社区的意见，保护与开发利用之间依然存在矛盾。祁连山国家公园酒泉片区与社区之间缺少沟通联系的机制，缺少相关利益者参与保护区资源管理的渠道，在如何促进社区居民加强生物多样性保护、自觉参与到保护和管理工作方面，社区群众的参与意识不高，社区群众参与保护资源和环境的积极性还没有得到发挥。

### 9.5.4 自然教育现状及评价

#### 9.5.4.1 自然教育现状

酒泉分局充分利用自身特色和资源优势，积极开展各项教育活动，针对国家公园周边社区群众及社会公众，广泛开展了种类多样的自然教育科普宣传类活动。

目前，投入近2000万资金，在酒泉分局建设一个生态科普馆，在扎子沟保护站、党河湿地保护站、石包城保护站三处科普展馆进行维护和提升改造。

祁连山国家公园酒泉分局自然教育与生态体验馆展示面积达1 109 m²，

依托区域特色和资源优势，采用裸眼3D创意视频、VR影院、沉浸式互动体验等科技手段，将"天境祁连"的壮美和野性浓缩在展馆之中，让游客身临其境地感受大自然的伟大与神奇，充分认识包括祁连山生态保护的重大战略意义。

扎子沟保护站展馆的升级改造主要展示野生动物保护史和动植物标本等。肃北地区早在春秋战国就以岩画记载野生动物，野骆驼、野牦牛、鹿、盘羊现今仍栖息于肃北。将现有的动物标本和骨架以玻璃展柜的形式封存展示。墙面科普祁连山自然保护区内脊椎动物、鱼类、鸟类、爬行类等展板进行科普宣教，体现生命共同体，人与自然和谐共生。通过展陈架、玻璃展示柜将保护站内现存的珍稀野生动物标本进行科普。动物在生态系统中起着重要的作用，保护动物就是保护自然生态平衡，可以通过科普提高人们的认知，加强人们保护生态环境和野生动物的意识。

对党河湿地保护站的升级改造工作。建立四大科普教育互动展示空间、湿地印象、河流草丛湿地生境区、沼泽湿地生境区、高山草甸湿地生境区。湿地是高寒地区的宝贵资源，围绕甘肃盐池湾国家级自然保护区濒危保护物种进行展示，建立濒危植被物种展柜，展示湿地植物、脊椎动物、两栖动物等，通过VR互动感应墙、投影墙等手段，对湿地区域内动植物进行集中科普展示。

还开展了自然教育宣传工作，制作了自然教育宣传物料，利用"世界野生动植物日""湿地日"等时机开展了大型主题宣传2次，展览馆全年接待1 000多人次，科普教育作用充分发挥，年内被酒泉市科协命名为"酒泉市科普教育基地"。积极依托新闻媒体大力弘扬生态文明建设，与甘肃祖厉河公司合作，完成了《雪豹》《自然之歌》《盐池湾湿地》《盐池湾国家级自然保护区成立10周年》等纪录片拍摄、制作工作，在央视和地方电视台播出；并协助拍摄了《秘境之眼》《中国雪豹大调查》《Chinas wilder Western》等纪录片。2019年，央视《秘境之眼》精彩影像点赞获得优胜奖；摄影作品《岩羊》《赤狐》《金雕》在中国自然保护区红外相机摄影比赛中，分别获得铜奖、优秀奖和入围奖。特别是通过红外相机、野外视频监控等手段拍摄到的雪豹、黑颈鹤等珍贵资料，多次在中央电视台、微信等平台播出后，引起广泛关注，对宣传国家公园起到了积极作用。

通过多种自然教育科普宣传方式和手段，不断增强了群众的保护意识。祁连山国家公园甘肃省管理局酒泉分局还依托大型宣传、展览馆和即将建成的湿地中心展馆，开展了有特色、有实效的科普宣传工作；利用野生动物保护月宣传、爱鸟周、科技活动周等科普宣教活动，通过拉横幅、印发宣传资料等开展环境保护教育活动；制作播放电视宣传片、野生动物纪录片，以及安装宣传牌等方式大力开展生态文明建设宣传，增强了大众的生态保护意识。

### 9.5.4.2 自然教育面临的主要问题

酒泉分局自成立以来虽然开展过多种形式的宣传教育活动，但缺乏系统的、有针对性的宣传材料。此外，祁连山国家公园的划定导致较多的科学考察类工作需要重新开展，自然教育类的宣传材料也需要重新编写调整。对公众保护自然资源的意识教育力度不够，针对社区居民乱垦滥牧行为和旅游观光人员的宣传教育强度不足，社区居民如何开展不影响生态环境的自然教育培训和教育也有待开发，这些都影响了公众保护意识的提高，给保护管理工作带来了一定压力。

酒泉分局虽然建立了自然教育科普展馆，自然教育的基础设施，提升了祁连山国家公园酒泉片区的知名度，给前来旅游参观的游客留下了深刻印象，但自然教育科普展馆的科普功能不够完善，缺少科学、系统的生态系统知识，有且仅有针对重点珍稀动植物的标本和模型，还有一些昆虫、植物的标本缺失，系统的生态系统知识还较少，有待丰富。

祁连山国家公园酒泉片区根据自身情况，印发了《常见野生动物识别手册》，出版了《甘肃盐池湾国家级自然保护区植物图鉴》《甘肃盐池湾国家级自然保护区》等对外宣传材料，但对于系统介绍祁连山国家公园酒泉片区生物多样性的视听材料，祁连山国家公园酒泉片区的宣传画、宣传册、科普等教材的数据更新较为缓慢，这极大地影响了祁连山国家公园酒泉片区的自然教育活动的展开。对生物多样性的宣传内容也不多，难以使社区和周边的居民充分了解祁连山国家公园的主要任务和保护生物多样性的重要意义。

## 9.5.5 生态旅游现状及评价

### 9.5.5.1 生态旅游现状

祁连山国家公园目前仍处于试点阶段，由于基础设施条件简陋，且进入保护区的卡口检查较为严苛，盐池湾保护区前期多以开展科研考察为主。目前，祁连山国家公园酒泉片区目前还未进行生态旅游开发仅针对生态旅游开展了一系列规划工作，计划在祁连山国家公园成立后，逐步完善生态旅游配套设施建设，包括建设祁连山国家公园酒泉片区旅游服务系统，如行车道、游步道、停车场等。酒泉分局还基于保护生态和环境可持续发展的理念，计算了环境容纳量，初步规划了文物古迹游、岩刻画游览（地点大黑沟、野牛沟、灰湾子、七个驴等）、石窟游览（以五个庙石窟为主）、古迹游览（以石包城城堡遗迹为主〔石包城遗址〕）、民族风情游（蒙古族舞蹈、民间音乐及戏曲欣赏，蒙古族雕刻、绘画及民间工艺欣赏，体验蒙古族的放牧、服饰穿着、敬酒、住帐篷等日常生活方式）、湿地生态游（在盐池湾湿地建设以观鸟及高山湿地景观为主的科考生态旅游）。酒泉片区周围有两条旅游热线，它北邻丝绸之路旅游热线，距国际旅游城市敦煌市 116 千米，保护区内的石包城遗址距榆林窟 30 千米，直接受到敦煌旅游热线的拉动作用；东接享誉国内外的青海湖旅游热线，为祁连山国家公园酒泉片区的旅游发展提供了又一通道，因此，未来对祁连山国家公园酒泉片区的旅游消费需求（潜在）很大。

### 9.5.5.2　生态旅游面临的主要问题

祁连山国家公园目前仍旧处于试点阶段，因而以祁连山国家公园酒泉片区为主的大量的生态旅游还处于规划阶段，针对如何展现祁连山国家公园的自然生态和人文景观并且能够对环境造成较小的伤害，仍是一个值得探讨的问题。此外，生态旅游中涉及的人员运营、如何将酒泉片区内的牧民培训成为当地的生态旅游服务工作人员、打造具备解说体系的生态旅游依旧是亟待解决的关键问题。

### 9.5.6　资源合理利用现状及评价

#### 9.5.6.1　资源合理利用现状

由于盐池湾自然保护区成立较早，且是以生物多样性为主的自然保护地，一直以来，自然保护区并未开展旅游开发，自祁连山国家公园酒泉片区区域划定之后，才逐步开始规划自然教育和生态旅游，在不破坏国家公园自然环境和生态的基础上，将祁连山国家公园的自然景观与动植物资源相结合，并以文物古迹、石窟艺术、民族文化为特色，融合科学考察、生态观光、野外探险、历史文化体验等为一体打造多功能综合性的生态旅游区。

截至目前，整个肃北县的第二产业在整个经济体系中占比较高，形成了以矿业黄金、铁、煤、铬等主导产品作为重点开采加工对象和水力、风能、光能开发为主的工业经济格局，但在祁连山国家公园酒泉片区内，大部分生活在国家酒泉片区内的居民从事牧业生产活动，家畜以绒山羊、高山细毛羊、牦牛、马、骆驼为主。祁连山国家公园酒泉片区周边乡镇党城湾镇、石包乡，其农业生产为粮油林牧综合区，农作物生产灌溉方便，主要种植夏粮作物。

### 9.5.6.2 资源合理利用面临的主要问题

酒泉片区位于祁连山高寒半干旱区，多年平均降水量196.5 mm，气候干燥，降雨量少，蒸发量大。因而近年来对于沙漠化治理存在较大的难度。

此外，祁连山国家公园酒泉片区范围内及周边社区居民的资源利用方式仍然比较传统，基本还是以畜牧业为主，主要以获取第一产业产品作为经济来源。酒泉片区基础设施较差，配套设施尚不完善，缺乏对现有生态旅游资源的有效整合；缺少生态旅游专项规划和专题研究，当地生态旅游尚未形成发展体系。

## 9.5.7 管理现状及评价

### 9.5.7.1 管理现状

祁连山国家公园甘肃省管理局酒泉分局于2019年揭牌成立，在原有的盐池湾国家级自然保护区管理局的基础上组建而成。盐池湾保护区的历史较长，最早成立于1982年，原盐池湾国家级自然保护区的管理机构（现祁连山国家公园甘肃省管理局酒泉分局）已具有多年的管理经营经验，多年来一直积极开展生物多样性保护、科学研究、宣传教育等方面的工作，尽管目前没有建设国家公园的统一的标准，但是在已有的国家级自然保护区管理评价相关标准的基础上，祁连山国家公园管理局在祁连山国家公园的科学管理和保护作出了努力与成绩。

根据保护任务、职能范围和管理项目等实际需要，盐池湾管护中心下设办公室、组织人事科、计划财务科、保护监测科、科研管理科、国家公园管理科6个科室，下辖疏勒、盐池湾、扎子沟、大小哈尔腾、碱泉子、石包城、鱼儿红、老虎沟、党河湿地9个保护站（点），分片分区安排管护任务。此外，管理机构严格按照国家劳动用工制度，并对管理人员和护林员进行了安全教育和业务技能培训，在积极扩充人才队伍的同时，不断加强人才队伍的知识更新，组织脱产培训58人次、928学时；开展网络培训204人次、6 270学时；专业化能力培训224人次、6 120学时，保证机构和人员配置上尽可能满足祁连山国家公园的管理保护工作。为加强对进入保护区人员和车辆的管理，在人员流动较多的路线上设立检查站哨卡，严查人员、车辆，严肃查处偷猎野生动物和盗采砂金等违法案件。

祁连山国家公园酒泉片区自成立以来，除在人员配备上的分工完善之外，也在管理制度上不断完善。基于前期盐池湾国家级自然保护区的管理经验，管理机构已逐步完善了党务、政务管理、队伍管理、业务管理、行政管理等42项制度和应急预案。

#### 9.5.7.2 管理面临的主要问题

酒泉分局人员结构和素质有待进一步提高，从人员结构方面来看，祁连山国家公园目前高级工程师占比较少。酒泉分局所在地较为偏远，留不住人才的问题始终难以解决。目前，仅有55名在职人员，人员配备与现状不符，缺乏管理、管护、科研监测等各个方面的人才。职工偏向于老龄化，专业基础较差，专业技术人才缺乏，与保护区发展不相适应，人员学历、年龄、专业和职称结构都有待改善和优化。另外，由于受工作环境和工资待遇的制约，缺乏吸引高素质人才的能力，这必将制约着祁连山国家公园未来的发展。此外，专业技术人员实用技能欠缺，特别是管理评估、执法等方面缺少专业人才，宣传、教育与公共关系等方面也缺少培训或者专业人才，这极大地影响着保护区管理水平的提高。

## 9.6 酒泉片区威胁因素分析

基于对祁连山国家公园酒泉片区的评估与分析，酒泉片区主要的威胁来源有三个方面——动物种群现状、生态环境、人类活动。

祁连山国家公园酒泉片区存在一部分关键物种生存能力弱、繁殖能力差的情况，且随着气候变化越来越频繁，物种对生态环境变化的适应能力低，极易遭受生存威胁，面临濒危和灭绝，然而酒泉片区害虫、鼠却相对活跃，甚至猖獗，高密度的害虫、鼠蚕食牧草，破坏草场，加速了草场退化和土地荒漠化。

　　酒泉片区降水稀少，昼夜温差大，生态环境较为脆弱，沙漠化防治及生态恢复工程推进较难，部分草场退化严重。近年气候变化频繁，尤其是干旱、沙尘暴、泥石流等自然因素导致酒泉片区环境变化较大，生态资源频繁发生变化，生物种群和生态系统处于不稳定状态，物种、群落、生态系统抗干扰能力较低，濒危物种随时都可能面临"灭绝"的风险。

　　人为活动也是祁连山国家公园酒泉片区生物多样性保护的主要威胁因素之一。由于祁连山国家公园酒泉片区面积大，管理难度较大，虽然设置有种种关卡，但是依旧存在盗猎者通过非法途径闯入酒泉片区盗猎的问题，盗猎者的盗猎行为对片区范围内的珍稀动植物造成了巨大的破坏和影响。此外，祁连山国家公园酒泉片区依旧居住着许多依靠传统牧业生产活动开展生计的原住民，草场轮换的放牧方式虽然一定程度上降低了对生态环境的破坏和影响，但是人为活动依旧会对动物栖息地和生活习性造成影响，过度放牧也会对原本就脆弱的生态环境造成影响，植被恢复速度慢于破坏植被的速度，超出阈值的人为活动会加速土壤沙化，党河上游地区已形成近 3 000 公顷流动沙丘，危及周边草场。人为活动还容易造成次生的影响，在酒泉片区的国际重要湿地附近有较多珍稀鸟类，周围植被生长茂盛，是牧民的夏季草场，而家畜的活动容易对湿地附近的珍稀鸟类繁育和生长造成巨大的影响。

# 第10章 祁连山国家公园
## 酒泉片区综合评价

## 10.1 范围及功能区划评价

### 10.1.1 祁连山国家公园酒泉片区范围面积评价

祁连山国家公园酒泉片区总面积为 169.97 万公顷，南北长 183.4 km，东西宽 692.58 km，地貌分区主要位于祁连山地西部区，由祁连山大雪山、野马南山、党河南山、疏勒南山、托勒南山、土尔根达坂山等主要山地构成。本区有肃北蒙古族自治县石包城乡、盐池湾乡，阿克塞哈萨克族自治县阿勒腾乡，以及部分肃南裕固族自治县祁丰藏族乡的野马大泉区域。

东以野马大泉、石洞沟、音德尔达坂、包尔沟、扫萨南必力、达根德勒、哈勒坑德、夏勒坑德、三十两乌勒、玉格图、巴音泽尔肯郭勒、伊克布拉克、霍塔孜萨依、哈尔达吾为界。

西以公岔戈壁、公岔口、榆林河西源、大洪洞沟、小红洞沟、小公岔、公岔达坂、乌兰昔日格、南仁达布、野马南山、野马河、苍吉图、月牙湖、扎子沟为界。

祁连山国家公园酒泉片区南边以围绕阿克塞哈萨克族自治县东南部分划定成空心弧包围。上半部分南边位于肃北蒙古族自治县与阿克塞哈萨克族自治县边界周边，以党河南山、乌兰达坂沟、合孜勒达坂、齐尔干德、且尔安德、阿尔腾喀孜安、克孜勒萨依、黑达坂为界，阿克塞哈萨克族自治县南边以呼玛拉克苏塔斯章、土尔根达坂山、马依普塔勒萨依、哈尔勒腾蒙克、喀克图蒙克、巴音·子勒更、哈尔达吾为界。

北以公岔戈壁、乏驴坡、十三道梁、马家埃、郑家埃、红土泉子、红崖河坝、三道沟、小锅底坑、平头山、三道湾、乱泉子、白刺圈、小西沟、大西沟、干沟石圈、柏树沟、天生圈达坂、清石崖大南岔、獭儿沟、石墙子、三岔口、野牛滩、刃岗沟、石油河脑为界。

祁连山国家公园酒泉片区的经营管理面积较盐池湾国家级自然保护区大，由136万公顷扩大到169.97万公顷。盐池湾国家级自然保护区核心区面积42.16万公顷、缓冲区面积28万公顷、实验区面积65.84万公顷，而祁连山国家公园酒泉片区主要分为两个部分，一个是核心保护区，面积为111.05万公顷，另一部分为一般控制区，面积为58.92万公顷。该范围包含了大雪山、柯柯·库勒山、野马山、党河南山、库尔根达坂山，保留了自然山体相对独立完整、遵从自然地理板块的现实分割，同时，能将山体内所有具有保护价值的天然林、灌丛、草原和荒漠植被，自然、人文景观、野生动物栖息地，以及构成不同生态类型的典型自然综合体及其生态系统纳入保护范围，可实现该区域生态环境的有效保护，足以长期维系该自然地带自然环境与生态系统的特点。这一面积即能够充分保持该区域自然生态系统的完整性，也能兼顾生态植被体系及演替的相对独立性。同时，边界区域与群众的生产生活保护区的影响活动较弱，可控性强，也对周边社区给自然保护造成的影响有足够的缓冲地带，不会因社区生产生活对保护区构成威胁，存在对人类活动的可控性及生态缓冲、过渡空间。因此，现有祁连山国家公园酒泉片区范围面积适宜，既能够保证地形地貌的完整，又能够有效保证该区域生物群落的完整性和生态环境的稳定性，有利于实现祁连山国家公园酒泉片区的物种正向演替及生态效益的持续发挥。

### 10.1.2　祁连山国家公园酒泉片区功能区划及评价

祁连山国家公园酒泉片区，植被分布在海拔梯度上垂直分布明显，植被类型多为草甸、草原、稀疏草地类型，主要保护物种分布范围较广，但大多集中在植被丰富、水源充足的地方，由于祁连山国家公园酒泉片区前身盐池湾国家级自然保护区成立时间较早，开发较少，祁连山国家公园酒泉片区受人类活动影响程度总体较低，核心区居民常年居住在湿地草原附近，开展放牧活动，也已开展轮牧、禁牧等限制措施。

核心保护区面积111.05万公顷，占祁连山国家公园酒泉片区总面积的65.34%。祁连山国家公园酒泉片区的核心区主要包括党河湿地、野马南山、党河南山、大雪山、疏勒南山、托勒南山区域。位于肃北县的核心区主要可以分为三个部分，面积最大的区域也是祁连山国家公园酒泉片区最大的核心保护区，边界范围北至大黑沟、黑沟渠、青土梁子、老洼崖河坝、三道河坝、红崖河坝、羊头达坂、红梁子、三道湾、乱泉子、白刺圈、小西沟、柏树沟、天生圈达坂、野牛台、东岔，南以达布苏霍托勒、大泉、夏日特格、尧勒特、克腾口子、夏勒坑德为界。其次是党河湿地部分为核心保护区，包括独山子、大泉、红泉、三个锅桩。另外一部分，位于肃北县与阿克塞县的交界地区，以党河南山为主，这部分核心保护区北以扎子沟、白石头沟、半截沟、钓鱼沟、小红沟、马牙沟、背架子、窑洞头、乌兰达坂沟、黑刺沟、大沙沟、狼查沟、东涧子沟、半截沟、西黑刺沟、野牛沟为界，南以党河南山、且尔安德为界。核心区高山草甸草原发育良好，很少受到人类活动干扰，生态系统保持了自然性。国家一、二级保护的野生动物白唇鹿、雪豹、野牦牛、藏野驴、藏原羚、盘羊、岩羊等集中分布于此。最高海拔5 483 m，现代冰川广布，是疏勒河、党河、榆林河重要的水源区。位于哈萨克县的核心保护区除与肃北县接壤的党河南山，南部部分主要以吐土尔根达坂山、巴音·子勒更、哈尔达吾、喀克图蒙克、哈儿勒腾蒙克、马依普塔勒萨依为界。

一般控制区面积58.92万公顷，占祁连山国家公园酒泉片区总面积的34.66%。一般控制区指按照主要保护物种的变化情况、受干扰程度，在核心区的外围以集中连片形成条带状形式划定的一条保护缓冲地带。由西往北经小德尔基、乌尔格拉特、南仁达布、公岔达坂、公岔口、公岔戈壁、乏驴坡、十三道梁、马家埃、红土泉子、大石头、小锅底坑、三道湾为界。祁连山国家公园酒泉片区一般控制区围绕党河湿地以及通往盐池湾乡的303省道为界，省道周边1.5千米到5千米范围为缓冲地带，不属于祁连山国家公园酒泉片区范围内。

祁连山国家公园酒泉片区功能区划，在充分考虑主要保护物种分布的同时，还综合考虑了人工影响因素。诸如党河湿地周边的303省道，一般控制区围绕省道划定缓冲地带，控制不同区域牧业、人工生产等对祁连山国家公园酒泉片区的影响。各功能区界限设置合理，生态分级管理措施到位，生态保护定位准确，生物多样性稳步增加，群落演替复杂多样，结构完整。设置的核心保护区面积适宜，主要保护物种、类型、野生动物栖息地均能被划入严格核心保护区域，重点保护对象能够得到严格保护。同时，核心保护区广泛分布条带状一般控制区，对核心区起到包围缓冲的作用，对保护核心保护区的保护物种、栖息地、活动起到缓冲保护的作用。因此，祁连山国家公园酒泉片区各功能区区划明确具体、科学合理，有利于保护和分级管理，对整体生态功能保护具有明显的促进作用，能够满足动植物、各种生境类型的演替和发展。考虑不足的是部分地段一般控制区范围较偏窄，在有些方面的管理上存在困难。

## 10.2 主要保护对象评价

祁连山国家公园酒泉片区内的生态系统种类丰富，涵盖面广，且具有典型性和代表性。此外，祁连山国家公园酒泉片区是由高寒荒漠生态系统和湿地生态系统根据不同海拔镶嵌而成的。（表10-1）

表10-1 祁连山国家公园酒泉片区保护对象变化

| 类别 | 盐池湾国家级自然保护区 | | 祁连山国家公园酒泉片区 | |
| --- | --- | --- | --- | --- |
| | 数量 | 种类 | 数量 | 种类 |
| 国家重点保护动物一级 | 10 | 雪豹、藏野驴、白唇鹿、野牦牛、黑颈鹤、金雕、白肩雕、玉带海雕、白尾海雕、胡兀鹫 | 19 | 黑颈鹤、波斑鸨、黑鹳、胡兀鹫、秃鹫、金雕、草原雕、白肩雕、玉带海雕、白尾海雕、猎隼、白唇鹿、马麝、野牦牛、西藏盘羊、藏野驴、荒漠猫、雪豹、豺 |
| 国家重点保护区动物二级 | 25 | 马鹿、岩羊、盘羊、鹅喉羚、藏原羚、棕熊、石貂、荒漠猫、兔狲、马麝、猞猁、草原雕、秃鹫、高山兀鹫、鸢、大鵟、猎隼、红隼、燕隼、大天鹅、灰鹤、喜马拉雅雪鸡、西藏雪鸡、雕鸮、小鸮 | 43 | 暗腹雪鸡、藏雪鸡、白额雁、疣鼻天鹅、大天鹅、黑颈鹏鹏、灰鹤、蓑羽鹤、白腰杓鹬、翻石鹬、雕鸮、纵纹腹小鸮、长耳鸮、短耳鸮、鹗、高山兀鹫、雀鹰、苍鹰、白尾鹞、黑鸢、普通鵟、大鵟、棕尾鵟、红隼、燕隼、游隼、黑尾地鸦、白眉山雀、贺兰山红尾鸲、朱鹀、马鹿、鹅喉羚、藏原羚、岩羊、草原斑猫（野猫）、兔狲、猞猁、棕熊、赤狐、沙狐、藏狐、狼、石貂 |

| 类别 | 盐池湾国家级自然保护区 | | 祁连山国家公园酒泉片区 | |
| --- | --- | --- | --- | --- |
| | 数量 | 种类 | 数量 | 种类 |
| 濒危野生动植物国际贸易公约(CITES)附录一 | 7 | 棕熊、雪豹、野牦牛、白肩雕、白尾海雕、西藏雪鸡、黑颈鹤 | 10 | 藏雪鸡、黑颈鹤、波斑鸨、白肩雕、白尾海雕、游隼、野牦牛、西藏盘羊、雪豹、棕熊 |
| 濒危野生动植物国际贸易公约(CITES)附录二 | 18 | 狼、藏野驴、草原雕、荒漠猫、猞猁、马麝、盘羊、鸢、胡兀鹫、玉带海雕、高山兀鹫、秃鹫、大鵟、猎隼、红隼、燕隼、雕鸮、小鸮 | 32 | 灰鹤、蓑羽鹤、黑鹳、雕鸮、纵纹腹小鸮、长耳鸮、短耳鸮、鹗、胡兀鹫、高山兀鹫、秃鹫、金雕、草原雕、雀鹰、苍鹰、白尾鹞、黑鸢、玉带海雕、普通鵟、大鵟、棕尾鵟、红隼、燕隼、猎隼、马麝、藏野驴、草原斑猫(野猫)、荒漠猫、兔狲、猞猁、狼、豺 |
| 濒危野生动植物国际贸易公约(CITES)附录三 | 0 | 无 | 1 | 赤狐 |
| 国家保护植物 | 1 | 一级:裸果木 | 7 | 二级:黑紫披碱草、唐古红景天、四裂红景天、甘草、羽叶点地梅、黑果枸杞、水母雪兔子 |

祁连山国家公园酒泉片区内的动植物物种丰富，且国家重点保护珍稀动植物种类和数量庞大，片区内的保护动植物较盐池湾国家级自然保护区内保护的动植物种类和数量更丰富、更全面。建立祁连山国家公园酒泉片区，更有利于动植物保护，能够开展覆盖更多种类、更广面积的动植物保护和管理。片区内的主要保护动植物是重要的动植物种质和遗传基因库，多样性的动植物种类，是全世界共同拥有的资源和财富。建立祁连山国家公园酒泉片区对保护动植物种群的存续和发展具有重要意义。

酒泉片区内的现代冰川，不仅对周边居民生产生活具有重要作用，而且在维持生态系统平衡和野生动物生存等方面也具有重要作用。

## 10.3  管理有效性评价

祁连山国家公园酒泉分局在管理体系、机构和队伍方面都相对较为健全。在资源管理、执法管理、日常巡护监测、对外合作交流等方面均开展了卓有成效的工作，取得了一定的成绩。

### 10.3.1  管理体系构架较为合理

大熊猫祁连山国家公园甘肃省管理局酒泉分局与肃北蒙古族自治县人民政府共同成立了生态文明示范区管委会，管委会坚持生态优先、绿色发展的原则，立足于"生态功能型"发展定位，以落实推进保护和治理生态环境举措为抓手，在完成科研监测项目和工作管理机制的基础上加大工作力度，努力为酒泉片区生态文明建设贡献力量。

### 10.3.2  管理机构相对健全

为有效开展酒泉片区管理，更好地发挥保护管理效能，按照开展工作的需要，设置了6个科室，从事祁连山国家公园的管理经营、法律法规执行、自然资源调查、科研管理、生态修复、保护监测、社区共管、宣传教育等工作，在盐池湾国家级自然保护区保护站的基础上，总共设立9个保护站（点），聘用的123名社区牧民为护林员参与祁连山国家公园酒泉片区日常巡护管理工作。

### 10.3.3  管理设施逐步完备

酒泉分局逐步完善巡护道路、围网保护、管护站点基础设施、气象观测站、水文水质监测站、科研宣教中心、野生动物救护中心、科研宣教展馆等基础设施建设。目前，保护站、点布局合理，巡护道路基本贯通，重点区域哨卡、瞭望塔均已布设完成。各保护站均购置护林防火、巡护瞭望、林政执法、科研监测、宣传教育等设备设施，保证了日常管护工作科学有序开展。依托祁连山国家公园试点建设，初步形成了地理信息管理系统、防火指挥系统等智能化管理决策系统，综合提升了酒泉片区智能化管理水平。

### 10.3.4  管理措施精准

自酒泉分局试点建设以来，按照优先保护、科学经营的理念，编制总体发展规划，发展规划目标明确。结合酒泉片区生态资源特点，制定并实施了生态保护、恢复、治理、动植物保护管理等项目，沙化严重区域持续做好防沙治沙工作，不断提升保护区草原草地植被盖度、生物多样性和水土保持能力。通过多年的建设，大熊猫祁连山国家公园甘肃省管理局酒泉分局管理能力、管理水平、基础设施等方面均有了一定的提升。

## 10.4　生态价值评价

### 10.4.1　物种与区系组成评价

#### 10.4.1.1　植物种类及区系

祁连山国家公园酒泉片区内，天然植被有7个植被型、40个群系、53个群丛，共孕育野生植物56科228属492种。其中，苔藓植物6科7属8种，石松和蕨类植物2科2属3种，裸子植物2科2属4种，被子植物44科218属467种。

在祁连山国家公园酒泉片区内，含10种以上的大型科有11科植物，占总科数的25%，包含155属347种，分别占本区同类别的71.1%和75.1%，具有绝对优势，是本区的优势科，且对本区植物景观格局起到构建作用，物种由少到多排列，依次是蓼科、石竹科、龙胆科、蔷薇科、莎草科、苋科、毛茛科、十字花科、豆科、禾本科和菊科。次之为含5~9种植物的科，有11科，占总科数的22.7%，包含36属75种，分别占本区同类别的16.5%和16.2%，分别为石蒜科、罂粟科、藜科、杨柳科、白刺科、伞形科、报春花科、柽柳科、车前科、紫草科和列当科（由少到多排列）。含3~4种的有6个，占总科数的13.6%，拥有8属23种，分别占同类的4%。单种和2种的小型科在本区科的丰富度上贡献很大，合计有16科，其中，单种科10个。1~2种科占总科数的36.3%，包含19属22种，分别占本区同类别的9%和4%。单种科在本区科的丰富度上贡献明显，但对属和种的贡献较弱。小型科和单种科包含了本区所有的分布区类型，且二者占本区总科数的较大比例，与地域特色的严酷自然环境有关。这反映了祁连山国家公园酒泉片区主要以北温带地带性草原荒漠植被为主的特征。

植物世界分布性为28科，包含366种，分别占总科数和总种数的62.2%和88%，在祁连山国家公园酒泉片区具有绝对的优势，反映了本区自然环境的严酷、恶劣。除世界分布型科外，温带性质科为13科，反映了本区气候状况的温带性质；热带性质科4科，但均为温带分布种，推断祁连山国家公园酒泉片区为热带性质分布的北界。祁连山国家公园酒泉片区植物分布区类型依次是地中海区至温带—热带亚洲、大洋洲和南美洲间断分布、欧亚和南美温带间断分布、旧世界温带分布、泛热带分布、3个世界分布和"全温带"分布。

### 10.4.1.2 动物种类及区系

经过两次科考调查，祁连山国家公园酒泉片区有野生脊椎动物5纲28目73科276种。其中，与2000年盐池湾保护区科考数据相比较，新增种类143种，包括两栖类1种、爬行类7种、鸟类119种、兽类16种。祁连山国家公园酒泉片区拥有野生脊椎动物。其中，鱼66类1目2科5种，两栖类1目2科2属2种，爬行类2亚目5科5属9种，鸟类19目49科212种，哺乳类6目15科48种，节肢动物昆虫13目65科212属292种。国家重点保护动物78种，国家一级重点保护动物19种（鸟类11种、哺乳类8种），国家二级保护动物43种（鸟类30种、哺乳类13种）。

祁连山国家公园酒泉片区地处祁连山西端，青藏高原西北部边缘，水系为高山融水形成的内陆河水系，鱼类资源匮乏，共5种，其中4种为高原鳅属鱼类，以及青藏亚区和陇西亚区的花斑裸鲤。两栖类动物2种，主要区系为古北界，分布型为东北—华北型（X）的花背蟾蜍和分布型为高地型（P）的高原林蛙（中国特有种，广布种）。爬行类共9种，区系组成为古北界，分布型有中亚型（D）6种、高地型（P）1种、古北型（U）1种、喜马拉雅—横断山区型（H）1种，体现了中亚荒漠和高原的物种组成特征。

祁连山国家公园酒泉片区内，鸟类19目49科212种。鸟类种类最多的为雀形目，达25科104种，占酒泉片区鸟类的49.06%。49科中，前5个科是鸭科（Anatidae，21种）、鹰科（Accipitridae，15种）、鹬科（Scolopacidae，13种）、鹟科（Muscicapidae，13种）、燕雀科（Fringillidae，13种），分别占酒泉片区鸟类的9.9%、7.1%、6.1%、6.1%、6.1%。祁连山国家公园酒泉片区为典型的大陆性气候，干旱少雨，蒸发强烈，分布有落叶灌丛、草甸、干旱草原、荒漠草原、荒漠、湿地植被等自然景观。因此，区域内猛禽种类多，鹰形目有16种之多，同时，高山上生活的雪鸡、山鹑、石鸡等鸡形目鸟类种类也较丰富；山地鸟类，以鸦科、岩鹨科、雀科、燕雀科较为典型，种类及数量较多且易见，鸟类组成体现典型的高山生态系统和荒漠生态系统的特点。鸟类分布型最多的是广布型（O），有37种（占23.9%），其次是古北型（U）（31种，占20.0%）、高地型（P或I）（24种，15.5%）、全北型（C）（19种，12.3%）、中亚型（D）（19种，12.3%）和喜马拉雅—横断山区型（H）（10种，6.5%）。古北界的种类（分布型包括全北型、古北型、东北型、华北型、东北—华北型、中亚型、季风型、高地型）有104种（占67.1%），东洋界的种类（分布型包括东洋型、南中国型和喜马拉雅—横断山区型）只有14种（占9.0%），广布种也占一定的比例（37种，占23.9%）。鸟类区系组成上古北界占很大优势，东洋界所占比例小，北方区系特征明显。212种鸟类中，留鸟比例最高，为84种（占39.6%），夏候鸟71种（占33.5%），旅鸟52种（占24.5%），冬候鸟5种（占2.4%）。

酒泉片区哺乳类动物共有6目15科48种，占甘肃省哺乳类142种的33.80%，占中国499种哺乳类的9.62%，占酒泉片区脊椎动物种数的17.39%。哺乳动物中种类最多的是食肉目，其次是啮齿目，是典型的荒漠、高山物种。哺乳类种类最多的分布型是高地型（I或P），有16个种类，占33.3%；其次是中亚型（D），有14个种类，占29.2%；古北型（U）、全北型（C）也比较多，有7种（占14.6%）和5种（10.4%）；其余分布型比例小，相差都不大。古北界共43种（89.6%），东洋界共2种（4.2%），广布种有3种（6.3%），区系体现出明显的古北界特征，高地型和中亚型占比很高，具有典型的山地和荒漠动物群特征。

### 10.4.1.3　昆虫种类及区系

祁连山国家公园酒泉片区内，昆虫种类13目65科212属292种，其中，衣鱼目和革翅目各1科1属1种，螳螂目和缨翅目各1科2属2种，脉翅目3种（均不计算所占比例）；蜻蜓目12种，占总数的4.30%；同翅目9种，占总数的3.08%；直翅目37种，占总数的12.67%；半翅目25种，占总数的8.56%；鞘翅目87种，占总数的29.79%；鳞翅目51种，占总数的17.46%；双翅目43种，占总数的14.73%；膜翅目19种，占总数的6.51%。祁连山国家公园酒泉片区内昆虫区系主要地处中亚内陆，应属古北界中亚亚界、内蒙古河西干旱草原区、河西走廊，其区系成分以中亚耐干旱种类为主，其区系分布主要有：东北区 166 种，占总数 292 种的 56.85%；华北区 219 种，占总数的 75.0%；蒙新区 277 种，占总数的 94.86%；青藏区 211 种，占总数的 72.26%；西南区 125 种，占总数的 42.81%；华中区 116 种，占总数的 39.73%；华南区 74 种，占总数的 25.34%；中—日—韩 89 种，占总数的 30.48%；中国特有种 37 种，占总数的 12.67%。

### 10.4.2　生态系统评价

祁连山国家公园酒泉片区，在地理位置上位于河西走廊西端南侧，祁连山脉西缘北麓，地处青藏高原的北缘，属于暖温带向高原气候区的过渡地带，位于半干旱区向干旱区过渡；植被从荒漠草原到高寒荒漠草原到荒漠、草甸过渡。地理位置上的过渡性，形成了自然条件和生物资源的典型性、多样性、过渡性、独特性、稀有性、学术性和脆弱性。

#### 10.4.2.1　典型性和特有性

祁连山国家公园酒泉片区内生态系统的组成成分与结构比较复杂，类型较多，主要包括高山寒漠生态系统、草甸草原生态系统、荒漠生态系统和湿地生态系统，这些生态系统依照不同海拔镶嵌而成，具有特殊性。对于如何区分过渡地带两者之间界线，本文参考了 1995 年赵济与陈传康在《中国地理》提出的气候区划界线和 2022 年吕拉昌主编的《中国地理》（第三版）中对于自然环境的地域分异特征；这种自然地理位置上的过渡性和特有性，造成了各种各样的典型性生物资源。也由于其典型性和特有性，受到自然学者、经济学者、社会学者的关注。

祁连山国家公园酒泉片区由于干燥寒冷的气候决定了区域内的典型的地带性植被是荒漠化草原、荒漠和草甸，植物区系组成中起主导作用的科为菊科、禾本科、豆科、十字花科、毛茛科、苋科、莎草科、蔷薇科，它们所属的种大多为荒漠植被的建群种、优势种或伴生种。在数量上，中亚分布及变型的种有 124 种，占总种数 32.3%。其中，中亚东部分布所含种类最多，有 51 种，与含 33 种中亚至喜马拉雅—阿尔泰分布共同构成本分布类型的核心，所含种类多为耐寒耐旱草本植物、矮小灌木或半灌木，体现了本区处于亚洲中部草原和荒漠的气候特点。本地区科是以世界分布性科为主，反映了本区域自然条件严酷恶劣，但除世界分布型外，本区域温带性质科 13 科，充分反映了本区域的温带性质。属层面本区种子植物区系可划分成 11 个类型和 15

个变型，其中，北温带分布及其变型共有75属205种，分别占48.1%和63.8%，是本区包含属数和种数最多的分布类型。世界分布型有26属95种，所分布的该属植物是以耐寒、耐旱类型为主的生态特点，还有虽属世界广布而实则主产温带和寒带的早熟禾属（Poa）11种1变种等，它们是构成本区山地高寒草甸和温性草原草甸的主要类群。

根据遥感卫星数据解析，祁连山国家公园酒泉片区内稀疏草地面积最大，占36.6%，其余为裸岩石砾地，占片区总面积的35.0%，河谷小叶杨群系和祁连圆柏林面积最小。祁连山国家公园酒泉片区内分布着典型的山地和河谷灌丛植被，常见的灌木植被有小叶金露梅灌木群系、西北沼委陵菜灌木群系、线叶柳灌木群系、河谷肋果沙棘灌木群系、白刺灌木群系五个类型。

草原分布在祁连山国家公园酒泉片区的低山、浅山平原、洪积扇的平缓山坡、滩地和干河床，周围被荒漠和高寒荒漠包围。酒泉片区的草原可分为温性荒漠化草原（如戈壁针茅群系、沙生针茅群系）、高寒荒漠草原（如紫花针茅群系、冰草群系）和根茎禾草草甸草原（如赖草草甸、草地早熟禾草甸群系和西藏早熟禾草甸群系）三个群系组。在西祁连山地区，分布有大面积的荒漠植被，荒漠植被面积占总面积的一半以上，主要在党河以北的大道尔基、平达坂、疏勒河两岸等地的低山、砾石戈壁、复沙戈壁上，土壤以山地棕漠土、灰棕漠土、棕漠土和风沙土为主，腐殖质积累很少。

本区的荒漠植被有温带半灌木、小半灌木荒漠型植被（如合头草、碱韭、红砂、星毛短舌菊、裸果木、驼绒藜、猫头刺、珍珠猪毛菜、松叶猪毛菜等群系）、盐生灌木荒漠型植被（如盐爪爪、柽柳群系）、温带灌木荒漠植被（膜果麻黄荒漠群系）和草原化荒漠植被（如芨芨草草原化荒漠群系）。

酒泉片区草甸植被的土壤类型主要为草甸土，可分为高山草甸土、盐生草甸土、沼泽草甸土等。主要的草甸类型有典型丛生禾草草甸（垂穗披碱草草甸群系）、沼泽化草甸（如芦苇、扁穗草和黑褐苔草沼泽化草甸群系）、盐化草甸（如芨芨草和赖草盐化草甸群系）、高寒草甸（如粗壮蒿草和圆囊苔草高寒草甸群系）。

酒泉片区沼泽植物和水生植物群落是生于土壤水分过饱和的湿生植物和水生植物为主组成的一类植被。根据组成沼泽植被的种类和水生植物的生长特点，祁连山国家公园酒泉片区沼泽植被分为丛生苔草沼泽群系、芦苇沼泽群系和小眼子菜群系。

### 10.4.2.2　过渡性

酒泉片区位于祁连山脉西缘北麓，青藏高原的北缘，河西走廊西端南侧，是十分重要的地理交界地带，是干旱与半干旱的过渡地带，且由于其独特的山地与盆地交错的地势，形成了雨量丰富的天然牧场，植被是温带草原与荒漠草原的过渡地带，不管是横向分布上还是垂直纵向上，都具有明显的过渡性特征和交错特征。

### 10.4.2.3　独特性

酒泉片区山川重叠，峡谷并列，盆地相间，总体呈现出山与山间盆地交错地形地貌，主要包括4条西北—东南走向平行而高峻的山岭，从北至南依次是大雪山—疏勒南山（肃北县境内）、野马南山、党河南山、土尔根达坂山（阿克塞县境内）。相间交错的盆地及谷地依次是野马山与野马南山相间的野马河谷地、野马南山与党河南山相间的党河谷地、大雪山与疏勒南山相间的野马滩盆地、疏勒南山与党河南山相间的党河谷地、疏勒南山形成的疏勒河谷地。山脊海拔多在4 500 m以上，相对高度1 500 m以上，大雪山最高峰海拔5 483 m，疏勒南山的团结峰海拔5 826.8 m，为祁连山脉最高峰，其主要岩层为古变质岩系和火山岩系。高大的山体不仅可以减弱北来寒流南下的威力，也可阻挡南来温暖气流的北上，使区域内的降水相对充足，水草丰盛。正是由于这独特的地形地貌排列形成了祁连山国家公园酒泉片区独特的气候和动植物分布。祁连山国家公园酒泉片区植物区系、地理成分、植物生活型谱复杂，植被类型多样。植被类型大致分为7个植被型组、40个植被群系和53个群丛。保护区内生态系统的组成成分与结构比较复杂，类型较多，主要包括高山寒漠生态系统、草甸草原生态系统、荒漠生态系统和湿地生态系统。

### 10.4.2.4　多样性

（1）生物多样性

祁连山国家公园酒泉片区植物区系、植物生活型谱复杂，植被类型复杂多样。植被类型可划分为温带落叶阔叶林、山地和河谷灌丛、草原、荒漠、高山稀疏垫状植被、草甸、沼泽及水生植被等7个植被型、40个群系、53个群丛；植物区系地理成分10个分布区类型在祁连山国家公园酒泉片区内都可反映出来。我国北温带成分类型是祁连山国家公园酒泉片区植物区系的主要组成成分，共计75属，占总属数的48.1%。

（2）物种多样性

祁连山国家公园酒泉片区内动植物资源丰富，共有高等植物492种，分属56科228属。其中，苔藓植物6科7属8种，石松和蕨类植物2科2属3种，裸子植物2科2属4种，被子植物44科218属467种。在祁连山国家公园酒泉片区的野生植物中，牧草、饲用植物较多，有力地支持了本区畜牧业的发展。酒泉片区有脊椎动物5纲28目73科276种，鱼类1目2科5种，两栖类1目2科2属2种，爬行类2亚目5科5属9种，鸟类19目49科212种，哺乳类6目15科48种；其中，国家一级重点保护动物19种（鸟类11种、哺乳类8种），国家二级保护动物43种（鸟类30种、兽类13种）。

（3）遗传多样性

在草原、荒漠草原等恶劣环境下的生态系统中，植物、动物、微生物具有较强的适应能力与抗性，造成了生物在极端恶劣环境下特殊的遗传基础和生物基因的多样性。在严酷生境长期演化过程中，适应了极端条件（极端冷热、干旱、强风、高辐射、基质贫瘠等），形成了具有特殊抗逆性且有极高光合效率的基因等，是今后开发利用的主要内容之一。依赖湿地生存、繁衍的野生动植物极为丰富，有许多是珍稀特有的物种。湿地为鸟类、鱼类提供丰富的食物和良好的生存繁衍空间，对物种保存和保护物种多样性发挥着重要作用，是重要的遗传基因库，对维持野生物种种群的存续、筛选和改良具有商品意义的物种，均具有重要意义。

（4）生境多样性

祁连山国家公园酒泉片区内地形、地貌、土壤、植被、气候都具有明显的过渡性特征，多样性的生态因子作用于生态系统，而植被是直观感受最明显的体现，因某一地区某一主导生态因子作用程度的不同，出现植被多样性。区域内动物群可分为高山寒漠动物群、高山草甸草原动物群、沼泽湿地动物群、荒漠半荒漠动物群和村庄农田动物群。地势复杂，地理位置特殊，处于一个相对封闭的环境，区域内人口稀少，以牧业为主，牧民逐水草而居，无大规模的现代工业、企业，原始生境受人为因素的影响小，较好地保留了原始的自然生态系统。

#### 10.4.2.5　生态脆弱性

酒泉片区核心保护区的植被保存完整，属于完全自然型，基本处于原生状态。一般控制区由于近几年生态建设和人为活动干扰，植被退化严重，可通过封育保护、人工种草等措施恢复植被，逐渐向自然性的方向演替。交错带与交错群落是生态脆弱区，是干扰敏感区，又是生物多样性较高的地区，脆弱性的生态系统具有很高的保护价值。20世纪90年代初以来，已成为群落生态学研究的热点，它对我国西部植被恢复的研究是一个很好的实验室。

#### 10.4.2.6　学术性

祁连山国家公园酒泉片区动植物资源丰富，又处于典型的过渡地带，是研究不同自然地带植物分布、生长、发育、演替的主要基地，是研究荒漠化、草原荒漠化，以及湿地生态系统发生、发展及其演替规律的活教材，是荒漠化地区的重要物种基因库，对开展相关科学研究具有很高的科研和学术价值。新中国成立以来，吸引了许多著名国内外科学家考察和关注，开展了野生动物调查，开展了盐池湾保护区湿地本底资源调查和昆虫资源调查研究，完成了《甘肃盐池湾国家级自然保护区植物多样性与保护性评价研究》项目鉴定及成果汇编，出版发行了《甘肃盐池湾国家级自然保护区植物图鉴》。

## 10.5　社会效益评价

祁连山国家公园酒泉片区是为更好地保护生态环境和动植物资源，在盐池湾国家级自然保护区的基础之上成立的，自建立以来，以其得天独厚的自然地理条件、区位优势、丰富的动植物资源、独特的自然景观和悠久的人文历史景观，取得了可喜的社会效益。

### 10.5.1　促进地方发展

祁连山国家公园酒泉片区位于少数民族——蒙古族和哈萨克族地区，地理位置偏远，以牧为主，经济文化相对比较落后，通过建设祁连山国家公园，不但可以使祁连山国家酒泉片区内的生物多样性能得到更好的保护，同时，通过社区共建项目的开展，改变当地群众的生产和生活方式，优化产业结构，为当地社区居民创造经济效益，有利于社会安定和群众生活水平的提高，可以提高社区居民保护的积极性，促进社会进步和民族团结。

### 10.5.2　观光和旅游价值

祁连山国家公园酒泉片区具有自然观光、旅游、娱乐等多方面的功能，除可创造直接的经济效益外，还具有重要的文化价值；在美化环境、调节气候、为居民提供休憩空间方面有重要的社会效益。

### 10.5.3　增强环保意识

祁连山国家公园酒泉片区是天然的教育基地，让青少年在自然中感受到保护生态环境的重要性，有助于提升社区居民环保意识，推动自然保护事业的发展。

### 10.5.4　教育与科学价值

荒漠—湿地生态系统、过渡交错带、多样的动植物群落、濒危物种等，在科研中都有重要地位，它们为教育和科学研究提供了对象、材料和试验基地。一些湿地中保留着过去和现在的生物、地理等方面演化进程的信息，在研究环境演化、古地理方面有着重要价值。祁连山国家公园酒泉片区地貌复杂，山地与湿地谷地滩涂交错分布，在自然科学上这种复合地貌有着重要的研究价值和意义。

### 10.5.5　知名度和影响力

随着自然保护事业、生态旅游业和教育科研的发展，专家、学者、新闻工作者和游客将纷至沓来，通过科考、休憩、摄影和宣传等活动，使祁连山国家公园酒泉片区知名度不断扩大，高知名度带来的各种正面效益将不可估量。

## 10.6　生态效益评价

### 10.6.1　保护生物多样性

荒漠—草原—湿地的生物多样性具有非常重要的地位。依赖荒漠、草原、湿地生存、繁衍的野生动植物极为丰富，其中，有许多是珍稀特有的物种，它是生物多样性丰富的重要地区和濒危鸟类、迁徙鸟类以及其他野生动物的栖息繁殖地。祁连山国家公园酒泉片区内分布有落叶灌丛、草甸、干旱草原、荒漠草原、荒漠、湿地植被等典型的自然景观，富有生物多样性以及珍稀动植物资源。祁连山国家公园酒泉片区有 276 种脊椎动物、492 种植物，其中，国家重点保护野生动物62种，一级保护动物19种，二级保护动物43种。这些野生动植物生物在生存、科学研究、遗传育种、医药、旅游等方面具有极高的价值。

### 10.6.2　维持半干旱草原生态系统的稳定性

祁连山国家公园酒泉片区属干旱、半干旱草原区，具有典型的大陆性气候，干旱少雨，蒸发强烈，自然植被长期在严酷的条件下生存，其形态结构、生理特征、生态功能、遗传基因等方面都形成了适应这种严酷环境条件的特殊功能，对维持干旱荒漠草原区生态环境的稳定有不可替代的作用。

### 10.6.3　保护物种种质或遗传资源

酒泉片区在植被与土壤区划上地处干旱暖温带，极端严酷的环境决定了保护区内的野生动植物的独特性，这些特有物种长期在恶劣的生境生存进化，保留了丰富的抗逆性基因，是可供人类利用的特种遗传资源，是全世界共同拥有的资源和财富。

天然的草原—湿地环境为鸟类、鱼类提供丰富的食物和良好的生存繁衍空间，对物种保存和保护物种多样性发挥着重要作用。湿地是重要的遗传基因库，对维持野生物种种群的存续、筛选和改良具有商品意义的物种均具有重要意义。此外，祁连山国家公园酒泉片区还是藏原羚、白唇鹿、野牦牛、藏野驴、雪豹分布区的北部边缘，是黑颈鹤、藏雪鸡、西藏毛腿沙鸡等分布区的东部边缘。依现代分子生物学研究的成就，边缘种群有更高的遗传多样性。

### 10.6.4　生态环境保护

祁连山国家公园酒泉片区保存完好的灌丛植被和湿地，具有很好的防风固沙、蓄水、集水和保水功能。区域内有四季流淌的沟水、季节性的河流和茂密的灌丛植被，在保持水土、涵养水源、净化水质、净化空气等方面具有不可估量的作用。湿地在控制洪水、调节水流方面功能十分显著，在蓄水、调节河川径流、补给地下水和维持区域水平衡中发挥着重要作用，是蓄水防洪的天然"海绵"。祁连山国家公园酒泉片区地处疏勒河、党河和榆林河上游，所保护的近百万公顷的草甸草原在水源涵养、水土保持方面有着无可替代的作用。

## 10.7　经济效益评价

酒泉片区的经济价值主要体现在自然资源价值上，包括动植物和自然景观。

### 10.7.1　植物经济价值

祁连山国家公园酒泉片区有种植防护造林植物，包括线叶柳、小叶杨、二白杨、胡杨、沙枣、多枝怪柳、细穗怪柳、沙棘等，是祁连山国家公园酒泉片区宝贵的森林资源，具有较高的生态服务价值，包括涵养水源、土壤保育、固碳释氧、净化空气、生物多样性保护，具有较高的经济价值。此外，祁连山国家公园酒泉片区部分植物还可以作为食用植物，例如沙棘、鹅绒委陵菜（联麻）、沙葱、镰叶韭（扁葱）、藜（灰条）等，以市场价值来衡量祁连山国家公园酒泉片区内的可食用植物，也是体现经济价值的重要方面。同时，祁连山国家公园酒泉片区内还有较多品种的优良牧草，例如垂穗鹅观草、冠毛草、早熟禾、线叶蒿草、沙葱、冰草、披碱草、紫花针茅、紫花苜蓿等，都是优质的牧草，基于草畜平衡的前提，优质牧草为祁连山国家公园酒泉片区当地的农牧民开展畜牧业带来了直接的经济价值。另外，祁连山国家公园酒泉片区内还存在大量的药用植物，包括芨芨草、白草、细果角茴香、中麻黄、黑果枸杞、苦豆子、鹅绒委陵菜、赖草、白花枝子花、黄花补血草、细叶马兰、锁阳、苦马豆、白刺、沙棘、金露梅、小花棘豆、叉枝鸦葱、蒺藜、水母雪莲、唐古特雪莲、马尿泡、铁棒锤、单花翠雀、唐古红景天、绢毛菊、车前状垂头菊、甘肃雪灵芝等，若以市场价值衡量，祁连山国家公园酒泉片区内的植物具有不可估量的经济价值。除以上防护造林植物带来的较高的生态服务价值和可食用植物与药用植物带来的直接价值外，酒泉片区内的植物种类丰富，具有良好的科研教育作用，后期可以规划设计以植物观赏和植物识别为主的相关自然教育课程，从而为酒泉片区带来间接经济价值。

### 10.7.2　动物经济价值

酒泉分局的成立进一步提升了该区域保护能力，野生动植物的种群数量显著增加。祁连山国家公园酒泉片区内有白唇鹿、野牦牛、藏原羚等高原珍稀野生动物，因而未来基于不影响野生动物生活休憩的原则，合理规划野生动物观景台、鸟类观测点等生态旅游观赏景点，是动物实现其经济价值的间接体现，同时，还为酒泉片区带来了旅游经济收益。

### 10.7.3 自然景观资源

祁连山国家公园酒泉片区虽然并未开展大规模的旅游开发，但是距旅游热点敦煌仅一百多公里，交通方便，且区内具有雪山、冰川等自然资源，有丰富的野生动植物资源，而且民族风情浓厚，以自然景观、动植物观赏为主的旅游发展必然能为社区居民带来可观的经济收入。

祁连山国家公园酒泉片区的自然资源和生态环境保护，能充分发挥水源的涵养作用，给肃北、敦煌、安西、玉门的农业区、工业区带来经济效益，保障下游工农业生产可持续发展方面经济效益更为巨大。

## 10.8 评价总结

祁连山国家公园是我国试点建设的具有中国特色的国家公园，它的成立为有效解决交叉重叠、多头管理的碎片化问题，有效保护国家重要自然生态系统原真性、完整性，形成自然生态系统保护的新体制、新模式，促进生态环境治理体系和治理能力现代化，保障国家生态安全，实现人与自然和谐共生提供生态保护样板。

祁连山国家公园酒泉片区是集自然资源生物多样性保护、科研、宣传教育、生态旅游和可持续发展等多功能于一体的以国家公园为主体的保护地，是疏勒河、党河的水源涵养区，生态保护关系到下游地区50万城乡人口的正常生活、工业生产用水、农田和林地的灌溉。

祁连山国家公园酒泉片区的成立还能有效促进地方发展，推动了境内奇特的自然景观、历史遗迹、名胜古迹和丰富的野生动植物资源的开发，有效提高了知名度和影响力。

祁连山国家公园酒泉片区位于青藏高原北缘、祁连山与阿尔金山结合部，物种多样性极其丰富。区域内庞大的自然资源和生物多样性还有利于开展教育和科学研究相关工作，包括但不限于生物多样性保护，维持干旱、半干旱草原生态系统的稳定，保护物种种质和生态环境保护等主题。祁连山国家公园酒泉片区具有巨大的生态、社会和经济效益。

# 附录1　祁连山国家公园酒泉片区植物名录

## 1　苔藓植物 BRYOPHYTA

### 1.1　丛藓科 Pottiaceae
（1）短叶扭口藓 *Barbula tectorum* C. Muell

### 1.2　真藓科 Bryaceae
（2）卵叶真藓 *Bryum calophyllum* R.Brown
（3）湿地真藓 *Bryum schleicheri* Schwaegr

### 1.3　提灯藓科 Mniaceae
（4）北灯藓 *Cinclidium stygeum* SW.

### 1.4　柳叶藓科 Amblystegiaceae
（5）牛角藓 *Cratoneuron filicinum*（Hedw.）Spruc.
（6）水灰藓 *Hygrohypnum luridum*（Hedw.）Jem.

### 1.5　青藓科 Brachytheciaceae
（7）长肋青藓 *Brachythecium populeum*（Hedw.）Schimp

### 1.6　绢藓科 Entodontaceae
（8）绢藓 *Entodon cladorrhizns*（Hedw.）Müll. Hal.

## 2　蕨类植物 PTERIDOPHYTA

### 2.1　木贼科 Equisetaceae
（9）问荆 *Equisetum arvense* L.
（10）节节草 *Equisetum ram osissimum* Dest

### 2.2　水龙骨科 Polypodiaceae
（11）高山瓦韦 *Lepisorus eilophyllus*（Diels）Ching

## 3　裸子植物 GYMNOSPERMAE

### 3.1　柏科 Cupressaceae

（12）祁连圆柏 *Juniperus przewalskii* Kom.

### 3.2　麻黄科 Ephedraceae

（13）中麻黄 *Ephedra intermedia* Schrenk ex Mey.

（14）单子麻黄 *Ephedra monosperma* Gmel. ex Mey.

（15）膜果麻黄 *Ephedra przewalskii* Stapt.

## 4　被子植物 ANGIOSPERMAE

### 4.1　水麦冬科 Juncaginaceae

（16）海韭菜 *Triglochin maritima* L.

（17）水麦冬 *Triglochin palustris* L.

### 4.2　眼子菜科 Potamogetonaceae

（18）穿叶眼子菜 *Potamogeton perfoliatus* L.

（19）小眼子菜 *Potamogeton pusillus* L.

（20）蓖齿眼子菜 *Stuckenia pectinata*（L.）Börner

### 4.3　兰科 Orchidaceae

（21）掌裂兰 *Dactylorhiza hatagirea*（D. Don）Soó

（22）火烧兰 *Epipactis helleborine*（L.）Crantz

### 4.4　百合科 Liliaceae

（23）少花顶冰花 *Gagea pauciflora* Turcz.

### 4.5　鸢尾科 Iridaceae

（24）细叶鸢尾 *Iris tenuifolia* Pall

### 4.6　石蒜科 Amaryllidaceae

（25）镰叶韭 *Allium carolinianum* DC.

（26）碱葱（多根葱）*Allium polyrhizum* Turcz.ex Regel

（27）青甘韭 *Allium przewalskianum* Regel

（28）单丝辉韭 *Allium schrenkii* Regel

### 4.7 香蒲科 Typhaceae

（29）小香蒲 *Typha minima* Funk.

### 4.8 灯芯草科 Juncaceae

（30）小花灯芯草 *Juncus articulatus* L.

（31）小灯芯草 *Juncus bufonius* L.

（32）扁茎灯芯草 *Juncus gracillimus* V. Krecz. et Gontsch.

（33）展苞灯芯草 *Juncus thomsonii* Buchenau

### 4.9 莎草科 Cyperaceae

（34）扁穗草 *Blysmus compressus*（L.）Panz.ex Link

（35）内蒙古扁穗草 *Blysmus rufus*（Hudson）Link

（36）华扁穗草 *Blysmus sinocompressus* Tang & F. T. Wang

（37）黑褐苔草 *Carex atro-fusca ssp.minor*（Boott）T. Koyama

（38）丛生苔草 *Carex caespititia* Nees

（39）白颖苔草 *Carex duriuscula ssp. rigescens*（Franch.）S. Y. Liang & Y. C. Tang

（40）细叶苔草 *Carex duriuscula ssp.stenophylloides*（V. I. Krecz.）S. Yun Liang & Y. C. Tang

（41）无脉苔草 *Carex enervis* C. A. Mey.

（42）无穗柄苔草 *Carex ivanoviae* T. V. Egorova

（43）康藏嵩草 *Carex littledalei*（C. B. Clarke）S. R. Zhang

（44）尖苞苔草 *Carex microglochin* Wahlenb.

（45）青藏苔草 *Carex moorcroftii* Falc. ex Boott

（46）红棕苔草 *Carex przewalskii* T. V. Egorova

（47）粗壮嵩草 *Carex sargentiana*（Hemsl.）S. R. Zhang

（48）西藏嵩草 *Carex tibetikobresia* S. R. Zhang

（49）大花嵩草 *Carex nudicarpa*（Y. C. Yang）S. R. Zhang

（50）沼泽荸荠 *Eleocharis palustris*（L.）Roem. & Schult.

（51）少花荸荠 *Eleocharis quinqueflora*（Hartm.）O. Schwarz

### 4.10　禾本科 Gramineae

（52）芨芨草 *Neotrinia splendens*（Trin.）M. Nobis

（53）细叶芨芨草 *Achnatherum chingii*（Hitchc.）Keng

（54）冰草 *Agropyron critatum*（L.）Beauv.

（55）毛沙生冰草 *Agropyron desertorum* var. *pilosiusculum* Melderis.

（56）光稃茅香 *Anthoxanthum glabrum*（Trinius）Veldkamp

（57）西藏类早熟禾 *Arctopoa tibetica*（Munro ex Stapf）Prob.

（58）三芒草 *Aristida adscensionis* L.

（59）拂子茅 *Calamagrostis epigeios*（L.）Roth

（60）假苇拂子茅 *Calamagrostis pseudophrgmites*（Hall.f.）Koel.

（61）沿沟草 *Calabrosa aquatica*（L.）Beauv.

（62）无芒隐子草 *Cleistogenes songorica*（Roshev.）Ohwi

（63）穗发草 *Deschampsia koelerioides* Regel

（64）青海野青茅 *Deyeuxia kokonorica*（Keng ex Tzvelev）S. L. Lu

（65）天山野青茅 *Deyeuxia tianschanica*（Rupr.）Bor

（66）黑紫披碱草 *Elymus atratus*（Nevski）Hand.-Mazz.

（67）短颖鹅观草 *Elymus burchan-buddae*（Nevski）Tzvelev

（68）圆柱披碱草 *Elymus cylindricus*（Franch.）Honda

（69）披碱草 *Elymus dahuricus* Turcz.

（70）垂穗披碱草 *Elymus nutans*（Griseb.）Nevski

（71）长芒鹅观草 *Elymus dolichatherus*（Keng）S. L. Chen

（72）狭颖鹅观草 *Elymus mutabilis*（Drobow）Tzvelev

（73）老芒麦 *Elymus sibiricus* L.

（74）小画眉草 *Eragrostis minor* Host.

（75）苇状羊茅 *Festuca arundinacea* Schreb.

（76）短叶羊茅 *Festuca brachyphylla* Schult. & Schult. f.

（77）羊茅 *Festuca ovina* L.

（78）藏山燕麦 *Helictotrichon tibeticum*（Roshev.）Holub.

（79）疏花藏山燕麦 *Helictotrichon tibeticum* var. *laxiflorum* Keng ex Z. L. Wu

（80）大麦草 *Hordeum bogdanii* Wilensky

（81）紫大麦草 *Hordeum roshevitzii* Bowden

（82）梭罗草 *Kengyilia thoroldiana*（Oliv.）J. L. Yang, C. Yen & B. R. Baum

（83）银洽草 *Koeleria litvinowii subsp. argentea*（Grisebach）S. M. Phillips & Z. L. Wu

（84）窄颖赖草 *Leymus angustus*（Trinius）Pilg.

（85）宽穗赖草 *Leymus ovatus*（Trinius）Tzvelev

（86）毛穗赖草 *Leymus paboanus*（Claus）Pilger

（87）赖草 *Leymus secalinus*（Georgi）Tzvel.

（88）若羌赖草 *Leymus ruoqiangensis* S. L. Lu & Y. H. Wu

（89）柴达木臭草 *Melica kozlovii* Tzvelev

（90）长白草 *Pennisetum centrasiaticum* Tzvel.

（91）虉草 *Phalaris arundinacea* L.

（92）芦苇 *Phragmites australis*（Cav.）Trin. ex Steudel

（93）早熟禾 *Poa annua* L.

（94）堇色早熟禾 *Poa araratica ssp. ianthina*（Keng ex Shan Chen）Olonova & G. Zhu

（95）光稃早熟禾 *Poa araratica ssp. psilolepis*（Keng）Olonova & G. Zhu

（96）藏北早熟禾 *Poa boreali-tibetica* C.Ling

（97）花丽早熟禾 *Poa calliopsis* Litvinov ex Ovczinnikov

（98）高原早熟禾 *Poa lipskyi* Roshev.

（99）中亚早熟禾 *Poa litwinowiana* Ovcz.

（100）疏花早熟禾 *Poa polycolea* Stapf.

（101）细叶早熟禾 *Poa pratensis ssp. angustifolia*（L.）Lejeun

（102）灰早熟禾 *Poa glauca* Vahl

（103）多鞘早熟禾 *Poa polycolea* Stapf

（104）长芒棒头草 *Polypogon monspeliensis*（L.）Desf.

（105）紫药新麦草 *Psathyrostachys juncea var. hyalantha*（Ruprecht）S. L. Chen

（106）太白细柄茅 *Ptilagrostis concinna*（Hook. f.）Roshev.

（107）细柄茅 *Ptilagrostis mongholica*（Turcz. ex Trin.）Griseb

（108）双叉细柄茅 *Ptilagrostis dechotoma* Keng ex Tzvel.

（109）中亚细柄茅 *Ptilagrotis pelliotii*（Danguy）Grub.

（110）鹤甫碱茅 *Puccinellia hauptiana*（Trin. ex V. I. Krecz.）Kitag.

（111）光稃碱茅 *Puccinellia leiolepis* L. Liou

（112）碱茅 *Puccinellia distans*（L.）Parl.

（113）微药碱茅 *Puccinellia hauptiana*（Krecz.）Kitag.

（114）疏穗碱茅 *Puccinellia roborovskyi* Tzvelev.

（115）狗尾草 *Setaria viridis*（L.）Beauv.

（116）冠毛草 *Stephanachne pappophorea*（Hack.）Keng

（117）异针茅 *Stipa aliena* Keng

（118）短花针茅 *Stipa breviflora* Griseb.

（119）长芒草 *Stipa bungeana* Trin .ex Bge.

（120）沙生针茅 *Stipa caucasica ssp. glareosa*（P. A. Smirn.）Tzvelev

（121）甘青针茅 *Stipa przewalskyi* Roshev.

（122）紫花针茅 *Stipa purpurea* Griseb.

（123）座花针茅 *Stipa subsessiliflora*（Rupr.）Roshev.

（124）天山针茅 *Stipa tianschanica* Roshev.

（125）戈壁针茅 *Stipa tianschanica var. gobica*（Roshev.）P. C. Kuo et Y. H. Sun

（126）穗三毛草 *Trisetum spicatum*（L.）Richter

## 4.11　罂粟科 Papaveraceae

（127）灰绿黄堇 *Corydalis adunca* Maxim.

（128）条裂黄堇 *Corydalis linarioides* Maxim.

（129）直茎黄堇 *Corydalis stricta* Steph. ex DC.

（130）糙果紫堇 *Corydalis trachycarpa* Maxim.

（131）红花紫堇 *Corydalis livida* Maxim.

（132）细果角茴香 *Hypecoum leptocarpum* Hook.t. et Thoms.

## 4.12　小檗科 Berberidaceae

（133）置疑小檗 *Berberis dubia* C. K. Schneid.

## 4.13　毛茛科 Ranunculaceae

（134）铁棒锤 *Aconitum pendulum* Busch

（135）蓝侧金盏花 *Adonis coerulea* Maxim.

（136）叠裂银莲花 *Anemone imbricata* Maxim.

（137）美花草 *Callianthemum pimpinelloides*（D. Don）Hook. f. & Thomson

（138）灰叶铁线莲 *Clenatis canescens*（Turcz.）W. T. Wang et M. C. Chang

（139）甘青铁线莲 *Clematis tangutica*（Maxim）Korsh.

（140）白蓝翠雀花 *Delphinium albocoeruleum* Maxim.

（141）蓝翠雀花 *Delphinium caerulirm* Jacg. ex Camb.

（142）单花翠雀 *Delphinium candelabrum var. monanthum*（Hand. - Mazz.）
　　　　　　W. T. Wang

（143）长叶碱毛茛 *Halerpestes ruthenica*（Jacq.）Ovcz.

（144）碱毛茛（水葫芦苗）*Halerpestes sarmentosa*（Adams）Kom.

（145）三裂碱毛茛 *Halerpestes tricuspis*（Maxim.）Hand.-Mazz.

（146）乳突拟耧斗菜 *Paraquilegia anemonoides*（Willd.）O. E. Ulbr.

（147）拟耧斗菜 *Paraquilegia microphylla*（Royle）Drumm.et Hutch.

（148）蒙古白头翁 *Pulsatilla ambigua*（Turcz. ex Hayek）Juz.

（149）班戈毛茛 *Ranunculus banguoensis* L. Liou

（150）鸟足毛茛 *Ranunculus brotherusii* Freyn

（151）川青毛茛 *Ranunculus chuanchingensis* L. Liou

（152）圆裂毛茛 *Ranunculus dongrergensis* Hand.-Mazz.

（153）柔毛茛 *Ranunculus membranaceus var. pubescens* W. T. Wang

（154）浮毛茛 *Ranunculus natans* C. A. Mey.

（155）云生毛茛 *Ranunculus nephelogenes* Edgew.

（156）栉裂毛茛 *Ranunculus pectinatilobus* W. T. Wang

（157）裂叶毛茛 *Ranunculus pedatifidus* Sm.

（158）深齿毛茛 *Ranunculus popovii var. stracheyanus*（Maxim.）W. T. Wang

（159）苞毛茛 *Ranunculus involucratus* Maxim.

（160）高原毛茛 *Ranunculus tanguticus*（Maxim.）Ovcz.

（161）叶城毛茛 *Ranunculus yechengensis* W. T. Wang

（162）直梗高山唐松草 *Thalictrum alpinum var. elatum* O. E. Ulbr.

（163）腺毛唐松草 *Thalictrum foetidum* L.

（164）芸香叶唐松草 *Thalictrum rutifolium* Hook.f. et Thoms.

## 4.14  虎耳草科 Saxifragaceae

（165）山羊臭虎耳草 *Sacxifraga hirculus* L.

（166）零余虎耳草 *Saxifraga cernua* L.

（167）唐古特虎耳草 *Saxifraga tangutica* Engl.

（168）青藏虎耳草 *Saxifraga przewalskii* Engl.

## 4.15  景天科 Crassulaceae

（169）小苞瓦松 *Orostachys thyrsiflorus* Fisch.

（170）瓦松 *Orostachys fimbriatus*（Turcz.）Berger.

（171）唐古红景天 *Rhodiola algida var. tangutica*（Maxim.）S.H.Fu

（172）圆丛红景天 *Rhodiola coccinea*（Royle）Boriss.

## 4.16  蒺藜科 Zygophyllaceae

（173）蒺藜 *Tribulus terrestris* L.

（174）霸王 *Zygophyllum xanthoxylon*（Bge.）Maxim.

（175）驼蹄瓣 *Zygophyllum fabago* L.

（176）甘肃驼蹄瓣 *Zygophyllum kansuense* Y.X Liou

（177）大花驼蹄瓣 *Zygophyllum potaninii* Maxim.

（178）翼果驼蹄瓣 *Zygophyllum pterocarpum* Bunge

## 4.17  豆科 Leguminosae

（179）披针叶野决明（黄华）*Thermopsis lanceolata* R. Br.

（180）团垫黄芪 *Astragalus arnoldii* Hemsl.

（181）丛生黄芪 *Astragalus confertus* Benth. ex Bunge

（182）大通黄芪 *Astragalus datunensis* Y. C. Ho

（183）斜茎黄芪*Astragalus laxmannii* Jacq.

（184）甘肃黄芪*Astragalus licentianus* Hand.-Mazz.

（185）马衔山黄芪*Astragalus mahoschanicus* Hand.-Mazz.

（186）多毛马衔山黄芪*Astragalus mahoschanicus var. multipilosus* Y. H. Wu

（187）茵垫黄芪*Astragalus mattam* H. T. Tsai & T. T. Yu

（188）白花茵垫黄芪*Astragalus mattam var. albiflorus* X.G.Sun et X.J.Liou

（189）雪地黄芪*Astragalus nivlis* Kar. & Kir.

（190）肾形子黄芪*Astragalus skythropos* Bunge

（191）变异黄芪*Astragalus variabilis* Bunge ex Maxim.

（192）柴达木黄芪*Astragalus kronenburgii var. chaidamuensis* S. B. Ho

（193）了墩黄芪*Astragalus lioui* Tsai et Yü

（194）长毛荚黄芪*Astragalus macrotrichus* Pet.-Stib.

（195）多枝黄芪*Astragalus polycladus* Bur. et Franch.

（196）帚黄芪 *Astragalus scoparius* Schrenk

（197）荒漠锦鸡儿*Caragana roborovskyi* Kom.

（198）红花羊柴*Corethrodendron multijugum*（Maxim.）B. H. Choi & H. Ohashi

（199）甘草 *Glycyrrhiza uralensis* Fisch.

（200）草木樨*Melilotus suaveolens* Ledeb.

（201）刺叶柄棘豆（猫头刺）*Oxytropis aciphylla* Ledeb.

（202）蓝花棘豆*Oxytropis coerulea*（Pallas）Candolle

（203）急弯棘豆 *Oxytropis deflexa*（Pall.）DC.

（204）密丛棘豆 *Oxytropis densa* Benth ex Baker

（205）镰形棘豆*Oxytropis falcata* Bge.

（206）小花棘豆（醉马草、马绊肠）*Oxytropis glabra*（Lam.）DC.

（207）细叶棘豆*Oxytropis glabra var. tenuis* Palib.

（208）密花棘豆*Oxytropis imbricata* Komarow

（209）甘肃棘豆*Oxytropis kansuensis* Bunge

（210）宽苞棘豆*Oxytropis latibracteata* Jurtzev

（211）黑萼棘豆*Oxytropis melanocalyx* Bunge

（212）黄花棘豆 *Oxytropis ochrocephala* Bge.

（213）祁连山棘豆 *Oxytropis qilianshanica* C. W. Chang et C. L. Zhang

（214）胀果棘豆 *Oxytropis stracheyana* Bunge

（215）胶黄芪状棘豆 *Oxytropis tragacanthoides* Fisch.

（216）苦马豆 *Sphaerophysa salsula*（Pall.）DC.

## 4.18　蔷薇科 Rosaceae

（217）鹅绒委陵菜（蕨麻）*Potentilla anserina* L.

（218）砂生地蔷薇 *Chamaerhodos sabulosa* Bge.

（219）金露梅 *Dasiphora fruticosa*（L.）Rydb.

（220）白毛银露梅 *Dasiphora mandshurica*（Maxim.）Juz.

（221）小叶金露梅 *Dasiphora parvifolia*（Fisch. ex Lehm.）Juz.

（222）西北沼委陵菜 *Comarum salesovianum*（Steph.）Aschers. et Graebn.

（223）毛果委陵菜 *Fragariastrum eriocarpum*（Wall. ex Lehm.）Kechaykin
　　　　　　 & Shmakov

（224）高原委陵菜 *Potentilla pamiroalaica* Juz.

（225）钉柱委陵菜 *Potentilla saundersiana* Royle

（226）丛生钉柱委陵菜 *Potentilla saundersiana var. caespitosa*（Lehm.）Wolf

（227）绢毛委陵菜 *Potentilla sericea* L.

（228）变叶绢毛委陵菜 *Potentilla sericea var. polyschista* Lehm.

（229）密枝委陵菜 *Potentilla virgata* Lehm.

（230）羽裂密枝委陵菜 *Potentilla virgata var. pinnatifida*（Lehm.）Yü et Li

（231）伏毛山莓草 *Sibbaldia adpressa* Bge.

（232）鸡冠茶（二裂委陵菜）*Sibbaldianthe bifurca*（L.）Kurtto & T. Erikss.

## 4.19　胡颓子科 Elaeagnaceae

（233）沙棘 *Hippophae rhamnoides subsp. sinensis* Rousi

（234）肋果沙棘 *Hippophae neurocarpa* S. W. Liu & T. N. Ho

## 4.20　梅花草科 Parnassiaceae

（235）三脉梅花草 *Parnassia trinervis* Drude

## 4.21　堇菜科 Violaceae

（236）早开堇菜 *Viola prionantha* Bge.

（237）紫花地丁 *Viola yedoensis* Makino

## 4.22　杨柳科 Salicaceae

（238）胡杨 *Populus ephratica* Oliver

（239）小叶杨 *Populus simonii* Carr.

（240）新疆杨 *Populus alba var. pyramdalis* Bge.

（241）杯腺柳 *Salix cupularis* Rehder

（242）线叶柳 *Salix wilhelmsiana* M.B.

（243）青山生柳 *Salix oritrepha var. amnematchinensis*（K. S. Hao ex C. F. Fang & A. K. Skvortsov）G. H. Zhu

## 4.23　大戟科 Euphorbiaceae

（244）青藏大戟 *Euphorbia altotibetica* Paulsen

## 4.24　白刺科 Nitrariaceae

（245）大白刺 *Nitraria roborowskii* Kom.

（246）泡泡刺 *Nitraria sphaerocarpa* Maxim.

（247）白刺 *Nitraria tangutorum* Bobr.

（248）小果白刺 *Nitraria sibirica* Pall.

（249）骆驼蓬 *Peganum harmala* L.

（250）骆驼蒿 *Peganum nigellastrum* Bunge

## 4.25　十字花科 Cruciferae

（251）蚓果芥 *Braya humilis*（C. A. Mey.）B. L. Rob.

（252）短果蚓果芥 *Braya parvia*（Z. X. An）Al-Shehbaz

（253）红花肉叶荠 *Braya rosea*（Turcz.）Bunge

（254）荠菜 *Capsella bursa-pastoris*（L.）Medic.

（255）无苞双脊荠 *Dilophia ebracteata* Maxim.

（256）盐泽双脊荠 *Dilophia salsa* Thomson

（257）扭果花旗杆 *Dontostemon elegans* Maximowicz

（258）腺异蕊芥 *Dontostemon glandulosus*（Kar. & Kir.）O. E. Schulz

（259）小花花旗杆 *Dontostemon micranthus* C. A. Mey.

（260）线叶异蕊芥 *Dontostemon pinnatifidusssp. linearifolius*（Maxim.）Al-Shehbaz & H. Ohba

（261）阿尔泰葶苈 Draba altaica（C. A. Mey.）Bunge

（262）毛葶苈 *Draba eriopoda* Turcz. ex Ledeb.

（263）毛叶葶苈 *Draba lasiophylla* Royle

（264）喜山葶苈 *Draba oreades* Schrenk

（265）紫花糖芥 *Erysimum funiculosum* Hook. f. & Thomson

（266）山柳菊叶糖芥 *Erysimum hieraciifolium* L.

（267）红紫桂竹香 *Erysimum roseum*（Maxim.）Polatschek

（268）密序山萮菜 *Eutrema heterophyllum*（W. W. Sm.）H. Hara

（269）单花荠 *Eutrema scapiflorum*（Hook. f. & Thomson）Al-Shehbaz

（270）独行菜 *Lepidium apetalum* Willd.

（271）头花独行菜 *Lepidium capitatum* Hook.f. et Thoms.

（272）毛果群心菜 *Lepidium appelianum* Al-Shehbaz

（273）头花独行菜 *Lepidium capitatum* Hook. f. & Thomson

（274）球果群心菜 *Lepidium chalepense* L.

（275）心叶独行菜 *Lepidium cordatum* Willd. ex DC.

（276）宽叶独行菜 *Lepidium latifolium* L.

（277）柱毛独行菜 *Lepidium ruderale* L.

（278）垂果大蒜芥 *Sisymbrium heteromallum* C. A. Mey.

（279）藏荠 *Smelowskia tibetica*（Thomson）Lipsky

（280）棒果芥 *Sterigmostemum caspicum*（Lamarck）Ruprecht

（281）少腺爪花芥 *Sterigmostemum eglandulosum*（Botschantzev）H. L. Yang

（282）燥原荠 *Stevenia canescens*（DC.）D.A.German

（283）涩芥 *Strigosella africana*（L.）Botsch.

## 4.26　柽柳科 Tamaricaceae

（284）宽苞水柏枝 *Myricaria bracteata* Royle

（285）匍匐水柏枝 *Myricaria prostrata* Hook. f. et Thoms. ex Benth. et Hook.f.

（286）具鳞水柏枝 *Myricaria squamosa* Desv.

（287）红砂 *Reaumuria soongorica*（Pall.）Maxim.

（288）细穗柽柳 *Tamarix leptostachys* Bge.

（289）多枝柽柳 *Tamarix ramosissima* Ledeb.

（290）多花柽柳 *Tamarix hohenackeri* Bunge

（291）盐地柽柳 *Tamarix karelinii* Bunge

## 4.27　白花丹科 Plumbaginaceae

（292）黄花补血草 *Limonium aureum*（L.）Hill.

## 4.28　蓼科 Polygonaceae

（293）锐枝木蓼 *Atraphaxis pungens*（M.B.）Jaub. et Spach.

（294）圆穗蓼 *Bistorta macrophylla*（D. Don）Soják

（295）珠芽蓼 *Bistorta vivipara*（L.）Gray

（296）沙拐枣 *Calligonum mongolicum* Turcz.

（297）西伯利亚蓼 *Knorringia sibirica*（Laxm.）Tzvelev

（298）细叶西伯利亚蓼 *Knorringia sibirica ssp. thomsonii*（Meisn. ex Steward）S. P. Hong

（299）冰岛蓼 *Koenigia islandica* L.

（300）萹蓄 *Polygonum aviculare* L.

（301）矮大黄 *Rheum nanum* Siewers

（302）歧穗大黄 *Rheum scaberrimum* Lingelsh

（303）巴天酸模 *Rumex patientia* L.

## 4.29　石竹科 Caryphyllaceae

（304）藓状雪灵芝 *Eremogone bryophylla*（Fernald）Pusalkar & D. K. Singh

（305）甘肃雪灵芝 *Eremogone kansuensis*（Maxim.）Dillenb. & Kaderei

（306）无心菜 *Arenaria serpyllitolia* L.

（307）山卷耳 *Cerastium pusillum* Ser.

（308）裸果木 *Gymnocarpos przewalskii* Maxim.

（309）女娄菜 *Silene aprica* Turcz. ex Fisch. & C. A. Mey.

（310）隐瓣蝇子草 *Silene gonosperma*（Rupr.）Bocquet

（311）喜马拉雅蝇子草 *Silene himalayensis*（Rohrb.）Majumdar

（312）山蚂蚱草 *Silene jenisseensis* Willd.

（313）蔓茎蝇子草 *Silene repens* Patrin

（314）沙生繁缕 *Stellaria arenarioides* Shi L. Chen

（315）繁缕 *Stellaria media*（L.）Vill.

（316）囊种草 *Thylacospermum caespitosum*（Cambess.）Schischk.

## 4.30　苋科 Amaranthaceae

（317）沙蓬 *Agriophyllum squarrosum*（L.）Mog

（318）中亚滨藜 *Atriplex centralasiatica* Iljin

（319）大苞滨藜 *Atriplex centralasiatica var. megalotheca*（M.Pop.）G. L. Chu

（320）西伯利亚滨藜 *Atriplex sibirica* L.

（321）平卧轴藜 *Axyris prostrata* L.

（322）地肤 *Bassia scoparia*（L.）A. J. Scott

（323）伊朗地肤 *Bassia stellaris*（Moq.）Bornm.

（324）球花藜 *Blitum virgatum* L.

（325）珍珠猪毛菜 *Caroxylon passerinum*（Bunge）Akhani & Roalson

（326）藜 *Chenopodium album* L.

（327）灰绿藜 *Oxybasis glauca*（L.）S. Fuentes

（328）小白藜 *Chenopodium iljinii* Golosk.

（329）中亚虫实 *Corispermum heptapotamicum* Iljin

（330）蒙古虫实 *Corispermum mongolicum* Iljin

（331）雾冰藜 *Grubovia dasyphylla*（Fisch. & C. A. Mey.）Freitag & G. Kadereit

（332）黑翅雾冰藜 *Grubovia melanoptera*（Bunge）Freitag & G. Kadereit

（333）蛛丝蓬（白茎盐生草）*Halogeton arachnoides* Moq.

（334）猪毛菜 *Kali collinum*（Pall.）Akhani & Roalson

（335）新疆猪毛菜 *Kali sinkiangense*（A. J. Li）Brullo，Giusso & Hrusa

（336）刺沙蓬 *Kali tragus* Scop.

（337）尖叶盐爪爪 *Kalidium caspidatum*（Ung.-sternb.）Grub.

（338）黄毛头 *Kalidium caspidatum var. sinicum* A.J.Li

（339）细枝盐爪爪 *Kalidium gracile* Fenzl

（340）盐爪爪 *Kalidium foliatum*（Pall.）Moq.

（341）垫状驼绒藜 *Krascheninnikovia compacta*（Losinsk.）Grubov

（342）驼绒藜 *Krascheninnikovia ceratoides*（L.）Gueldenst.

（343）松叶猪毛菜 *Salsola laricifolia*（Bunge）Akhani

（344）盐角草 *Salicornia europaea* L.

（345）碱蓬 *Suaeda glauca* Bunge

（346）盘果碱蓬 *Suaeda heterophylla*（Kar. et Kir.）Bge.

（347）平卧碱蓬 *Suaeda prostrata* Pall.

（348）合头草（黑柴）*Sympegma regelii* Bge.

（349）刺藜 *Teloxys aristata*（L.）Moq.

## 4.31　报春花科 Primulaceae

（350）大苞点地梅 *Androsace maxima* L.

（351）北点地梅 *Androsace septentrionalis* L.

（352）垫状点地梅 *Androsace tapete* Maxim.

（353）海乳草 *Glaux maritima* L.

（354）天山报春 *Primula nutans* Georgi

（355）甘青报春 *Primula tangutica* Duthie

（356）羽叶点地梅 *Pomatosace fillicula* Maxim.

## 4.32　茜草科 Rubiaceae

（357）拉拉藤 *Galium spurium* L.

## 4.33　龙胆科 Gentianaceae

（358）刺芒龙胆 *Gentiana aristata* Maxim.

（359）圆齿褶龙胆 *Gentiana crenulatotruncata*（C. Marquand）T. N. Ho

（360）达乌里龙胆 *Gentiana dahurica* Fisch.

（361）蓝灰龙胆 *Gentiana caeruleogrisea* T. N. Ho

（362）蓝白龙胆 *Gentiana leucomelaena* Maxim. ex Kusnezow

（363）假鳞叶龙胆 *Gentiana pseudosquarrosa* Harry Sm.

（364）管花秦艽 *Gentiana siphonantha* Maxim. ex Kusnezow

（365）紫红假龙胆 *Gentianella arenaria*（Maxim.）T. N. Ho

（366）黑边假龙胆 *Gentianella azurea*（Bunge）Holub

（367）矮假龙胆 *Gentianella pygmaea*（Regel & Schmalhausen）Harry Smith

（368）新疆假龙胆 *Gentianella turkestanorum*（Gand.）Holub

（369）扁蕾 *Gentianopsis barbata*（Froelich）Ma

（370）湿生扁蕾 *Gentianopsis paludosa*（Munro ex J. D. Hooker）Ma

（371）肋柱花 *Lomatogonium carinthiacum*（Wulfen）Reichenbach

（372）合萼肋柱花 *Lomatogonium gamosepalum*（Burkill）Harry Smith

（373）辐状肋柱花 *Lomatogonium rotatum*（L.）Fries ex Nyman

（374）镰萼喉毛花 *Comastoma falcatum*（Turcz. ex Kar. & Kir.）Toyok.

## 4.34　夹竹桃科 Apocynaceae

（375）鹅绒藤 *Cynanchum chinense* R. Br.

## 4.35　紫草科 Boraginaceae

（376）长柱琉璃草 *Lindelofia stylosa*（Kar.et Kir.）Brand.

（377）异果齿缘草 *Eritrichium heterocarpum* Y. S. Lian & J. Q. Wang

（378）青海齿缘草 *Eritrichium medicarpum* Y. S. Lian & J. Q. Wang

（379）唐古拉齿缘草 *Eritrichium tangkulaense* W. T. Wang

（380）短梗鹤虱 *Lappula tadshikorum* Popov

（381）蓝刺鹤虱 *Lappula consanguinea*（Fisch. & C. A. Mey.）Gürke

（382）狭果鹤虱 *Lappula semiglabra*（Ledeb.）Guerke

（383）颈果草 *Metaeritrichium microuloides* W. T. Wang

（384）西藏微孔草 *Microula tibetica* Benth.

（385）小花西藏微孔草 *Microula tibetica var. pratensis*（Maxim.）W. T. Wang

## 4.36　茄科 Solanaceae

（386）马尿（脬）泡 *Przewalskia tangutica* Maxim.

（387）北方枸杞 *Lycium chinense var. potaninii*（Pojark.）A. M. Lu

（388）新疆枸杞 *Lycium dasystemum* Pojarkova

（389）黑果枸杞 *Lycium ruthenicum* Murray

## 4.37　车前科 Plantaginaceae

（390）杉叶藻 *Hippuris vulgaris* L.

（391）平车前 *Plantago depressa* Willdenow

（392）大车前 *Plantago major* L.

（393）北水苦荬 *Veronica anagallis-aquatica* L.

（394）长果婆婆纳 *Veronica ciliata* Fischer

（395）婆婆纳 *Veronica didyma* Tenore

（396）毛果婆婆纳 *Veronica eriogyne* H. Winkler

## 4.38　玄参科 Scrophulariaceae

（397）砾玄参 *Scrophularia incisa* Weinm.

## 4.39　唇形科 Lamiaceae

（398）蒙古莸 *Caryopteris mongholica* Bunge

（399）白花枝子花 *Dracocephalum heterophyllum* Benth.

## 4.40　通泉草科 Mazaceae

（400）肉果草 *Lancea tibetica* J. D. Hooker & Thomson

## 4.41　列当科 Orobanchaceae

（401）弯管列当 *Orobanche cernua* Loefling

（402）肉苁蓉 *Cistanche deserticola* Ma

（403）疗齿草 *Odontites vulgaris* Moench

（404）绵穗马先蒿 *Pedicularis pilostachya* Maxim.

（405）大唇拟鼻花马先蒿 *Pedicularis rhinanthoides subsp. labellata*（Jacq.）Tsoong

（406）阿拉善马先蒿 *Pedicularis alaschanica* Maxim.

（407）华马先蒿 *Pedicularis oederi var.sinensis*（Maxim.）Hurus.

（408）绵穗马先蒿 *Pedicularis pilostachya* Maxim.

（409）假弯管马先蒿 *Pedicularis psedocuryituba* Tsoong

## 4.42　桔梗科 Campanulaceae

（410）喜马拉雅沙参 *Adenophora himalayana* Feer

（411）长柱沙参 *Adenophora stenanthina*（Ledebour）Kitagawa

## 4.43　菊科 Compsitae

（412）灌木亚菊 *Ajania fruticulosa*（Ledeb.）Poliak.

（413）单头亚菊 *Ajania scharnhorstii*（Regel & Schmalh.）Tzvelev

（414）铃铃香青 *Anaphalis hancockii* Maxim.

（415）冷蒿 *Artemisa frigia* Will.

（416）莳萝蒿 *Artemisia anethoides* Mattf.

（417）纤杆蒿 *Artemisia demissa* Krasch.

（418）沙蒿 *Artemisia desertorum* Spreng.

（419）甘肃蒿 *Artemisia gansuensis* Y. Ling & Y. R. Ling

（420）臭蒿 *Artemisia hedinii* Ostenfeld.

（421）大花蒿 *Artemisia macrocephala* Jacguem ex Bess .

（422）香叶蒿 *Artemisia rutifolia* Steph .ex Spreng

（423）猪毛蒿 *Artemisia scoparis* Waldst. et Kir.

（424）垫型蒿 *Artemisia minor* Jacq. ex Bess.

（425）内蒙古旱蒿 *Artemisia xerophytica* Krasch.

（426）蒙古蒿 *Artemisia mongolica*（Fisch. ex Bess.）Nakai

（427）褐苞蒿 *Artemisia phaeolepis* Krasch.

（428）毛莲蒿 *Artemisia vestita* Wall. ex Bess.

（429）弯茎假苦菜 *Askellia flexuosa*（Ledeb.）W. A. Weber

（430）高山紫菀 *Aster alpinus* L.

（431）萎软紫菀 *Aster flaccidus* Bunge.

（432）阿尔泰狗娃花 *Aster altaicus* Willd.

（433）中亚紫菀木 *Asterothamnus centrali-asiaticus* Novopokr.

（434）星毛短舌菊 *Brachanthemum pulvinatum*（Hand.-Mazz.）Shih

（435）灌木小甘菊 *Cancrinia maximowiczii* C. Winkl.

（436）粉苞菊 *Chondrilla piptocoma* Fisch. et Mey.

（437）藏蓟 *Cirsium arvense var. alpestre* Nägeli

（438）刺儿菜 *Cirsium arvense var. integrifolium* Wimmer & Grab.

（439）车前状垂头菊 *Cremanthodium ellisii*（Hook.f.）Kifam.

（440）矮垂头菊 *Cremanthodium humile* Maxim.

（441）盘花垂头菊 *Cremanthodium discoideum* Maxim.

（442）细裂假还阳参 *Crepidiastrum diversifolium*（Ledeb. ex Spreng.）J. W.
Zhang & N. Kilian

（443）细叶假还阳参 *Crepidiastrum tenuifolium*（Willd.）Sennikov

（444）北方还阳参 *Crepis crocea*（Lam.）Babc.

（445）蓼子朴 *Lnula salsoloides*（Turcz.）Ostenf.

（446）中华苦荬菜 *Ixeris chinensis*（Thunb.）Nakai

（447）花花柴 *Karelinia caspia*（Pall.）Less.

（448）乳苣 *Mulgedium tataricum*（L.）DC.

（449）火绒草 *Leontopodium leontopodioides*（Willd.）Beauverd.

（450）矮火绒草 *Leontopodium nanum* （Hoon.f.et Thoms.）Hand.-Mazz.

（451）黄白火绒草 *Leontopodium ochroleucum* Beauverd

（452）银叶火绒草 *Leontopodium souliei* Beauverd.

（453）拐轴鸦葱 *Lipschitzia divaricata* （Turcz.）Zaika， Sukhor. & N. Kilian

（454）栉叶蒿 *Neopallasia pectinate* （Pall.）Poljakov

（455）顶羽菊 *Rhaponticum repens* （L.）Hidalgo

（456）无梗风毛菊 *Saussurea apus* Maxim.

（457）沙地风毛菊 *Saussurea arenaria* Maxim.

（458）达乌里风毛菊 *Saussurea davurica* Adams.

（459）球花雪莲 *Saussurea globosa* Chen

（460）鼠曲雪兔子 *Saussurea gnaphalodes* （Royle）Sch.-Bip.

（461）裂叶风毛菊 *Saussurea laciniata* Ledeb.

（462）尖头风毛菊 *Saussurea malitiosa* Maxim.

（463）水母雪莲 *Saussurea medusa* Maxim.

（464）褐花雪莲 *Saussurea phaeantha* Maxim.

（465）美丽风毛菊 *Saussurea pulchra* Lipsch.

（466）钻叶风毛菊 *Saussurea subulata* C. B. Clarke

（467）唐古特雪莲 *Sarssurea tangutica* Maxim.

（468）肉叶雪兔子 *Saussurea thomsonii* C. B. Clarke

（469）草甸雪兔子 *Saussurea. thoroldii* Hemsl.

（470）云状雪兔子 *Ssussurea aster* Hemsl.

（471）黑毛雪兔子 *Saussurea hypsipeta* Diels

（472）星状雪兔子 *Saussurea stella* Maxim.

（473）北千里光 *Senecio dubitabilis* C. Jeffrey & Y. L. Chen

（474）天山千里光 *Senecio thianschanicus* Regel et Schmalh.

（475）长裂苦苣菜 *Sonchus brachyotus* DC.

（476）绢毛菊 *Soroseris hookeriana* （C. B. Clarke）Stebb.

（477）帚状鸦葱 *Takhtajaniantha pseudodivaricata* （Lipsch.）Zaika

（478）白花蒲公英 *Taraxacum albiflos* Kirschner & Štepanek

（479）短喙蒲公英 *Taraxacum brevirostre* Hand. -Mazz.

（480）灰果蒲公英 *Taraxacum maurocarpum* Dahlst.

（481）蒲公英 *Taraxacum mongolicum* Hand.-Mazz.

（482）白缘蒲公英 *Taraxacum platypecidum* Diels

（483）华蒲公英 *Taraxacum sinicum* Kitag.

（484）黄缨菊 *Xanthopappus subacaulis* C. Winkl.

## 4.44　忍冬科　Caprifoliaceae

（485）小叶忍冬 *Lonicera microphylla* Willd. ex Roem. & Schult.

（486）小缬草 *Valeriana tangutica* Batalin

## 4.45　伞形科 Umbelliferae

（487）三辐柴胡 *Bupleurum triradiatum* Adams ex Hoffm.

（488）葛缕子 *Carum carvi* L.

（489）碱蛇床 *Cnidium salinum* Turcz.

（490）裂叶独活 *Heracleum millefolium* Diels

（491）长茎藁本 *Ligusticum thomsonii* C. B. Clarke

（492）青藏棱子芹 *Pleurospermum pulszkyi* Kanitz.

# 附录2 祁连山国家公园酒泉片区动物名录

附录2-1 祁连山国家公园酒泉片区脊椎动物名录（鱼纲、两栖纲、爬行纲、哺乳纲）

| 纲 | 目 | 科 | 中文名 | 学名 | 2000 | 2023 | 分布型 | 国家重点保护级别 | 国家保护的三有动物 | CITES附录 | IUCN等级 | 数量 | 特有种 |
|---|---|---|---|---|---|---|---|---|---|---|---|---|---|
| 鱼纲 Pisces | 鲤形目 Cypriniformes | 条鳅科 Nemacheilidae | 短尾高原鳅 | *Triplophysa brevviuda* | √ | √ | — | — | — | — | DD | + | √ |
| | | | 梭形高原鳅 | *Triplophysa leptosoma* | √ | √ | — | — | — | — | LC | # | √ |
| | | | 重穗唇高原鳅 | *Triplophysa papillosolabiata* | √ | √ | — | — | — | — | DD | # | √ |
| | | | 酒泉高原鳅 | *Triplophysa hsutschouensis* | √ | √ | — | — | — | — | DD | # | √ |

续附录2-1

| 纲 | 目 | 科 | 中文名 | 学名 | 2000 | 2023 | 分布型 | 国家重点保护级别 | 国家保护的三有动物 | CITES附录 | IUCN等级 | 数量 | 特有种 |
|---|---|---|---|---|---|---|---|---|---|---|---|---|---|
| 鱼纲 Pisces | 鲤形目 Cypriniformes | 鲤科 Cyprinidae | 花斑裸鲤 | *Gymnocypris eckloni* | √ | √ | | — | — | — | VU | ++ | √ |
| 两栖纲 Amphibia | 无尾目 Anura | 蟾蜍科 Bufonidae | 花背蟾蜍 | *Strauchbufo raddei* | √ | √ | X | — | √ | — | LC | ++ | — |
| | | 蛙科 Ranidae | 高原林蛙 | *Rana kukunoris* | — | √ | X | — | √ | — | LC | + | √ |
| 爬行纲 Reptilia | 蜥蜴亚目 Lacertilia | 鬣蜥科 Agamidae | 青海沙蜥 | *Phrynocephalus vlangallii* | √ | √ | P | — | √ | — | LC | +++ | √ |
| | | | 叶城沙蜥 | *Phrynocephalus axillaris* | — | — | D | — | √ | — | LC | # | — |
| | | | 变色沙蜥 | *Phrynocephalus versicolor* | — | — | D | — | √ | — | LC | # | — |
| | | 蜥蜴科 Lacertidae | 密点麻蜥 | *Eremias multiocellata* | √ | √ | D | — | √ | — | LC | ++ | — |

续附录2-1

| 纲 | 目 | 科 | 中文名 | 学名 | 2000 | 2023 | 分布型 | 国家重点保护级别 | 国家保护的三有动物 | CITES附录 | IUCN等级 | 数量 | 特有种 |
|---|---|---|---|---|---|---|---|---|---|---|---|---|---|
| 爬行纲 Reptilia | 蜥蜴亚目 Lacertilia | 蜥蜴科 Lacertidae | 虫纹麻蜥 | *Eremias vermiculata* | — | — | D | — | √ | — | LC | # | — |
| | 蛇亚目 Serpentes | 蝰科 Viperidae | 高原蝮 | *Gloydius strauchi* | — | √ | H | — | √ | — | LC | + | √ |
| | | | 中介蝮 | *Gloydius intermedius* | — | — | D | — | √ | — | LC | # | — |
| | | 屋蛇科 Lamprophiidae | 花条蛇 | *Psammophis lineolatus* | — | √ | D | — | √ | — | LC | + | — |
| | | 游蛇科 Colubridae | 白条锦蛇 | *Elaphe dione* | √ | — | U | — | √ | — | LC | # | — |
| 哺乳纲 Mammalia | 兔形目 Lagomorpha | 兔科 Leporidae | 灰尾兔（高原兔） | *Lepus oiostotus* | √ | √ | P | — | √ | — | LC | +++ | — |
| | | | 中亚兔（西藏兔） | *Lepus tibetanus* | — | √ | D | — | √ | — | LC | + | — |

续附录2-1

| 纲 | 目 | 科 | 中文名 | 学名 | 2000 | 2023 | 分布型 | 国家重点保护级别 | 国家保护的三有动物 | CITES附录 | IUCN等级 | 数量 | 特有种 |
|---|---|---|---|---|---|---|---|---|---|---|---|---|---|
| 哺乳纲 Mammalia | 兔形目 Lagomorpha | 鼠兔科 Ochotonidae | 红耳鼠兔 | *Ochotona erythrotis* | √ | √ | P | — | — | — | LC | + | √ |
| | | | 达乌尔鼠兔 | *Ochotona daurica* | √ | √ | G | — | — | — | LC | + | — |
| | | | 黑唇鼠兔（高原鼠兔） | *Ochotona curzoniae* | — | √ | P | — | — | — | LC | ++ | — |
| | | | 大耳鼠兔 | *Ochotona macrotis* | √ | √ | P | — | — | — | LC | + | — |
| | | | 高山鼠兔 | *Ochotona alpina* | √ | √ | O | — | — | — | LC | + | — |
| | | | 藏鼠兔 | *Ochotona thibetana* | — | — | H | — | — | — | LC | # | — |
| | 啮齿目 Rodentia | 跳鼠科 Dipodidae | 五趾跳鼠 | *Orientallactaga sibirica* | — | √ | D | — | — | — | LC | ++ | — |

续附录2-1

| 纲 | 目 | 科 | 中文名 | 学名 | 2000 | 2023 | 分布型 | 国家重点保护级别 | 国家保护的三有动物 | CITES附录 | IUCN等级 | 数量 | 特有种 |
|---|---|---|---|---|---|---|---|---|---|---|---|---|---|
| 哺乳纲 Mammalia | 啮齿目 Rodentia | 跳鼠科 Dipodidae | 巨泡五趾跳鼠 | *Orientallactaga bul-lata* | √ | — | D | — | — | — | LC | # | — |
| | | | 三趾跳鼠 | *Dipus sagitta* | √ | √ | D | — | — | — | LC | ++ | — |
| | | | 长耳跳鼠 | *Euchoreutes naso* | — | — | D | — | — | — | LC | # | — |
| | | 仓鼠科 Cricetidae | 根田鼠 | *Alexandromys oeconomus* | — | √ | U | — | — | — | LC | + | √ |
| | | | 灰仓鼠 | *Cricetulus migratorius* | — | √ | D | — | — | — | LC | + | — |
| | | | 藏仓鼠 | *Cricetulus kamensis* | √ | — | P | — | — | — | NT | # | √ |
| | | | 小毛足鼠 | *Phodopus roborovskii* | √ | √ | D | — | — | — | LC | ++ | — |

续附录2-1

| 纲 | 目 | 科 | 中文名 | 学名 | 2000 | 2023 | 分布型 | 国家重点保护级别 | 国家保护的三有动物 | CITES附录 | IUCN等级 | 数量 | 特有种 |
|---|---|---|---|---|---|---|---|---|---|---|---|---|---|
| 哺乳纲 Mammalia | 啮齿目 Rodentia | 仓鼠科 Cricetidae | 斯氏高山䶄 | *Alticola stoliczkanus* | √ | — | P | — | — | — | NT | # | — |
| | | 鼠科 Muridae | 子午沙鼠 | *Meriones meridianus* | √ | √ | D | — | — | — | LC | ++ | — |
| | | | 小家鼠 | *Mus musculus* | √ | √ | U | — | — | — | LC | + | — |
| | | | 褐家鼠 | *Rattus norvegicus* | — | — | U | — | — | — | LC | # | — |
| | | 鼹型鼠科 Spalacidae | 高原鼢鼠 | *Eospalax baileyi* | √ | √ | P | — | — | — | LC | + | — |
| | | 松鼠科 Sciuridae | 喜马拉雅旱獭 | *Marmota himalayana* | √ | √ | P | — | — | — | LC | ++ | — |
| | 劳亚食虫目 Eulipotyphla | 刺猬科 Erinaceidae | 大耳猬 | *Hemiechinus auritus* | — | — | D | — | √ | — | LC | # | — |

续附录2-1

| 纲 | 目 | 科 | 中文名 | 学名 | 2000 | 2023 | 分布型 | 国家重点保护级别 | 国家保护的三有动物 | CITES附录 | IUCN等级 | 数量 | 特有种 |
|---|---|---|---|---|---|---|---|---|---|---|---|---|---|
| 哺乳纲 Mammalia | 劳亚食虫目 Eulipotyphla | 鹿科 Cervidae | 白唇鹿 | *Przewalskium albirostris* | √ | √ | P | I | — | — | VU | +++ | √ |
| | | | 马麝 | *Moschus chrysogaster* | √ | — | P | I | — | II | EN | # | — |
| | | | 马鹿 | *Cervus canadensis* | √ | √ | C | II | — | — | LC | ++ | — |
| | | 牛科 Bovidae | 鹅喉羚 | *Gazella subgutturosa* | √ | √ | D | II | — | — | VU | ++ | — |
| | | | 藏原羚 | *Procapra picticaudata* | √ | √ | P | II | — | — | NT | +++ | √ |
| | | | 野牦牛 | *Bos mutus* | √ | √ | P | I | — | I | VU | ++ | √ |
| | | | 岩羊 | *Pseudois nayaur* | √ | √ | P | II | — | — | LC | +++ | — |
| | | | 西藏盘羊 | *Ovis hodgsoni* | √ | √ | P | I | — | I | NT | ++ | √ |
| | 奇蹄目 Perissodactyla | 马科 Equidae | 藏野驴 | *Equus kiang* | √ | √ | D | I | — | II | LC | ++ | — |

| 纲 | 目 | 科 | 中文名 | 学名 | 2000 | 2023 | 分布型 | 国家重点保护级别 | 国家保护的三有动物 | CITES附录 | IUCN等级 | 数量 | 特有种 |
|---|---|---|---|---|---|---|---|---|---|---|---|---|---|
| 哺乳纲 Mammalia | 食肉目 Carnivora | 猫科 Felidae | 草原斑猫（野猫） | *Felis silvestris* | — | — | O | II | — | II | LC | # | — |
| | | | 荒漠猫 | *Felis bieti* | √ | — | D | I | — | II | VU | + | √ |
| | | | 兔狲 | *Otocolobus manul* | √ | √ | D | II | — | II | LC | + | — |
| | | | 猞猁 | *Lynx lynx* | √ | √ | C | II | — | II | LC | +++ | — |
| | | | 雪豹 | *Panthera uncia* | √ | √ | I | I | — | I | VU | +++ | — |
| | | 熊科 Ursidae | 棕熊 | *Ursus arctos* | √ | √ | C | II | — | I | LC | ++ | — |
| | | 犬科 Canidae | 赤狐 | *Vulpes vulpes* | — | √ | C | II | — | III | LC | ++ | — |
| | | | 沙狐 | *Vulpes corsac* | √ | √ | D | II | — | — | LC | + | — |
| | | | 藏狐 | *Vulpes ferrilata* | — | √ | P | II | — | — | LC | + | — |
| | | | 狼 | *Canis lupus* | √ | √ | C | II | — | II | LC | +++ | — |
| | | | 豺 | *Cuon alpinus* | — | √ | W | I | — | II | EN | ++ | — |

续附录2-1

| 纲 | 目 | 科 | 中文名 | 学名 | 2000 | 2023 | 分布型 | 国家重点保护级别 | 国家保护的三有动物 | CITES附录 | IUCN等级 | 数量 | 特有种 |
|---|---|---|---|---|---|---|---|---|---|---|---|---|---|
| 哺乳纲 Mammalia | 食肉目 Carnivora | 鼬科 Mustelidae | 石貂 | *Martes foina* | √ | √ | U | II | — | — | LC | + | — |
| | | | 黄鼬 | *Mustela sibirica* | — | √ | U | — | √ | — | LC | + | — |
| | | | 香鼬 | *Mustela altaica* | — | √ | O | — | √ | — | NT | ++ | — |
| | | | 艾鼬 | *Mustela eversmanni* | √ | √ | U | — | √ | — | LC | + | — |
| | | | 亚洲狗獾 | *Meles leucurus* | — | √ | U | — | √ | — | LC | + | — |

注：兽类分类系统依据《中国兽类名录》（2021版）（魏辅文等，2021）；

分布型：古北型（U）、东洋型（W）、全北型（C）、中亚型（D）、高地型（P或I）、东北型（M）、东北—华北型（X）、喜马拉
雅—横断山区型（H）、华北型（B）、季风型（E）、南中国型（S）、L（局地型）、不易归类型（O）；

《国家重点保护野生动物名录》（2021）；

《国家保护的有重要生态、科学、社会价值的陆生野生动物名录》（2023）；

濒危野生动植物种国际贸易公约（CITES附录）（2019）；

IUCN红色名录等级（The IUCN Red List of Threatened Species.）依据 Version 2023；

资源状况：+ 为有分布，不常见，++ 为较常见；+++ 为数量多；# 为有分布（资料数据）。

附录2-2　祁连山国家公园酒泉片区脊椎动物名录（鸟纲）

| 序号 | 目 | 科 | 中文名 | 学名 | 2000 | 2023 | 分布型 | 居留型 | 国家重点保护级别 | 三有动物 | CITES附录 | INCN等级 | 资源状况 | 特有种 |
|---|---|---|---|---|---|---|---|---|---|---|---|---|---|---|
| 1 | 鸡形目 Galliformes | 雉科 Phasianidae | 暗腹雪鸡 | *Tetraogallus himalayensis* | √ | √ | P | R | II | — | — | LC | ++ | — |
| 2 | | | 藏雪鸡 | *Tetraogallus tibetanus* | √ | √ | P | R | II | — | I | LC | ++ | — |
| 3 | | | 石鸡 | *Alectoris chukar* | √ | √ | D | R | — | √ | — | LC | +++ | — |
| 4 | | | 斑翅山鹑 | *Perdix dauuricae* | √ | √ | D | R | — | √ | — | LC | + | — |
| 5 | | | 高原山鹑 | *Perdix hodgsoniae* | — | √ | H | R | — | √ | — | LC | +++ | — |
| 6 | | | 环颈雉 | *Phasianus colchicus* | √ | √ | O | R | — | √ | — | LC | + | — |
| 7 | 雁形目 Anseriformes | 鸭科 Anatidae | 灰雁 | *Anser anser* | √ | √ | U | S | — | √ | — | LC | ++ | — |
| 8 | | | 白额雁 | *Anser albifrons* | — | — | C | P | II | — | — | LC | # | — |

续附录2-2

| 序号 | 目 | 科 | 中文名 | 学名 | 2000 | 2023 | 分布型 | 居留型 | 国家重点保护级别 | 三有动物 | CITES附录 | INCN等级 | 资源状况 | 特有种 |
|---|---|---|---|---|---|---|---|---|---|---|---|---|---|---|
| 9 | 雁形目 Anseriformes | 鸭科 Anatidae | 斑头雁 | *Anser indicus* | √ | √ | P | S | — | √ | — | LC | +++ | — |
| 10 | | | 疣鼻天鹅 | *Cygnus olor* | — | — | U | P | II | — | — | LC | # | — |
| 11 | | | 大天鹅 | *Cygnus cygnus* | √ | √ | C | P | II | — | — | LC | + | — |
| 12 | | | 赤麻鸭 | *Tadorna ferruginea* | √ | √ | U | S | — | √ | — | LC | +++ | — |
| 13 | | | 翘鼻麻鸭 | *Tadorna tadorna* | — | — | U | P | — | √ | — | LC | + | — |
| 14 | | | 赤膀鸭 | *Anas strepera* | — | √ | U | P | — | √ | — | LC | + | — |
| 15 | | | 赤颈鸭 | *Mareca penelope* | — | — | C | P | — | √ | — | LC | # | — |
| 16 | | | 斑嘴鸭 | *Anas poecilorhyncha* | √ | √ | W | S | — | √ | — | LC | ++ | — |
| 17 | | | 琵嘴鸭 | *Anas clypeata* | — | — | C | P | — | √ | — | LC | # | — |
| 18 | | | 针尾鸭 | *Anas acuta* | — | √ | C | P | — | √ | — | LC | + | — |
| 19 | | | 绿翅鸭 | *Anas crecca* | — | — | C | P | — | √ | — | LC | # | — |
| 20 | | | 绿头鸭 | *Anas platyrhynchos* | √ | √ | C | S | — | √ | — | LC | + | — |

续附录2-2

| 序号 | 目 | 科 | 中文名 | 学名 | 2000 | 2023 | 分布型 | 居留型 | 国家重点保护级别 | 三有动物 | CITES附录 | INCN等级 | 资源状况 | 特有种 |
|---|---|---|---|---|---|---|---|---|---|---|---|---|---|---|
| 21 | 雁形目 Anseriformes | 鸭科 Anatidae | 白眉鸭 | *Spatula querquedula* | — | — | U | P | — | √ | — | LC | # | — |
| 22 | | | 凤头潜鸭 | *Aythya fuligula* | √ | √ | U | P | — | √ | — | LC | + | — |
| 23 | | | 赤嘴潜鸭 | *Netta rufina* | — | √ | O | S | — | √ | — | LC | + | — |
| 24 | | | 白眼潜鸭 | *Aythya nyroca* | √ | √ | O | P | — | √ | — | NT | + | — |
| 25 | | | 红头潜鸭 | *Aythya ferina* | √ | √ | C | P | — | √ | — | LC | ++ | — |
| 26 | | | 鹊鸭 | *Bucephala clangula* | — | √ | C | P | — | √ | — | LC | + | — |
| 27 | | | 普通秋沙鸭 | *Mergus merganser* | — | — | C | P | — | √ | — | LC | # | — |
| 28 | 䴙䴘目 Podicipediformes | 䴙䴘科 Podicipedidae | 小䴙䴘 | *Tachybaptus ruficollis* | √ | √ | W | R | — | √ | — | LC | + | — |
| 29 | | | 凤头䴙䴘 | *Podiceps cristatus* | — | √ | U | S | — | √ | — | LC | + | — |
| 30 | | | 黑颈䴙䴘 | *Podiceps nigricollis* | — | — | C | P | II | — | — | LC | # | — |

续附录2-2

| 序号 | 目 | 科 | 中文名 | 学名 | 2000 | 2023 | 分布型 | 居留型 | 国家重点保护级别 | 三有动物 | CITES附录 | INCN等级 | 资源状况 | 特有种 |
|---|---|---|---|---|---|---|---|---|---|---|---|---|---|---|
| 31 | 鸽形目 Columbiformes | 鸠鸽科 Columbidae | 原鸽 | *Columba livia* | — | √ | O | R | — | √ | — | LC | + | — |
| 32 | | | 岩鸽 | *Columba rupestris rupestris* | √ | √ | O | R | — | √ | — | LC | ++ | — |
| 33 | | | 雪鸽 | *Columba leuconota* | — | — | H | R | — | √ | — | LC | # | — |
| 34 | | | 欧鸽 | *Columba oenas* | √ | √ | O | R | — | √ | — | LC | + | — |
| 35 | | | 灰斑鸠 | *Streptopelia decaocto* | √ | √ | W | R | — | √ | — | LC | ++ | — |
| 36 | | | 山斑鸠 | *Streptopelia orientalis* | √ | √ | E | R | — | √ | — | LC | + | — |
| 37 | | | 鸥斑鸠 | *Streptopelia turtur* | — | √ | O | R | — | √ | — | VU | # | — |
| 38 | 沙鸡目 Pterocliformes | 沙鸡科 Pteroclidae | 毛腿沙鸡 | *Syrrhaptes paradoxus* | √ | √ | D | R | — | √ | — | LC | + | — |
| 39 | | | 西藏毛腿沙鸡 | *Syrrhaptes tibetanus* | √ | √ | P | S | — | √ | — | LC | +++ | — |

续附录2-2

| 序号 | 目 | 科 | 中文名 | 学名 | 2000 | 2023 | 分布型 | 居留型 | 国家重点保护级别 | 三有动物 | CITES附录 | INCN等级 | 资源状况 | 特有种 |
|---|---|---|---|---|---|---|---|---|---|---|---|---|---|---|
| 40 | 夜鹰目 Caprimulgiformes | 夜鹰科 Caprimulgidae | 欧夜鹰 | *Caprimulgus europaeus* | — | √ | O | S | — | √ | — | LC | + | — |
| 41 | | 雨燕科 Apodidae | 普通雨燕 | *Apus apus* | √ | √ | O | S | — | √ | — | LC | + | — |
| 42 | | | 白腰雨燕 | *Apus pacificus pacificus* | √ | √ | M | S | — | √ | — | LC | + | — |
| 43 | 鹃形目 Cuculiformes | 杜鹃科 Cuculidae | 大杜鹃 | *Cuculus canorus* | √ | √ | O | S | — | √ | — | LC | + | — |
| 44 | 鹤形目 Gruiformes | 鹤科 Gruidae | 灰鹤 | *Grus grus* | √ | √ | U | P | II | — | II | LC | + | — |
| 45 | | | 黑颈鹤 | *Grus nigricollis* | √ | √ | P | S | I | — | I | NT | ++ | — |
| 46 | | | 蓑羽鹤 | *Grus virgo* | — | √ | D | P | II | — | II | LC | ++ | — |
| 47 | | 秧鸡科 Rallidae | 白骨顶 | *Fulica atra* | √ | √ | O | S | — | √ | — | LC | ++ | — |
| 48 | | | 普通秧鸡 | *Rallus indicus* | √ | — | U | S | — | √ | — | LC | # | — |
| 49 | 鸨形目 Otidiformes | 鸨科 Otididae | 波斑鸨 | *Chlamydotis macqueenii* | — | — | O | S | I | — | I | VU | # | — |

续附录2-2

| 序号 | 目 | 科 | 中文名 | 学名 | 2000 | 2023 | 分布型 | 居留型 | 国家重点保护级别 | 三有动物 | CITES附录 | INCN等级 | 资源状况 | 特有种 |
|---|---|---|---|---|---|---|---|---|---|---|---|---|---|---|
| 50 | 鹳形目 Ciconiiformes | 鹳科 Ciconiidae | 黑鹳 | *Ciconia nigra* | — | √ | U | S | I | — | II | LC | + | — |
| 51 | 鹈形目 Pelecaniformes | 鹭科 Ardeidae | 苍鹭 | *Ardea cinerea* | √ | √ | U | S | — | √ | — | LC | + | — |
| 52 | | | 牛背鹭 | *Bubulcus ibis* | | √ | W | P | — | √ | — | LC | + | — |
| 53 | 鲣鸟目 Suliformes | 鸬鹚科 Phalacrocoracidae | 大白鹭 | *Egretta alba* | √ | √ | O | P | — | √ | — | LC | + | — |
| 54 | | | 普通鸬鹚 | *Phalacrocorax carbo* | — | — | O | P | — | √ | — | LC | # | — |
| 55 | 鸻形目 Charadriiformes | 反嘴鹬科 Recurvirostridae | 黑翅长脚鹬 | *Himantopus himantopus* | √ | √ | O | S | — | √ | — | LC | +++ | — |
| 56 | | | 反嘴鹬 | *Recurvirostra avosetta* | — | √ | O | P | — | √ | — | LC | # | — |
| 57 | | 鸻科 Charadriidae | 凤头麦鸡 | *Vanellus vanellus* | √ | √ | U | S | — | √ | — | NT | + | — |
| 58 | | | 金眶鸻 | *Charadrius dubius* | √ | √ | O | S | — | √ | — | LC | ++ | — |

续附录2-2

| 序号 | 目 | 科 | 中文名 | 学名 | 2000 | 2023 | 分布型 | 居留型 | 国家重点保护级别 | 三有动物 | CITES附录 | INCN等级 | 资源状况 | 特有种 |
|---|---|---|---|---|---|---|---|---|---|---|---|---|---|---|
| 59 | 鸻形目 Charadriiformes | 鸻科 Charadriidae | 环颈鸻 | *Charadrius alexandrinus* | — | √ | O | S | — | √ | — | LC | ++ | — |
| 60 | | | 金鸻 | *Pluvialis fulva* | — | — | C | P | — | √ | — | LC | # | — |
| 61 | | | 蒙古沙鸻 | *Charadrius mongolus* | — | √ | D | P | — | √ | — | LC | ++ | — |
| 62 | | | 铁嘴沙鸻 | *Charadrius leschenaultii* | — | √ | D | S | — | √ | — | LC | + | — |
| 63 | | 鹬科 Scolopacidae | 针尾沙锥 | *Gallinago stenura* | — | — | U | P | — | √ | — | LC | # | — |
| 64 | | | 孤沙锥 | *Capella solitaria* | √ | √ | U | S | — | √ | — | LC | + | — |
| 65 | | | 黑尾塍鹬 | *Limosa limosa* | — | — | U | P | — | √ | — | NT | # | — |
| 66 | | | 白腰杓鹬 | *Numenius arquata* | — | — | U | P | II | — | — | NT | # | — |
| 67 | | | 鹤鹬 | *Tringa erythropus* | — | √ | U | P | — | √ | — | LC | # | — |
| 68 | | | 白腰草鹬 | *Tringa ochropus* | — | — | U | S | — | √ | — | LC | + | — |
| 69 | | | 林鹬 | *Tringa glareola* | — | — | U | P | — | √ | — | LC | # | — |

续附录2-2

| 序号 | 目 | 科 | 中文名 | 学名 | 2000 | 2023 | 分布型 | 居留型 | 国家重点保护级别 | 三有动物 | CITES附录 | INCN等级 | 资源状况 | 特有种 |
|---|---|---|---|---|---|---|---|---|---|---|---|---|---|---|
| 70 | 鸻形目 Charadriiformes | 鹬科 Scolopacidae | 矶鹬 | *Tringa hypoleucos* | √ | √ | C | S | — | √ | — | LC | + | — |
| 71 | | | 红脚鹬 | *Tringa totanus* | √ | √ | U | S | — | √ | — | LC | +++ | — |
| 72 | | | 青脚鹬 | *Tringa nebularia* | — | — | U | P | — | √ | — | LC | # | — |
| 73 | | | 翻石鹬 | *Arenaria interpres* | — | — | C | P | II | — | — | LC | # | — |
| 74 | | | 青脚滨鹬 | *Calidris temminckii* | √ | √ | U | P | — | √ | — | LC | + | — |
| 75 | | | 弯嘴滨鹬 | *Calidris ferruginea* | — | — | U | P | — | √ | — | NT | # | — |
| 76 | | 鸥科 Laridae | 棕头鸥 | *Chroicocephalus brunnicephalus* | — | √ | P | S | — | √ | — | LC | + | — |
| 77 | | | 红嘴鸥 | *Chroicocephalus ridibundus* | — | √ | U | P | — | √ | — | LC | + | — |
| 78 | | | 渔鸥 | *Ichthyaetus ichthyaetus* | — | √ | D | S | — | √ | — | LC | + | — |
| 79 | | | 普通燕鸥 | *Sterna hirundo* | √ | √ | C | S | — | √ | — | LC | + | — |
| 80 | | | 灰翅浮鸥 | *Chlidonias hybrida* | — | √ | U | P | — | √ | — | LC | + | — |

续附录2-2

| 序号 | 目 | 科 | 中文名 | 学名 | 2000 | 2023 | 分布型 | 居留型 | 国家重点保护级别 | 三有动物 | CITES附录 | INCN等级 | 资源状况 | 特有种 |
|---|---|---|---|---|---|---|---|---|---|---|---|---|---|---|
| 81 | | | 白翅浮鸥 | *Chlidonias leucopterus* | — | √ | U | S | — | √ | — | LC | + | — |
| 82 | 鸮形目 Strigiformes | 鸱鸮科 Strigidae | 雕鸮 | *Bubo bubo* | √ | √ | U | R | II | — | II | LC | + | — |
| 83 | | | 纵纹腹小鸮 | *Athene noctua* | √ | √ | U | R | II | — | II | LC | + | — |
| 84 | | | 长耳鸮 | *Asio otus* | — | √ | C | R | II | — | II | LC | + | — |
| 85 | | | 短耳鸮 | *Asio flammeus* | — | — | C | R | II | — | II | LC | # | — |
| 86 | | 鹗科 Pandionidae | 鹗 | *Pandion haliaetus* | — | — | C | S | II | — | II | LC | # | — |
| 87 | 鹰形目 Accipitriformes | 鹰科 Accipitridae | 胡兀鹫 | *Gypaetus barbatus* | √ | √ | O | R | I | — | II | NT | + | — |
| 88 | | | 高山兀鹫 | *Gyps himalayensis* | √ | √ | O | R | II | — | II | NT | + | — |
| 89 | | | 秃鹫 | *Aegypius monachus* | √ | √ | O | R | I | — | II | NT | + | — |
| 90 | | | 金雕 | *Aquila chrysaetos* | √ | √ | C | R | I | — | II | LC | ++ | — |
| 91 | | | 草原雕 | *Aquila nipalensis* | √ | √ | D | S | I | — | II | EN | ++ | — |

续附录2-2

| 序号 | 目 | 科 | 中文名 | 学名 | 2000 | 2023 | 分布型 | 居留型 | 国家重点保护级别 | 三有动物 | CITES附录 | INCN等级 | 资源状况 | 特有种 |
|---|---|---|---|---|---|---|---|---|---|---|---|---|---|---|
| 92 | 鹰形目 Accipitriformes | 鹰科 Accipitridae | 白肩雕 | *Aquila heliaca* | √ | √ | O | R | I | — | I | VU | + | — |
| 93 | | | 雀鹰 | *Accipiter nisus* | — | — | U | R | II | — | II | LC | # | — |
| 94 | | | 苍鹰 | *Accipiter gentilis* | — | √ | C | P | II | — | II | LC | + | — |
| 95 | | | 白尾鹞 | *Circus cyaneus* | — | √ | C | W | II | — | II | LC | + | — |
| 96 | | | 黑鸢 | *Milvus migrans* | √ | √ | U | R | II | — | II | LC | + | — |
| 97 | | | 玉带海雕 | *Haliaeetus leucoryphus* | √ | √ | D | S | I | — | II | EN | + | — |
| 98 | | | 白尾海雕 | *Haliaeetus albicilla* | √ | √ | U | P | I | — | I | LC | + | — |
| 99 | | | 普通鵟 | *Buteo japonicus* | — | √ | U | P | II | — | II | LC | +++ | — |
| 100 | | | 大鵟 | *Buteo hemilasius* | √ | √ | D | R | II | — | II | LC | ++ | — |
| 101 | | | 棕尾鵟 | *Buteo rufinus* | — | — | O | R | II | — | II | LC | # | — |

续附录2-2

| 序号 | 目 | 科 | 中文名 | 学名 | 2000 | 2023 | 分布型 | 居留型 | 国家重点保护级别 | 三有动物 | CITES附录 | INCN等级 | 资源状况 | 特有种 |
|---|---|---|---|---|---|---|---|---|---|---|---|---|---|---|
| 102 | 犀鸟目 Buceroti-formes | 戴胜科 Upupidae | 戴胜 | *Upupa epops* | √ | √ | O | S | — | √ | — | LC | ++ | — |
| 103 | 啄木鸟目 Piciformes | 啄木鸟科 Picidae | 大斑啄木鸟 | *Dendrocopos major* | — | √ | U | R | — | √ | — | LC | + | — |
| 104 | | | 灰头绿啄木鸟 | *Picus canus* | — | — | U | R | — | √ | — | LC | # | — |
| 105 | 隼形目 Falconiformes | 隼科 Falconidae | 红隼 | *Falco tinnunculus* | √ | √ | O | R | II | — | II | LC | ++ | — |
| 106 | | | 燕隼 | *Falco subbuteo* | √ | √ | U | S | II | — | II | LC | + | — |
| 107 | | | 猎隼 | *Falco cherrug* | √ | √ | C | S | I | — | II | EN | ++ | — |
| 108 | | | 游隼 | *Falco peregrinus* | — | √ | C | P | II | — | I | LC | + | — |
| 109 | 雀形目 Passeriformes | 伯劳科 Laniidae | 荒漠伯劳 | *Lanius isabellinus* | √ | √ | D | S | — | √ | — | LC | + | — |
| 110 | | | 红尾伯劳 | *Lanius cristatus* | — | √ | X | P | — | √ | — | LC | + | — |
| 111 | | | 灰伯劳 | *Lanius excubitor* | — | √ | C | P | — | √ | — | LC | + | — |

续附录2-2

| 序号 | 目 | 科 | 中文名 | 学名 | 2000 | 2023 | 分布型 | 居留型 | 国家重点保护级别 | 三有动物 | CITES附录 | INCN等级 | 资源状况 | 特有种 |
|---|---|---|---|---|---|---|---|---|---|---|---|---|---|---|
| 112 | 雀形目 Passeriformes | 伯劳科 Laniidae | 楔尾伯劳 | *Lanius sphenocercus* | — | √ | M | W | — | √ | — | LC | + | — |
| 113 | | 雀形目 PASSERI-FORMES | 黑尾地鸦 | *Podoces hendersoni* | √ | √ | D | R | II | — | — | LC | ++ | — |
| 114 | 雀形目 Passeriformes | 鸦科 Corvidae | 喜鹊 | *Pica pica* | — | √ | C | R | — | √ | — | LC | ++ | — |
| 115 | | | 大嘴乌鸦 | *Corvus macrorhynchus* | — | √ | E | R | — | — | — | LC | +++ | — |
| 116 | | | 小嘴乌鸦 | *Corvus corone* | — | — | C | R | — | — | — | LC | # | — |
| 117 | | | 红嘴山鸦 | *Pyrrhocorax pyrrhocorax* | √ | √ | O | R | — | √ | — | LC | +++ | — |
| 118 | | | 黄嘴山鸦 | *Pyrrhocorax graculus* | — | √ | O | R | — | √ | — | LC | + | — |
| 119 | | | 达乌里寒鸦 | *Corvus dauuricus* | √ | — | U | R | — | √ | — | LC | # | — |
| 120 | | | 渡鸦 | *Corvus corax* | — | √ | C | R | — | √ | — | LC | ++ | — |

续附录2-2

| 序号 | 目 | 科 | 中文名 | 学名 | 2000 | 2023 | 分布型 | 居留型 | 国家重点保护级别 | 三有动物 | CITES附录 | INCN等级 | 资源状况 | 特有种 |
|---|---|---|---|---|---|---|---|---|---|---|---|---|---|---|
| 121 | 雀形目 Passeriformes | 山雀科 Paridae | 大山雀 | *Parus major* | — | √ | O | S | — | √ | — | LC | + | — |
| 122 | | | 白眉山雀 | *Poecile superciliosus* | — | — | P | R | II | — | — | LC | # | √ |
| 123 | | 百灵科 Alaudidae | 地山雀 | *Pseudopodoces humilis* | √ | √ | P | R | — | √ | — | LC | +++ | √ |
| 124 | | | 短趾百灵 | *Alaudala cheleensis* | √ | √ | O | R | — | √ | — | LC | ++ | — |
| 125 | | | 细嘴短趾百灵 | *Calanbrella acutirostris* | √ | — | P | S | — | √ | — | LC | # | — |
| 126 | | | 凤头百灵 | *Galerida cristata* | √ | √ | O | R | — | √ | — | LC | + | — |
| 127 | | | 角百灵 | *Eremophila alpestris* | √ | √ | C | S | — | √ | — | LC | +++ | — |
| 128 | | | 长嘴百灵 | *Metanocorypha maxima* | √ | √ | P | R | — | √ | — | LC | + | — |
| 129 | | | 小云雀 | *Alauda gulgula* | √ | √ | W | R | — | √ | — | LC | ++ | — |

续附录2-2

| 序号 | 目 | 科 | 中文名 | 学名 | 2000 | 2023 | 分布型 | 居留型 | 国家重点保护级别 | 三有动物 | CITES附录 | INCN等级 | 资源状况 | 特有种 |
|---|---|---|---|---|---|---|---|---|---|---|---|---|---|---|
| 130 | 雀形目 Passeriformes | 文须雀科 Panuridae | 文须雀 | *Panurus biarmicus* | — | √ | O | S | — | √ | — | LC | + | — |
| 131 | | 苇莺科 Acrocephalidae | 东方大苇莺 | *Acrocephalus orientalis* | — | — | O | S | — | √ | — | LC | # | — |
| 132 | | 蝗莺科 Locustellidae | 斑胸短翅蝗莺 | *Locustella thoracica* | — | — | O | S | — | √ | — | LC | # | — |
| 133 | | | 小蝗莺 | *Locustella certhiola* | — | — | M | S | — | √ | — | LC | # | — |
| 134 | | 燕科 Hirundinidae | 淡色沙燕 | *Riparia diluta* | — | √ | C | S | — | √ | — | LC | + | — |
| 135 | | | 岩燕 | *Hirundo rupestris* | — | √ | O | S | — | √ | — | LC | ++ | — |
| 136 | | | 烟腹毛脚燕 | *Delichon dasypus* | — | √ | U | S | — | √ | — | LC | + | — |
| 137 | | | 家燕 | *Hirundo rustica* | √ | √ | C | S | — | √ | — | LC | +++ | — |
| 138 | | 柳莺科 Phylloscopidae | 黄腰柳莺 | *Phylloscopus proregulus* | — | — | U | S | — | √ | — | LC | # | — |

续附录2-2

| 序号 | 目 | 科 | 中文名 | 学名 | 2000 | 2023 | 分布型 | 居留型 | 国家重点保护级别 | 三有动物 | CITES附录 | INCN等级 | 资源状况 | 特有种 |
|---|---|---|---|---|---|---|---|---|---|---|---|---|---|---|
| 139 | 雀形目 Passeriformes | 柳莺科 Phylloscopidae | 黄腹柳莺 | *Phylloscopus affinis* | √ | √ | H | S | — | √ | — | LC | + | — |
| 140 | | | 褐柳莺 | *Phylloscopus fuscatus* | √ | √ | M | S | — | √ | — | LC | ++ | — |
| 141 | | | 暗绿柳莺 | *Phylloacopus trochiloides* | — | — | U | S | — | √ | — | LC | # | — |
| 142 | | 长尾山雀科 Aegithalidae | 银喉长尾山雀 | *Aegithalos glaucogularis* | — | — | U | R | — | √ | — | LC | # | — |
| 143 | | | 花彩雀莺 | *Leptopoecile sophiae* | √ | √ | P | R | — | √ | — | LC | + | — |
| 144 | | 莺鹛科 Sylviidae | 漠白喉林莺 | *Curruca minula* | √ | √ | O | S | — | √ | — | LC | + | — |
| 145 | | | 白喉林莺 | *Sylvia curruca* | — | — | O | P | — | √ | — | LC | # | — |
| 146 | | | 荒漠林莺 | *Sylvia nana* | — | — | D | S | — | √ | — | LC | # | — |
| 147 | | 旋木雀科 Certhiidae | 欧亚旋木雀 | *Certhia familiaris* | — | — | C | R | — | √ | — | LC | # | — |

续附录2-2

| 序号 | 目 | 科 | 中文名 | 学名 | 2000 | 2023 | 分布型 | 居留型 | 国家重点保护级别 | 三有动物 | CITES附录 | INCN等级 | 资源状况 | 特有种 |
|---|---|---|---|---|---|---|---|---|---|---|---|---|---|---|
| 148 | 雀形目 Passeriformes | 鸭科 Sittidae | 红翅旋壁雀 | *Tichodroma muraria* | √ | √ | O | R | — | √ | — | LC | ++ | — |
| 149 | | | 黑头鸭 | *Sitta villosa* | — | √ | C | R | — | √ | — | LC | + | — |
| 150 | | 鹪鹩科 Troglodytidae | 鹪鹩 | *Troglodytes troglodytes* | — | √ | C | R | — | √ | — | LC | + | — |
| 151 | | 椋鸟科 Sturnidae | 灰椋鸟 | *Sturnus cineraceus* | — | √ | X | S | — | √ | — | LC | + | — |
| 152 | | | 北椋鸟 | *Sturnus sturninus* | — | √ | X | S | — | √ | — | LC | + | — |
| 153 | | | 紫翅椋鸟 | *Sturnus vulgaris* | √ | √ | O | P | — | √ | — | LC | + | — |
| 154 | | 鸫科 Turdidae | 赤颈鸫 | *Turdus ruficollis* | √ | — | O | W | — | √ | — | LC | + | — |
| 155 | | | 灰头鸫 | *Turdus rubrocanus* | — | — | H | P | — | √ | — | LC | # | — |
| 156 | | | 棕背黑头鸫 | *Turdus kessleri* | — | — | H | R | — | √ | — | LC | # | — |
| 157 | | | 斑鸫 | *Turdus eunomus* | — | — | M | P | — | √ | — | LC | # | — |
| 158 | | | 白眉歌鸫 | *Turdus iliacus* | — | — | O | P | — | √ | — | NT | # | — |
| 159 | | 鹟科 Muscicapidae | 白须黑胸歌鸲 | *Calliope tschebaiewi* | — | — | H | S | — | √ | — | LC | # | — |

续附录2-2

| 序号 | 目 | 科 | 中文名 | 学名 | 2000 | 2023 | 分布型 | 居留型 | 国家重点保护级别 | 三有动物 | CITES附录 | INCN等级 | 资源状况 | 特有种 |
|---|---|---|---|---|---|---|---|---|---|---|---|---|---|---|
| 160 | 雀形目 Passeriformes | 鹟科 Muscicapidae | 红胁蓝尾鸲 | *Tarsiger cyanurus* | — | — | M | P | — | √ | — | LC | # | — |
| 161 | | | 北红尾鸲 | *Phoenicurus auroreus* | — | √ | M | P | — | √ | — | LC | + | — |
| 162 | | | 红腹红尾鸲 | *Phoenicurus erythrogaster* | √ | √ | I | S | — | √ | — | LC | ++ | — |
| 163 | | | 赭红尾鸲 | *Phoenicurus ochruros* | √ | √ | O | S | — | √ | — | LC | +++ | — |
| 164 | | | 贺兰山红尾鸲 | *Phoenicurus alaschanicus* | — | √ | D | S | II | — | — | NT | + | √ |
| 165 | | | 黑喉红尾鸲 | *Phoenicurus hodgsoni* | — | √ | H | S | — | √ | — | LC | ++ | — |
| 166 | | | 蓝额红尾鸲 | *Phoenicurus frontalis* | — | √ | H | R | — | √ | — | LC | + | — |
| 167 | | | 穗䳭 | *Oenanthe oenanthe* | — | √ | C | S | — | √ | — | LC | + | — |
| 168 | | | 漠䳭 | *Oenanthe deserti* | √ | √ | D | R | — | √ | — | LC | ++ | — |

续附录2-2

| 序号 | 目 | 科 | 中文名 | 学名 | 2000 | 2023 | 分布型 | 居留型 | 国家重点保护级别 | 三有动物 | CITES附录 | INCN等级 | 资源状况 | 特有种 |
|---|---|---|---|---|---|---|---|---|---|---|---|---|---|---|
| 169 | 雀形目 Passeriformes | 鹟科 Muscicapidae | 沙鵖 | *Oenanthe isabellina* | — | √ | D | S | — | √ | — | LC | ++ | — |
| 170 | | | 白顶鵖 | *Oenanthe hispanica* | √ | √ | D | R | — | √ | — | LC | + | — |
| 171 | | | 白背矶鸫 | *Monticola saxatilis* | — | √ | D | P | — | √ | — | LC | + | — |
| 172 | | 戴菊科 Regulidae | 戴菊 | *Regulus regulus* | — | — | C | W | — | √ | — | LC | # | — |
| 173 | | 太平鸟科 Bombycillidae | 太平鸟 | *Bombycilla garrulus* | — | — | C | P | — | √ | — | LC | # | — |
| 174 | | 岩鹨科 Prunellidae | 褐岩鹨 | *Prunella fulvescen* | √ | √ | I | R | — | √ | — | LC | +++ | — |
| 175 | | | 鸲岩鹨 | *Prunella rubeculoides* | — | √ | I | R | — | √ | — | LC | + | — |
| 176 | | | 领岩鹨 | *Prunella collaris* | √ | √ | U | R | — | √ | — | LC | + | — |
| 177 | | | 棕胸岩鹨 | *Prunella strophiata* | — | √ | H | R | — | √ | — | LC | + | — |
| 178 | | 朱鹀科 | 朱鹀 | *Urocynchramus pylzowi* | — | √ | P | R | II | — | — | LC | ++ | √ |

续附录2-2

| 序号 | 目 | 科 | 中文名 | 学名 | 2000 | 2023 | 分布型 | 居留型 | 国家重点保护级别 | 三有动物 | CITES附录 | INCN等级 | 资源状况 | 特有种 |
|---|---|---|---|---|---|---|---|---|---|---|---|---|---|---|
| 179 | 雀形目 Passeriformes | 雀科 Passeridae | 黑顶麻雀 | *Passer ammodendri* | √ | √ | D | R | — | √ | — | LC | +++ | — |
| 180 | | | （树）麻雀 | *Passer montanus* | √ | √ | U | R | — | √ | — | LC | +++ | — |
| 181 | | | 家麻雀 | *Passer domesticus* | — | √ | O | R | — | √ | — | LC | ++ | — |
| 182 | | | 石雀 | *Petonia petronia* | √ | √ | O | R | — | √ | — | LC | + | — |
| 183 | | | 白斑翅雪雀 | *Montifringilla nivalis* | — | √ | I | R | — | √ | — | LC | + | — |
| 184 | | | 白腰雪雀 | *Montifringilla taczanowskii* | √ | √ | I | R | — | √ | — | LC | +++ | — |
| 185 | | | 棕颈雪雀 | *Montifringilla ruficollis* | √ | √ | I | R | — | √ | — | LC | +++ | — |
| 186 | | | 褐翅雪雀 | *Montifringilla adamsi* | — | √ | I | R | — | √ | — | LC | ++ | — |
| 187 | | 鹡鸰科 Motacillidae | 山鹡鸰 | *Dendronanthus indicus* | √ | — | M | S | — | √ | — | LC | # | — |
| 188 | | | 黄鹡鸰 | *Motacilla flava* | — | — | U | S | — | √ | — | LC | # | — |

续附录2-2

| 序号 | 目 | 科 | 中文名 | 学名 | 2000 | 2023 | 分布型 | 居留型 | 国家重点保护级别 | 三有动物 | CITES附录 | INCN等级 | 资源状况 | 特有种 |
|---|---|---|---|---|---|---|---|---|---|---|---|---|---|---|
| 189 | 雀形目 Passeriformes | 鹡鸰科 Motacillidae | 黄头鹡鸰 | *Motacilla citreola* | — | √ | U | S | — | √ | — | LC | ++ | — |
| 190 | | | 白鹡鸰 | *Motacilla alba* | √ | √ | O | S | — | √ | — | LC | +++ | — |
| 191 | | | 田鹨 | *Anthus novaeseelandiae* | √ | — | M | S | — | √ | — | LC | # | — |
| 192 | | | 平原鹨 | *Anthus campestris* | √ | — | D | S | — | √ | — | LC | # | — |
| 193 | | | 草地鹨 | *Anthus pratensis* | √ | √ | D | P | — | √ | — | LC | + | — |
| 194 | | | 水鹨 | *Anthus spinoletta* | √ | √ | C | R | — | √ | — | LC | + | — |
| 195 | | 燕雀科 Fringillidae | 白斑翅拟蜡嘴雀 | *Mycerobas carnipes* | — | — | I | R | — | √ | — | LC | # | — |
| 196 | | | 蒙古沙雀 | *Rhodopechys mongolica* | √ | √ | U | R | — | √ | — | LC | +++ | — |
| 197 | | | 巨嘴沙雀 | *Rhodospiza obsoleta* | — | — | D | R | — | √ | — | LC | # | — |
| 198 | | | 林岭雀 | *Leucosticte nemoricola* | — | √ | I | R | — | √ | — | LC | + | — |

续附录2-2

| 序号 | 目 | 科 | 中文名 | 学名 | 2000 | 2023 | 分布型 | 居留型 | 国家重点保护级别 | 三有动物 | CITES附录 | INCN等级 | 资源状况 | 特有种 |
|---|---|---|---|---|---|---|---|---|---|---|---|---|---|---|
| 199 | 雀形目 Passeriformes | 燕雀科 Fringillidae | 高山岭雀 | *Leucosticte brandti* | √ | √ | P | R | — | √ | — | LC | +++ | — |
| 200 | | | 拟大朱雀 | *Carpodacus rubicilloides* | — | √ | I | R | — | √ | — | LC | + | — |
| 201 | | | 大朱雀 | *Carpodacus rubicilla* | — | √ | I | R | — | √ | — | LC | ++ | — |
| 202 | | | 沙色朱雀 | *Carpodacus stoliczkae* | √ | — | D | R | — | √ | — | LC | # | — |
| 203 | | | 红眉朱雀 | *Carpodacus pulcherrimus* | — | √ | H | R | — | √ | — | LC | + | — |
| 204 | | | 白眉朱雀 | *Carpodacus thura* | — | — | H | S | — | √ | — | LC | # | — |
| 205 | | | 普通朱雀 | *Carpodacus erythrinus* | — | √ | U | R | — | √ | — | LC | ++ | — |
| 206 | | | 金翅雀 | *Chloris sinica* | √ | √ | M | R | — | √ | — | LC | + | — |
| 207 | | | 黄嘴朱顶雀 | *Linaria flavirostris* | √ | — | U | R | — | √ | — | LC | +++ | — |
| 208 | | 鹀科 Emberizidae | 小鹀 | *Emberiza pusilla* | — | — | U | W | — | √ | — | LC | # | — |

续附录2-2

| 序号 | 目 | 科 | 中文名 | 学名 | 2000 | 2023 | 分布型 | 居留型 | 国家重点保护级别 | 三有动物 | CITES附录 | INCN等级 | 资源状况 | 特有种 |
|---|---|---|---|---|---|---|---|---|---|---|---|---|---|---|
| 209 | 雀形目 Passeriformes | 鹀科 Emberizidae | 灰眉岩鹀 | *Emberiza godlewskii* | √ | √ | O | R | — | √ | — | LC | ++ | — |
| 210 | | | 三道眉草鹀 | *Emberiza cioides* | — | — | M | R | — | √ | — | LC | # | — |
| 211 | | | 白头鹀 | *Emberiza leucocephalos* | — | √ | U | R | — | √ | — | LC | + | — |
| 212 | | | 芦鹀 | *Emberiza s choeniclus* | — | √ | U | P | — | √ | — | LC | + | — |

注: 鸟类分类系统依据《中国鸟类分类与分布名录》(第四版)(郑光美, 2023);

分布型: 古北型 (U)、东洋型 (W)、全北型 (C)、中亚型 (D)、高地型 (P或I)、东北型 (M)、东北-华北型 (X)、喜马拉雅-横断山区型 (H)、华北型 (B)、季风型 (E)、南中国型 (S)、L (局地型)、不易归类型 (O);

居留型: R为留鸟, S为夏候鸟, P为旅鸟, V为迷鸟或偶见种;

《国家重点保护野生动物名录》(2021);

《国家保护的有重要生态、科学、社会价值的陆生野生动物名录》(2023);

濒危野生动植物种国际贸易公约 (CITES附录) (2019);

IUCN等级: 极危 (Critically Endangered, CR)、濒危 (Endangered, EN)、易危 (Vulnerable, VU)、近危 (Near Threatened, NT)、无危 (Least Concern, LC);

资源状况: + 为有分布, 不常见; ++ 为较常见; +++ 为数量多; # 为有分布 (资料数据)。

# 附录3　祁连山国家公园酒泉片区昆虫名录
## （13目65科212属292种）

## 1　衣鱼目 Zygentoma

### 1.1　衣鱼科　Lepismatidae
（1）多毛栉衣鱼 *Ctenolepsima villosa*（Fabricius）

## 2　蜻蜓目 Odonata

### 2.1　蜓科 Aeschnidae
（2）黑纹伟蜓 *Anas nigrofasciotus* Oquma

（3）碧伟蜓 *Anas parthenope* Julius Brauer

### 2.2　蜻科 Libellulidae
（4）红蜻 *Crocothemis seretllia* Drury

（5）白尾灰蜻 *Orthetrum albistylum* Selys

（6）黄蜻 *Pantola floeeseens* Fabricius

（7）夏赤蜻 *Sympetrum daruinianum* Selys

（8）秋赤蜻 *Sympetrwm frequens* Selys

（9）赤蜻 *Sympetrum speciosumn* Oguma

### 2.3　蟌科 Agrionidae
（10）心斑绿蟌 *Enallagma cyathiferus*（Charpentier）

（11）长叶异痣蟌 *Ischnura elegans*（Vander Linden）

（12）蓝壮异痣蟌 *Ischnura pumilio*（Charpentier）

（13）黑背尾蟌 *Paracercion melanotum*（Selys）

（14）豆娘 *Enollagma deserti eirculatum* Selys

## 3 螳螂目 Mantodea

### 3.1 螳螂科 Mantidae

（15）薄翅螳螂 *Mantis religiosa*（Linnaeus）

（16）宽腹螳螂 *Hiereodula patellifera* Servitle

### 4.直翅目 Orthoptera

### 4.1 蝼蛄科 Gryllotalpidac

（17）东方蝼蛄 *Gryllotalpa orientalis* Burmeistet

（18）华北蝼蛄 *Gryllotalpa unispina* Sousuro

### 4.2 癞蝗科 Pamphagidae

（19）准噶尔贝蝗 *Beybienkia songorica* Tzyplenkov 甘肃省新纪录

（20）青海短鼻蝗 *Filchnerella kukunoris* B.Bienko

（21）祁连山短鼻蝗 *Filchnerella qilianshana* Xi et Zbeng

（22）裴氏垣鼻蝗 *Filchnerella beicki* Rarnme

（23）笨蝗 *Hfaplotropis brunneriana* Saus 甘肃省新纪录

### 4.3 锥头蝗科 Pyrgomorphinae

（24）锥头蝗 *Pyrgomorpha conica deserti* B.Bionko

### 4.4 剑角蝗科 Acrididae

（25）中华蚱蜢 *Acrida cinerea* Thunberg

（26）荒地蚱蜢 *Acrida oxycephala*（PalL）

### 4.5 槌角蝗科 Gomphoeeridae

（27）宽须蚁蝗 *Myrmeleotettix palpalis*（Zub.）

### 4.6 丝角蝗科 Oedipodidae

（28）红翅瘤蝗 *Dericorys annulata roseipennis*（Redt.）

（29）短星翅蝗 *Calliptamus abbreoiotus* Ikonn

（30）大垫尖翅蝗 *Epocromius coernlipes*（lvanj）

（31）大胫刺蝗 *Compsorhipis dawidiana*（Saussuro）

（32）盐池束颈蝗 *Sphingonotus yenchinensis* Cheng et Chiu

（33）宇夏束颈蝗 *Sphingonotus ningsianus* Zheng et Gow

（34）岩石束颈蝗 *Sphingonotus nebulosus*（F-V）

（35）黑翅束颈蝗 *Sphingonotus obscuratus latissimus* Uvarov

（36）黄胫束颈蝗 *Sphingonotus sawignyi* Saussure

（37）祁连山痂蝗 *Bryodcma qiliauhanensis* Lian et Zheng

（38）青海瘫蝗 *Bryodema mironoe miramae* B.Bienko

（39）尤氏瘌蝗 *Bryodemella uvarooi* B.Bionko

（40）白边痂蝗 *Bryodema luctuosum*（Stoll）

（41）黄胫异痂蝗 *Bryodemella holdereri*（Kraussj）

（42）轮纹痴蝗 *Bryodemella tuberculatum dilutum*（Stoll）

（43）祁连山蚍蝗 *Eremippus qiliaruharensis* Liaa et Zheng

（44）亚洲飞蝗 *Locusta migratoria* L.

（45）红腹牧草蝗 *Omoeestus haemorrhoidalis*（Charp）

（46）中华雏蝗 *Chorppus ehinensis* Tarbinsky

（47）白纹雏蝗 *Chorthippus albonemus* Chcng et Tu

（48）楼观雏蝗 *Chorthippus Louguorensis* Cheng et Tu

（49）赤翅蝗 *Celes skalozuboui* Adel

（50）亚洲小车蝗 *Oedaleus decorus astatieus* B.Bienko

（51）黑条小车蝗 *Oedaleus decorus* Germar

（52）黄胫小车蝗 *Oedaleus infernalis* Sau

（53）宽翅曲背蝗 *Parareyptera microptera meridionalis* Ikonn

## 5　革翅目 Dermaptera

### 5.1　球螋科 Forficulidae

（54）蠼螋 *Labidura riparia* Pallas

## 6　缨翅目 Thysanoptera

### 6.1　蓟马科 Thripidae

（55）花蓟马 *Frankliniella intonsa*（Trybom）

（56）烟蓟马 *Thrips tabaci* Lindema

## 7 同翅目 Homoptera

### 7.1 蝉科 Cicadidae

（57）草蝉 Mogannia conica Germer

（58）褐山蝉 Leptopsalta fuscoclavalis （Chen）

### 7.2 蚜科 Aphidoidea

（59）冰草麦蚜 *Diuraphis*（*Hocaphis*）*agropyronophaga* Zhang

### 7.3 叶蝉科 Cicadellidae

（60）大青叶蝉 *Cicadella viridis*（Linnaeus）

（61）六点叶蝉 *Macrosteles sexnotatus*（Fallén）

（62）条纹二室叶蝉 *Balclutha tiaowenae* Kuoh

### 7.4 飞虱科 Delphacidae

（63）灰飞虱 *Laodelphax striatellus*（Fallén）

（64）芦苇长突飞虱 *Stenocraus matsumurai* Metcalf

### 7.5 角蝉科 Membracidae

（65）黑圆角蝉 *Gargara genistae*（Fabricius）

## 8 半翅目 Heimaptera

### 8.1 异蝽科 Urostylidae

（66）短壮异蝽 *Urochela falloui* Reuter

（67）淡娇异蝽 *Urostylis yangi* Maa

### 8.2 缘蝽科 Coreidae

（68）点伊缘蝽 *Rhopalus latus*（Jakovlev）

（69）闭环缘蝽 *Stictopleurus viridicatus*（Uhler）

### 8.3 盲蝽科 Miridae

（70）苜蓿盲蝽 *Adelphocois lineolatus*（Goeze）

（71）榆毛翅盲蝽 *Blepharidopterus ulmicola* Kerzhner

（72）杂毛合垫盲蝽 *Orthotylus*（*Melanotrichus*）*flavosparsus*（Sahlberg，1842）

（73）绿狭盲蝽 *Stenodema virens*（Linnaeus）

### 8.4　蝽科 Pentatomidae

（74）东亚果蝽 *Carpocoris seidenstueckeri*（Tamanini）

（75）西北麦蝽 *Aelia sibirica* Reuter

（76）斑须蝽（细毛蝽）*Dolycoris baccarum*（Linnaeus）

（77）巴楚菜蝽 *Eurydema wilkinsi* Distant

（78）菜蝽 *Eurydema dominulus*（Scopoli）

（79）紫翅果蝽 *Carpocoris purpureipennis*（De Geer）

（80）茶翅蝽 *Halyomorpha picus*（Fabricius）

（81）凹肩辉蝽 *Carbula sinica* Hsiao et Cheng

### 8.5　同蝽科　Acanthosomatidae

（82）短直同蝽 Elasmostethus brevis Lindberg

（83）背匙同蝽 Elasmucha dorsalis Jakovlev

（84）匙同蝽 Elasmucha ferrugata（Fieber）

（85）灰匙同蝽 Elasmucha grisea（Linnaeus）

（86）板同蝽 Platacantha armifer Lindberg

### 8.6　长蝽科　Lygaeidae

（87）拟方红长蝽 Lygaeus oreophilus（Korotschenko）

（88）红脊长蝽 Tropidothorax elegans（Distant）

（89）小长蝽 Nysius ericae（Schilling）

### 8.7　花蝽科 Anthocoridae

（90）邻小花蝽 *Orius*（*Heterorius*）*vicinus*（Ribaut）

## 9　脉翅目 Neuroptera

### 9.1　粉蛉科 Coniopterygidae

（91）直胫啮粉蛉 *Conwentzia orthotibia* Yang

（92）广重粉蛉 *Semidalis aleyrodiformis*（Stephens）

### 9.2　草蛉科 Chrysopidae

（93）丽草蛉 *Chrysopa formosa* Brauer

## 10　鞘翅目 Coleoptera

### 10.1　瓢甲科 Coccinellidae

（94）二星瓢虫 *Adalia bipunctata*（Linaeus）

（95）红点唇瓢虫 *Chilocorus kuwanae* Silvestri

（96）七星瓢虫 *Coccinella septempunctata* Linnaeus

（97）华日瓢虫 *Coccinella ainu* Lewis

（98）横斑瓢虫 *Coccinella transversoguttata* Faldermann

（99）双七瓢虫 *Coccinula quatuordecimpustulata*（Linnaeus）

（100）四斑毛瓢虫 *Scymnus frontalis*（Fabricius）

（101）十四星裸瓢虫 *Calvia quatuordecimguttata*（Linnaeus）

（102）菱斑巧瓢虫 *Oenopia conglobata conglobata*（Linnaeus）

（103）十二斑巧瓢虫 *Oenopia bissexnotata*（Mulsan）

（104）多异瓢虫 *Hippodamia variegata*（Goeze）

（105）异色瓢虫 *Harmonia axyridis*（Pallas）

### 10.2　叶甲科 Chrysomelidae

（106）杨蓝叶甲 *Agelastica alni orientalis* Baly

（107）蒿金叶甲 *Chrysolina*（*Anopachys*）*aurichalcea*（Mannerheim）

（108）柳圆叶甲 *Plagiodera versicolora*（Laicharting）

（109）杨叶甲 *Chrysomela populi* Linnaeus

（110）红柳粗角萤叶甲 *Diorhabda elongata deserticola* Chen

（111）跗粗角萤叶甲 *Diorhabda tarsalis* Weise

（112）褐背小萤叶甲 *Galerucella grisescens*（Joannis）

（113）榆绿毛萤叶甲 *Pyrhalta aenescens*（Fairmaire）

（114）榆黄毛萤叶甲 *Pyrrhalta maculcollis*（Motschulsky）

（115）细毛萤叶甲 *Galerucella*（*Neogalerucella*）*tenella*（Linnaeus）

（116）多脊萤叶甲 *Galeruca vicina*（Solsky）

（117）阔胫萤叶甲 *Pallasiola absinthii*（Pallas）

（118）八斑隶萤叶甲 *Liroetis octopunctata*（Weise）

（119）胡枝子克萤叶甲 *Cneorane violaceipennis* Allard

（120）隐头蚤跳甲 *Pyliodes eullala*（liger）

（121）枸杞毛跳甲 *Epitix abeillei*（Bauduer）

（122）柳沟胸跳甲 *Crepidodera pluta*（Latreille）

（123）黄宽条菜跳甲 *Phyllotreta humilis* Weise

（124）蓟跳甲 *Altica cirsicola* Ohno

（125）月见草跳甲 *Altica oleracea*（Linnaeus）

（126）柳苗跳甲 *Altica tweisei*（Jacobson）

### 10.3　步甲科 Carabidae

（127）粘虫步甲 *Carabus granulatus telluris* Bates

（128）大塔步甲 *Taphoxenus gigas*（Fischer von Waldheim）

（129）花猛步甲 *Cymindis*（*lineata*（Quensel）

（130）谷婪步甲 *Harpalus*（*Pseudoophonus*）*calceatus*（Duftschmid）

（131）红缘婪步甲 *Harpalus*（*Harpalus*）*froelichii* Sturm

（132）点翅暗步甲 *Amara*（*Bradytus*）*majuscula*（Chaudoir）

（133）麦穗斑步甲 *Anisodactylus*（*Pseudanisodactylus*）*signatus*（Panzer）

（134）月斑虎甲 *Calomera lunulata*（Fabricius）

### 10.4　隐翅甲科 Staphylinidae

（135）西里塔隐翅甲 *Tasgius praetorius*（Bemhauer）

### 10.5　葬甲科 Silphinae

（136）皱亡葬甲 *Thanatophilus rugosus*（Linnaeus）

（137）滨尸葬甲 *Necrodes littoralis*（Linnaeus）

（138）墨黑覆葬甲 *Necroborus morio*（Gebler）

（139）黑缶葬甲 *Phosphuga atrata*（Linnaeus）

### 10.6　阎甲科 Histeridae

（140）宽卵阎甲 *Dendrophilus xavieri* Marseul

（141）谢氏阎甲 *Saprinus sedakovii* Motschulsky

### 10.7　拟步甲科 Tenebrionidae

（142）光滑卵漠甲 *Ocnera sublaevigata* Bates

（143）何氏胖漠甲 *Trigonoscelis*（*Chinotrigon*）*holdereri* Reitter

（144）莱氏脊漠甲 *Pterocoma（Mongolopterocoma）reittert* Frivaldszky

（145）半脊漠甲 *Pterocoma（Mesopterocoma）semicarinata* Bates

（146）细长琵甲 *Blaps oblonga* Kraatz

（147）戈壁琵甲 *Blaps gobiensis* Frivaldszky

（148）狭窄琵甲 *Blaps virgo* Seidlitz

（149）黑足双刺甲 *Bioramix picipes*（Gebler）甘肃省新纪录

（150）尖尾琵甲 *Blaps acuminate* Fischer-Waldheim

（151）福氏胸鳖甲 *Colposcelis（Scelocolpis）forsteri*

（152）磨光东鳖甲 *Anatolica polita* Frivaldszky

（153）宽颈小鳖甲 *Microdera laticollis* Bates

（154）无齿隐甲 *Crypticus nondentatus* Ren et Zheng 甘肃省新纪录

（155）黑足双刺甲 *Bioramix picipes*（Gebler）甘肃省新纪录

（156）烁光双刺甲 *Bioramix micans*（Roitter）甘肃省新纪录

（157）蒙古伪坚土甲 *Scleropatrum mongolicum*（Kaszab）

（158）吉氏笨土甲 *Penthicus kiritshenkoi*（Reichardt）甘肃省新纪录

（159）中华砚甲 *Cyphogenia chinensis*（Faldermann）

**10.8　叩甲科** Elateridae

（160）细胸叩头甲 *Agriotes subvittatus fuscicollis* Miwa

**10.9　粪金龟科** Geotrupidae

（161）粪堆粪金龟 *Geotrupes stercorarius*（Linnaeus）

**10.10　皮金龟科** Trogidae

（162）尸体皮金龟 *Trox cadaverinus* Illiger

**10.11　金龟科** Scarabaeidae

（163）迟钝蜉金龟 *Aphodius（Accmthobodilus）languidulus* Schmidt

（164）血斑蜉金龟 *Aphodius（Otophorus）haemorrhoidalis*（Linnaeus）

（165）后蜉金龟 *Aphodius（Teuchestes）analis*（Fabricius）

（166）福婆鳃金龟 *Brahmina（Brahminella）faldermanni* Kraatz

（167）黑绒金龟 *Maladera（Omaladera）orientalis*（Motschulsky）

### 10.12　小蠹科　Scolytus

（168）脐腹小蠹 *Scolytus schevyrewi* Semenov

### 10.13　象甲科 Curculionidae

（169）甘肃齿足象 *Deracanthus potanini* Faust

### 10.14　卷象科 Attelabidae

（170）杨卷叶象 *Byctiscus populi*（Linnaeus）

（171）金绿树叶象 *Phyllobius virideaeris*（Laicharting）

（172）西伯利亚绿象 *Chlorophanus sibiricus* Gyllenhal

（173）红背绿象 *Chlorophanus solaria* Zumpt

（174）黑斜纹象 *Bothynoderes declivis*（Olivier）

（175）二斑尖眼象 *Chromonotus*（*Chevrolatius*）*bipunctatus*（Zoubkoff）

（176）欧洲方喙象 *Cleonus pigra*（Scopoli）

（177）黑长体锥喙象 *Temnorhinus verecundus*（Faust）

（178）粉红锥喙象 *Conorhynchus pulverulentus*（Zoubkoff）

（179）英德齿足象 *Deracanthus inderiensis*（Pallas）

（180）甜菜象 *Asproparthenis punctiventris*（Germar）

## 11　鳞翅目 Lepidoptera

### 11.1　粉蝶科 Pieridae

（181）绢粉蝶 *Aporia crataegi* Linnaeus

（182）箭纹绢粉蝶 *Aporia procris* Leech

（183）红襟粉蝶 *Anthocharis Cardamines*（Linnaeus）

（184）皮氏尖襟粉蝶 *Anthocharis bieti*（Oberthür）

（185）曙红豆粉蝶 *Colias eogene* Felder

（186）斑缘豆粉蝶 *Colias erate* Esper

（187）橙黄豆粉蝶 *Colias fieldi* Ménétriès

（188）迷黄粉蝶 *Colias hyale*（Linnaeus）

（189）豆黄纹粉蝶 *Colias erate poliographus* Motschulsky

（190）妹粉蝶 *Mesapia peloria*（Hewitson）

（191）菜粉蝶 *Pieris rapae* Linnaeus

（192）东方菜粉蝶 *Pieris canidia* Sparrman

（193）欧洲粉蝶 *Pieris brassicae* Linnaeus

（194）云斑粉蝶 *Pontia daplidce* Linnaeus

（195）云粉蝶 *Pontia edusa* Fabricius

## 11.2 眼蝶科 Safyridae

（196）光珍眼蝶 *Coenoaympha amaryilis*（Stoll）

## 11.3 蛱蝶科 Nymohlidae

（197）柳紫闪蛱蝶 *Apatura ilia*（Denis & Schiffermuller）

（198）荨麻蛱蝶 *Vanessa urficae*（Linnaeus）

（199）小红蛱蝶 *Pyrameis cardui*（Linnaeus）

（200）老豹蛱蝶 *Argynnis laodlce*（Pallas）

（201）灿豹蝶 *Argynnis adippe*（Denis & Schiffermuller）

## 11.4 灰蝶科 Lycacnidae

（202）蓝灰蝶 *Everes argiades*（Pallas）

（203）豆灰蝶 *Plebejus argus*（Linnaeus）

（204）甘肃豆灰蝶 *Plebejus ganaauensis*（Grum-Grshimailo）

（205）傲灿灰蝶 *Agriadea orbona*（Grum-Grshimailo）

（206）灿灰蝶 *Agriades pheretiades*（Eversmann）

## 11.5 天蛾科 Sphingidae

（207）白薯天蛾 *Herse convolvuli*（Linnaeus）

（208）蓝目天蛾 *Smerithus planus* Walker

## 11.6 尺蛾科 Geometridae

（209）沙枣尺蠖 *Apochemia cinerarius* Ershoff

（210）细线青尺蛾 *Geometra neovalida* Han

（211）华丽毛角尺蛾 *Myrioblephara decoraria*（Leech）

## 11.7 毒蛾科 Lymantriidae

（212）沙枣台毒蛾 *Teia prisca*（Staudinger）

（213）棉田柳毒蛾 *Stilpnotia salicis*（Linnaeus）

### 11.8　木蠹蛾科 Cossidae

（214）白斑木蠹蛾 *Catopta albonubilus*（Graeser）

（215）杨木蠹蛾 *Cossus orientalis* Gade

（216）胡杨木蠹蛾 *Holeocerus consobrinus* Püngeler

（217）榆木蠹蛾 *Holcocerus vicarius*（Walker）

### 11.9　草蛾科 Ethmiidae

（218）青海草蛾 *Ethmia nigripedella*（Erschoff）

### 11.10　菜蛾科 Plutellidae

（219）小菜蛾 *Plutella xylostella*（Linnaeus）

### 11.11　卷蛾科 Tortricidae

（220）亚洲窄纹卷蛾 *Stenodes asiana*（Kennel）

（221）尖瓣灰纹卷蛾 *Cochylidia richteriana*（Fischer von Röslerstamm）

（222）菊云卷蛾 *Cnephasia chrysantheana*（Duponchel）

（223）雅山卷蛾 *Eana osseana*（Scopoli）

（224）香草小卷蛾 *Celypha cespitana*（Hübner）

（225）杨叶小卷蛾 *Epinotia nisella*（Clerck）

（226）杨柳小卷蛾 *Gypsonoma minutana*（Hübner）

（227）伪柳小卷蛾 *Gypsonoma oppressana*（Treitschke）

（228）米缟螟 *Aglossa dimidiata* Haworth

### 11.12　夜蛾科 Noctuidae

（229）麦穗夜蛾 *Apamea sordens*（Hufnagel）

（230）粘虫 *Pseudaletia separata*（Walker）

（231）草地螟 *Loxostege sticticalis*（Linnaeus）

## 12　膜翅目 Hymenoptera

### 12.1　蜜蜂科 Apidae

（232）黑尾熊蜂 *Bombus*（*Subterraneobombus*）*melanurus* Lepeletier

（233）昆仑熊蜂 *Bombus*（*Melanobombus*）*keriensis* Morawitz

（234）亚西伯熊蜂 *Bombus*（*Sibiricobombus*）*asiaticus* Morawitz

## 12.2　姬蜂科 Ichneumonidae

（235）双点曲脊姬蜂 *Apophua bipunctoria*（Thunberg）

（236）喀美姬蜂 *Meringopus calescens*（Gravenhors）

（237）坡美姬蜂 *Meringopus calescens persicus* Heinrich

（238）杨蛀姬蜂 *Schreineria populnea*（Giraud）

（239）矛木卫姬蜂 *Xylophrurus lancifer*（Gravenhorst）

（240）杨兜姬蜂 *Dolichomitus populneus*（Ratzeburg）

（241）具瘤爱姬蜂 *Exeristes roborator*（Fabricius）

（242）舞毒蛾瘤姬蜂 *Pimpla disparis* Viereck

（243）红足瘤姬蜂 *Pimpla rufipes*（Miller）

## 12.3　茧蜂科 Braconidae

（244）赤腹深沟茧蜂 *Iphiaulax impostor*（Scopoli）

（245）长尾深沟茧蜂 *Iphiaulax mactator*（Klug）

（246）长尾皱腰茧蜂 *Rhysipolis longicaudatus* Belokobylskij

（247）双色刺足茧蜂 *Zombrus bicolor*（Enderlein）

## 12.4　小蜂科 Chalcididea

（248）古毒蛾长尾啮小蜂 *Aprostocetus orgyiae* Yang & Yao

12.5 叶蜂科 Tenthredinidae

（249）东方壮并叶蜂 *Jermakia sibirica*（Kriechb）

（250）方项白端叶蜂 *Tenthredo ferruginea* Schrank

# 13　双翅目 Diptera

## 13.1　蚊科　Culicidae

（251）淡色库蚊 *Culex pipiens pallens* Coquillett

（252）迷走库蚊 *Culex vagans* Wiedemann

（253）三带喙库蚊 *Culex tritaeniorhynchus* Giles

（254）凶小库蚊 *Culex modestus* Ficalbi

（255）背点伊蚊 *Aedes dorsalis*（Meigen）

（256）刺扰伊蚊 *Aedes vexans*（Meigen）

（257）里海伊蚊 *Aedes caspius*（Pallas）

（258）黄背伊蚊 *Aedes flavidorsalis* Luh & Lee

（259）刺螯伊蚊 *Aedes punctor*（Kirby）

（260）屑皮伊蚊 *Aedes detritus*（Haliday）

（261）丛林伊蚊 *Aedes cataphylla* Dyar

（262）阿拉斯加脉毛蚊 *Culiseta alaskaensis*（Ludlow）

（263）银带脉毛蚊 *Culiseta niveitaeniata*（Theobald）

### 13.2　花蝇科　Anthomyiidae

（264）骚花蝇 *Anthomyia procellaris*（Rondani）

（265）葱地种蝇 *Delia antiqua*（Meigen）

（266）灰地种蝇 *Delia platura*（Meigen）

（267）灰宽颊叉泉蝇 *Eutrichota*（*Arctopegomyia*）*pallidoldtigena* Fan & Wu

（268）粉腹阴蝇 *Hydrophoria divisa*（Meigen）

（269）白头阴蝇 Hydrophoria albiceps（Meigen）

（270）阿克赛泉蝇 *Pegomya aksayensis* Fan & Wu

（271）双色泉蝇 *Pegomya bicolor*（Wiedemann）

（272）社栖植蝇 *Leucophora sociata*（Meigen）

（273）绿麦秆蝇 *Meromyza saltatrix*（Linneus）

（274）细茎潜叶蝇 *Agromyza cinerascens* Mecquart

### 13.3　蝇科 Muscidae

（275）家蝇 *Musca domestica* Linnaeus

### 13.4　丽蝇科 Calliphoridae

（276）大头金蝇 *Chrysomya megacephala*（Fabricius）

（277）丝光绿蝇 *Lucilia sericata*（Meigen）

### 13.5　麻蝇科 Sarcophagidae

（278）肥须亚麻蝇 *Parasarcophaga crassipalpis*（Macquart）

（279）红尾拉麻蝇 *Ravinia striata*（Fabricius）

### 13.6　寄蝇科　Tachinidae

（280）迷追寄蝇 *Exorista mimula*（Meigen）

### 13.7　虻科 Tabanidae

（281）广斑虻 *Chrysops vanderwulpi* Krober

（282）玛斑虻 *Chrysops makerovi* Pleske

（283）娌斑虻 *Chrysops ricardoae* Pleske

（284）土麻虻 *Haematopota turkestanica*（Krober）

（285）苍白麻虻 *Haematopota pallens* Loew

（286）斜纹黄虻 *Atylotus karybenthinus* Szilady

（287）黑带瘤虻 *Hybomitra expollicata*（Pandalle）

（288）灰股瘤虻 *Hybomitra zaitzevi* Olsufjev

（289）哈什瘤虻 *Hybomitra kashgarica* Olsufjev

（290）副菌虻 *Tabanus parabactrianus* Liu

（291）里虻 *Tabanus leleani* Austen

（292）基虻 *Tabanus zimini* Olsufjev